回転機械の振動

— 実用的振動解析の基本 —

工学博士 松下 修己
工学博士 田中 正人 共著
工学博士 神吉 博
博士(工学) 小林 正生

コロナ社

まえがき

　産業界における新製品の開発は，機器の性能向上を目指して計画されるが，試作試験段階において予期せぬ振動問題に遭遇することが多々ある．タービン，ポンプ，圧縮機などの回転機械の開発においてもしかりで，本来の流体性能の向上という目的達成の前に，振動問題の解決が急務であった事例は枚挙にいとまがない．

　産業界で発生したこのような振動問題の事例を集めたデータベースに，日本機械学会編「v_BASE」データブックがある．その初版によると，事例の3分の2近くが回転機械に関連し，その半分近くが共振の問題であった．このデータベースの中のいくつかの事例に関与し，その解決に辛酸をともにした経験から，以下のような教訓を学んだ．

（1）　回転エネルギや遠心力は怖い

　回転中はロータのエネルギレベルが高いために，高速で走っている車のように少しの不具合でも大変危険な振動状況として露呈する．偶然かもしれないとして再度回転させても同じように異常振動は発生し，なんらかのハード的な変更を加えねばこの状況の解決には至らない．しかも，その解は本当に的を射たものでないと効果なくその努力も徒労に終ることも多々あり，原因究明・対策・解決には相当の忍耐と勘が要求される．

（2）　知識と現場力

　ロータ技術者には，実際に回転させる能力，とりわけバランシング能力が要求される．しかし，理論上の共振曲線についてよく理解している人でも，その知識を現場の回転パルス信号とロータ振動を用いるバランシング作業に応用するには，一つの壁があるようである．このような回転機械振動に対する技術向上には，実験が一番の近道である．振動を計測して振動問題の対策を経験する現場は，唯一無二の教室である．

（3）　慣性（静止）座標系か，回転座標系か

　ロータ振動の特徴はジャイロ効果の存在にある．しかし，「ジャイロ効果」という言葉自体が静止座標系での見方である．同じ現象でも翼振動を扱う回転座標系から見

た場合には「コリオリ効果」と呼ばれる。このような複雑な現象理解には，両座標系にわたる統一的な力学の理解が肝要である。そのためには，本書で活用しているように，ホワール運動とそれを表す複素変位の導入が一つの効果的手法と思われる。

このように，ロータ振動問題の解決には説得力ある現象解明のアプローチが必須となる。本書では，これらの振動問題に共通する知識として，共振や自励振動の現象発生メカニズムをできるだけ簡単なモデルで説明し，振動対策に対する知識を学び勘を養うことを目的としている。特に，振動問題解決への数学的アプローチの簡潔な表現に腐心した。すべては線形振動論の講義であり，製造業の設計現場や振動問題のコンサルティングを経験した著者から見て，これだけの内容で実務に必要な知見を十分に満たすものとなるよう試みた。また，近年注目の高まっている ISO 機械状態監視診断技術者（振動，日本機械学会主宰）の試験対策も，本書をしっかりと理解することで万全を期することができると思われる。

書き終えてみると，著者の浅学非才のために誤解と独断の多いことを恐れる。また，間違い情報のなきことを祈る。いずれにしても，読者の批判叱正を請うことができれば著者の最も喜びとするところである。

最後に，本書に引用した書物，文献の内外の著者に対して深甚の謝意を表す。また，高橋直彦様（株式会社日立プラントテクノロジー），金子康智様（元三菱重工業株式会社，現龍谷大学），真柄洋平様（株式会社日立製作所機械研究所）らから原稿段階で有益なコメントとご指導をいただき，感謝申し上げる。

本書の出版企画にご鞭撻いただいたコロナ社に厚く御礼申し上げる。

2009 年 8 月

著者代表　松下　修己

目　　　次

第1章　回転機械の振動問題概観

1・1　いろいろな回転機械と振動問題 …………………………………………………… 1
　1・1・1　各種回転機械 ……………………………………………………………… 1
　1・1・2　軸　　受 …………………………………………………………………… 4
　1・1・3　いろいろな要素の不具合と振動誘発 …………………………………… 6
　1・1・4　ロータダイナミクス ……………………………………………………… 7
1・2　回転機械に発生する振動の種類 …………………………………………………… 7
1・3　振動のメカニズムによる分類 ……………………………………………………… 8
1・4　複雑現象の単純化 ………………………………………………………………… 11

第2章　単振動系の振動

2・1　固　有　振　動 …………………………………………………………………… 13
　2・1・1　固 有 振 動 数 …………………………………………………………… 13
　2・1・2　ばね定数の計算 ……………………………………………………………… 14
　2・1・3　エネルギ保存 ………………………………………………………………… 14
　2・1・4　ばね部質量の固有振動数に及ぼす影響 ………………………………… 15
2・2　減衰系の自由振動 ………………………………………………………………… 17
　2・2・1　質量・ばね・粘性減衰系 ………………………………………………… 17
　2・2・2　減衰比ζの実測 …………………………………………………………… 18
　2・2・3　位相進み/遅れと減衰比 ………………………………………………… 21
2・3　回転軸の不釣合い振動 …………………………………………………………… 23
　2・3・1　複素変位と運動方程式 …………………………………………………… 23
　2・3・2　不釣合い振動の複素振幅 ………………………………………………… 24
　2・3・3　共　振　曲　線 …………………………………………………………… 25
　2・3・4　ナイキスト線図 …………………………………………………………… 26
　2・3・5　共振時の軸受反力 ………………………………………………………… 27
　2・3・6　不釣合い振動の基礎への伝達率 ………………………………………… 29
2・4　共振倍率Q値の評価 ……………………………………………………………… 30
　2・4・1　Q　値　規　準 …………………………………………………………… 30
　2・4・2　ハーフパワーポイント法（半値法）によるQ値の実測 ……………… 31
　2・4・3　ナイキスト線図によるQ値の実測 ……………………………………… 31
　2・4・4　急加速時のQ値再評価 …………………………………………………… 32
　2・4・5　危険速度通過時の振動 …………………………………………………… 36

第3章 多自由度系の振動とモード解析

- 3・1 多自由度系の運動方程式 …………………………………… 37
  - 3・1・1 多質点系 ………………………………………………… 37
  - 3・1・2 2自由度系の運動方程式 ……………………………… 38
  - 3・1・3 多自由度系の運動方程式 ……………………………… 39
- 3・2 モード解析（正規モード法）……………………………… 41
  - 3・2・1 固有値解析 ……………………………………………… 41
  - 3・2・2 直交性 …………………………………………………… 42
  - 3・2・3 縮小モーダルモデル …………………………………… 42
  - 3・2・4 振動応答 ………………………………………………… 44
- 3・3 はりのモード解析 …………………………………………… 48
  - 3・3・1 固有振動数と固有モード ……………………………… 48
  - 3・3・2 多質点系のモード解析と連続体のモード解析の対応 … 48
  - 3・3・3 縮小モーダルモデル …………………………………… 50
  - 3・3・4 モード偏心 ε^* ……………………………………… 51
- 3・4 縮小モーダルモデルの物理モデル化 ……………………… 54
  - 3・4・1 モード質量とは ………………………………………… 54
  - 3・4・2 質量感応法 ……………………………………………… 56
- 3・5 固有振動数の近似計算 ……………………………………… 57
  - 3・5・1 レイリー（Rayleigh）の方法 ………………………… 57
  - 3・5・2 影響係数を用いる方法 ………………………………… 59
  - 3・5・3 ダンカレー（Dunkerley）の公式 …………………… 60
  - 3・5・4 反復法（べき乗法, Power Method）………………… 61
  - 3・5・5 剛性行列法 ……………………………………………… 63
  - 3・5・6 伝達マトリックス法 …………………………………… 65

第4章 モード合成法と「擬モーダル法」

- 4・1 モード合成法モデル ………………………………………… 71
  - 4・1・1 なぜモード合成法か …………………………………… 71
  - 4・1・2 グヤン（Guyan）の縮小法 …………………………… 72
  - 4・1・3 モード合成法モデル …………………………………… 75
- 4・2 擬モーダルモデル …………………………………………… 79
  - 4・2・1 擬モーダルモデルの原理 ……………………………… 79
  - 4・2・2 いろいろな系の擬モーダルモデル例 ………………… 86
- 4・3 プラント伝達関数 …………………………………………… 87

第5章 不釣合いとバランシング

- 5・1 剛性ロータの不釣合い ……………………………………… 91
  - 5・1・1 静不釣合いと動不釣合い ……………………………… 91

5・1・2	静不釣合いと偶不釣合い	93
5・1・3	不釣合い振動の及ぼす弊害	93
5・1・4	剛体ロータの許容残留不釣合い	94

5・2 フィールド1面バランス（モード円バランス） ……97
 5・2・1 回転パルス，不釣合い，振動ベクトルの関係 ……97
 5・2・2 線　形　関　係 ……100
 5・2・3 影響係数の同定 ……100
 5・2・4 修 正 お も り ……101
 5・2・5 修正おもりの計算 ……101

5・3 影響係数法バランス ……103

5・4 モード別バランス法 ……107

5・5 n面法か$n+2$面法か ……111
 5・5・1 両手法の比較 ……111
 5・5・2 普遍的なバランスに必要な修正面数 ……116
 5・5・3 $n+2$面法の2とは ……117

5・6 磁気軸受ロータのバランス ……121
 5・6・1 フィードフォワード（FF）加振を用いたバランス ……121
 5・6・2 事例研究　磁気軸受形遠心圧縮機 ……126

5・7 回転パルス信号がないときのバランス ……128
 5・7・1 3点トリムバランス ……128
 5・7・2 等位相ピッチでおもりを変えるバランス ……130

5・8 2面バランスの解法 ……131
 5・8・1 2面バランスの計算原理 ……132
 5・8・2 同相・逆相バランス ……133

第6章　ジャイロ効果と振動特性

6・1 ロータダイナミクス ……136

6・2 ジャイロモーメントとこまの運動 ……138
 6・2・1 ジャイロモーメント ……138
 6・2・2 こまの運動方程式とふれまわり解 ……140

6・3 ロータ系の固有振動 ……141
 6・3・1 ふれまわり固有振動数 ……141
 6・3・2 ジャイロファクタの影響 ……144
 6・3・3 多自由度ロータ系のふれまわり固有振動数計算 ……145

6・4 不釣合い振動と共振 ……147
 6・4・1 不釣合い共振条件と危険速度 ……147
 6・4・2 不釣合い振動共振曲線 ……149
 6・4・3 多自由度ロータ系の危険速度計算 ……151

6・5 基礎加振時の振動と共振 ……151
 6・5・1 共　振　条　件 ……151

6・5・2　基礎加振に対する強制振動解 ………………………………153
6・5・3　共振曲線とふれまわり軌跡 …………………………………155
6・5・4　事例研究　高速ロータの耐震評価 …………………………157
6・6　玉軸受の玉通過振動と共振 ……………………………………………159
6・6・1　玉軸受の仕様 ……………………………………………………159
6・6・2　外輪突起による起振力 …………………………………………160
6・6・3　内輪突起による起振力 …………………………………………161
6・6・4　共　振　条　件 …………………………………………………161
6・6・5　事例研究　HDD ………………………………………………162

第7章　ロータ軸受系の振動特性近似評価

7・1　1自由度ロータ系の運動方程式 ………………………………………164
7・2　等方性支持ロータ系の振動特性 ………………………………………166
7・2・1　保存系の固有振動数 ……………………………………………166
7・2・2　非保存系パラメータの影響 ……………………………………167
7・2・3　パラメータサーベイ ……………………………………………170
7・3　異方性支持ロータの振動特性 …………………………………………171
7・3・1　保存系の固有振動数 ……………………………………………172
7・3・2　保存系のだ円ホワール …………………………………………173
7・3・3　ジャイロ効果の影響 ……………………………………………174
7・3・4　だ円ホワールの形 ………………………………………………175
7・3・5　非保存系パラメータの影響 ……………………………………177
7・3・6　パラメータサーベイ ……………………………………………179
7・4　ジェフコットロータの振動特性 ………………………………………181
7・4・1　運　動　方　程　式 ……………………………………………181
7・4・2　振　動　特　性 …………………………………………………182
7・4・3　実モード解析 ……………………………………………………184
7・4・4　複素モード解析 …………………………………………………185
7・5　不釣合い振動の特徴分析 ………………………………………………186
7・5・1　運　動　方　程　式 ……………………………………………186
7・5・2　等方性支持ロータ系の不釣合い振動 …………………………186
7・5・3　異方性支持ロータ系の不釣合い振動 …………………………187
7・6　事例研究　真円軸受・弾性ロータの振動特性 ………………………189
7・6・1　危険速度マップ …………………………………………………189
7・6・2　複素固有値計算とQ値 …………………………………………190
7・6・3　根　軌　跡 ………………………………………………………191
7・6・4　不釣合い振動共振曲線 …………………………………………192

第8章　開ループと振動特性近似評価

8・1　単振動系の開ループ特性 ………………………………………………193
8・1・1　質量・ばね・減衰の単振動系と開ループ特性 ………………193

8・1・2　開ループ特性の測定 ································200
8・2　モード別の開ループ特性 ····································201
　8・2・1　モーダルモデル ····································201
　8・2・2　モード別開ループ特性 ·······························203
8・3　ジェフコットロータの開ループ特性 ··························207
　8・3・1　「2段軸受」と位相進み回路 ···························207
　8・3・2　開ループ特性 ······································208
　8・3・3　ゲイン交差周波数と位相余裕 ··························209
　8・3・4　近似解の精度 ······································211
　8・3・5　最適減衰 ··213
　8・3・6　周波数応答 ··216

第9章　慣性座標系から回転座標系へ

9・1　振動波形（変位と歪み応力）································219
9・2　固有振動数 ··221
9・3　共振条件 ··222
9・4　運動方程式の表現 ··223
　9・4・1　ジャイロモーメントとコリオリ力 ······················223
　9・4・2　事例研究　多翼ファン（シロッコファン）···············225

第10章　翼・羽根車系の振動解析

10・1　回転構造物系の固有振動数 ··································229
　10・1・1　薄い円板の固有振動数 ································229
　10・1・2　翼の固有振動数 ····································233
　10・1・3　周期対称構造物系の振動解析 ··························235
　10・1・4　回転座標系での翼・羽根車の一般的振動解析 ············241
10・2　翼・羽根車振動と共振 ····································242
　10・2・1　翼軸連成振動条件 ··································242
　10・2・2　翼・羽根車の固有振動モード ··························243
　10・2・3　翼・羽根車に作用する強制力 ··························244
　10・2・4　翼共振条件 ··244
　10・2・5　翼共振判定図表：キャンベル線図 ······················247
10・3　翼・羽根車の静止側からの加振 ······························255
　10・3・1　加振方法および共振条件の違いについて ················255
　10・3・2　翼・羽根車振動の慣性座標系での表現 ··················255
　10・3・3　共振条件1 ··257
　10・3・4　共振条件2 ··258

第11章 ロータ系の安定性問題

- 11・1 ロータの内部減衰による不安定振動 …260
  - 11・1・1 運動方程式 …260
  - 11・1・2 安定条件 …261
  - 11・1・3 安定性解析 …262
- 11・2 非対称回転軸系の不安定振動 …265
  - 11・2・1 運動方程式 …265
  - 11・2・2 非対称回転軸の振動概観 …267
  - 11・2・3 非対称回転軸の振動シミュレーション …274
- 11・3 接触摩擦による熱曲がり振動 …277
  - 11・3・1 熱曲がり …277
  - 11・3・2 熱曲がりモデル …278
  - 11・3・3 安定性解析 …280
  - 11・3・4 安定性の分析 …281
  - 11・3・5 熱曲がり振動シミュレーション …283
- 11・4 磁気軸受ロータの熱曲がり振動 …284
  - 11・4・1 熱曲がりモデル …284
  - 11・4・2 安定性解析 …286
  - 11・4・3 安定性の分析 …287
  - 11・4・4 熱曲がり振動シミュレーション …288

第12章 軸振動解析ソフト MyROT

- 12・1 回転軸系データ …290
  - 12・1・1 ロータ図面とメッシュ分割 …290
  - 12・1・2 ロータ系のデータ構成 …292
- 12・2 行列 …295
  - 12・2・1 オリジナル系の行列 …295
  - 12・2・2 グヤン（Guyan）法の縮小行列 …295
  - 12・2・3 モード合成法モデルの行列 …298
  - 12・2・4 はり要素の離散化 …300
- 12・3 解析処理（ジョブコマンド） …301
  - 12・3・1 解析処理メニュー …301
  - 12・3・2 解析例 …303
  - 12・3・3 エディット画面 …307

付録

- 付録1 近似モード別運動方程式 …308
- 付録2 非保存系パラメータの影響 …310

引用・参考文献 …312

索引 …320

第1章
回転機械の振動問題概観

　本章ではいろいろな回転機械を挙げ，その周辺を含め発生する振動問題や振動現象の理解・解決に対する基本的な考え方を概観する。

　高速の回転機械は大きな回転エネルギを持って回っている状態が静的な平衡状態である。よって，振動が発生した動的な状態において，安定性を失い自励振動が発生すれば大変危険な事態になる。自励振動のエネルギはロータ回転から与えられるので，回転停止に向けての処置，例えばモータ駆動では電源オフが唯一の対応策である。また，外力による定常振動の大きさそのものを小さく抑えなければ，例えば静止側とロータとの接触などの不具合が回転中に発生し，大事故の原因となる。

　このような回転機械の振動問題に対するデリケートさを紹介し，安定化と低振動化を実現する回転技術・信頼性技術の重要さを認識しよう。

1・1　いろいろな回転機械と振動問題

1・1・1　各種回転機械

　回転軸・回転円板よりなるロータおよびそれを支承する軸受ならびにケーシングより構成される機械を総称して「回転機械」という。

　特に，エネルギ産業用やプロセス産業用の流体機械が伝統的な回転機械の例で，「ターボ機械」と呼ぶ。身近な例としてはつぎのようなものがあり，枚挙にいとまがない。

　　蒸気タービン発電機（図1・1），ガスタービン（図1・2），ジェットエンジン，
　　水車，圧縮機，ファン，ポンプ，遠心分離器，電動機，歯車増減速装置

(a) 低圧（LP）タービンロータ[1]†

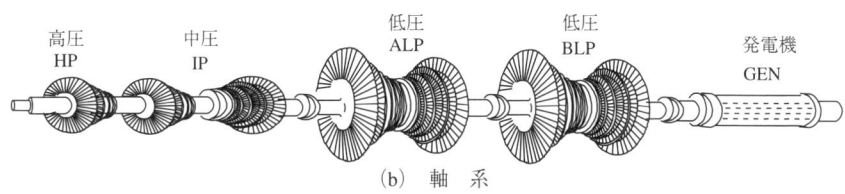

(b) 軸系

図1・1 タービン発電機軸系

図1・2 ガスタービン

　これらの回転機械は大形・大パワー，高エネルギ状態で回転する機械である．これらに比べ小形・小パワーに属するものとして，産業用・交通用の小形回転機械や家庭で

---

† 肩付き番号は巻末の引用・参考文献を示す．

みられる家電用回転機器などがある。

　　各種モータ，ジャイロスコープ，攪拌機，研削盤，紡糸機，船舶推進軸系，
　　車両駆動軸系，自動車用内燃機関，各種往復動機械，旋盤，真空ポンプ，
　　扇風機，自動洗濯機（図1・3），エアコン用や冷蔵庫用の圧縮器（図1・4）
ここに列挙したような回転機械には，大から小まで各種各様のものがある。これら
は，一般の産業分野などにおいて従来からみられる典型的な回転機器である。

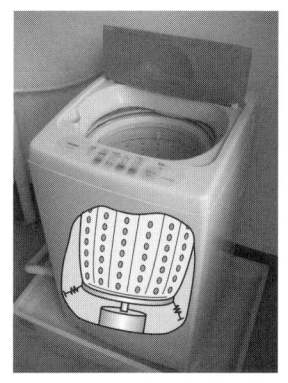

図1・3　自動洗濯機

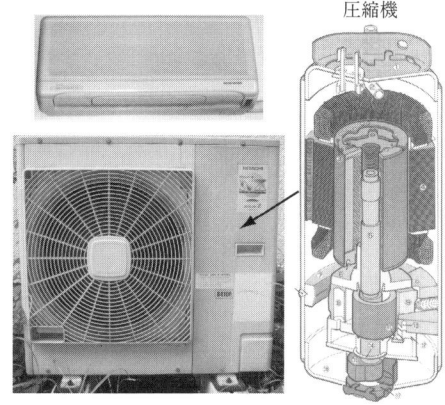

図1・4　エアコン

　これらの産業用回転機械分野では，小形化や高性能化を目標に数多くの新製品・新
技術の開発がなされてきた。しかし，それは数多くの振動問題を解決してきた歴史と
表裏一体であるといっても過言ではない。事実，雑誌「ターボ機械」(2006年10月号)
に各種新製品を開発してきた技術者の苦労話が「団塊の世代から一言」と題して特集
されていた。いまだに印象に残る一冊子である。全12件の苦労話のうち半分以上が
回転機械の振動問題に遭遇し，昼夜なく働き艱難辛苦の末に問題を解決し，世に新機
種を産み出していった過程が喜びとともに熱く語られていた。回転機械の振動問題の
怖さを物語る一例である。

　これら従来形に加え最近の新分野における回転機械として，メカトロニクスの発展
とともにコンピュータ関連機器・情報機器分野に属する回転機械がクローズアップさ
れている。例えば

　　磁気ディスク装置（HDD，図1・5），光ディスク装置，CD，VTR

図1・5　最近のハードディスク　（3.5インチHDD）

ポリゴンミラー，ハイブリッドエンジンなどがある。これらの機器はより小さく，より薄く，より高速に，より高密度情報化の傾向にあり，機器開発スピードは極端に速い。薄い円板の場合が多く，ジャイロ効果なども力学的には問題となる。回転機器としての装いは日進月歩で姿を変えてはいるが，機器の低振動化という技術課題そのものは普遍といえる。

1・1・2　軸　　　受

回転するロータを一般に静止側から支承し，スムースな回転を保障するものが軸受である。軸受部の回転軸側を特にジャーナル（ラジアル軸受）およびディスク（スラスト軸受）と呼ぶ。軸受には，転がり軸受（玉軸受，ころ軸受など），すべり軸受（だ円軸受，ティルティングパッド軸受など），磁気軸受（能動制御形電磁石利用，受動非制御形永久磁石利用）など，用途に応じて各種各様のものがある。これらの軸受の特徴をエンドユーザ向け資料としてまとめた表1・1を紹介しておく。

一方，軸受反力は線形振動の力学的モデルとして，ばね（剛性）・ダンパ要素に置換される。その概略はつぎのように理解されている。

(1) 転がり軸受：軸受反力は全方向に等しく軸対称に発生するので等方性軸受という。剛性はかなり大きいが，減衰はないに等しい。

(2) すべり軸受：軸受すきま内を拡大してみると，軸受中心から少し偏心した位置にて油膜がロータ自重を支承，振動などの動的な変動も吸収する。この偏心のため軸受反力は方向性を有し軸非対称となり，異方性軸受という。剛性・減衰作用ともに大きいので，精度のよい計算が要求される。

(3) 磁気軸受：軸（ジャーナル）を軸受中心に静的に保持するように制御し，動的な軸受電磁力は軸対称で作用するので，等方性軸受として扱われる。剛性・減

表1・1 各種軸受の比較[2)]

	転がり軸受	すべり軸受	磁気軸受
荷重	衝撃荷重には劣る．深溝玉軸受やアンギュラ玉軸受などは，1個の軸受でラジアル，スラスト兼用可	重荷重，衝撃過重向き，許容面圧は目安としてラジアル軸受；〜5MPa スラスト軸受；〜7MPa	高速回転・軽荷重向き，許容面圧はおおむねラジアル軸受；〜0.5MPa スラスト軸受；〜0.8MPa
摩擦	静止摩擦係数は 10^{-3}〜10^{-2} と小さい	静止摩擦係数は 10^{-2}〜10^{-1} と大きい	無視できる
	回転中の動摩擦係数はいずれも 10^{-3} 程度		
速度限界	転動体の遠心力と保持器などの潤滑による $DN<$ 約 2×10^5 mm rpm	乱流遷移と発熱による $V<$ 約 120 m/s	スリーブの遠心強度による $V<$ 約 200 m/s
振動と減衰	ばね定数あり，減衰は極微	流体力学的なホイップあり，減衰は大きい	軸受特性は等方性，ばね・減衰を伝達関数で付与，静剛性は大も可
音響	比較的大	比較的小	小
潤滑剤	主として潤滑グリース	主として潤滑油	不要
寿命と破損	材料の疲れによる寿命計算式がある．高速時には焼きつき破損もある	流体力学的には寿命は無限，破損は焼きつきや摩耗が主で，高荷重では剥離もある	軸受自身は半永久的
取り付け誤差	性能に比較的敏感	比較的鈍感	軸受ギャップは大きく，鈍感
ごみの影響	寿命，摩耗，特に音響へは敏感に影響する	軸受合金の埋没性により比較的鈍感	鈍感
保守	主としてグリース潤滑で保守は容易，油潤滑でも同様	主として油潤滑で，給油装置が複雑となり，また油の漏れを防止することに工夫が必要	軸受本体は特に不要，制御装置には交換部品あり
コスト	標準形の量産品は安価，メーカー互換性あり	一般に自家製で，比較的安価．任意寸法可	いまだオーダーメイド的な製品であり高価

衰作用ともに適度に制御可能である。制御性能の誤差は，最終的には現場パラメータ調整で吸収可能な余地が残されている。

軸受反力は，原理的には非線形であるが，静的平衡点まわりで線形に近似してばね・ダンパ要素におき換えて考える。しかし，この非線形性は正常時の振動波形の中にも小さく内在されている場合があり，ときとして大振幅波形に成長し非線形振動問題を引き起こす。

1・1・3 いろいろな要素の不具合と振動誘発

回転機械は，軸，ディスク，ブレード，ノズル，ドラム，継ぎ手，軸受，シール，コイル，歯車などさまざまな要素から構成され，各要素には作動流体や潤滑流体からの流体力，あるいは電磁力が作用する．よって，ロータは運転中に振動を発生する要因を数多く抱えているといえる．

ロータ振動が原因となって回転機械にはさまざまな不具合が発生する．この不具合はロータ振動増加の原因となり，事態のさらなる悪化が心配される．例えば，振動による繰返し応力増大や疲労破壊，静止部とのロータ接触や軸受の焼き付き，静止部への力伝達や周辺機器の振動誘発など，心配の種は尽きない．

回転体の低振動化を達成するためには，事前にこれらの要因分析を行い，通常の運転状態では振動問題が発生しないように設計する必要がある．また，運転中の実機に振動が発生した場合には，その原因を明らかにし適切な対応策をとることが求められる．したがって，これらの要素の力学的特性をよく理解し，回転機械に発生する振動の要因を広い視野から事前に把握しておくことが肝要である．

図1・6に大形発電機の開発に際する要素技術課題を整理抽出した例を示す．大形すべり軸受，シール，コイルを納めるスロット構造などの問題が列挙されている．

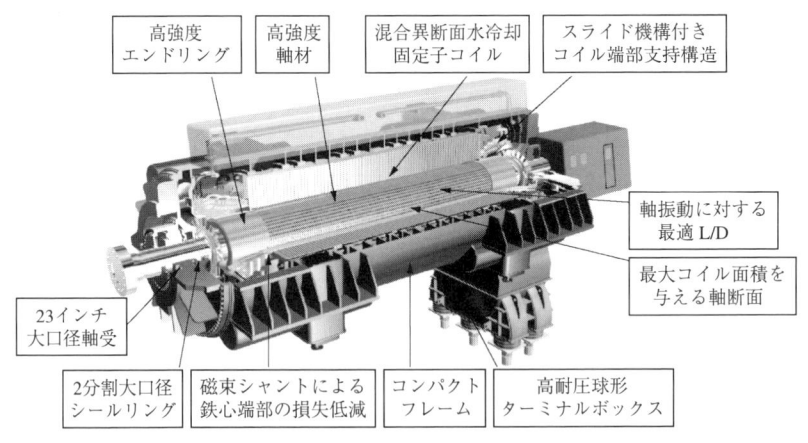

図1・6　1000MW発電機の開発と技術課題[1)]

1・1・4　ロータダイナミクス

ロータダイナミクス（Rotordynamics）は，回転機械のロータ（回転体）に発生する振動の原因（加振力，加振の機構），それに対するロータの振動応答特性を解明して，振動を低減・抑制する設計法や運転・保守法を可能とすることを目指すものである。

日本では，1950〜1970年は回転機械の多くのメーカーが欧米の技術提携先からノウハウを吸収し，現場での振動トラブルに個別に対応する時代であった。60年代からはじまった回転機械の大形化，高速化に伴って，日本独自の技術開発と蓄積が1970〜1980年にかけて進行し，80年代以降はこれからの自主技術が大きく成長した。

当初は欧米から学ぶことが多かったロータダイナミクスも，このような技術志向に支えられていまや日本が一流のレベルにあるということができる。

従来，実機に生じた振動は「トラブル」として処理され，なかなか表面化しないことが多かった。しかし，日本機械学会誌（1972年4月号）に実機において経験された132例の振動トラブルとその原因解析，対策，結果が一挙に掲載され[3,4]話題となった。また，同学会機力部門所属の振動工学データベース研究会（通称v_BASE，1991年より）が実機の振動トラブル事例の発表講演会を毎年開催している。また，事例データは収集整理され，文献（図1・7）としても発表されている。

回転機械関連の振動問題解決の手法や教訓がこの分野の技術者に広く共有されるようになるのは，好ましいことである。「振動」を扱うには，耳学問では不可能で，根本の原理を理解する必要がある。

図1・7　v_BASEデータブック[5]

1・2　回転機械に発生する振動の種類

回転機械に限定して実務的視点に立てば，我々のよく経験する回転体の振動モード

の典型的な例としてつぎのようなものが挙げられる。

(1) 軸曲げ振動

軸の長手方向に変化するたわみ変形モードを保持して回転面（回転軸線に垂直な面）内でふれまわる。ただし，剛体モードのふれまわりも含めて考える。回転軸の振動で問題となるのは，多くの場合この曲げ振動である。

(2) 軸ねじり振動

回転軸線方向の軸の各部の相対ねじれ変形が振動的に変化する。回転機械の場合は，ねじり振動を発生させる内在要因は往復動機械に比較して少ないが，モータの電磁力や負荷トルクなどが振動的に変動するとこの振動を引き起こす。

(3) 軸縦振動

回転軸方向の振動で，通常は軸の縦剛性が高いために問題になることはない。しかし，局所的な共振によって静止部と接触，あるいはスラスト軸受の動荷重過大が原因でこの振動問題を惹起する場合がある。

(4) 回転構造物の振動

ポンプ・圧縮機の羽根車やタービン翼など，回転する構造体の板曲げ振動問題も大切である。3D有限要素法の計算コードを用い，羽根車・翼の実際形状に沿った定式化を行い，遠心力による板剛性アップも考慮して，子細な固有振動数計算や共振振幅の予測がなされる。この場合，回転軸振動がなく，翼構造の中心が固定された理想的な状態，すなわち回転構造物単独系の解析である。しかし，ときとして回転軸との連成の振動問題も考慮せねばならない。

1・3 振動のメカニズムによる分類

振動発生メカニズムを，運動方程式とそのパラメータとの関連で説明するのが図1・8である。同図は概略以下のことを示している。

(1) 運動方程式

図中の式①がロータ系で，M（質量）-C（減衰）-K（剛性）は線形系の行列で，εf が微小非線形項である。これらから自由振動系が構成されていると考える。さらに強制振動系の場合として，回転数 Ω に同期した周波数の作用する U の項が不釣合い力を

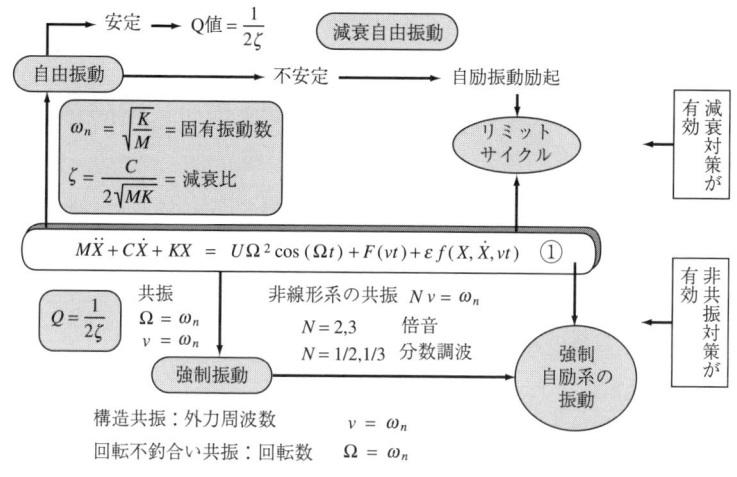

図1・8 振動発生のメカニズムとパラメータ

表し,周波数 v が作用する項が外部からの調和加振 $F(vt)$ を模式している。

(2) 強制振動系

不釣合い力 U や周期的な外力(強制力)F が作用しているとき,回転軸は強制力の振動数に同期した振動数で定常振動する。強制力の振動数が軸の固有振動数に一致すると,共振現象が生じて軸の振動振幅が極大になる。

本図では式①より下の記述が強制振動で,回転数同期の不釣合い振動の共振は回転数 $\Omega=\omega_n$ で発生し,大変危ない状況なのでロータでは特に危険速度という。外力周波数 v の調和加振のときは $v=\omega_n$ で共振する。対策としては共振回避や共振感度低減が望まれる。

右下部には,非線形項の存在のために,$Nv=\omega_n$ ($N=$倍数または分数)にて共振が発生する可能性を描いている。

(3) 自由振動系

図1・8式①より上の記述が自由振動系で,安定なら減衰自由振動が,また不安定なら自励振動が発生することを示している。前者は正減衰状態で,後者が負減衰状態である。どちらの状態であれ発生振動数は固有振動数 ω_n である。

自励振動の例として,静かにおかれている振動系が,強制力が作用していないにもかかわらず徐々に振動が大きくなる場合があることを経験的に知っている。例えば,

一定の風が吹く中におかれたブラインドの振動がある条件下で徐々に成長する場合があり，これが自励振動である。この自励振動防止はたいへん難しく，同図下側の共振条件を回避する策は徒労である。自励振動は同図上側ゆえ，正減衰付与が本質的対策である。

また，不安定な線形状態から出発した自励振動は徐々に成長するが，非線形項のため有限振幅に抑えられ，同図上右側に示すようにリミットサイクルに落ち着く。

この負減衰状態は，力学的には復元力のタイミングが後手後手にずれた悪循環状態にあり，文学的には負のスパイラル状態にあると形容される。

(4) 係数励振振動

自励振動の一種である。回転軸系をモデル化して質量，ばね，減衰の3係数で運動方程式を表した場合，これらの係数の値が時間とともにわずかに変動すると，振動振幅が時間とともに大きく成長する場合がある。

(5) 非線形振動

同図上下の右側に示す非線形メカニズムによる諸問題も無視できない。典型的な一例はロータラビング振動である。また，自励振動発生後のオイルホイップ振動のリミットサイクル現象なども非線形特性による。

以上のような知見をもとに遠心圧縮機の振動現象と要因を経験に基づき整理した例を図1・9に示す。問題も多岐にわたり，実機設計の難しさが窺い知れる。

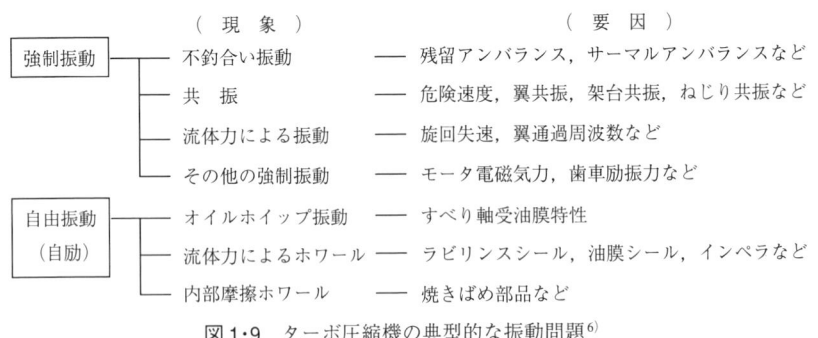

図1・9　ターボ圧縮機の典型的な振動問題[6]

1・4　複雑現象の単純化

　回転機械にはこのようにさまざまな振動問題が発生する。平衡状態で大きな回転エネルギを有しているので，若干の局所的な不都合な要因は拡大され，機械全体の大きな振動不具合を誘発する。コップ一杯の凝縮水がタービン全体の振動を励起した例，芯合わせに便利として導入した弾性カップリングが振動原因となった例など枚挙にいとまがない。

　しかし，このような複雑なさまざまな振動問題も，じつは単純な力学モデルで原因が説明可能であることも多い。的を射て原因を正せば振動はぴたりと治まる。共振や自励振動の現象発生メカニズムを説明するモデリング力，根本原理を突き詰める経験と知見，鋭い勘など望めば限りないが，博覧強記の専門家が理想であろうか。

　図1・10はこのように専門家の一人が，実際の機械の振動モードを想定し，1自由

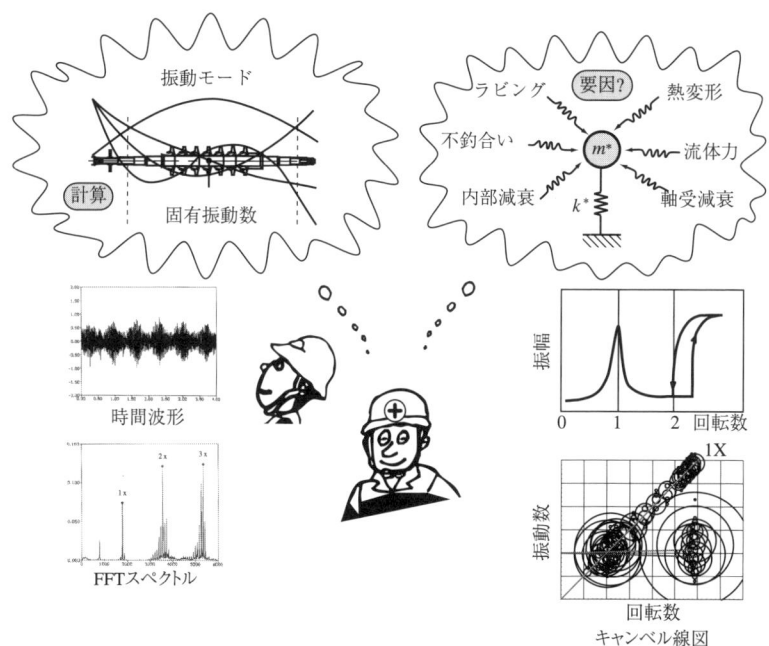

図1・10　単純モデルでの原因推定

度系で振動発生原因として不釣合いや流体力など模索しているさまを模擬したものである.機械に発生する複雑な振動現象を単純な振動系におき換え,基本知識の延長上で多面的に分析する能力の涵養が望まれる.

一方,ロータ設計におけるシミュレーション技術も重要である.大形回転機器では,入念に設計計算がなされる.図1・11に示すように,多円板を有する回転軸系を有限要素(Finite Element, FE)法のはり要素でモデル化し,それに軸受などの支持動剛性を加味した振動解析ソフトが用いられる.筆者らはFE法回転軸系の自作ソフトMyROTを用いている.高度な設計現場では,FE法解析ソフトが計算機援用設計ツールとして標準化されており,多岐にわたる項目がレビューされている.

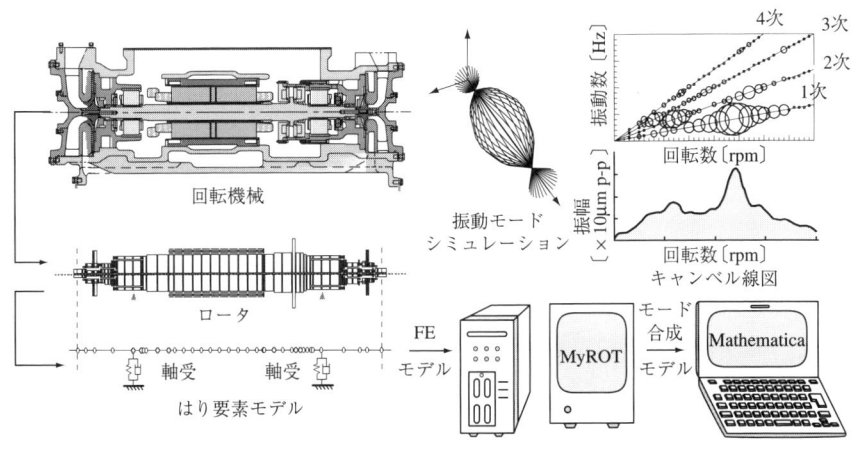

図1・11 FE法モデルでのシミュレーション

しかし,それでも振動問題は発生する.それは設計者自身が経験していない振動原因やその遠因にまで考えが及ばない場合である.遠因としては,熱変形や流体力の怖さが経験的に思い出される.

いったん発生した振動問題の原因を単純モデルで定性的に推定した後,その対策仕様を定量的に決定する段になると再びFE法シミュレーション技術が役立つ.このような設計シミュレーション結果や実機運転時の振動データ計測が知的財産の蓄積にもつながる.極論すれば,この蓄積の過程が明日のわれわれの財産である.

第 2 章
単振動系の振動

振動系を表す基本特性とは，自由振動波形から得られるつぎの二つの情報
- 固有振動数 f_n〔Hz〕，固有角（円）振動数 $\omega_n = 2\pi f_n$〔rad/s〕
- 減衰比 ζ，対数減衰率 $\delta = 2\pi\zeta$〔無次元〕

である。この基本特性から，強制振動の場合における共振状況は
- 共振周波数（不釣合い振動では危険速度）＝固有振動数 f_n〔Hz〕
- 共振倍率 $Q = 1/(2\zeta)$

で予測される。結局，機械の振動設計では共振回避，または共振倍率低減が基本であり，そのためには固有振動数の配置と減衰比の大きさが非常に大切な設計指標となる。

ここでは，これら基本特性の定義および計算方法ならびに計測方法についての理解を深める。

2・1 固 有 振 動

2・1・1 固 有 振 動 数

図2・1に示すように，ばね定数 k〔N/m〕，質量 m〔kg〕のばね・質量系における不減衰自由振動は固有振動と呼ばれ，固有角（円）振動数 ω_n は

$$\omega_n = \sqrt{k/m} \quad \text{〔rad/s〕} \tag{2・1}$$

で計算される。固有振動数 f_n には次式で変換する。

$$f_n = \omega_n/(2\pi) \quad \text{〔Hz〕} \tag{2・2}$$

本書では，厳密には固有円振動数というべきところを，誤解のない限り，現場の慣例に従い単に固有振動数という。

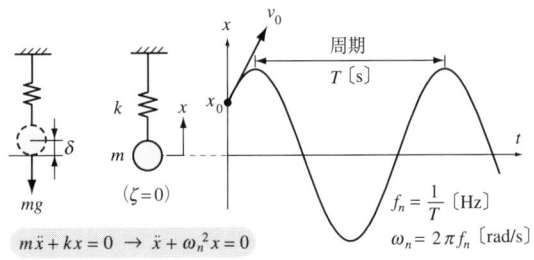

図 2・1 (不減衰) 自由振動波形

2・1・2 ばね定数の計算

ばね定数 [N/m] とは単位荷重当りの変形量の逆数だから,その値は材料力学の静的変形計算より決定される。求め方の一例を表 2・1 に示す。

表 2・1 ばね定数の例[7]

弾 性 系	弾 性 系
(1) 片持ばり $k = \dfrac{3EI}{l^3}$ (a) 円形断面 $I = \pi d^4 / 64$ (b) 長方形断面 $I = bh^3/12$	(3) 棒のスラスト $k_a = \dfrac{EA}{l}$
(2) ねじり棒 $k_t = \dfrac{GJ}{l}$ (a) $J = \dfrac{\pi d^4}{32}$ (b) $J = \left[\dfrac{1}{3} - 0.2\dfrac{b}{a}\left(1 - \dfrac{b^4}{12 a^4}\right)\right] ab^3$	(4) 両端単純支持ばり $k = \dfrac{3EIl}{l_1^2 l_2^2}$ $l_1 = l_2 = l/2$ のときは $k = \dfrac{48EI}{l^3}$ (5) オーバハング $k = \dfrac{3EI}{a^2(l+a)}$

2・1・3 エネルギ保存

物体の運動エネルギ T と位置エネルギ (歪みエネルギ) V の和 $E = T + V$ が運動中に一定に保たれている系を保存系という。事実,図 2・2 に示すように,保存系の固有振

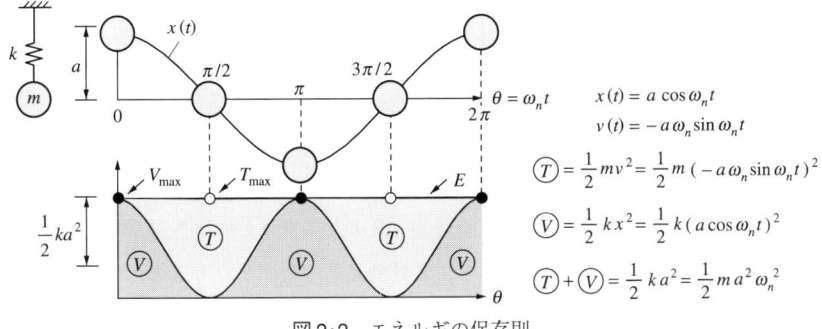

図2・2　エネルギの保存則

動において運動エネルギと位置エネルギはたがいに補完しあい，和は一定に納まっている。よって，運動エネルギの最大値 T_{max} と位置エネルギの最大値 V_{max} が等しい。

$$T_{max} = V_{max} \tag{2・3}$$

この関係より固有円振動数を決定することができる。

$$2T_{max} = m(a\omega_n)^2, \quad 2V_{max} = ka^2 \rightarrow \omega_n = \sqrt{k/m} \tag{2・4}$$

振動とは静的平衡点からの挙動で，動挙動と呼ばれる。よって，エネルギ変化も静的平衡点からのずれで計算する。同図の系では，重力でばねが伸びて釣り合った状態が0基準の平衡点と考える。よって，無重力としても振動波形は同じ結果になる。

2・1・4　ばね部質量の固有振動数に及ぼす影響

ばね部質量 $=0$ の理想的な条件のもとで固有振動数が簡易的に計算される。しかし，実際にはばね部質量の影響で，理想的な場合に比べ必ず低下する。この影響を無視すると楽観的な設計に陥りやすいので危険である。

例えば，図2・3のばね・質量系でコイルばね部質量を m_s，ばね先端の変位を y とすると，ばね各部の振れ δ は直線的であるから

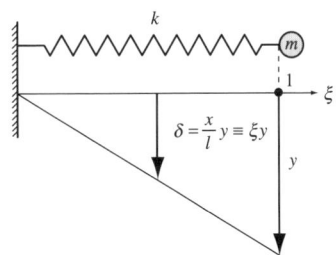

図2・3　ばね部質量の影響例

$$\delta = (x/l)y \equiv \xi y \tag{2・5}$$

と書け，先端質点の運動エネルギに，線密度 ρ_l のばね部質量のものを加算し

$$T = \frac{m}{2}\dot{y}^2 + \frac{1}{2}\int_0^l \rho_1 \dot{\delta}^2 dx = \dot{y}^2\left(\frac{m}{2} + \frac{m_s}{2}\int_0^1 \xi^2 d\xi\right) = \frac{1}{2}\left(m + \frac{m_s}{3}\right)\dot{y}^2 \qquad (2\cdot6)$$

となる。よって，固有角振動数 ω_n を求める公式は次式におき換わる。

$$\omega_n = \sqrt{\frac{k}{m + m_s/3}} \qquad (2\cdot7)$$

このようにコイルばね部質量の1/3が付加質量として寄与し固有振動数は低下する。

例題2・1　一様棒のばね剛性とともに質量効果をも考慮したときの付加質量（等価質量）の例を図2・4に示す。各係数を検算せよ。

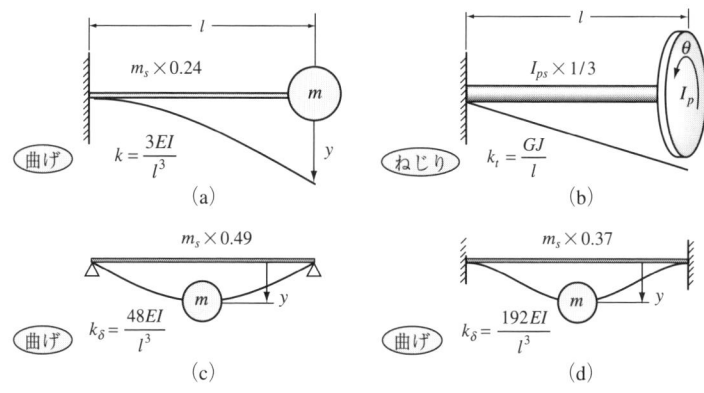

図2・4　ばね部の付加質量（等価質量）

例題2・2　図2・5に示す長さl，質量m_sの片持ばりで，振動注目点を左端からalとする。いま，$a = \{1, 0.9, 0.8, 0.7\}$のとき，a点の等価質量m_{eq}はいくらか。

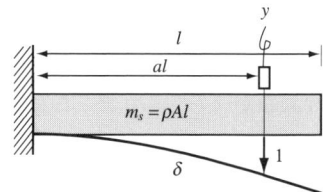

図2・5　たわみ曲線

解　al位置の振れ $= 1$ となるたわみ曲線 δ

$$\delta = \frac{\xi^2(3a - \xi)}{2a^3} + \frac{(\xi - a)^3}{2a^3}U(\xi - a) \quad \left(\xi = \frac{x}{l}\right) \qquad (2\cdot8)$$

ただし，ステップ関数Uは$U(t) = 0\ (t < 0)$，$U(t) = 1\ (t \geq 0)$だから，alまでは3次曲線，それ以降は直線である。等価質量m_{eq}は次式

$$m_{eq} = m_s \int_0^1 \delta^2 d\xi \qquad (2\cdot9)$$

で求まる。よって，$m_{eq} = \{0.25, 0.33, 0.47, 0.70\}\ m_s$

2・2 減衰系の自由振動

2・2・1 質量・ばね・粘性減衰系

図2・6に示すように，質量・ばね系に粘性減衰c〔N·m/s〕を追加した非保存系の振動は減衰振動波形として観察され，その一例としてのインパルス応答は

$$x(t) = ae^{-\zeta\omega_n t} \sin qt \tag{2・10}$$

と書ける。

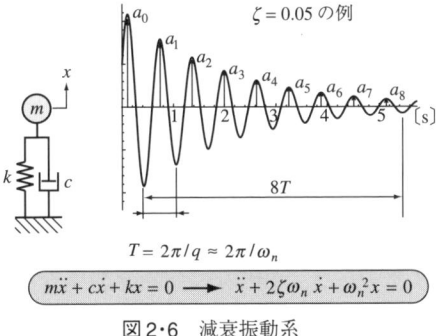

図2・6 減衰振動系

減衰するさまは減衰比ζで評価する。その定義は，粘性減衰定数c〔N·s/m〕を臨界粘性減衰定数$c_c = 2\sqrt{mk}$〔N·s/m〕で除した

$$\zeta = \frac{c}{c_c} = \frac{c}{2\sqrt{mk}} = \frac{c}{2m\omega_n} \quad \text{〔無次元〕} \tag{2・11}$$

である。減衰比をパラメータに減衰波形を比較したものが図2・7である。

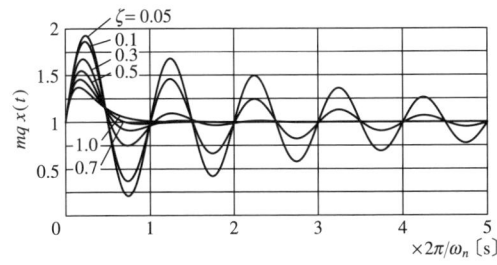

図2・7 インパルス応答の減衰波形

また，このときの振動数を減衰固有角振動数 q といい

$$q = \omega_n \sqrt{1-\zeta^2} \quad [\text{rad/s}] \tag{2・12}$$

と書く。これは不減衰固有角振動数 ω_n に近い値である。

式 (2・10) は特性根（複素固有値）λ を用いて

$$x(t) = a\,\text{Im}[e^{\lambda t}] \tag{2・13}$$

におき換わるとすると，特性根は次式となる。

$$\lambda \equiv \alpha \pm jq = -\zeta\omega_n \pm j\omega_n\sqrt{1-\zeta^2} \tag{2・14}$$

振動設計では，ロータ系を多自由度系におき，複素固有値解析により複素固有値＝特性根 λ がさきに求まる。そこで，特性根 $\lambda = \alpha + jq$ から振動特性（固有円振動数 ω_n および減衰比 ζ）へのおき換えは次式で換算する。

$$\begin{aligned}\omega_n &= \sqrt{\alpha^2 + q^2} = |\lambda| \\ \zeta &= -\alpha/|\lambda|\end{aligned} \tag{2・15}$$

また，複素固有値の実部 $\alpha = -\zeta\omega_n$ が負のとき系は安定といい，逆に実部が正のとき，系は不安定という。波形としては図2・8のように観察される。

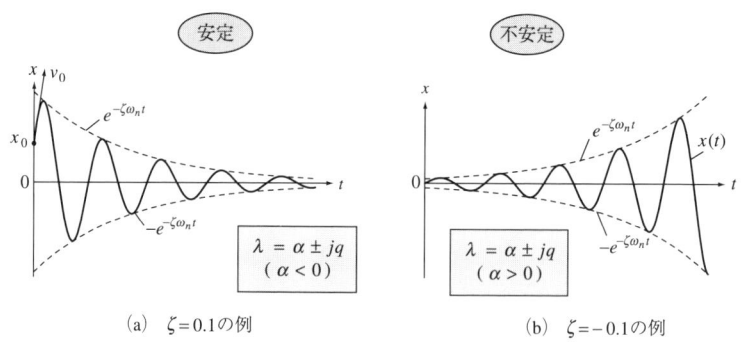

図2・8 系の安定，不安定

2・2・2 減衰比 ζ の実測

振動系では，固有円振動数 ω_n と同様に，減衰比 ζ が大切な無次元パラメータである。ここでは，減衰振動波形を計測して減衰比 ζ を推定する方法を示す。

減衰波形式 (2・10) の振幅包絡線 $\vec{A}$ に注目すると

$$\vec{A}(t) = e^{-\zeta\omega_n t} \tag{2·16}$$

波形図2·6にみられるように，振動数はqでその周期は$2\pi/q$である。よって

$$\vec{A}(0) = 1, \quad \vec{A}(2\pi/q) = e^{-\zeta\omega_n 2\pi/q} \tag{2·17}$$

ゆえに，両者の比をとると

$$\vec{A}(0)/\vec{A}(2\pi/q) = e^{\zeta\omega_n 2\pi/q} = e^{\frac{2\pi\zeta}{\sqrt{1-\zeta^2}}} \tag{2·18}$$

の関係が得られる。一周期ごとの振幅比を計れば，それは減衰比ζのみの関数だから，同定可能である。

図2·6に示すように減衰振動波形のピークを1サイクルごとに計測し，順番にa_1, $a_2, a_3, \cdots$と記し，比をとると等比級数となっている。

$$1 < \frac{a_0}{a_1} = \frac{a_1}{a_2} = \frac{a_2}{a_3} = \cdots = \frac{a_n}{a_{n+1}} = \cdots = e^{\frac{2\pi\zeta}{\sqrt{1-\zeta^2}}} \tag{2·19}$$

この自然対数をとると，一般に減衰比ζは小さいので，次式で同定される。

$$\text{対数減衰率} \quad \delta = \ln\frac{a_n}{a_{n+1}} = \frac{2\pi\zeta}{\sqrt{1-\zeta^2}} \approx 2\pi\zeta \tag{2·20}$$

$$\text{減衰比} \quad \zeta = \frac{\delta}{2\pi} = \frac{1}{2\pi}\ln\frac{a_n}{a_{n+1}} \tag{2·21}$$

具体的には，1サイクルごとの振幅ピーク計測値a_iを片対数グラフ図2·9に示すよ

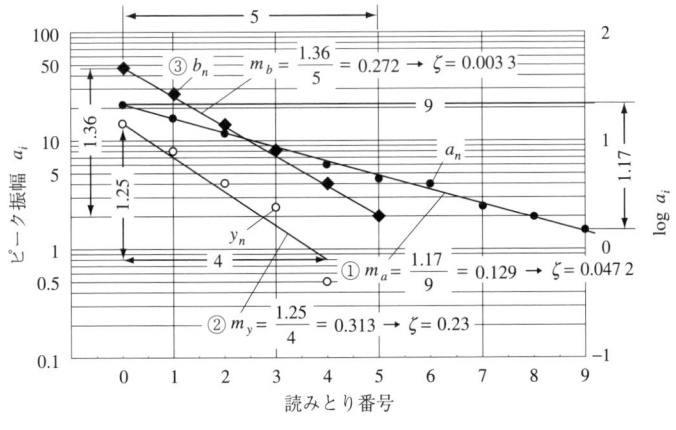

図2·9 データプロット

うに順次プロットしていく。この後にプロット点を直線近似して傾き m_a を読みとり，式 (2・21) から減衰比 ζ が求まる。

$$\zeta = \frac{\log(a_n / a_{n+1})}{2\pi \log e} = \frac{m_a}{2.73} \tag{2・22}$$

ただし，m_a は1サイクル当りの傾き（図2・9縦軸右側で読む）。

$$m_a = \log a_n - \log a_{n+1} = \frac{\log a_0 - \log a_n}{n}$$

例題2・3 図2・6に物差しを当て，ピーク振幅を読みとり減衰比を求めよ。

解 1サイクルごとのピーク振幅読みとり値 ={21.5, 16, 11.5, 8.5, …}→ プロット点は図2・9の①→ 傾き m_a = 1.17 / 9 = 0.129 → 減衰比同定値 ζ = 0.047

例題2・4 減衰の効いた振動波形の場合には，図2・10に示すように，半サイクルごとに振動波形のピーク $y_0, y_1, y_2, \cdots$ を読みとる。そのときの減衰比を求めよ。

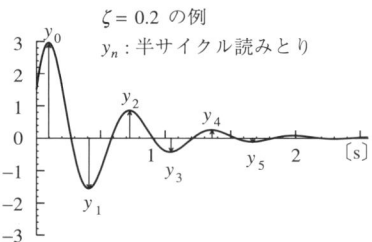

図2・10 減衰の大きい振動波形

解 半サイクルごとのピーク振幅読みとり値 ={14.5, 8, 4, 2.5, …}→ プロット点は図2・9の②→ 傾き m_a = 1.25 / (4 / 2) = 0.63 → 減衰比同定値 ζ = 0.23

例題2・5 減衰の悪い振動波形の場合には，図2・11 (a) に示すように一定時間間隔 Δt 〔s〕ごとに振幅包絡線 $b_1, b_2, b_3, \cdots$ を読みとる。また，この時間波形の拡大図 (b) から固有振動数 f_n を計測する。このときの減衰比 ζ を求めよ。

解 拡大図 (b) から f_n = 30 Hz → 図 (a) から Δt = 1s ごとの振幅包絡線の読みとり値 ={46, 26, 14, 8, …}→ プロット点は図2・9の③→ 傾き m_a= 1.36 / (5 × Δt × f_n) → 減衰比同定値 ζ = 0.003 3

2・2 減衰系の自由振動

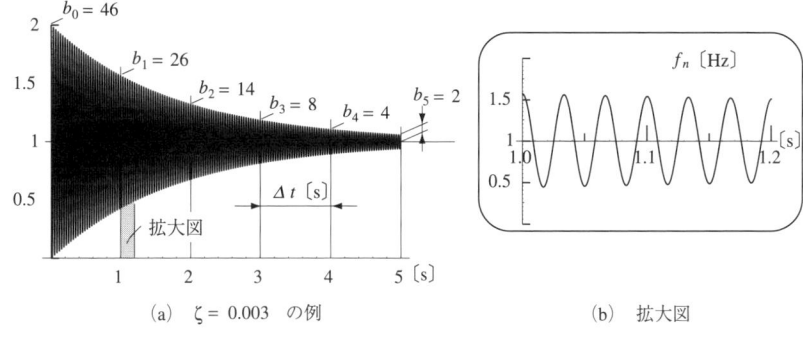

(a) $\zeta = 0.003$ の例　　(b) 拡大図

図2・11　減衰の小さい振動波形

例題2・6　図2・12はインパルス波形AとFFT分析結果Bである。この試験結果から減衰比を求めよ。

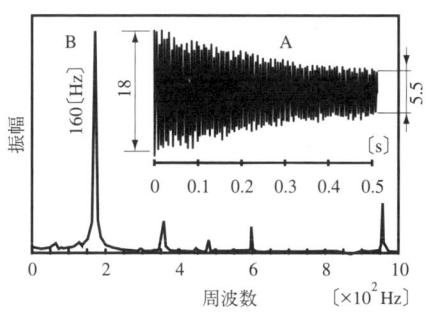

図2・12　減衰比推定[28]

解　0sのときの両振幅 $2a_0 = 18$，$\Delta t = 0.5$ s のときの両振幅 $2a_1 = 5.5$，固有振動数 $f_n = 160$ Hz を読みとり→式 (2・23) より減衰比同定 → $\zeta = 0.0024$

$$\zeta = \frac{1}{2\pi n}\ln\left(\frac{a_0}{a_1}\right) = \frac{1}{2\pi\Delta t f_n}\ln\left(\frac{a_0}{a_1}\right) \tag{2・23}$$

2・2・3　位相進み/遅れと減衰比

質点の変位に対して，図2・13に示すように，制御器などを介して操作力（電磁力など）を発生させる構成がメカトロ機器などによくみられる。図 (a) のブロック線図において質量体の伝達関数 G_p が制御対象，変位入力 x から操作力 u までが制御器伝達関数 G_r とする。

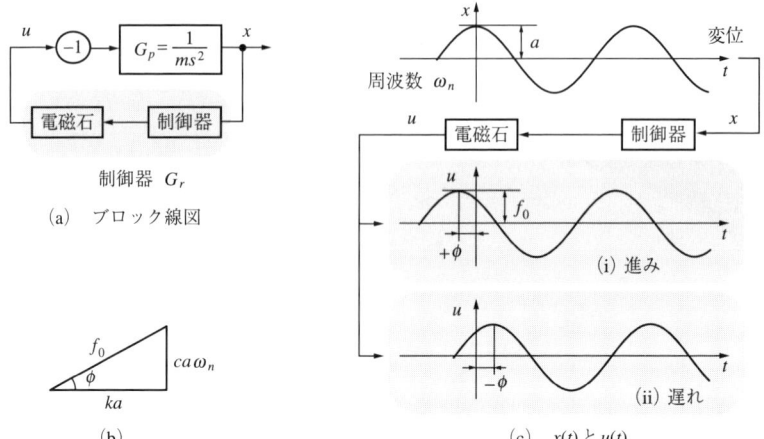

図2・13 位相の進み遅れ

固有振動数 ω_n における周波数に注目し，変位 $x(t)$ を入力，反力＝操作力 $u(t)$ を出力とした次式

$$x(t) = a\cos\omega_n t$$
$$u(t) = f_0 \cos(\omega_n t + \phi) \tag{2・24}$$

で制御器入出力関係を表す．

このとき，入力に対する出力の位相差 ϕ に注目すると，図 (c) に示すように，$\phi > 0$ なら位相進み，反対に $\phi < 0$ なら位相遅れ制御である．いま

$$u(t) = f_0 \cos\omega_n t \cos\phi - f_0 \sin\omega_n t \sin\phi \tag{2・25}$$

だから，これをばね k と粘性減衰 c が作用する等価な力

$$u(t) \equiv kx(t) + c\dot{x}(t) = ka\cos\omega_n t - ca\omega_n \sin\omega_n t \tag{2・26}$$

とみると，両式を比較して

$$ka = f_0 \cos\phi, \quad ca\omega_n = f_0 \sin\phi \tag{2・27}$$

式 (2・27) 第2式，あるいは図 (b) から，位相進み／遅れは正／負減衰を意味し，$\phi > 0$ のとき安定減衰振動，$\phi < 0$ のときは不安定な自励振動となることがわかる．このように固有振動 $x(t)$ に対する反力 $u(t)$ の位相進み／遅れが系の安定性を左右する．

安定な系の位相進み量 $\phi > 0$ から直接に減衰比が次式で推定できる．

$$\zeta = \frac{c}{2\sqrt{mk}} = \frac{c\omega_n}{2k} = \frac{1}{2}\tan\phi \tag{2・28}$$

よって，位相進み/遅れは正/負減衰を意味し，かつ位相進み量 $\phi>0$ から直接に減衰比が推定できる。「位相進みはいいそうだ」と覚えよう。

例題2・7 図2・13の系で，制御器の位相特性を固有振動数に等しい周波数で計ったとき，図(c)(i)の入出力波形を得た。期待される減衰比 ζ はいくらか。

解 $\phi=+40°$ を読みとり，$\zeta=0.4$

2・3　回転軸の不釣合い振動

2・3・1　複素変位と運動方程式

いま，図2・14(a)に示すように両端が軸受で支えられた垂直軸の中央にロータがある回転軸系を考える。ロータは水平面内で運動するから重力およびジャイロ作用の影響は無視できる。回転軸には剛性はあるが，質量はないものとする。

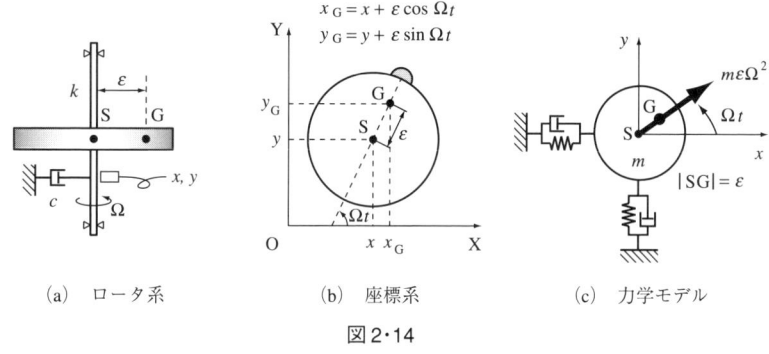

(a)　ロータ系　　(b)　座標系　　(c)　力学モデル

図2・14

図(b)に示されるように，静止状態の回転軸の位置Oを原点にし，空間固定の慣性座標系O−XYをとる。回転軸はロータの図心Sにとり付けられていて，軸振動を変位センサで計測し(x, y)とする。ロータの重心Gは図心Sから ε だけ偏心しているとする。回転角速度 Ω として，回転軸に固定したSG軸とO−X軸のなす角度が回転角度 Ωt である。

さらに，粘性減衰 c も作用しているとして，図(c)に示すような質量・ばね・粘性減衰よりなる1自由度系のロータモデルを考える。

ニュートンの第2法則からロータの運動方程式を求める。ロータの重心位置 $\{x_G = x + \varepsilon \cos \Omega t,\ y_G = y + \varepsilon \sin \Omega t\}$ に対して，回転軸のばね反力や減衰力は図心 $S\{x,y\}$ の動きに比例する。よって

$$m\ddot{x}_G = -kx - c\dot{x}$$
$$m\ddot{y}_G = -ky - c\dot{y} \tag{2・29}$$

これを書き改めると

$$m\ddot{x} + c\dot{x} + kx = m\varepsilon\Omega^2 \cos \Omega t$$
$$m\ddot{y} + c\dot{y} + ky = m\varepsilon\Omega^2 \sin \Omega t \tag{2・30}$$

簡単のため複素変位 $z = x + jy$ を導入すると，運動方程式は次式となる。

$$m\ddot{z} + c\dot{z} + kz = m\varepsilon\Omega^2 e^{j\Omega t} \quad \rightarrow \quad \ddot{z} + 2\zeta\omega_n \dot{z} + \omega_n^2 z = \varepsilon\Omega^2 e^{j\Omega t} \tag{2・31}$$

ただし，$\omega_n^2 = k/m,\ 2\zeta\omega_n = c/m$ とする。

前式において回転ベクトル $e^{j\Omega t}$ を入力として，不釣合い振動を出力とするブロック線図を描くと図2・15で，このときの伝達関数が $G(s)$ である。

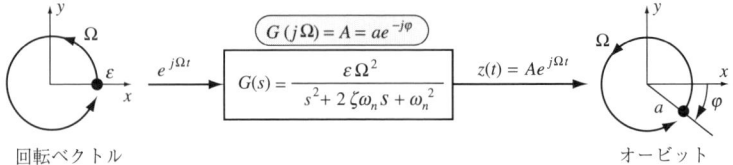

図2・15　不釣合い振動ブロック線図

2・3・2　不釣合い振動の複素振幅

不釣合い振動は，振幅 a と不釣合いに対する位相差（位相遅れ）φ を図2・15のように定義すると，オービット半径 $= a$，回転ベクトルに対する遅れ角度 $= \varphi$，回転角速度 Ω に同期した前向きふれまわり運動として観測される。この状況を次式で表す。

$$z(t) \equiv A e^{j\Omega t} \equiv a e^{-j\varphi} e^{j\Omega t} = a e^{j(\Omega t - \varphi)} \tag{2・32}$$

ただし，$A \equiv a e^{-j\varphi} \equiv a\angle -\varphi$ を複素振幅とする。複素振幅は伝達関数 $G(s)$ に $s = j\Omega$ を代入したものに等しい。

$$A = G(j\Omega) = \frac{\varepsilon\Omega^2}{-\Omega^2 + \omega_n^2 + 2j\zeta\omega_n\Omega} = \frac{\varepsilon p^2}{1 - p^2 + 2j\zeta p} \tag{2・33}$$

ただし，$p = \Omega / \omega_n$ を無次元回転速度とする。

不釣合いふれまわり運動はある一方向からみれば近づいたり離れたりするので振動にみえる。XY方向の振動は複素振幅を用い，つぎのように観測される。

$$x(t) = a\cos(\Omega t - \varphi) = \text{Re}[Ae^{j\Omega t}]$$
$$y(t) = a\sin(\Omega t - \varphi) = \text{Im}[Ae^{j\Omega t}] \tag{2・34}$$

例えばX方向に注目すると対応するブロック線図は図2・16である。入力 cos 波形に対する $x(t)$ 波形の位相差が遅れ角度 φ として計測される。

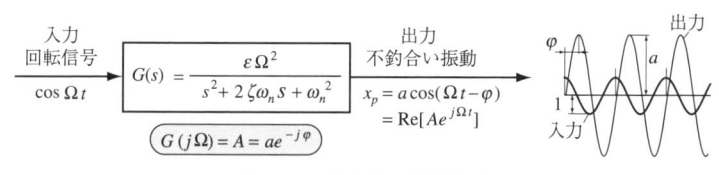

図2・16 不釣合い振動波形

2・3・3 共振曲線

不釣合い振動振幅 a と位相差 $-\varphi$ を横軸回転数で描いたものを共振曲線（ボード線図）といい，減衰比 ζ をパラメータとして図2・17 (a) (b) に例を示す。

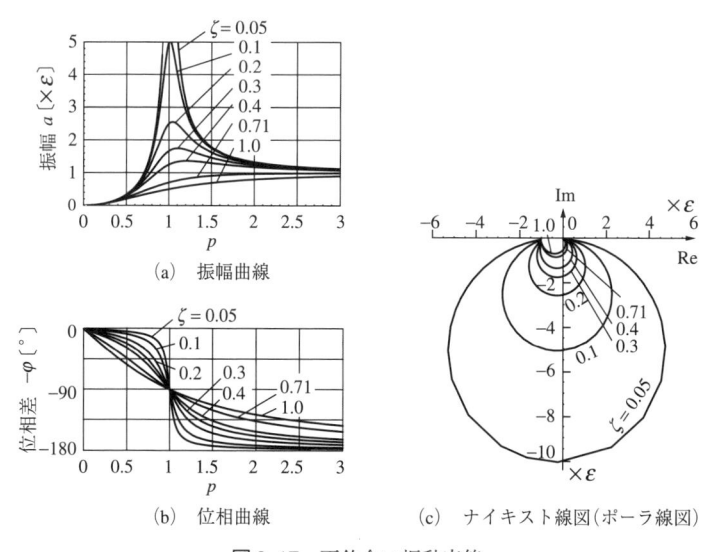

図2・17 不釣合い振動応答

(1) 振幅特性

図 (a) の共振曲線にみるように，低速回転 $p = \Omega/\omega_n \ll 1$ のとき振幅 → 0。これに反して高速回転 $p = \Omega/\omega_n \gg 1$ のとき振幅 → 質量偏心量 ε で振幅も小さくなる。

Ω が ω_n に近づき $p \fallingdotseq 1$ のとき，振幅は急激に増大する。$\zeta = 0$ のとき，すなわち不減衰の場合には振幅は無限大になる。減衰比 ζ の増加とともに共振ピークの振幅値は低下する。このピーク振幅値を共振振幅 a_p，そのときの回転周波数を危険速度といい，文字どおり危険な回転数である。これらの値は次式で近似される。

$$\text{共振倍率} \quad Q = \frac{a_p}{\varepsilon} = \frac{1}{2\zeta\sqrt{1-\zeta^2}} \approx \frac{1}{2\zeta} \tag{2·35}$$

$$\text{危険速度} \quad p = \frac{\Omega}{\omega_n} = \frac{1}{\sqrt{1-2\zeta^2}} \approx 1 \tag{2·36}$$

(2) 位相差特性

図 (b) の位相曲線でみられるように，回転数 $p = \Omega/\omega_n$ の増加とともに，位相差 $-\varphi$ は 0° から $-180°$ に向かって遅れる。$p \approx 1$ ($\Omega \approx \omega_n$) の危険速度付近では必ず位相は 90° 遅れる。減衰比の大きい場合には遅れの様相はゆっくりしているが，減衰が小さい場合には共振点付近で急激に遅れる。

2·3·4 ナイキスト線図

式 (2·33) の複素振幅を複素平面上に描いたものをナイキスト線図という。あるいは，複素振幅を振動ベクトル = 振幅∠位相とみて，それを極座標で描いているのでベクトル軌跡やポーラ線図などとも呼ばれる。

図 2·17 (c) に示すように，原点を出発して，実軸に接するように時計方向に円を描きながら徐々に振幅は大きくなる。ここでは不釣合い力に対する振動応答の位相差を論じているので，不釣合いベクトルは実軸 (0°) 方向にあるとしている。

よって，低速回転 $p = \Omega/\omega_n \ll 1$ では，振動が不釣合いより少し遅れ，振動ベクトルは 3 時過ぎの方向に現れる。危険速度 $p = \Omega/\omega_n \approx 1$ では 90° 遅れでベクトルは 6 時方向に大きく成長 (共振) し，円軌跡の頂上を通過。高速回転 $p = \Omega/\omega_n \gg 1$ では再び振動は小さくなり，$-180°$ 遅れで 9 時前の方向から点 $(-\varepsilon, 0)$ に近づいていく。

例題2·8 ふれまわり運動　不釣合い振動でふれまわり中のロータを，ストロボ的

2・3　回転軸の不釣合い振動

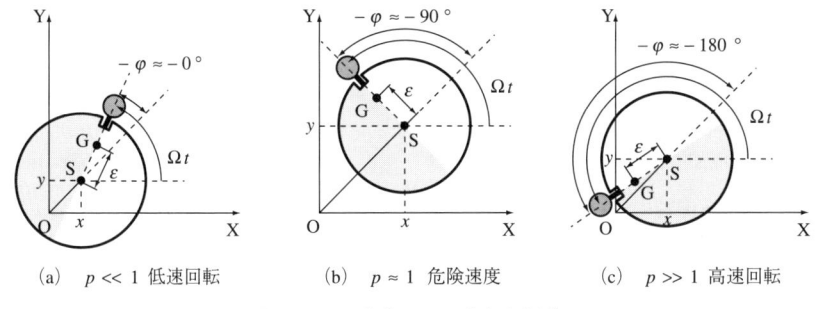

(a) $p \ll 1$ 低速回転　　(b) $p \approx 1$ 危険速度　　(c) $p \gg 1$ 高速回転

図 2・18　不釣合いふれまわり振動

にその一瞬を捉えたものが図 2・18 である。図 (a) ～ (c) の各状態の複素振幅を計れ。

解　複素振幅 $= (OS/SG)\varepsilon \angle -\varphi$ より，(a) $1.0\varepsilon \angle -18°$, (b) $3.2\varepsilon \angle -90°$, (c) $2\varepsilon \angle -169°$

例題 2・9　**不釣合い振動波形**　入力 cos 波形と不釣合い振動波形をシンクロスコープで比較した例が図 2・19 上段で，下段は位相関係を計測するための 1 波拡大図である。下記各状態の複素振幅を計れ。

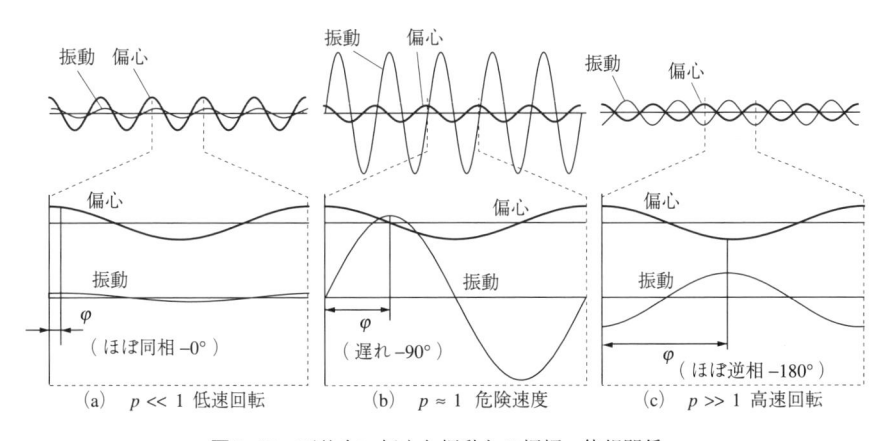

(a) $p \ll 1$ 低速回転　　(b) $p \approx 1$ 危険速度　　(c) $p \gg 1$ 高速回転

図 2・19　不釣合い偏心と振動との振幅・位相関係

解　複素振幅 $= (a/\varepsilon)\varepsilon \angle -\varphi$ より，(a) $0.3\varepsilon \angle -15°$, (b) $5.9\varepsilon \angle -90°$, (c) $1.5\varepsilon \angle -175°$

2・3・5　共振時の軸受反力

図 2・14 (c) のばね・粘性減衰系を軸受とみて，共振時に不釣合い力がどのように支

えられているかを考える。危険速度では位相差 $-\varphi \approx -90°$ だから，ロータ振動は

$$z(t) \equiv A_p e^{j\Omega t} \equiv a_p e^{-j90°} e^{j\Omega t} = -ja_p e^{j\Omega t} \tag{2・37}$$

で表され，これを運動方程式 (2・31) に代入し

$$(k - m\Omega^2)A_p + j\Omega c A_p = m\varepsilon\Omega^2 \tag{2・38}$$

不釣合い力を虚軸に合わせ，$A_p = -ja_p$ を考慮すると，静的な力の釣合い式を得る。

$$jm\varepsilon\Omega^2 - j\Omega c a_p + (-k + m\Omega^2)a_p = 0 \tag{2・39}$$

危険速度でのふれまわりが最も X 方向に接近したときのロータ位置が図 2・20 (a) で，不釣合い方向 SG に対して振動ベクトル $A_p = OS$ 方向は 90° 遅れている。この瞬間の力の釣合いを図 (b) に図解している。

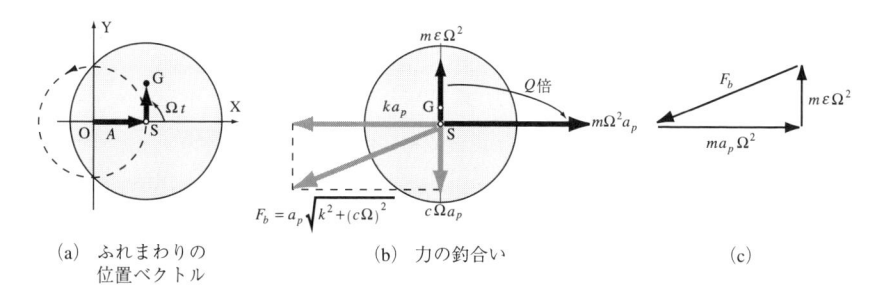

(a) ふれまわりの位置ベクトル　　(b) 力の釣合い　　(c)

図 2・20　共振時の力の釣合い

$$\left.\begin{array}{l}\text{水平（実軸）方向}: -k + m\Omega^2 = 0 \rightarrow \Omega_c = \sqrt{k/m} = \omega_n \\[4pt] \text{垂直（虚軸）方向}: m\varepsilon\Omega^2 - \Omega c a_p = 0 \rightarrow a_p = \dfrac{m\varepsilon\omega_n}{c} = \dfrac{\varepsilon}{2\zeta} \\[4pt] \text{軸受反力の大きさ}: F_b = a_p\sqrt{k^2 + (c\Omega)^2} = ma_p\Omega_c^2\sqrt{1 + 4\zeta^2} \approx ma_p\Omega_c^2\end{array}\right\} \tag{2・40}$$

水平（実軸）方向より危険速度が，垂直（虚軸）方向より共振振幅が決まり，図 2・20 より共振時に入力の不釣合い力に対抗している力は減衰力であることがわかる。粘性減衰係数 c を強めれば，その分だけ共振振幅が下がる。よって

共振振幅 a_p は質量偏心 ε の Q 倍

共振時軸受反力 F_b も不釣合い力 $m\varepsilon\Omega^2$ の Q 倍

であると近似できる。

例題 2・10　不釣合い振動の力の釣合い　図 2・20 の状況で力の釣合いは，同図 (c)

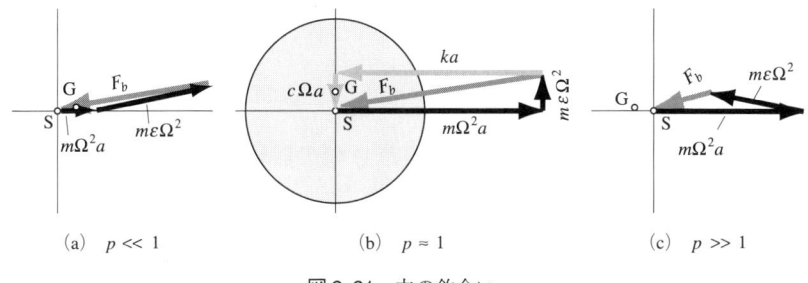

(a) $p \ll 1$ (b) $p \approx 1$ (c) $p \gg 1$

図2・21　力の釣合い

のように閉じたベクトルの形で考えられる。同様に考えて，さきの図2・18における力の釣合いを閉じたベクトルで表すと図2・21となる。検証せよ。

解　振幅a方向ベクトルから偏心ε方向ベクトルへの角度が位相遅れφ，両ベクトルの長さ比は振幅に対応。両ベクトルの和に軸受反力ベクトルF_bを加えて原点に戻る。

2・3・6　不釣合い振動の基礎への伝達率

不釣合い振動の基礎への伝達率Tは，危険速度での不釣合い力$m\varepsilon\omega_n^2$で正規化し，式（2・33）を考慮すると次式で表される。

$$T \equiv \frac{F_b}{m\varepsilon\omega_n^2} = \frac{|kx + c\dot{x}|}{m\varepsilon\omega_n^2} = \frac{p^2|1 + 2j\zeta p|}{|1 - p^2 + 2j\zeta p|} = \frac{p^2\sqrt{1 + (2\zeta p)^2}}{\sqrt{(1-p^2)^2 + (2\zeta p)^2}} \quad (2\cdot41)$$

この伝達率Tを図2・22に示す。危険速度通過時には振幅，伝達率とも大きく，伝達率のピークは$T \approx Q$である。また，$p = \Omega/\omega_n \approx \sqrt{2}$において$T = 2$をつねに通る。さらに高速回転数域において，仮に振動は小さくなったとしても伝達率Tは回転数ととも

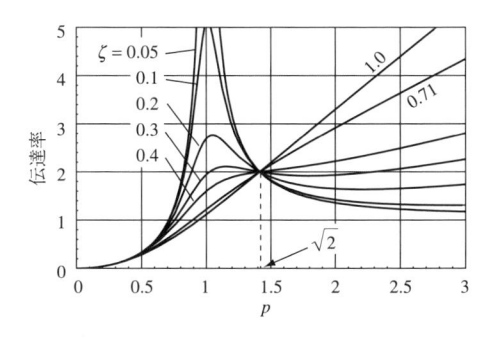

図2・22　不釣合い力の基礎への伝達率

に増加する。基礎への伝達率 T を小さくするためには，$\varepsilon \to 0$，すなわち，ロータのバランス精度がいかに大切であるかを物語っている。

2・4　共振倍率 Q 値の評価

2・4・1　Q 値 規 準

Q値（共振倍率，$Q \approx 1/(2\zeta)$）をどれくらいまで低く抑え得るかは設計上非常に重要な指針であり，Q値設計という。振動応答特性を評価する普遍的なパラメータとして，各種のロータに対してすでにQ値設計指針がISO 10814[8])で規定されている。図2・23に一例を示す。

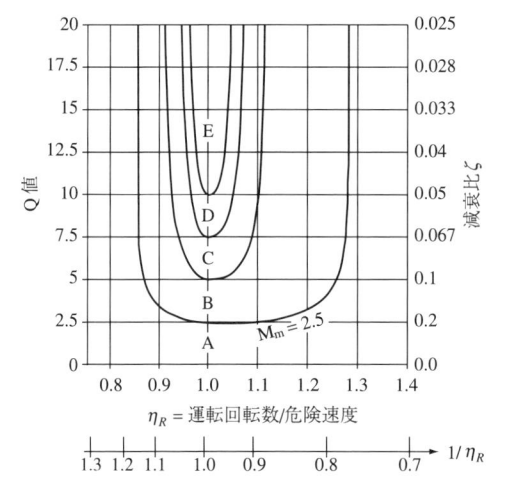

A	極低感度	危険速度でも振動小さく運転可能
B	低感度	振動は小さく安定している
C	普通の感度	許容できる．振動は中程度で若干変化しやすい
D	高感度	不釣合い感度が高く，現場釣合せ要
E	超高感度	不釣合い感度が高すぎ，運転不可能

図 2・23　Q 値の規準（ISO 10814:Susceptibiliy and sensitivity of machines to unbalance）

横軸は危険速度で無次元化した定格運転回転数/危険速度で，縦軸に各許容Q値をプロットする。通常は，定格回転数に近い共振モードのQ値が本図で評価される。

例題 2・11　定格運転回転数 =11 000 rpm，危険速度 =10 000 rpm では定格運転回転数/危険速度 =1.1 だからゾーン B の仕様に対して約 $Q \leq 9$ が要求される。検証せよ。

例題 2・12　また，回転数上昇中でみると横軸は左から右へと推移するので，例えば，非常にゆっくりと危険速度を超えて運転する回転機械では常時定常状態と考えら

れ，運転回転数/危険速度＝1のときのQ値が評価対象となる。このときゾーンBの仕様に対し$Q \leq 5$以下が要求される。検証せよ。

2・4・2 ハーフパワーポイント法（半値法）によるQ値の実測

強制振動の共振曲線からQ値を推定する方法として，ISO認定のハーフパワーポイント（half power point）法を紹介する。図2・24は計測された共振曲線で，共振点ω_nの共振最大振幅をa_{max}とする。ハーフパワーの振幅

$$a_{70} = a_{max}/\sqrt{2} \approx 0.7 a_{max}$$

を与える交点（half power points）の振動数Ω_1とΩ_2との差$\Delta\Omega$を求める。よって，これらの読み値からQ値は次式で与えられる。

$$Q = \frac{1}{2\zeta} = \frac{\omega_n}{\Delta\Omega} \tag{2・42}$$

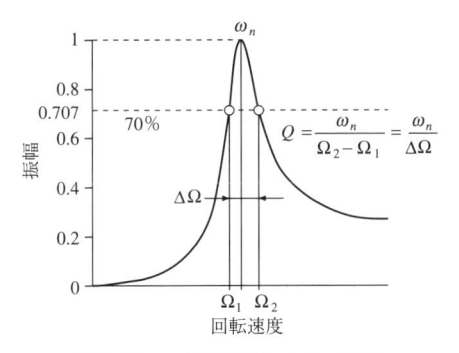

図2・24 Q値の測定（ISO 10814）

例題2・13 図2・24は減衰比$\zeta = 0.1$の共振曲線である。Q値を実測せよ。

解 ピーク振幅の70％の値に直線を引く。この図に物差しを当てると，左端から$\omega_n = 20$ mm，$\Delta\Omega = 4$ mmであるので，$Q = 20/4 = 5$，$\zeta = 0.1$を推定。

2・4・3 ナイキスト線図によるQ値の実測

この方法もISO公認である。図2・25に示すようにベクトル軌跡は反時計方向に円を描くとする。この円の出発点（原点）と振幅最大の点ω_nを結ぶ。つぎに，出発点か

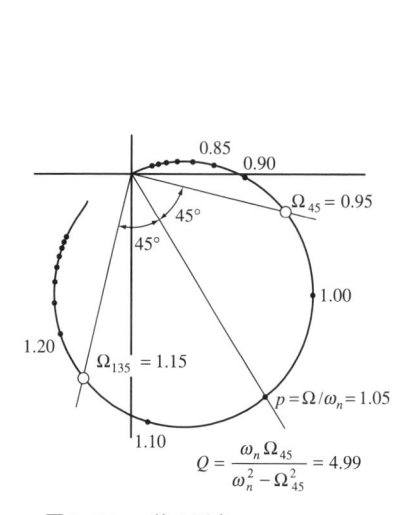

図 2・25 Q 値の測定 (ISO 10814)

図 2・26 Q 値の測定 (ISO 10814)

$$Q_n = \frac{\omega_n \times \Omega_{45°}}{\omega_n^2 - \Omega_{45°}^2}$$

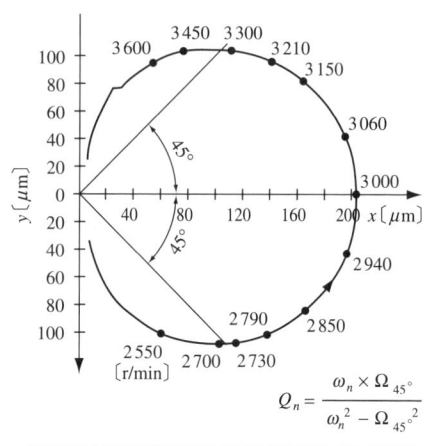

N_1	$N_{45°}$	Q_1
3 000 r/min	2 710 r/min	4.91

らその線を挟んで45°の線を引き，ベクトル軌跡との交点をΩ_{45}，Ω_{135}とする。Q値は

$$Q = \frac{1}{2\zeta} = \frac{\omega_n}{\Omega_{135} - \Omega_{45}} = \frac{\omega_n \Omega_{45}}{\omega_n^2 - \Omega_{45}^2} \tag{2・43}$$

（注）ナイキスト線図は理論的には位相進みを基準としているので，位相遅れは時計方向に円軌跡を描く。しかし，測定器（ベクトルモニタなどと呼ばれる）の多くは位相遅れを基準にして運用されており，図 2・26 に示すように，現場のベクトル軌跡は反時計方向に円を描く。

例題 2・14 図 2・25 のナイキスト線図から Q 値を実測せよ。

解 ナイキスト線図に記載の振動数比 $p = \Omega / \omega_n$ から内挿して，$\Omega_{45} = 0.95$，$\Omega_{135} = 1.15$ と読みとれるので，$Q = 1.05/(1.15 - 0.95) = 5.25$

例題 2・15 図 2・26 に示したナイキスト線図から Q 値を実測せよ。

解 危険速度 ω_n = 3 000 rpm，Ω_{45} = 2 710 rpm だから，式 (2・43) より Q = 4.91

2・4・4 急加速時の Q 値再評価

非常にゆっくりと危険速度を通過しているときはつねに定常状態と考えられるので，前述の共振曲線から得た Q 値が用いられる。しかし，急速に危険速度を通過させ

2・4 共振倍率 Q 値の評価

るときには,定常状態に成長する前に通過してしまうのでピーク振幅を小さく押さえ得る。加速が速ければ速いほど,急加速時のQ値はみかけのうえで低下する。この低下の割合を再評価し等価な減衰比を求めるためにISOでは図2・27が準備されている。

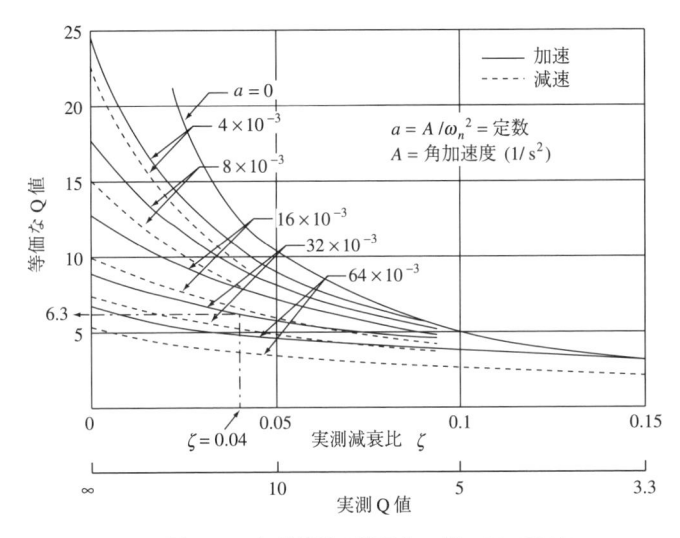

図2・27 加減速時の等価なQ値 (ISO 10814)

例題2・16 Q値規準のゾーン判定例 下記の空欄をうめよ。

① 定格回転数 = 3 000 rpm,第1次危険速度 = 2 730 rpm,減衰比 ζ = 0.04。ゆっくり昇速(スタートストップはまれ)の場合,Q = 12.5 でかつ η_R = 3 000/2 730 = 1.1 だから,図2・23に照らしてゾーン[ ]である。

② ①の例で,回転数範囲は最大 3 000 rpm で可変速運転可能の場合,危険速度上の運転もあり得るので η_R = 1 となり,図2・23に照らしてゾーン[ ]である。危険速度上の運転はたいへん危険である。

③ 1 000 rpm から 30 000 rpm まで 1.161 s で急速に加速し危険速度 2 730 rpm (減衰比 ζ = 0.04, Q = 12.5)を通過する。図2・27を用いて

加速レイト $A = 2\pi(30\,000 - 1\,000)/60/1.161 = 2\,615\,\mathrm{s}^{-2}$

定数 $a = \dfrac{2\,615}{(2\,730 \times 2\pi/60)^2} = 32 \times 10^{-3}$

だから,矢印で示すように等価な Q 値 = 6.3 と再評価される。危険速度を通過するの

で $\eta_R = 1$, $Q = 6.3$ の点は図 2・23 よりゾーン [ ] である。

解 ①C ②E ③C

例題 2・17 図 2・28 に示すように,剛な一様軸（質量 $m_s = 30$ kg）の先端に円板（質量 $m = 40$ kg）が結合されている全長 $l = 750$ mm のロータがある。左端は単純支持で,右側の長さ $l_b = 500$ mm の位置で軸受（ばね定数 $k_b = 10$ MN/m, 粘性減衰定数 $c_b = 10.3 \times 10^2$ N·s/m）で支持されている。このロータの不釣合い振動の共振曲線①と軸受反力②の計算結果を図 2・29 に示す。つぎの手順で問に答えよ。

(1) 図 2・28 (a) の系と等価な 1 自由度モデルとして,軸先端変位 x に注目したとき軸質量の 1/3 が円板に付くので図 (b) のモデルとなる。軸受ジャーナル変位 x_b に注目したとき軸受部変位 $x_b = hx$ だから図 (c) のモデルとなる。検証せよ。

(2) 系の危険速度 Ω_c および円板部の振幅ピーク値 a_{peak} ならびに Q 値を実測せよ。

(3) 軸受ジャーナル変位 x_b で換算した等価質量 m_{eq} を求めよ。

(4) 軸受部ジャーナル振動ピーク変位 a_p を求めよ。

(5) 軸受荷重ピーク値 F_b を求めよ。

(6) ジャーナル直径 $D = 100\phi$ mm, $L = 50$ mm とする。共振時の面圧 P を求めよ。

(7) 急加速でこの面圧を半減させたい。加速レイト A を求めよ。

解

(1) 軸質量の 1/3 が円板に付くので同図 (b) の先端変位 x モデルができる。軸受部変位 $x_b = hx$ に注目するとそれは同図 (c) のようにおき換わる。ここで,$h = 500/750 = 0.66$

(2) $\Omega_c = 47$ Hz, $a_{peak} = 267$ μm, $Q = 33$, $\zeta = 0.015$

(3) $m_{eq} = $ (軸受ジャーナル変位 = 1 としたときの直線モード δ が作るモード質量) $= (750/500)^2 \times (m + m_s/3) = (m + m_s/3)/h^2 = 112.5$ kg

(4) 軸受部ジャーナル振動ピーク変位 $a_p = 267 \times 500/750 = 178$ μm

(5) 軸受荷重ピーク値 $F_b = m_{eq} a_p \Omega^2 = 112.5 \times 178 \times 10^{-6} \times (2\pi 47)^2 = 1\,744$ N → F_b 曲線②のピークに一致する。

(6) 面圧 $P = F_b/(DL) = 1\,744/(0.1 \times 0.05) = 3.4 \times 10^5$ Pa $= 0.34$ MPa

(7) 図 2・27 上で Q 値 = 15 くらいを狙って,$a = 6 \times 10^{-3}$ とすると,加速レイト $A = a\omega_n^2 = 522$ [1/s²] $= 83$ Hz/s となり,0.5 s で危険速度を通過させるくらいの加速が必要。

2・4 共振倍率 Q 値の評価

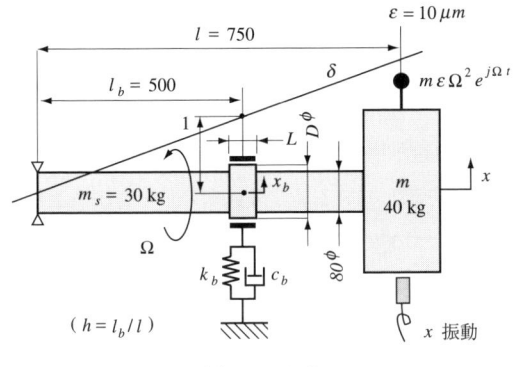

(a) ロータ系

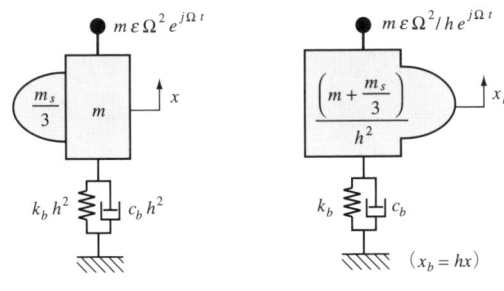

(b) 等価モデル（x変位）　　(c) 等価モデル（x_b変位）

図2・28　ロータと等価系

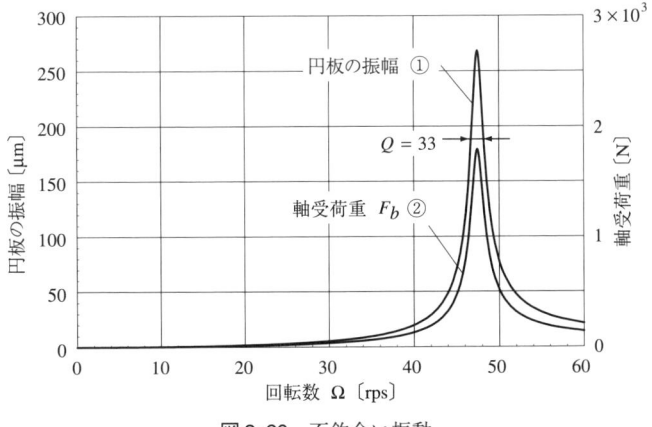

図2・29　不釣合い振動

2・4・5 危険速度通過時の振動

急加速で危険速度を通過する場合，定常状態と異なり，共振ピークの低下や過渡的な振幅変動が観測される。一例として，$\zeta = 0.04$ として定数 $a = 16 \times 10^{-3}$ で加速した場合の計算波形を図2・30に示す。ここでは，X方向振動波形 $x(t)$，ふれまわりの大きさ $|z(t)|$，定常状態の振幅を示している。危険速度のピーク波形からQ値 $= 8.1$ と読め，これはさきの再評価図2・27のガイドと一致している。

定数 a を変えた場合の，包絡線とポーラ円を比較したものを図2・31に示す。ゆっくり加速すると定常振幅に近づく。しかし，かなりゆっくり加速して振幅波形は定常状態に近いとみえても，ポーラ円でみるとかなり差が目立ち，定常なものに比べ押しつけられたポーラ円で，振幅は小さく出る。バランス作業には正確なポーラ円が必須で，できるだけゆっくりとした加速が望ましい。

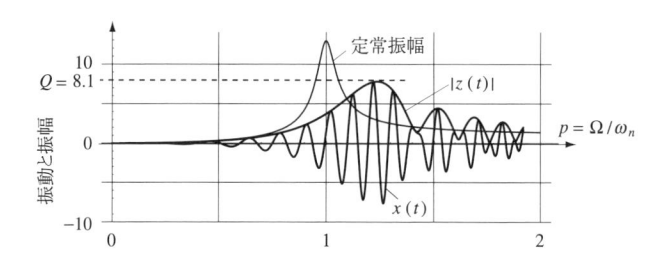

図2・30　加速時の不釣合い振動波形（$\zeta=0.04$, $a=16\times10^{-3}$, $\varepsilon=1$）

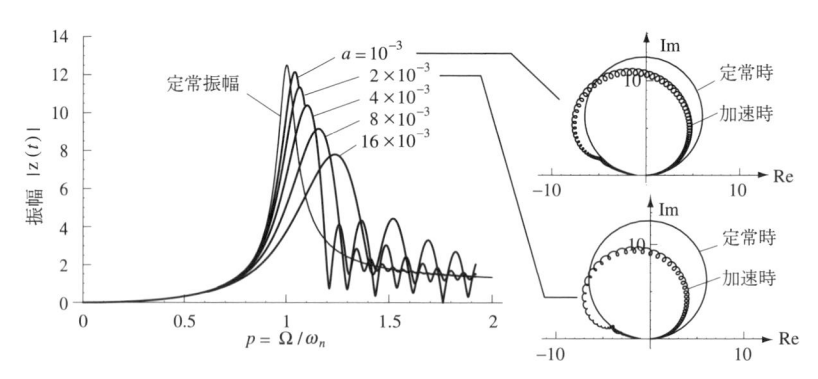

図2・31　定数 a と不釣合い振動包絡線およびポーラ円

第3章
多自由度系の振動とモード解析

　前章では単振動系を対象に振動現象の基本を理解した。しかし，実際の機械振動では，実機の形状に沿った多質点系が解析対象となり，運動方程式は行列形式で表される。この多自由度系の固有値解析を行い，固有振動数と固有モードを知る。これは共振周波数と共振時の各部の振れを意味しており，ロータ設計上大切な指標である。

　続いて，数学的に重要な固有モードの直交性を用いて，多自由度系を単振動系の集合におき換えるモード解析の実用性を学ぶ。その結果，複雑な多自由度系も各モードごとの簡単な単振動系の集合とする解釈が可能となる。また，モード直交性に依拠する固有振動数の簡易推定法を紹介する。

3・1　多自由度系の運動方程式

3・1・1　多　質　点　系

図3・1(b) に示すような実機回転軸を対象としたとき，単純に同図 (a) の単振動系

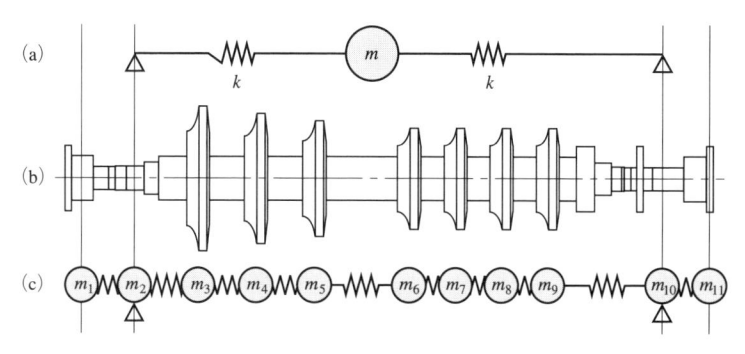

図3・1　実機ロータのモデル化

と見立てることもできる。分布する回転円板や軸の約1/2の質量を m，軸曲げ剛性を
ばね定数 k と大胆に1自由度系にモデル化し，振動特性を解析することも可能だろう。
直感的かつ経験的であるが，精度不足はいなめない。

図 (c) に示すように回転軸の羽根車各段ごとに一つの質点と考え，多質点で表現する離散・多自由度系モデルのほうが精度は上がる。また1自由度モデルでは最低次モードの振動（基本固有振動という）しか扱えないが，離散・多自由度系ではいくつもの振動モードが扱える。

ここでは多自由度系運動方程式のモード解析法について説明する。

3・1・2 2自由度系の運動方程式

はじめに図3・2 (a) に示す2自由度系の固有振動を考える。質量 m_1，m_2 の振動変位を x_1，x_2 と記し，その番号を節点番号という。

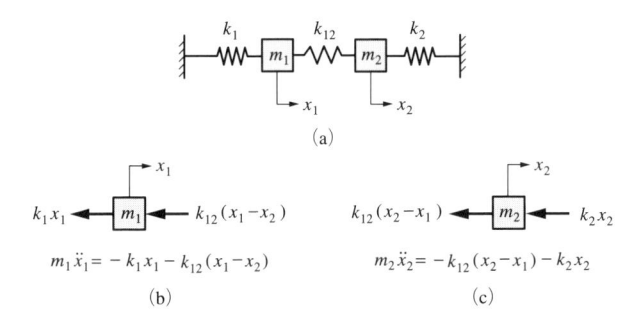

図3・2 2質点系

質量に作用するばね反力（内力）を図解したものが図 (b)，(c) である。質量 m_1 についてみると，m_1 が右に x_1 だけ変位した状態では，ばね k_1 は $k_1 x_1$ の内力で左側へ引く。またばね k_{12} も $k_{12}(x_1-x_2)$ の内力で左側へ押す。よってニュートンの第2法則より同図に併記の運動方程式となる。質量 m_2 に関しても同様に併記の運動方程式を得る。

これを整理して，自由振動の運動方程式は行列形式で次式となる。

$$M\ddot{X} + KX = 0 \tag{3・1}$$

ただし $M = \begin{bmatrix} m_1 & 0 \\ 0 & m_2 \end{bmatrix}$，$K = \begin{bmatrix} k_1+k_{12} & -k_{12} \\ -k_{12} & k_{12}+k_2 \end{bmatrix}$，$X = \begin{bmatrix} x_1 \\ x_2 \end{bmatrix}$

質量行列 M は各点の質量を対角に配置したものである．また，剛性行列 K は各ばね要素を内部に配置した行列で，つねに対称行列になる．

このばね要素の配置に関し，つぎのような二つのルールが読みとれる．

◎ k_1 や k_2 のように地面と質点を結ぶばねのばね定数は，当該節点番号の「対角要素のみにプラス」で加算配置する．

◎ 2質点を連結するばね k_{12} 形のばね定数は，節点1と2の「対角要素にプラス・プラス」で加え，かつ節点1と2の連結要素 (1, 2) や (2, 1) のような「非対角要素にはマイナス・マイナス」で加える．

このように各ばねの作用点を考えて追加加算していく操作を重畳（superimposing）という．すべてのばね要素をこのような要領で順次加算していくと剛性行列が自動的に完成する．よって，式 (3・1) の剛性行列 K はこの3段階を経て完成されたと読む．

$$K = \begin{bmatrix} k_1 & 0 \\ 0 & 0 \end{bmatrix} + \begin{bmatrix} k_{12} & -k_{12} \\ -k_{12} & k_{12} \end{bmatrix} + \begin{bmatrix} 0 & 0 \\ 0 & k_2 \end{bmatrix} \tag{3・2}$$

3・1・3 多自由度系の運動方程式

有限要素（FE）法などによる離散・多自由度系の運動方程式は一般に行列形式となり，図3・3に示すような外力 f と変位センサ y を設けた状態は，次式で記述される．

$$M\ddot{X} + D\dot{X} + KX = BF(t)$$
$$y = CX \tag{3・3}$$

ただし $M=$ 質量行列 (n, n), $D=$ 減衰行列 (n, n), $K=$ 剛性行列 (n, n),

$X=$ 変位ベクトル $(n,1)$, $F=$ 外力ベクトル (n),

$B=$ 入力行列 $(n,1)=[\cdots \ 1 \ \cdots]^t=$ 加振節点に1を配置した列行列,

$C=$ 出力行列 $(1, n)=[\cdots \ 1 \ \cdots]=$ センサ節点に1を配置した行行列

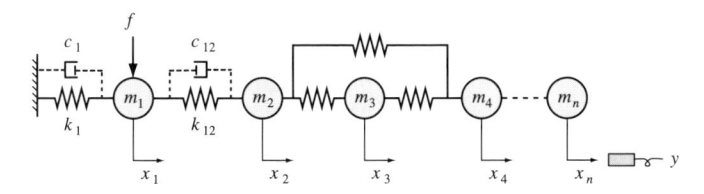

図3・3 多自由度系の質量・ばね・粘性減衰要素

図3・3に示す1節点1自由度の多自由度系を例に,実務で使うFE法の処理手順をまねて,運動方程式の定式化を述べる。

① 次元数n:はじめに節点番号を付す。図3・1に示す 一般回転軸ではn節点×2自由度(軸のたわみと傾き)=$2n$次元であるが,ここではn節点×1自由度=n次元とする。

② 変位ベクトル $X=[x_1, x_2, \cdots, x_n]^t$:各点の変位を節点番号順に並べたもので,列ベクトルで定義する。

③ 質量行列 $M=\mathrm{diagonal}[m_1, m_2, \cdots, m_n]$:各節点の質量を対角に配置したもの。また,図3・4のようにΔmがi番目に付加されたとき,Δmを(i, i)要素にさらに追加加算する。

④ 剛性行列K:前式(3・2)の例のように,$K=$零行列の中に各ばね要素を順次追加加算する重畳方式で全体を完成させる。

⑤ 減衰行列D:個々の粘性減衰要素をみて,剛性行列Kと同じ要領で作成する。

⑥ 入力行列B:外力が作用する節点が1,それ以外は0の列行列。

⑦ 出力行列C:センサの位置する節点が1,それ以外は0の行行列。

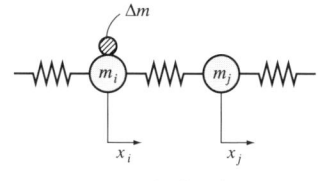

図3・4 付加質量

例題3・1 図3・5の系の剛性行列を重畳方式で完成させよ。

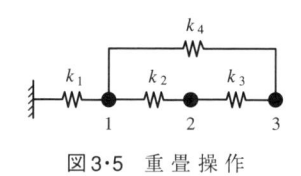

図3・5 重畳操作

解

$$K = \begin{bmatrix} k_1 & 0 & 0 \\ 0 & 0 & 0 \\ 0 & 0 & 0 \end{bmatrix} + \begin{bmatrix} k_2 & -k_2 & 0 \\ -k_2 & k_2 & 0 \\ 0 & 0 & 0 \end{bmatrix} + \begin{bmatrix} 0 & 0 & 0 \\ 0 & k_3 & -k_3 \\ 0 & -k_3 & k_3 \end{bmatrix} + \begin{bmatrix} k_4 & 0 & -k_4 \\ 0 & 0 & 0 \\ -k_4 & 0 & k_4 \end{bmatrix}$$

$$= \begin{bmatrix} k_1+k_2+k_4 & -k_2 & -k_4 \\ -k_2 & k_2+k_3 & -k_3 \\ -k_4 & -k_3 & k_3+k_4 \end{bmatrix}$$

例題 3・2 さきの図 3・5 の系で，節点番号を打ち変えた図 3・6 の系の剛性行列を求めよ。

解

$$K = \begin{bmatrix} k_2+k_3 & -k_3 & -k_2 \\ -k_3 & k_3+k_4 & -k_4 \\ -k_2 & -k_4 & k_1+k_2+k_4 \end{bmatrix}$$

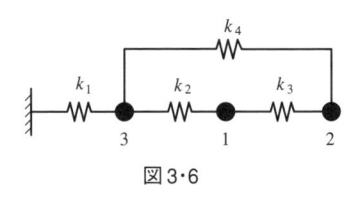

図 3・6

例題 3・3 下記の運動方程式に対応する多質点振動系を描け。

$$\begin{bmatrix} 24 & 0 & 0 \\ 0 & 8 & 0 \\ 0 & 0 & 1 \end{bmatrix}\begin{bmatrix} \ddot{x}_1 \\ \ddot{x}_2 \\ \ddot{x}_3 \end{bmatrix} + \begin{bmatrix} 6 & -2 & -1 \\ -2 & 2 & 0 \\ -1 & 0 & 1 \end{bmatrix}\begin{bmatrix} x_1 \\ x_2 \\ x_3 \end{bmatrix} = 0$$

解 図 3・7

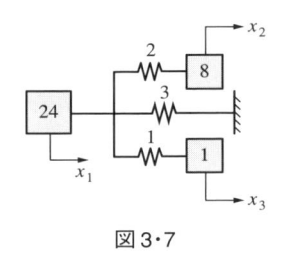

図 3・7

3・2 モード解析（正規モード法）

3・2・1 固有値解析

不減衰自由振動 ($D=F=0$) の運動方程式の振動解を固有振動数 ω_n として

$$X = \phi e^{j\omega_n t} \tag{3・4}$$

とおく。数学における固有ベクトル ϕ を振動工学では固有モードという。

式 (3・4) を式 (3・3) の M-K 系に代入し対応する固有値問題

$$\omega_n^2 M\phi = K\phi \tag{3・5}$$

を解くと，固有値 ω_n^2 と固有ベクトル ϕ のペアが求まる。これを固有ペアという。

$$(\omega_n^2, \phi) \Rightarrow (\omega_1^2, \phi_1), (\omega_2^2, \phi_2), \cdots, (\omega_i^2, \phi_i) \cdots \tag{3・6}$$

固有ベクトルは列ベクトルで表記する。このような不減衰系の固有ベクトルを特に正規モード (normal mode) と呼ぶ。

3・2・2 直 交 性

固有ベクトル ϕ を横に並べて作ったモード行列 Φ を定義する。

$$\Phi = [\ \phi_1\ \ \phi_2\ \cdots\ \phi_n\ ] \tag{3・7}$$

質量行列 M および剛性行列 K は正定値で実対称行列であるので, 固有値 $\omega_n{}^2 > 0$ である。と同時に, 固有ベクトルは実数で, たがいに質量行列 M および剛性行列 K を介して直交している。

$$\phi_i{}^t M \phi_j = \begin{cases} m_i^* & (i = j) \\ 0 & (i \neq j) \end{cases},\quad \phi_i{}^t K \phi_j = \begin{cases} k_i^* & (i = j) \\ 0 & (i \neq j) \end{cases} \tag{3・8}$$

よって質量行列および剛性行列に対してモード行列による合同変換を施すと, 直交条件より非対角項は0となり, その結果は対角行列に帰着する。

$$\Phi^t M \Phi = \mathrm{diagonal}\begin{bmatrix} m_1^* & m_2^* & \cdots & m_l^* \end{bmatrix} \equiv M^* : モード質量行列$$

$$\Phi^t K \Phi = \mathrm{diagonal}\begin{bmatrix} k_1^* & k_2^* & \cdots & k_l^* \end{bmatrix} \equiv K^* \quad : モード剛性行列 \tag{3・9}$$

$$(\omega_i^2 = k_i^* / m_i^*)$$

個々の固有ペア (ω_i^2, ϕ_i) に対し, モード質量 m_i^* およびモード剛性 k_i^* が求まる。質量行列 M が対角行列だから, モード質量 m_i^* とは各点の (質量) × (モードの振れ)^2 の総和をとったものに等しい。また, モード剛性 k_i^* は (モード質量 m_i^*) × (モードの固有角振動数 ω_i)^2 に等しい。

3・2・3 縮小モーダルモデル

物理座標 x から, 各固有モードがいくら振れているかの重み値であるモード座標 (規準座標) η への座標変換を次式の線形和で定義する。

$$X \equiv \begin{bmatrix} x_1 \\ \vdots \\ x_n \end{bmatrix} = \phi_1 \eta_1 + \phi_2 \eta_2 + \cdots + \phi_l \eta_l = [\phi_1\ \cdots\ \phi_l] \begin{bmatrix} \eta_1 \\ \vdots \\ \eta_l \end{bmatrix} \equiv \Phi \eta \tag{3・10}$$

上式を運動方程式 (3・3) に代入し, 合同変換を施し, モード座標上の運動方程式に変換する。減衰行列についても同様に対角化の手順を踏むと

3・2 モード解析（正規モード法）

$$M^*\ddot{\eta}(t) + D^*\dot{\eta}(t) + K^*\eta(t) = B^*F(t)$$
$$y(t) = C^*\eta(t)$$
(3・11)

ただし

モード別入力係数：$B^* = \Phi^t B = [\cdots \quad b_i^* = \phi_i^t B \quad \cdots] =$ 加振位置でのモードの振れ

モード別出力係数：$C^* = C\Phi = [\cdots \quad c_i^* = C\phi_i \quad \cdots] =$ センサ位置でのモードの振れ

モード減衰：

$$D^* = \Phi^t D \Phi \rightarrow \text{diagonal}[\cdots \quad d_i^* = \phi_i^t D\phi_i \quad \cdots] \equiv \text{diagonal}[\cdots \quad 2\zeta_i\omega_i m_i^* \quad \cdots]$$

減衰が質量や剛性に比例するレイリーダンピング $D=\alpha M+\beta K$ のときは厳密に対角化されるが，一般に D^* は対角行列にならない。しかし，このように対角化を仮定しモード減衰比を想定する。小減衰モードの振動が問題となる実務の場合には合理的な仮定である。

よって，モードパラメータ（モード質量 m_i^*，モード減衰比 ζ_i，固有振動数 ω_i）を用い力学モデルを描くと図3・8になる。このようにして，図3・3の多質点系は単振動系の並列和におき換わった。ここでは，採用モード数 $l<$ 行列次元数 n で打ち切られているので，同図を縮小モーダルモデルという。

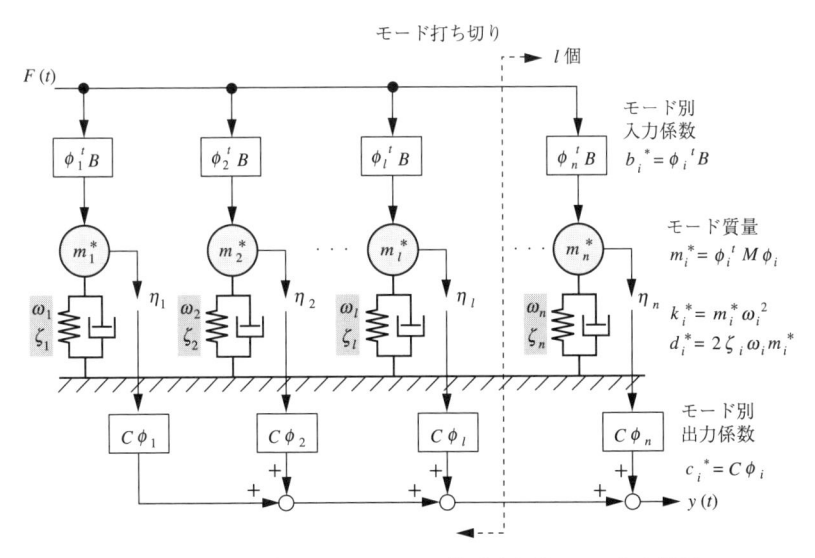

図3・8 多質点系のモーダルモデル（規準座標系，モード座標系）

3・2・4 振動応答

各モード座標の応答はモーダルモデル図3・8からわかるように次式である。

$$\frac{\eta_i(s)}{F(s)} = \frac{b_i^*}{m_i^*(s^2 + 2\zeta_i\omega_i s + \omega_i^2)} \quad (i=1\sim l) \tag{3・12}$$

よって，センサ y の応答は各モード別応答の総和をとって次式となる。

$$\frac{y(s)}{F(s)} = \sum_{i=1}^{l} \frac{c_i^* b_i^*}{m_i^*(s^2 + 2\zeta_i\omega_i s + \omega_i^2)} \tag{3・13}$$

単振動系の数は多いがすべて1自由度系だから，この振動振幅は簡単に求まる。また，入力から出力までの s 領域ブロック線図を描けば図3・9の並列構造におき換わる。

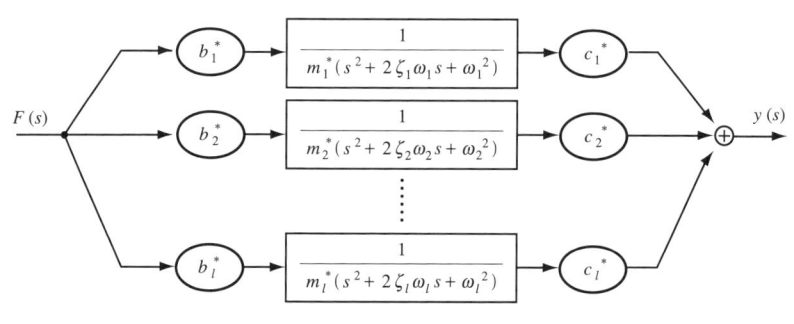

図3・9 モード別伝達関数

力学モデル図3・8およびブロック線図3・9において

① モード別入力係数 b_i^* に零のものがあれば，外からは加振しても感じない制御不能のモードが存在することを意味する。よって，モード別入力係数がすべて非零のときを可制御という。

② モード別出力係数 c_i^* に零のものがあれば，機械としては振動していてもセンサが感じないモードが存在することを意味する。よって，モード別出力係数がすべて非零のときを可観測という。

この応答式 (3・13) はモーダルモデルを介して間接的に求めたものである。運動方程式から直接に伝達関数を求めるときは次式によることを付記しておく。

$$\text{センサ応答} \quad y(s) = C(Ms^2 + Ds + K)^{-1} BF(s) \tag{3・14}$$

3・2 モード解析（正規モード法）

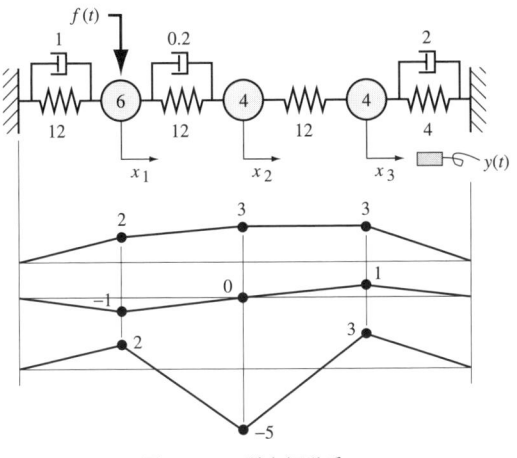

例題 3・4 図 3・10 に示す 3 質点振動系について下記に答えよ。

図 3・10 3 質点振動系

(1) 質量行列 M，剛性行列 K，減衰行列 D，入力行列 B，出力行列 C を求めよ。
(2) 固有値解を求め，図に併記のモード形状を確認せよ。
(3) モーダルモデル図 3・11 を導け。ただし，減衰行列は対角化されると仮定せよ。

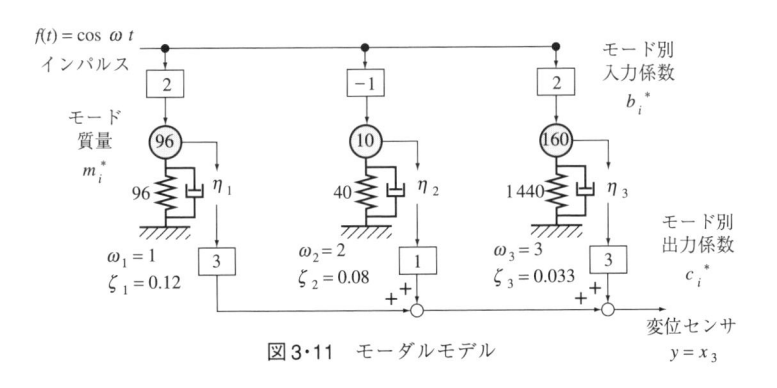

図 3・11 モーダルモデル

(4) モーダルモデルを用い入力 f から出力 y への伝達関数 $G(s)$ を求めよ。
(5) 伝達関数より周波数応答振幅を求めよ。
(6) 周波数応答のピーク振幅を Q 値より推定せよ。
(7) インパルス応答の加速度波形をモード解析で求めよ。

(8) 前記インパルス応答波形を周波数分析し，固有振動数成分の発生を確認せよ．

(9) この系で不可制御となる点はどこか．

(10) この系で不可観測となる点はどこか．

(11) この系の複素固有値 λ を求め，正確な減衰比 $\zeta=-\mathrm{Re}[\lambda]/\mathrm{Abs}[\lambda]$ を計算したとき，さきの (3) で仮定した減衰比と比較せよ．

解

(1) $M = \mathrm{diagonal}\begin{bmatrix} 6 & 4 & 4 \end{bmatrix}$, $K = \begin{bmatrix} 24 & -12 & 0 \\ -12 & 24 & -12 \\ 0 & -12 & 16 \end{bmatrix}$

$B = \begin{bmatrix} 1 & 0 & 0 \end{bmatrix}^t$, $C = \begin{bmatrix} 0 & 0 & 1 \end{bmatrix}$, $D = \begin{bmatrix} 1.2 & -0.2 & 0 \\ -0.2 & 0.2 & 0 \\ 0 & 0 & 2 \end{bmatrix}$

(2) $\omega_n^2 = \{1 \quad 4 \quad 9\}$, $\omega_n = \{1 \quad 2 \quad 3\}$, $\Phi = \begin{bmatrix} 2 & -1 & 2 \\ 3 & 0 & -5 \\ 3 & 1 & 3 \end{bmatrix}$

(3) $M^* = \Phi^t M \Phi = \mathrm{diagonal}\begin{bmatrix} 96 & 10 & 160 \end{bmatrix}$

$K^* = \Phi^t K \Phi = \mathrm{diagonal}\begin{bmatrix} 96 & 40 & 1\,440 \end{bmatrix}$

$B^* = \begin{bmatrix} 2 & -1 & 2 \end{bmatrix}^t$, $C^* = \begin{bmatrix} 3 & 1 & 3 \end{bmatrix}$

$D^* = \begin{bmatrix} 22.2 & 4.2 & 20.6 \\ 4.2 & 3.2 & 2.6 \\ 20.6 & 2.6 & 31.8 \end{bmatrix} \approx \mathrm{diagonal}\begin{bmatrix} 22.2 & 3.2 & 31.8 \end{bmatrix} \rightarrow \zeta = \{0.12 \quad 0.08 \quad 0.033\}$

(4) $G(s) \equiv \dfrac{y(s)}{F(s)} = 3\dfrac{2/96}{s^2 + 0.23s + 1} + 1\dfrac{-1/10}{s^2 + 0.32s + 4} + 3\dfrac{2/160}{s^2 + 0.199s + 9}$

(5) 式 (3・14) で $G(s) = y(s)/F(s) \rightarrow G(j\omega) \rightarrow$ 図 3・12

(6) ピーク値 $C^* B^*/(2\zeta)/(M^* \omega_n^2) = \{270, 156, 63\}$ mm $\rightarrow$ 図 3・12 の●印

(7) 加速度応答 $\alpha(t) = L^{-1}[s^2 G(s)] \rightarrow$ 図 3・13 (a)

(8) 1 024 点 502 秒間サンプリング $\rightarrow$ FFT 処理 $\rightarrow$ 図 3・13 (b)

(9) 質点 2 を外力 f で加振しても 2 次モードは励起されず，質点 2 は不可制御節点．

3・2 モード解析（正規モード法）

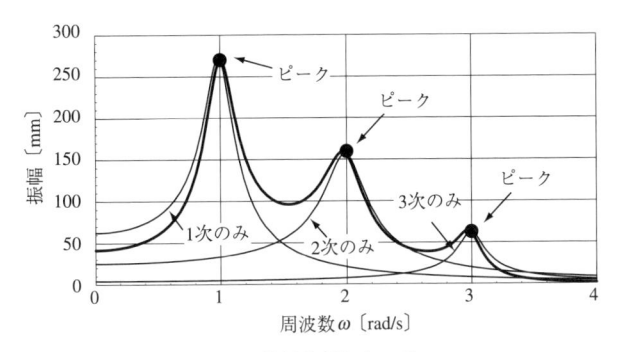

図3・12　共振曲線とピーク値

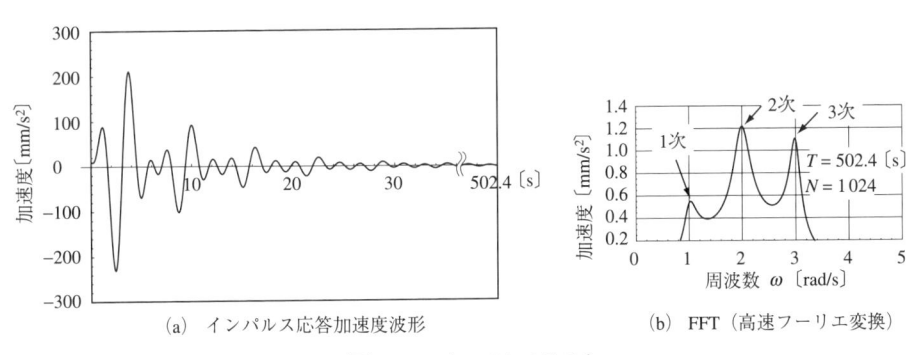

(a) インパルス応答加速度波形　　　(b) FFT（高速フーリエ変換）

図3・13　インパルステスト

(10) 質点2にセンサ y を構えたとき2次モード共振が起きても感知できず，質点2は不可観測節点でもある。

(11) 特性式 $|\lambda^2 M + \lambda D + K| = 0 \rightarrow \lambda = \{-0.12 \pm j1 \quad -0.16 \pm j2 \quad -0.1 \pm j3\}$

$\rightarrow \zeta \equiv -\text{Re}[\lambda] / \text{Abs}[\lambda] = \{0.116 \quad 0.08 \quad 0.033\}$

→仮定値 (3) によく一致している。

補遺　モード別応答の精度　　図3・12では，各モードごとに個々に計算した共振曲線を細線で，また厳密に式 (3・14) から計算した共振曲線を太線で示している。1次から3次までの各ピーク振幅値に関しては，両者はよく一致しており，減衰行列を対角に近似した精度も妥当であることがわかる。

3・3 はりのモード解析

3・3・1 固有振動数と固有モード

実機回転軸は複雑な形状をなすが,細部を無視し,簡単に等価な一様はり(連続体)と見積もることもできる。一様はりの振動はいろいろな便覧に紹介されている。

境界条件に対応して,固有振動数および固有モード(連続体では規準関数という)は**表3・1**に示す公式で求まる。また,同表は固有モードの図を最大振れ=1に規格化して描いており,このときのモード質量 m^* も同時に載せている。

規準関数式 $\phi(\xi,\lambda)$ そのものも併記している。しかし,同載の規準関数式 $\phi(\xi,\lambda)$ は最も簡潔な形で表記したもので,最大振れ=1 というわけではない。よって,最大振れ=1 に規格化した固有モードそのものの関数を必要とする場合には,振れの最大値で割って使って欲しい。例えば,自由-自由境界条件の場合,図示のモードは関数 $\phi(\xi,\lambda)/\phi(0,\lambda)$ である。よって,モード質量は次式で計算されている。

$$m^* = \rho A l \int_0^1 \{\phi(\xi,\lambda)/\phi(0,\lambda)\}^2 d\xi$$

3・3・2 多質点系のモード解析と連続体のモード解析の対応

連続体は無限自由度ゆえ固有振動数および対応する固有モードも無限個存在する。固有振動数は低いほうから順に並べる。各モードは直交する。例えば,1次と2次の固有振動に対して λ_1 と λ_2 が決まり,対応する固有モード $\phi_1(\xi,\lambda_1)$ と $\phi_2(\xi,\lambda_2)$ が定義される。$\xi=x/l$ は軸方向無次元位置である。直交性は

$$\begin{aligned}&\int_0^1 \phi_1^2(\xi,\lambda_1)d\xi \neq 0 \\ &\int_0^1 \phi_1(\xi,\lambda_1)\phi_2(\xi,\lambda_2) = 0\end{aligned} \quad (3\cdot15)$$

の形で成立している。よって,多質点と連続はりのモード解析は**表3・2**に示すように相似である。密度 ρ,断面積 A,長さ l の一様棒に関し,モード質量は

$$M^* = \rho A l \int_0^1 \Phi^t \Phi d\xi = \text{diagonal}[\cdots, m_i^*, \cdots] \quad (3\cdot16)$$

3・3 はりのモード解析

表3・1 棒の横振動

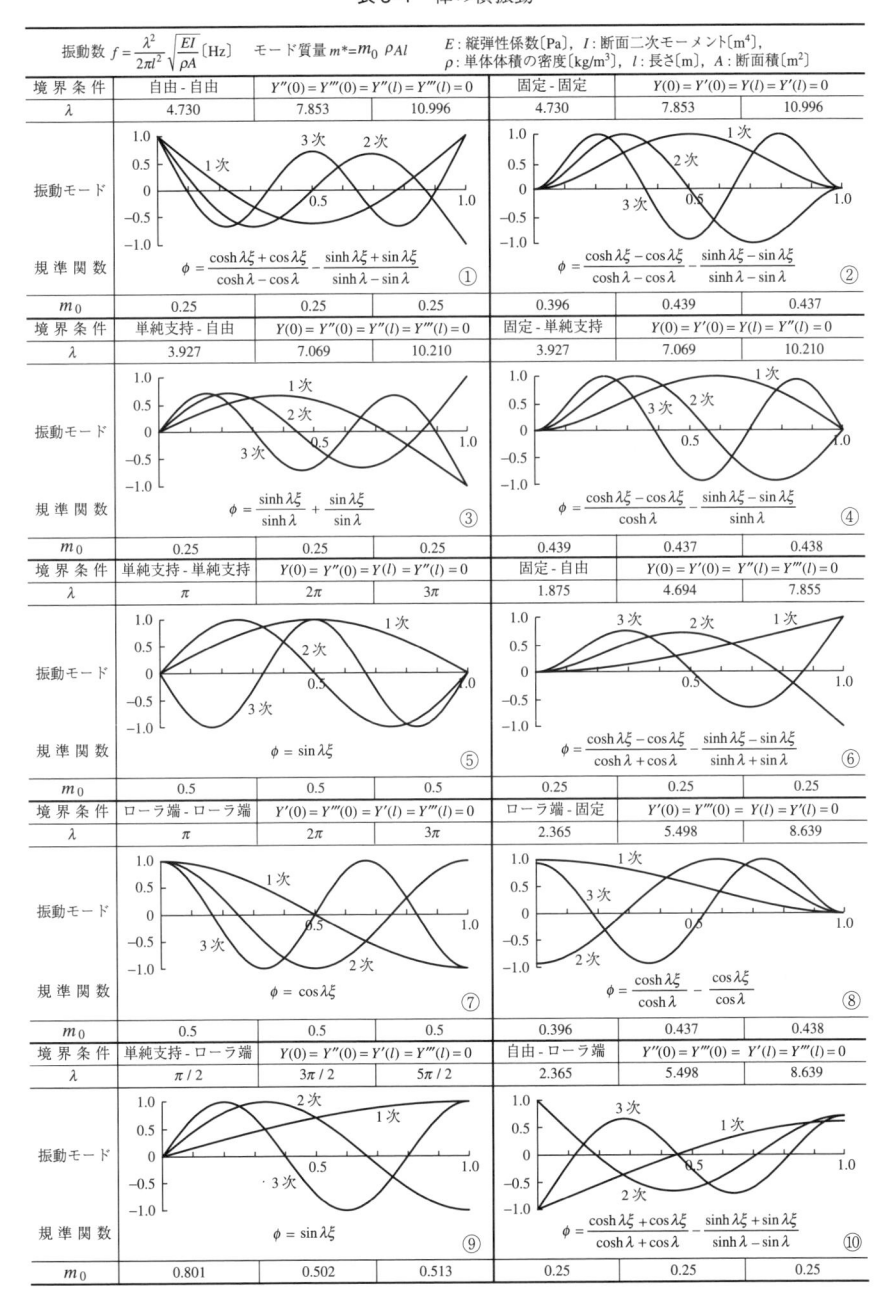

振動数 $f = \dfrac{\lambda^2}{2\pi l^2}\sqrt{\dfrac{EI}{\rho A}}$ [Hz]　モード質量 $m^* = m_0\,\rho Al$　　E：縦弾性係数[Pa], I：断面二次モーメント[m⁴], ρ：単体体積の密度[kg/m³], l：長さ[m], A：断面積[m²]

境界条件	自由 - 自由		$Y''(0)=Y'''(0)=Y''(l)=Y'''(l)=0$	固定 - 固定		$Y(0)=Y'(0)=Y(l)=Y'(l)=0$
λ	4.730	7.853	10.996	4.730	7.853	10.996
振動モード	\multicolumn{3}{c}{(graph)}	\multicolumn{3}{c}{(graph)}	
規準関数	\multicolumn{3}{c}{$\phi = \dfrac{\cosh\lambda\xi + \cos\lambda\xi}{\cosh\lambda - \cos\lambda} - \dfrac{\sinh\lambda\xi + \sin\lambda\xi}{\sinh\lambda - \sin\lambda}$ ①}	\multicolumn{3}{c}{$\phi = \dfrac{\cosh\lambda\xi - \cos\lambda\xi}{\cosh\lambda - \cos\lambda} - \dfrac{\sinh\lambda\xi - \sin\lambda\xi}{\sinh\lambda - \sin\lambda}$ ②}	
m_0	0.25	0.25	0.25	0.396	0.439	0.437
境界条件	単純支持 - 自由		$Y(0)=Y''(0)=Y''(l)=Y'''(l)=0$	固定 - 単純支持		$Y(0)=Y'(0)=Y(l)=Y''(l)=0$
λ	3.927	7.069	10.210	3.927	7.069	10.210
振動モード	\multicolumn{3}{c}{(graph)}	\multicolumn{3}{c}{(graph)}	
規準関数	\multicolumn{3}{c}{$\phi = \dfrac{\sinh\lambda\xi}{\sinh\lambda} + \dfrac{\sin\lambda\xi}{\sin\lambda}$ ③}	\multicolumn{3}{c}{$\phi = \dfrac{\cosh\lambda\xi - \cos\lambda\xi}{\cosh\lambda} - \dfrac{\sinh\lambda\xi - \sin\lambda\xi}{\sinh\lambda}$ ④}	
m_0	0.25	0.25	0.25	0.439	0.437	0.438
境界条件	単純支持 - 単純支持		$Y(0)=Y''(0)=Y(l)=Y''(l)=0$	固定 - 自由		$Y(0)=Y'(0)=Y''(l)=Y'''(l)=0$
λ	π	2π	3π	1.875	4.694	7.855
振動モード	\multicolumn{3}{c}{(graph)}	\multicolumn{3}{c}{(graph)}	
規準関数	\multicolumn{3}{c}{$\phi = \sin\lambda\xi$ ⑤}	\multicolumn{3}{c}{$\phi = \dfrac{\cosh\lambda\xi - \cos\lambda\xi}{\cosh\lambda + \cos\lambda} - \dfrac{\sinh\lambda\xi - \sin\lambda\xi}{\sinh\lambda + \sin\lambda}$ ⑥}	
m_0	0.5	0.5	0.5	0.25	0.25	0.25
境界条件	ローラ端 - ローラ端		$Y'(0)=Y'''(0)=Y'(l)=Y'''(l)=0$	ローラ端 - 固定		$Y'(0)=Y'''(0)=Y(l)=Y'(l)=0$
λ	π	2π	3π	2.365	5.498	8.639
振動モード	\multicolumn{3}{c}{(graph)}	\multicolumn{3}{c}{(graph)}	
規準関数	\multicolumn{3}{c}{$\phi = \cos\lambda\xi$ ⑦}	\multicolumn{3}{c}{$\phi = \dfrac{\cosh\lambda\xi}{\cosh\lambda} - \dfrac{\cos\lambda\xi}{\cos\lambda}$ ⑧}	
m_0	0.5	0.5	0.5	0.396	0.437	0.438
境界条件	単純支持 - ローラ端		$Y(0)=Y''(0)=Y'(l)=Y'''(l)=0$	自由 - ローラ端		$Y''(0)=Y'''(0)=Y'(l)=Y'''(l)=0$
λ	$\pi/2$	$3\pi/2$	$5\pi/2$	2.365	5.498	8.639
振動モード	\multicolumn{3}{c}{(graph)}	\multicolumn{3}{c}{(graph)}	
規準関数	\multicolumn{3}{c}{$\phi = \sin\lambda\xi$ ⑨}	\multicolumn{3}{c}{$\phi = \dfrac{\cosh\lambda\xi + \cos\lambda\xi}{\cosh\lambda + \cos\lambda} - \dfrac{\sinh\lambda\xi + \sin\lambda\xi}{\sinh\lambda - \sin\lambda}$ ⑩}	
m_0	0.801	0.502	0.513	0.25	0.25	0.25

表3·2 多自由度系と連続体の相関

	多自由度系：行列表示	連続体：偏微分方程式
運動方程式	$M\ddot{X}+KX=BF(t)$	$\rho A \dfrac{\partial^2 y}{\partial t^2} + EI \dfrac{\partial^4 y}{\partial x^4} = F(x,t)$
固有ペア	ω_n, ϕ_n ：正規モード	$\omega_n, \phi_n(x)$ ：規準関数
直交性	合同変換 $\phi_i^t M \phi_j = \delta_{ij}$ $\phi_i^t K \phi_j = \delta_{ij}$	積分操作 $\int_0^l \rho A \phi_i(x) \phi_j(x) dx = \delta_{ij}$ $\int_0^l EI \phi_i''(x) \phi_j''(x) dx = \delta_{ij}$
モード座標	$y(x) = \phi_1(x)\eta_1(t) + \phi_2(x)\eta_2(t) + \cdots = X = [\phi_1, \phi_2, \cdots]\begin{bmatrix}\eta_1 \\ \eta_2 \\ \vdots\end{bmatrix} \equiv \Phi\eta$	
モードパラメータ	$m_i^* = \phi_i^t M \phi_i$, $k_i^* = m_i^* \omega_i^2$	$m_i^* = \int_0^l \rho A \phi_i^2(x) dx$, $k_i^* = m_i^* \omega_i^2$
モード解析	$m_i^*(\ddot{\eta}_i + 2\zeta_i\omega_i\dot{\eta}_i + \omega_i^2\eta_i) = \phi_i^t BF(t)$	$m_i^*(\ddot{\eta}_i + 2\zeta_i\omega_i\dot{\eta}_i + \omega_i^2\eta_i) = \int_0^l \phi_i(x) F(x,t) dx$

ただし　モード行列：$\Phi \equiv [\phi_1(\xi,\lambda_1)\ \ \phi_2(\xi,\lambda_2)\ \ \cdots]$

モード質量：$m_i^* \equiv \rho Al \int_0^1 \phi_i^2(\xi,\lambda_i) d\xi$　（表3·1に併記）

前節で学んだ多質点系のモード解析は，表3·2に比較するように，連続はりでもすべて成立する．「内積 → 積分」のおき換えによって，考え方はまったく互換性をなす．

3・3・3　縮小モーダルモデル

図3·14に示すように，任意の連続はりの部分的な区間 $[l_1 \sim l_2]$ に分布加振力 $F(x,t) = B(x)w(t)$ が作用し，連続体の一点 $x=l_3$ の振動を変位センサ y で計測するとする．

表3·2に従うとモード座標系の応答は各 η_i ごとに計算可能で，適当なモード減衰

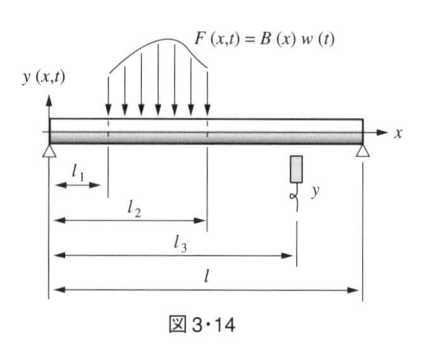

図3·14

比 ζ_i の仮定のもと，次式で与えられる。

$$m_i^*(\ddot{\eta}_i(t) + 2\zeta_i\omega_i\dot{\eta}_i(t) + \omega_i^2\eta_i(t)) = b_i^* w(t) \quad (i=1\sim l) \tag{3・17}$$

ただし $b_i^* \equiv \int_{l_1}^{l_2} B(x)\phi_i(x)dx$：モード別入力係数

変位センサの応答 y はモード別振動応答 η_i の和で表されるので

$$y(t) = \sum_{i=1}^{n} \phi_i(l_3)\eta_i(t) \tag{3・18}$$

ただし $\phi_i(l_3)$：センサへのモード別出力係数

よって，連続はりのモーダルモデルは図 3・15 のように描ける。もちろん無限自由度なので適当なモード数 n で打ち切る。基本的に多質点系の図 3・8 と同じである。

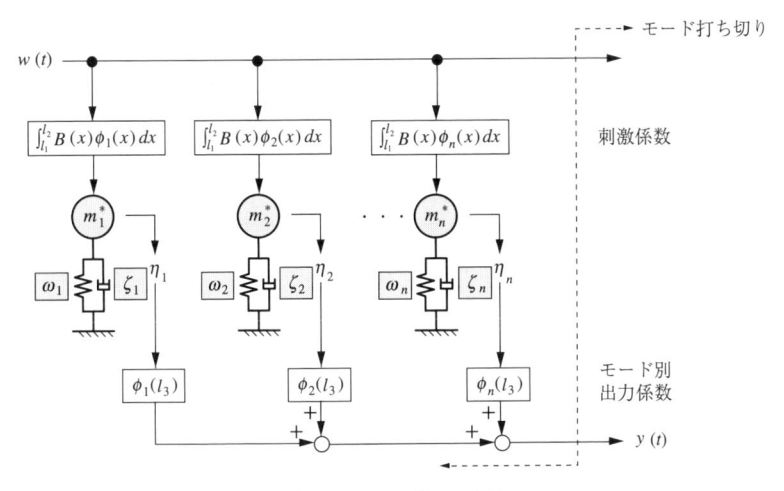

図 3・15　モーダルモデル

モード解析により変位センサの応答はラプラス変換の s 領域で次式となる。

$$y(s) = \sum_{i=1}^{n} \frac{\phi_i(l_3)\int_{l_1}^{l_2} B(x)\phi_i(x)dx}{m_i^*(s^2 + 2\zeta_i\omega_i s + \omega_i^2)} w(s) \tag{3・19}$$

3・3・4　モード偏心 ε^*

図 3・16 に示すように一様回転軸に質量偏心 $\varepsilon(x)$ が分布している場合，分布加振力 $F(x,t)$ は線密度を $\rho_l(x)$ として

(a)　(b)　(c)　(d)

図3・16　不釣合い分布

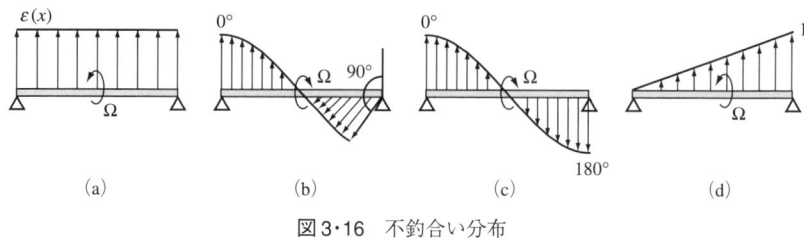

$$F(x,t) = \rho_1(x)\varepsilon(x)\Omega^2 e^{j\Omega t} \tag{3・20}$$

で，モードϕに対するモード不釣合いU^*は

$$U^* = \int_0^l \rho_1(x)\varepsilon(x)\phi(x)dx = l\int_0^1 \rho_1(\xi)\varepsilon(\xi)\phi(\xi)d\xi \quad (\xi = x/l) \tag{3・21}$$

これをモード質量m^*で除してモード偏心ε^*が定義される。

$$\varepsilon^* = \frac{l}{m^*}\int_0^1 \rho_1(\xi)\varepsilon(\xi)\phi(\xi)d\xi \tag{3・22}$$

よって，{固有振動数ω_n，モード減衰比ζ}なるモードϕに対応するモード別の不釣合い振動ηとその複素振幅A_ηは次式で表される。

$$\eta = A_\eta e^{j\Omega t} \quad \rightarrow \quad A_\eta = \left.\frac{\varepsilon^*\Omega^2}{s^2 + 2\zeta\omega_n s + \omega_n^2}\right|_{s=j\Omega} \tag{3・23}$$

例題3・5　両端単純支持ロータ（表3・1の⑤に相当）として，図3・16の不釣合い分布はそれぞれ

(a)　一様分布 $\varepsilon(\xi) = 1$　　(b)　$0° \sim 90°$　一様分布 $\varepsilon(\xi) = 1e^{j\pi\xi/2}$

(c)　$0° \sim 180°$　一様分布 $\varepsilon(\xi) = 1e^{j\pi\xi}$　　(d)　三角分布 $\varepsilon(\xi) = \xi$

である。各場合のモード偏心ε^*を3次モードまで求めよ。

解　固有モード $\Phi \equiv [\phi_1 \quad \phi_2 \quad \phi_3] = [\sin\pi\xi \quad \sin 2\pi\xi \quad \sin 3\pi\xi]$，

モード質量 $m_i^* = \rho Al \int_0^1 \phi_i^2(\xi)d\xi = \{0.5 \quad 0.5 \quad 0.5\}\rho Al$ だから

(a)　$\varepsilon^* = 1/m_i^* \int_0^1 \rho Al\varepsilon(\xi)\phi_i(\xi)d\xi = \{4/\pi \quad 0 \quad 4/(3\pi)\}$

(b)　$\varepsilon^* = \{1.2\angle 45° \quad 0.48\angle -45° \quad 0.31\angle 45°\}$

(c)　$\varepsilon^* = \{1\angle 90° \quad 0.85 \quad 0\}$　　(d)　$\varepsilon^* = \{0.64 \quad -0.32 \quad 0.21\}$

例題3・6　図3・17(a)に示す両端単純支持の一様はり（10mmϕ，500mmL，鋼材）に，$l_1/l = 1/4$の位置でインパルス加振し，$l_3/l = 5/6$の位置で振動計測する場合を考える。

3・3 はりのモード解析

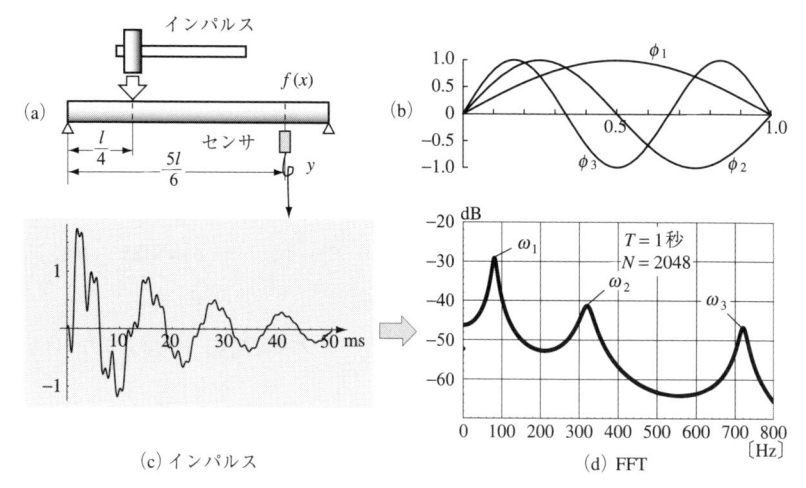

図 3・17 インパルステスト

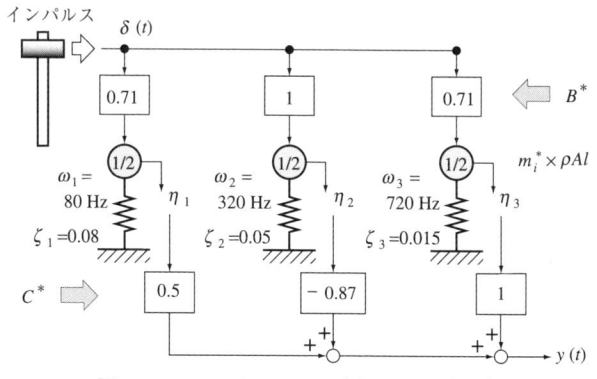

図 3・18 モーダルモデル（インパルス加振）

(1) 3次までの固有振動数を求め，モーダルモデル図 3・18 を作成せよ．
(2) センサの応答 y をラプラス変換の s 領域で表せ．
(3) 3次までのモード減衰比 $\zeta = \{0.08\ \ 0.05\ \ 0.015\}$ を仮定して，インパルス応答波形の図 3・17 (c) を求めよ．
(4) このインパルス応答波形の周波数分析結果を示す図 3・17 (d) を求めよ．

解

(1) 両端単純支持はりの固有振動数 $\omega_n = \{80\ \ 320\ \ 720\}\,\text{Hz}$ ← 表 3・1 参照

固有モード関数 $\Phi = [\sin \pi \xi / 2 \quad \sin \pi \xi \quad \sin 3\pi \xi / 2] \leftarrow$図 3・17 (b)

モード質量 $m_i^* = \rho A l \int_0^1 (\sin i\pi\xi)^2 dx = \rho A l / 2 \rightarrow \rho A l \{1/2 \quad 1/2 \quad 1/2\}$

モード別入力係数 = 打点位置でのモードの振れ
$$\rightarrow B^* = \{\sin i\pi / 4\} = \{0.71 \quad 1 \quad 0.71\}$$

センサ出力係数 = センサ位置でのモードの振れ
$$\rightarrow C^* = \{\sin 5i\pi / 6\} = \{0.5 \quad -0.87 \quad 1\}$$

よって，対応するモーダルモデル図 3・18 を得る．

(2) インパルス加振力 $w(s)=$ デルタ関数 $\delta(t)$ のラプラス変換 =1 を式 (3・19) に代入してセンサの応答は次式となる．

$$y(s) = \sum_{i=1}^{3} \frac{\sin\dfrac{5\pi i}{6} \sin\dfrac{i\pi}{4}}{\dfrac{\rho A l}{2}(s^2 + 2\zeta_i \omega_i s + \omega_i^2)} \tag{3・24}$$

(3) 上式をラプラス逆変換してインパルス応答波形図 3・17 (c) を得る．
(4) 時間窓 T=1s，サンプリング数 N=2 048 にて FFT 分析し，800 ラインを表示し図 3・17 (d) を得る．

固有振動数に対応する { 80，320，720 }Hz に FFT スペクトルのピークが観察される．このように，インパルス応答波形の FFT 分析により系の固有振動数が簡単に同定されるので，現場で多用されている．

3・4　縮小モーダルモデルの物理モデル化

3・4・1　モード質量とは

質量行列を M，i 次固有ベクトルを ϕ_i としたとき，対応するモード質量 m_i^* は定義によると

$$m_i^* = \phi_i^t M \phi_i = m_1 \phi_{i1}^2 + m_2 \phi_{i2}^2 + m_3 \phi_{i3}^2 + \cdots \tag{3・25}$$

ただし $M = \text{diagonal}[m_1 \quad m_2 \quad m_3 \quad \cdots]$，$\phi_i = [\varphi_{i1} \quad \varphi_{i2} \quad \varphi_{i3} \quad \cdots]^t$
と表される．この固有ベクトルについては，各要素の値そのものに意味があるのではなく，おたがいの相対比較値が重要である．よって固有モード ϕ_i の値の決め方として

3・4 縮小モーダルモデルの物理モデル化

よくある例はつぎの二つである。
 （Ⅰ） モード ϕ_i の中の最大振れ =1 で規格化する。
 （Ⅱ） モード質量 $\phi_i^t M \phi_i$ =1 となるように質量で規格化する。

図 3・19 の片持ばりの例で述べると，①が通常の最大振れ =1 で規格化した 1 次モード ϕ_1 表示である。このときモード質量が $\rho Al/4$ となるので，この値の平方根で除したものが③の質量で規格化した ϕ_1 表示である。具体的には①の数値を $2/\sqrt{\rho Al}$ 倍した値が③である。

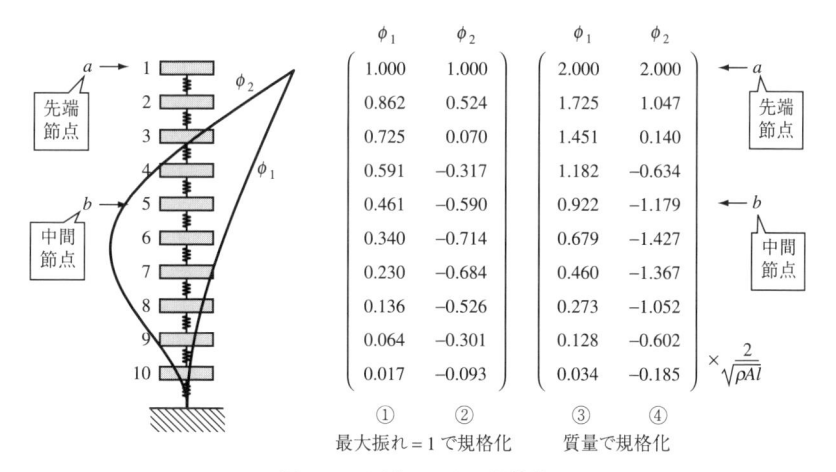

	ϕ_1	ϕ_2		ϕ_1	ϕ_2	
1	1.000	1.000		2.000	2.000	← a 先端節点
2	0.862	0.524		1.725	1.047	
3	0.725	0.070		1.451	0.140	
4	0.591	−0.317		1.182	−0.634	
5	0.461	−0.590		0.922	−1.179	← b 中間節点
6	0.340	−0.714		0.679	−1.427	
7	0.230	−0.684		0.460	−1.367	
8	0.136	−0.526		0.273	−1.052	
9	0.064	−0.301		0.128	−0.602	
10	0.017	−0.093		0.034	−0.185	$\times \dfrac{2}{\sqrt{\rho Al}}$
	①	②		③	④	
	最大振れ =1 で規格化			質量で規格化		

図 3・19　固有モードの規格化

例題 3・7　図 3・19 の片持ばりの 2 次モード ϕ_2 に関し，振れおよび質量で規格化したものがそれぞれ図の②④となることを確認せよ。

解　2 次モードのモード質量も $\rho Al/4$ なので，②の数値を $2/\sqrt{\rho Al}$ 倍した値が④である。

モーダルモデルは，図 3・8 で示したように，各モード次数ごとに単振動系で表された。ある i 次モードに関し，振れ =1 となる節点が j のとき，その節点変位 である物理座標 $x_j(t)$ は固有振動数 ω_i の周波数付近に限定すれば i 次モード座標 $\eta_i(t)$ に等しいと近似できる。

$$x_j(t) \equiv \varphi_{1j}\eta_1(t) + \varphi_{2j}\eta_2(t) + \cdots + \varphi_{ij}\eta_i(t) + \cdots \approx \varphi_{ij}\eta_i(t) = \eta_i(t) \tag{3・26}$$

ただし $\varphi_{ij} = 1$

よって，単振動系のi次モード質量とはj節点からみたi次モードの物理的に等価な質量を意味していると考えられる。固有振動数ω_iのi次モード振動が卓越している状況に限定すれば，このようにしてモード質量を物理的な等価質量に対応させることが可能となる。さきの図3・19の片持ばりに関し等価質量は

先端節点1からみた等価質量　　1次モード　　$m_{1eq}=\rho Al/4 = 0.25\rho Al$

2次モード　　$m_{2eq}=\rho Al/4 = 0.25\rho Al$

中間節点5からみた等価質量　　1次モード　　$m_{1eq}=\rho Al/4(1/0.461)^2=1.18\rho Al$

2次モード　　$m_{2eq}=\rho Al/4(1/0.590)^2=0.72\rho Al$

ということになる。このような等価質量は，つぎに述べる質量感応法によって実測可能である。

3・4・2　質量感応法

ある固有モードに対応した等価質量の実験的な同定法として，背戸のいう「質量感応法」[9)]について紹介する。

まず，i次モードの固有振動数ω_iを計測する。続いて，そのモードでよく振れている節点jに付加質量Δmを付けて低下した固有振動数ω_i^*を計測する。そうすると，つぎの近似式が成立する。

$$\omega_i^* = \sqrt{\frac{k_{eq}}{m_{eq}+\Delta m}} = \omega_i\sqrt{\frac{m_{eq}}{m_{eq}+\Delta m}} \approx \omega_i\left(1-\frac{\Delta m}{2m_{eq}}\right) \quad (3\cdot 27)$$

ゆえに，次式で等価質量が同定可能である。

$$m_{eq} = \frac{\omega_i}{\omega_i - \omega_i^*}\frac{\Delta m}{2} \quad (3\cdot 28)$$

実務では実験データをペア$\{\omega_i^*, \Delta m\}$で求め，図3・20のように整理する。周波数ω_iの単位は[rad/s]または[Hz]のいずれでもよい。

実験点を直線近似して傾きαを求め，次式で同定すると精度が向上する。

$$\alpha = \frac{\omega_i}{2m_{eq}} \rightarrow m_{eq} = \frac{\omega_i}{2\alpha} \quad [\text{kg}] \quad (j\text{節点}) \quad (3\cdot 29)$$

また，他の節点kに関する等価質量に換算し直す場合には，共振モードのj節点の振幅a_jとk節点の振幅a_kとを同時に計測して，次式で求める。

3・5 固有振動数の近似計算

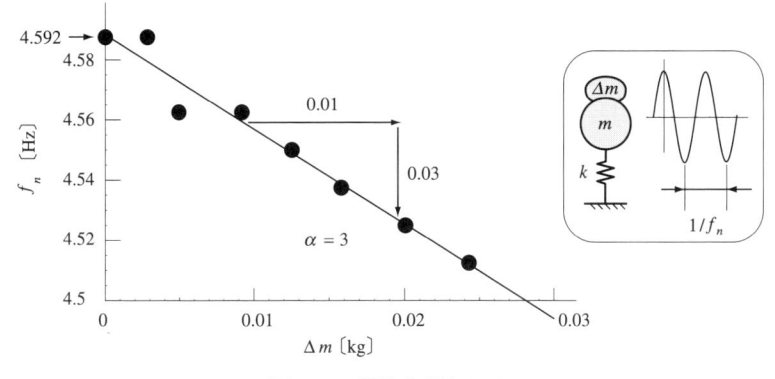

図3・20 質量感応法データ

等価質量　$m_{eq}(a_j/a_k)^2$ （3・30）

例題3・8　片持ばり先端節点の1次モードに関し，質量を付加したときの固有振動数の低下データ図3・20を得た。

(1) モード等価質量を求めよ。
(2) また，その値を片持ばり中間節点5に関する等価質量に換算せよ。

解　(1)　$\alpha=3$ [Hz/kg] → $\omega_1=4.592$ [Hz] → $m_{eq}=\omega_1/(2\alpha)=0.765$ [kg]

(2)　$m_{eq}=0.765(1/0.461)^2=3.6$ [kg]

3・5 固有振動数の近似計算

3・5・1 レイリー（Rayleigh）の方法

多自由度 M-K 系に対応する固有値問題

$$\omega^2 M\phi = K\phi \qquad (3・31)$$

ただし $M = \text{diagonal}[m_1 \quad m_2 \quad m_3 \quad \cdots]$，$K=$ 対称行列，正定値
を解いて

　　　固有値 ω^2　　　$\omega_1^2 \quad \omega_2^2 \quad \omega_3^2 \quad \cdots$
　　　固有ベクトル ϕ　　$\phi_1 \quad \phi_2 \quad \phi_3 \quad \cdots$

を得たとする。固有ベクトルは質量行列 M，剛性行列 K を介して直交しているので，i 次モードの固有値は次式のレイリー商で与えられる。

$$\omega_i^2 = \frac{\phi_i^t K \phi_i}{\phi_i^t M \phi_i} \tag{3・32}$$

すなわち，近似固有ベクトルを知れば式（3・32）から固有値が求まり，その精度は固有ベクトルの精度による．

1次固有モードとして自重たわみ線を仮定して，最低次の固有振動数を推定する場合が多い．自重によるたわみ $y=[y_1,\ y_2,\ y_3,\ \cdots]$ は，重力加速度を g として

$$Ky = [m_1 \quad m_2 \quad m_3 \quad \cdots]^t g$$

で計算される．よって，上式（3・32）は次式におき換わる．

$$\omega_1^2 = \frac{y^t Ky}{y^t My} = \frac{y^t [m_1 \quad m_2 \quad m_3 \quad \cdots]^t g}{y^t My} = \frac{g \sum m_i y_i}{\sum m_i y_i^2} \tag{3・33}$$

いま，固有ベクトルを質量で規格化（$\phi^t M \phi = 1,\ \phi^t K \phi = \omega^2$）しておく．任意のベクトル ϕ_a はこれら固有ベクトルの線形結合

$$\phi_a = c_1 \phi_1 + c_2 \phi_2 + c_3 \phi_3 + \cdots \tag{3・34}$$

で表される．よって，その2次形式をとると，固有ベクトルの直交条件より

$$\begin{aligned}\phi_a^t K \phi_a &= c_1^2 \omega_1^2 + c_2^2 \omega_2^2 + c_3^2 \omega_3^2 \cdots \\ \phi_a^t M \phi_a &= c_1^2 + c_2^2 + c_3^2 \cdots\end{aligned} \tag{3・35}$$

が成立する．このベクトルがある固有ベクトル（k 次）に似ているとしてレイリー商をとると

$$\begin{aligned}\omega_a^2 &= \frac{\phi_a^t K \phi_a}{\phi_a^t M \phi_a} = \frac{c_1^2 \omega_1^2 + c_2^2 \omega_2^2 + c_3^2 \omega_3^2 \cdots}{c_1^2 + c_2^2 + c_3^2 \cdots} \\ &= \omega_k^2 \frac{c_1^2 (\omega_1^2 / \omega_k^2) + c_2^2 (\omega_2^2 / \omega_k^2) + c_3^2 (\omega_3^2 / \omega_k^2) \cdots}{c_1^2 + c_2^2 + c_3^2 \cdots}\end{aligned} \tag{3・36}$$

ただし $\phi_a \approx \phi_k$

上式は，$k=1$ で $\omega_a^2 \geq \omega_1^2$ だから最低次の固有振動の予測値は真値より若干高めに現れることがわかる．$k=\max$ より，最高次固有振動数は低めに推定される．

例題3・9 図3・21に示す系を考える．

(1) 固有値および固有ベクトルの正確値を求めよ．

(2) 1次固有モードを自重によるたわみ線と仮定した場合の固有値を式（3・33）より推定せよ．

3·5 固有振動数の近似計算   59

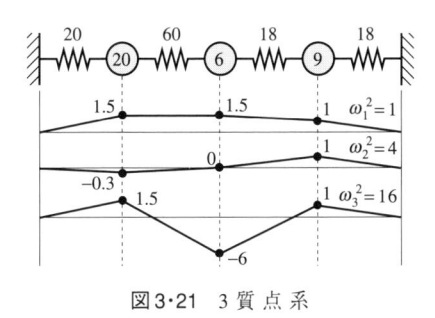

図3·21 3質点系

解

(1) $M = \begin{bmatrix} 20 & 0 & 0 \\ 0 & 6 & 0 \\ 0 & 0 & 9 \end{bmatrix}, K = \begin{bmatrix} 80 & -60 & 0 \\ -60 & 78 & -18 \\ 0 & -18 & 36 \end{bmatrix} \to \omega^2 = \{1 \quad 4 \quad 16\},$

$\Phi = \begin{bmatrix} 1.5 & -0.3 & 1.5 \\ 1.5 & 0 & -6 \\ 1 & 1 & 1 \end{bmatrix}$

(2) $Ky = M\begin{bmatrix} 1 \\ 1 \\ 1 \end{bmatrix}g \to y = K^{-1}M\begin{bmatrix} 1 \\ 1 \\ 1 \end{bmatrix}g = \dfrac{g}{64}\begin{bmatrix} 67 \\ 68 \\ 50 \end{bmatrix}$

$\to \omega_1^2 = 64 \dfrac{20*67 + 6*68 + 9*50}{20*67^2 + 6*68^2 + 9*50^2} = 1.0046$

3·5·2 影響係数を用いる方法

剛性行列 K の逆行列がたわみに関する影響係数行列 $[\alpha] = K^{-1}$ である。よって，下記のように変形し，係数行列が対称行列となるように一般固有値問題を設定する。

$$\omega^2 M\phi = K\phi \to \dfrac{1}{\omega^2}\phi = K^{-1}M\phi \to \dfrac{1}{\omega^2}M\phi = MK^{-1}M\phi \tag{3·37}$$

このときの固有値解は

固有値 $1/\omega^2$ $1/\omega_1^2$ $1/\omega_2^2$ $1/\omega_3^2$ …

固有ベクトル ϕ ϕ_1 ϕ_2 ϕ_3 …

レイリー商の逆数から固有値が求まる。

$$\omega_i^2 = \frac{\phi_i^t M \phi_i}{\phi_i^t M K^{-1} M \phi_i} = \frac{\phi_i^t M \phi_i}{\phi_i^t M [\alpha] M \phi_i} \tag{3・38}$$

いま，最低次の1次固有ベクトルの近似ベクトル ϕ_a を得たとき式 (3・34) から

$$\begin{aligned}
\omega_a^2 &= \frac{\phi_a^t M \phi_a}{\phi_a^t M K^{-1} M \phi_a} = \frac{c_1^2 + c_2^2 + c_3^2 \cdots}{c_1^2/\omega_1^2 + c_2^2/\omega_2^2 + c_3^2/\omega_3^2 \cdots} \\
&= \omega_1^2 \frac{c_1^2 + c_2^2 + c_3^2 \cdots}{c_1^2 + c_2^2(\omega_1^2/\omega_2^2) + c_3^2(\omega_1^2/\omega_3^2)\cdots} \geq \omega_1^2
\end{aligned} \tag{3・39}$$

ただし $\phi_a \approx \phi_1$

式 (3・39) は最小固有値 ω_1 の予測に長けていること，および予測値は真値より若干高めに現れることがわかる。

例題3・10 図3・21の系で，1次固有モードを自重たわみ線と仮定した場合の固有値を式 (3・38) より推定せよ。

解

$$K^{-1} = \begin{bmatrix} 23/640 & 1/32 & 1/64 \\ 1/32 & 1/24 & 1/48 \\ 1/64 & 1/48 & 11/288 \end{bmatrix} \rightarrow y = \frac{g}{64}\begin{bmatrix} 67 \\ 68 \\ 50 \end{bmatrix} \rightarrow y = \begin{bmatrix} 1.34 \\ 1.36 \\ 1 \end{bmatrix}$$

$$\rightarrow \omega_a^2 = \frac{y^t M y}{y^t M K^{-1} M y} = 1.0012$$

3・5・3 ダンカレー (Dunkerley) の公式

影響係数行列を用いた固有値問題を具体的に書くと

$$\frac{1}{\omega^2}\phi = [\alpha] M \phi = \begin{bmatrix} \alpha_{11} & \alpha_{12} & \alpha_{13} & \cdots \\ \alpha_{21} & \alpha_{22} & \alpha_{23} & \cdots \\ \alpha_{31} & \alpha_{32} & \alpha_{33} & \cdots \\ \vdots & \vdots & \vdots & \ddots \end{bmatrix}\begin{bmatrix} m_1 & 0 & 0 & \cdots \\ 0 & m_2 & 0 & \cdots \\ 0 & 0 & m_3 & \cdots \\ \vdots & \vdots & \vdots & \ddots \end{bmatrix}\phi \tag{3・40}$$

であり，対応する特性方程式は次式である。

$$\begin{vmatrix} \alpha_{11}m_1 - 1/\omega^2 & \alpha_{12}m_2 & \alpha_{13}m_3 & \cdots \\ \alpha_{21}m_1 & \alpha_{22}m_2 - 1/\omega^2 & \alpha_{23}m_3 & \cdots \\ \alpha_{31}m_1 & \alpha_{32}m_2 & \alpha_{33}m_3 - 1/\omega^2 & \cdots \\ \vdots & \vdots & \vdots & \ddots \end{vmatrix} = 0 \tag{3・41}$$

これは根 $(1/\omega^2)$ に関し n 次元の方程式である。式 (3・41) に根の公式「n 次元の係数

3・5 固有振動数の近似計算

=1 として n−1 次元の係数×(−1)は特性根の総和に等しい」を適用,次式が導かれる。

$$\frac{1}{\omega_1^2} + \frac{1}{\omega_2^2} + \frac{1}{\omega_3^2} \cdots = (\alpha_{11}m_1 + \alpha_{22}m_2 + \alpha_{33}m_3 + \cdots) \tag{3・42}$$

$\omega_1 \ll \omega_2 < \omega_3 \cdots$ とすると上式左辺は第1項のみに近似される。式(3・42)右辺の $\alpha_{ii}m_i$ は,質量 m_i のみが存在し他の質量がないと仮定した単独系の固有値 ω_{ii}^2 の逆数を意味している。よって,最低次固有振動数 ω_1 が次式より,少し低めに推定される。

$$\frac{1}{\omega_1^2} \leq \left(\frac{1}{\omega_{11}^2} + \frac{1}{\omega_{22}^2} + \frac{1}{\omega_{33}^2} + \cdots \right) \tag{3・43}$$

例題3・11 図3・22の系の固有振動数をダンカレーの式より推定せよ。

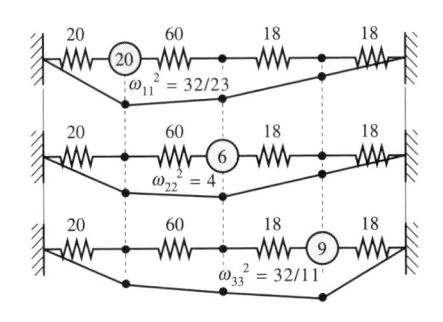

図3・22 単独系の固有値

解 直列ばねを // と書いて,図3・22の各単独系の固有値を示す。

$\omega_{11}^2 = [20 + (60 // 18 // 18)] / 20 = 640 / 23 / 20 = 32 / 23$

$\omega_{22}^2 = [(20 // 60) + (18 // 18)] / 6 = 24 / 6 = 4$

$\omega_{33}^2 = [(20 // 60 // 18) + 18] / 9 = 288 / 11 / 9 = 32 / 11$

推定値 $\omega_1^2 = 1/(23/32 + 1/4 + 11/32) = 0.762$ (真値=1に比べかなり小さい)

3・5・4 反復法(べき乗法,Power Method)[10]

係数行列を A とする標準固有値問題

$$\lambda \phi = A\phi \tag{3・44}$$

を考える。ある任意のベクトル ϕ_a は式(3・34)のように固有ベクトルの線形和で表される。このベクトルのべき乗計算を実施してみよう。

$$A\phi_a = c_1\lambda_1\phi_1 + c_2\lambda_2\phi_2 + c_3\lambda_3\phi_3 + \cdots$$

$$A^2\phi_a = A(A\phi_a) = c_1\lambda_1{}^2\phi_1 + c_2\lambda_2{}^2\phi_2 + c_3\lambda_3{}^2\phi_3 + \cdots$$

$$\vdots$$

$$A^n\phi_a = c_1\lambda_1{}^n\phi_1 + c_2\lambda_2{}^n\phi_2 + c_3\lambda_3{}^n\phi_3 + \cdots$$

ここで，λ_1 を最大固有値とすると

$$A^n\phi_a = \lambda_1{}^n[c_1\phi_1 + c_2(\lambda_2/\lambda_1)^n\phi_2 + c_3(\lambda_3/\lambda_1)^n\phi_3 + \cdots] \geq \lambda_1{}^n c_1\phi_1 \qquad (3\cdot45)$$

$(\lambda_i/\lambda_1)^n$ の係数は 0 に収束するので，式 $(3\cdot45)$ 右辺は固有ベクトル ϕ_1 に収束する。すなわち，任意の固有ベクトルを仮定して，このようなべき乗計算を繰り返すと最大固有値の固有ベクトルに収束することがわかる。

よって，図 3・23 に示すように，ある要素で規格化した入力の固有ベクトル ϕ_{in} に対して係数行列をかける操作を繰返し行い，そのつど，同じ規格化を行い収束状況をチェックする。収束したときに，固有ベクトルと固有値 ω^2 が自動的に得られる。

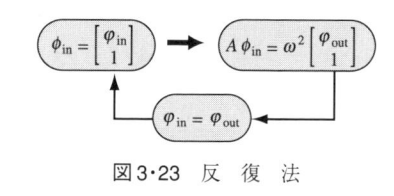

図 3・23 反復法

$A=M^{-1}K$ とおくと最大固有値に，$A=K^{-1}M$ とおくと最小固有値に収束するアルゴリズムとなる。

例題 3・12 図 3・21 の系の最小固有振動数を反復法で推定せよ。

解

$$A = K^{-1}M = \frac{1}{64}\begin{bmatrix} 46 & 12 & 9 \\ 40 & 16 & 12 \\ 20 & 8 & 22 \end{bmatrix}$$

$$A\begin{bmatrix} 1 \\ 1 \\ 1 \end{bmatrix} = 0.78\begin{bmatrix} 1.34 \\ 1.36 \\ 1 \end{bmatrix} \rightarrow 0.933\begin{bmatrix} 1.4 \\ 1.46 \\ 1 \end{bmatrix} \cdots \rightarrow 1.0\begin{bmatrix} 1.5 \\ 1.5 \\ 1 \end{bmatrix} \qquad (3\cdot46)$$

ある n 次元固有値問題で，固有値 λ_1 と固有ベクトル ϕ_1 を得たとき，残りの固有値を求めるための $n-1$ 次元固有値問題の作成方法を説明する。n 個の固有ベクトルの張る空間 $\phi=[x_1, x_2, x_3\cdots]^t$ に対して，既知の固有ベクトル $\phi_1=[\varphi_{11}, \varphi_{12}, \varphi_{13}, \cdots]^t$ を得たとき，両者が質量行列を介して直交する条件

$$\phi_1{}^t M\phi = [\varphi_{11} \quad \varphi_{12} \quad \varphi_{13} \quad \cdots]M[x_1 \quad x_2 \quad x_3 \quad \cdots]^t = 0 \qquad (3\cdot47)$$

を課す。この条件が満足するように一つだけ次元を縮小する方法である。具体的につぎの例題で確認しよう。

例題3・13 例題3・12（3次元固有値問題）で最小固有値と固有ベクトルを得たとしよう。つぎに小さい固有値を求めるために2次元固有値問題を導け。

解 式（3・47）は

$$\phi_1{}^t M\phi = [1.5 \quad 1.5 \quad 1]M[x_1 \quad x_2 \quad x_3]^t = 30x_1 + 9x_2 + 9x_3 = 0 \quad (3\cdot48)$$

よって，3次元 $\{x_1,x_2,x_3\}$ から2次元 $\{x_2,x_3\}$ への縮小の座標変換 T_{32} を次式で定義する。

$$\begin{bmatrix} x_1 \\ x_2 \\ x_3 \end{bmatrix} = \begin{bmatrix} -9/30 & -9/30 \\ 1 & 0 \\ 0 & 1 \end{bmatrix} \begin{bmatrix} x_2 \\ x_3 \end{bmatrix} \equiv T_{32}\begin{bmatrix} x_2 \\ x_3 \end{bmatrix} \quad (3\cdot49)$$

この変換行列による合同変換を式（3・44）に適用する。

$$\lambda T_{32}{}^t T_{32}\begin{bmatrix} x_2 \\ x_3 \end{bmatrix} = T_{32}{}^t A T_{32}\begin{bmatrix} x_2 \\ x_3 \end{bmatrix} \rightarrow$$

$$\lambda \begin{bmatrix} x_2 \\ x_3 \end{bmatrix} = \left(T_{32}{}^t T_{32}\right)^{-1} T_{32}{}^t A T_{32}\begin{bmatrix} x_2 \\ x_3 \end{bmatrix} = \begin{bmatrix} 1/16 & 0 \\ 1/32 & 1/4 \end{bmatrix}\begin{bmatrix} x_2 \\ x_3 \end{bmatrix} \quad (3\cdot50)$$

この固有値問題を解いて固有値 $\lambda=\{1/4, 1/16\} \rightarrow \omega^2=1/\lambda=\{4,16\}$

3・5・5 剛性行列法

密度 $\rho = 0$，長さ L，曲げ剛性 EI の弾性丸軸要素（図3・24）に関して，節点の変位はたわみ δ_1 と δ_2 ならびに傾き θ_1 と θ_2 で，計4個である。よって，節点間の変形モードは3次多項式で表される。節点の質量は m_1 と m_2，横慣性能率を I_{d1} と I_{d2} とする。また，要素左右で作用するせん断力 Q およびモーメント N に同様の添え字を付して同図のように定義する。はり要素の有限要素法で離散化された横振動の運動方程式は次式で表される。

$$\begin{bmatrix} m_1 & 0 & 0 & 0 \\ 0 & I_{d1} & 0 & 0 \\ 0 & 0 & m_2 & 0 \\ 0 & 0 & 0 & I_{d2} \end{bmatrix}\begin{bmatrix} \ddot{\delta}_1 \\ \ddot{\theta}_1 \\ \ddot{\delta}_2 \\ \ddot{\theta}_2 \end{bmatrix} + \frac{EI}{L^3}\begin{bmatrix} 12 & 6L & -12 & 6L \\ 6L & 4L^2 & -6L & 2L^2 \\ -12 & -6L & 12 & -6L \\ 6L & 2L^2 & -6L & 4L^2 \end{bmatrix}\begin{bmatrix} \delta_1 \\ \theta_1 \\ \delta_2 \\ \theta_2 \end{bmatrix} = \begin{bmatrix} -Q_1 \\ N_1 \\ Q_2 \\ -N_2 \end{bmatrix} \quad (3\cdot51)$$

第1項を質量行列，第2項を剛性行列という。

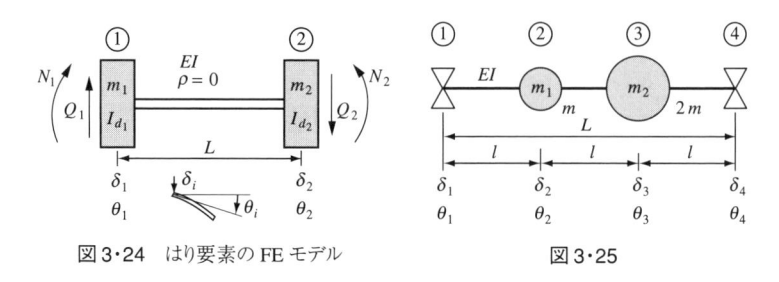

図 3·24　はり要素の FE モデル　　　　　　図 3·25

ここで，具体的に図 3·25 に示すように，各要素の長さ l が等しい 2 円板（質量 $m_1=m$, $m_2=2m$, 横慣性能率 $I_{d1}=I_{d2}=0$）の系を考える。各 i 節点（$i=$ ①～④）の変位（δ_i と θ_i）を状態変数として，全系の運動方程式は各要素の質量行列と剛性行列を重畳して次式で表される。

$$\begin{bmatrix} 0 \\ 0 \\ m_1\ddot{\delta}_2 \\ (I_{d1}/l^2)l\ddot{\theta}_2 \\ m_2\ddot{\delta}_3 \\ (I_{d2}/l^2)l\ddot{\theta}_3 \\ 0 \\ 0 \end{bmatrix} + \frac{EI}{l^3}\begin{bmatrix} 12 & 6 & -12 & 6 & 0 & 0 & 0 & 0 \\ 6 & 4 & -6 & 2 & 0 & 0 & 0 & 0 \\ -12 & -6 & 24 & 0 & -12 & 6 & 0 & 0 \\ 6 & 2 & 0 & 8 & -6 & 2 & 0 & 0 \\ 0 & 0 & -12 & -6 & 24 & 0 & -12 & 6 \\ 0 & 0 & 6 & 2 & 0 & 8 & -6 & 2 \\ 0 & 0 & 0 & 0 & -12 & -6 & 12 & -6 \\ 0 & 0 & 0 & 0 & 6 & 2 & -6 & 4 \end{bmatrix}\begin{bmatrix} \delta_1 \\ l\theta_1 \\ \delta_2 \\ l\theta_2 \\ \delta_3 \\ l\theta_3 \\ \delta_4 \\ l\theta_4 \end{bmatrix} = \begin{bmatrix} -Q_1 \\ +N_1/l \\ 0 \\ 0 \\ 0 \\ 0 \\ Q_4 \\ -N_4/l \end{bmatrix} \quad (3\cdot 52)$$

境界条件 $\delta_1=\delta_4=N_1=N_4=0$ および $I_{di}=0$ を適用する。具体的には第 1 行目と第 7 行目の運動方程式を抜きとる。かつ，状態変数の順番を入れ換えて次式となる。

$$\begin{bmatrix} m_1\ddot{\delta}_2 \\ m_2\ddot{\delta}_3 \\ 0 \\ 0 \\ 0 \\ 0 \end{bmatrix} + \frac{EI}{l^3}\begin{bmatrix} 24 & -12 & -6 & 0 & 6 & 0 \\ -12 & 24 & 0 & -6 & 0 & 6 \\ -6 & 0 & 4 & 2 & 0 & 0 \\ 0 & -6 & 2 & 8 & 2 & 0 \\ 6 & 0 & 0 & 2 & 8 & 2 \\ 0 & 6 & 0 & 0 & 2 & 4 \end{bmatrix}\begin{bmatrix} \delta_2 \\ \delta_3 \\ l\theta_1 \\ l\theta_2 \\ l\theta_3 \\ l\theta_4 \end{bmatrix} = \begin{bmatrix} 0 \\ 0 \\ 0 \\ 0 \\ 0 \\ 0 \end{bmatrix} \quad (3\cdot 53)$$

ここで，δ_2 と δ_3 をマスター座標，そして $\theta_1 \sim \theta_4$ をスレーブ座標と呼び，スレーブ座標はマスター座標の動きで内挿される。いま，上記剛性行列 K_{66} を 4 分割する。

3・5 固有振動数の近似計算

$$K_{66} \equiv \frac{EI}{l^3}\begin{bmatrix} 24 & -12 & -6 & 0 & 6 & 0 \\ -12 & 24 & 0 & -6 & 0 & 6 \\ -6 & 0 & 4 & 2 & 0 & 0 \\ 0 & -6 & 2 & 8 & 2 & 0 \\ 6 & 0 & 0 & 2 & 8 & 2 \\ 0 & 6 & 0 & 0 & 2 & 4 \end{bmatrix} \Leftrightarrow K_{66} \equiv \frac{EI}{l^3}\begin{bmatrix} K_{22} & K_{24} \\ K_{24}{}^t & K_{44} \end{bmatrix} \quad (3\cdot54)$$

とおくと

$$[l\theta_1 \quad l\theta_2 \quad l\theta_3 \quad l\theta_4]^t = -K_{44}{}^{-1}K_{24}{}^t[\delta_2 \quad \delta_3]^t \quad (3\cdot55)$$

これをマスター座標の運動方程式に代入し

$$K_{22} - K_{24}K_{44}{}^{-1}K_{24}{}^t = \frac{6}{5}\begin{bmatrix} 8 & -7 \\ -7 & 8 \end{bmatrix} \quad (3\cdot56)$$

この計算に $l=L/3$ を加味して整理すると，2次元の運動方程式は次式に帰着する．

$$\begin{bmatrix} m_1 & 0 \\ 0 & m_2 \end{bmatrix}\begin{bmatrix} \ddot{\delta}_2 \\ \ddot{\delta}_3 \end{bmatrix} + \frac{162EI}{5L^3}\begin{bmatrix} 8 & -7 \\ -7 & 8 \end{bmatrix}\begin{bmatrix} \delta_2 \\ \delta_3 \end{bmatrix} = 0 \quad (3\cdot57)$$

この系の固有値問題を解いて，固有値 $\omega^2=EI/(mL^3)\{21.4, 367.4\}$ を得る．

3・5・6 伝達マトリックス法

図3・26に示すように，右端に質量 m で横慣性能率 I_d なる円板を有する弾性軸（長さ L，曲げ剛性 EI）を基本伝達要素とする．式（3・51）を参照し，この系の運動方程式を s 領域で表す．

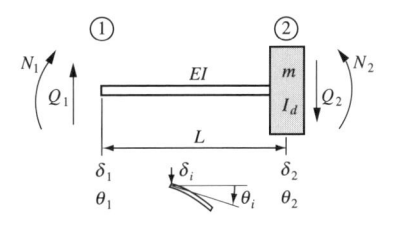

図3・26 はり要素のTMモデル

$$\left(\text{diagonal}\begin{bmatrix} 0 \\ 0 \\ ms^2 \\ I_d s^2 \end{bmatrix} + \frac{EI}{L^3}\begin{bmatrix} 12 & 6L & -12 & 6L \\ 6L & 4L^2 & -6L & 2L^2 \\ -12 & -6L & 12 & -6L \\ 6L & 2L^2 & -6L & 4L^2 \end{bmatrix}\right)\begin{bmatrix} \delta_1 \\ \theta_1 \\ \delta_2 \\ \theta_2 \end{bmatrix} = \begin{bmatrix} -Q_1 \\ N_1 \\ Q_2 \\ -N_2 \end{bmatrix} \quad (3\cdot58)$$

固有振動数を求めるので $s=j\omega$ とおく．続いて，左端の状態変数 $\{\delta_1, \theta_1, N_1, Q_1\}$ が与えられたら右端の状態変数 $\{\delta_2, \theta_2, N_2, Q_2\}$ がどのように決まるかの関係に書き改める．

$$\begin{bmatrix} \delta_2 \\ \theta_2 \\ N_2 \\ Q_2 \end{bmatrix} = \begin{bmatrix} 1 & L & -L^2/(2EI) & -L^3/(6EI) \\ 0 & 1 & -L/(EI) & -L^2/(2EI) \\ 0 & I_d\omega^2 & 1-LI_d\omega^2/(EI) & L-L^2I_d\omega^2/(2EI) \\ -m\omega^2 & -Lm\omega^2 & L^2m\omega^2/(2EI) & 1+L^3m\omega^2/(6EI) \end{bmatrix} \begin{bmatrix} \delta_1 \\ \theta_1 \\ N_1 \\ Q_1 \end{bmatrix}$$

$$\equiv T_m(EI, L, m, I_d)[\delta_1 \quad \theta_1 \quad N_1 \quad Q_1]^t \tag{3・59}$$

よって，図3・25の系では

・区間①-②要素　伝達関数　$T_{m12}=T_m(EI, L/3, m, 0)$

・区間②-③要素　伝達関数　$T_{m23}=T_m(EI, L/3, 2m, 0)$

・区間③-④要素　伝達関数　$T_{m34}=T_m(EI, L/3, 0, 0)$

である。ロータ左右全体を伝達関数で表すと

$$\begin{bmatrix} \delta_4 \\ \theta_4 \\ N_4 \\ Q_4 \end{bmatrix} = [T_{m34} * T_{m23} * T_{m12}] \begin{bmatrix} \delta_1 \\ \theta_1 \\ N_1 \\ Q_1 \end{bmatrix} \equiv \begin{bmatrix} t_{11} & t_{12} & t_{13} & t_{14} \\ t_{21} & t_{22} & t_{23} & t_{24} \\ t_{31} & t_{32} & t_{33} & t_{34} \\ t_{41} & t_{42} & t_{43} & t_{44} \end{bmatrix} \begin{bmatrix} \delta_1 \\ \theta_1 \\ N_1 \\ Q_1 \end{bmatrix} \tag{3・60}$$

境界条件は $\delta_1=\delta_4=N_1=N_4=0$ である。これを式 (3・60) に適用すると

$$\begin{bmatrix} 0 \\ 0 \end{bmatrix} = \begin{bmatrix} t_{12} & t_{14} \\ t_{32} & t_{34} \end{bmatrix} \begin{bmatrix} \theta_1 \\ Q_1 \end{bmatrix} \tag{3・61}$$

を満足せねばならない。よって，この特性方程式は $X=L^3m\omega^2/(EI)$ とおいて

$$\begin{vmatrix} t_{12} & t_{14} \\ t_{32} & t_{34} \end{vmatrix} = \begin{vmatrix} 1+\dfrac{2X}{81}+\dfrac{X^2}{39\,366} & -\dfrac{L^2}{EI}\left(\dfrac{1}{6}+\dfrac{2X}{2\,187}+\dfrac{X^2}{2\,125\,746}\right) \\ -mL\omega^2\left(\dfrac{2}{3}+\dfrac{X}{729}\right) & 1+\dfrac{X}{27}+\dfrac{X^2}{39\,366} \end{vmatrix} = 0 \tag{3・62}$$

である。この根を求めて固有値 $\omega^2=EI/(mL^3)\{21.4, 367.4\}$ を得る。

例題3・14　図3・27の円板は質量 m，横慣性能率 $I_d=mr^2$，$r=L/15$ とする。質量のみとした固有振動数 ω_0 に比べ，回転慣性 I_d を含む実際の固有振動数 ω_a は低下する。

(1)　剛性行列法で確認せよ。

(2)　伝達マトリックス法で確認せよ。

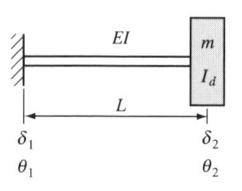

図3・27

3・5 固有振動数の近似計算

(3) 自重たわみ線を仮定し影響係数法の式 (3・38) で確認せよ。
(4) ダンカレーの公式を適用し確認せよ。

解

(1) 式 (3・51) で左端固定/右端自由の境界条件 $\delta_1=\theta_1=N_2=Q_2=0$ を適用して

$$\begin{bmatrix} m & 0 \\ 0 & I_d \end{bmatrix} \begin{bmatrix} \ddot{\delta}_2 \\ \ddot{\theta}_2 \end{bmatrix} + \frac{EI}{L^3} \begin{bmatrix} 12 & -6L \\ -6L & 4L^2 \end{bmatrix} \begin{bmatrix} \delta_2 \\ \theta_2 \end{bmatrix} = 0 \rightarrow \omega_a^2 = \frac{2.97EI}{mL^3} < \omega_0^2 = \frac{3EI}{mL^3}$$

(2) 式 (3・59) を用い左右の伝達関数を書き，境界条件を適用する。

$$\begin{bmatrix} \delta_2 \\ \theta_2 \\ 0 \\ 0 \end{bmatrix} = \begin{bmatrix} 1 & L & -L^2/(2EI) & -L^3/(6EI) \\ 0 & 1 & -L/(EI) & -L^2/(2EI) \\ 0 & I_d\omega^2 & 1-LI_d\omega^2/(EI) & L-L^2I_d\omega^2/(2EI) \\ -m\omega^2 & -Lm\omega^2 & L^2m\omega^2/(2EI) & 1+L^3m\omega^2/(6EI) \end{bmatrix} \begin{bmatrix} 0 \\ 0 \\ N_1 \\ Q_1 \end{bmatrix}$$

特性方程式 $\begin{vmatrix} 1-LI_d\omega^2/(EI) & L-L^2I_d\omega^2/(2EI) \\ L^2m\omega^2/(2EI) & 1+L^3m\omega^2/(6EI) \end{vmatrix} = 0$ を解いて，(1) に一致。

(3) 影響係数行列

$$[\alpha] = \frac{L^3}{EI}\begin{bmatrix} 12 & -6L \\ -6L & 4L^2 \end{bmatrix}^{-1} = \frac{L^3}{6EI}\begin{bmatrix} 2 & 3/L \\ 3/L & 6/L^2 \end{bmatrix}$$

自重たわみ線 $y = [\alpha]\begin{bmatrix} m \\ 0 \end{bmatrix}g = \frac{mgL^3}{6EI}\begin{bmatrix} 2 \\ 3/L \end{bmatrix} \rightarrow \omega_a^2 = \frac{2.97EI}{mL^3} < \omega_0^2 = \frac{3EI}{mL^3}$

(4) 質量のみ考慮 $\omega_0^2 = \dfrac{1}{\alpha(1,1)m} = \dfrac{3EI}{mL^3}$

回転慣性のみ考慮

$$\omega_d^2 = \frac{1}{\alpha(2,2)I_d} = \frac{EI}{I_d L} = \frac{15^2 EI}{mL^3} \rightarrow \omega_a^2 = \frac{1}{\dfrac{1}{\omega_0^2}+\dfrac{1}{\omega_d^2}} = \frac{2.96EI}{mL^3}$$

例題 3・15 図 3・28 の 2 質点系 ($m_1=m_2=m$) の固有振動数を下記の方法で求めよ。

(1) 剛性行列法
(2) 伝達マトリックス法
(3) 自重によるたわみ線を仮定した影響係数法

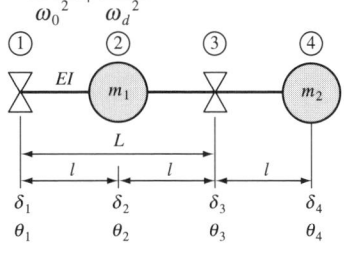

図 3・28

(4) ダンカレーの公式

解

(1) さきの式 (3・52) を流用し，いまの場合 $\delta_1=\delta_3=0$ だから，当該行を抜く。6状態変数の運動方程式は

$$\begin{bmatrix} 0 \\ m_1\ddot{\delta}_2 \\ 0 \\ 0 \\ m_2\ddot{\delta}_4 \\ 0 \end{bmatrix} + \frac{EI}{l^3}\begin{bmatrix} 4 & -6 & 2 & 0 & 0 & 0 \\ -6 & 24 & 0 & 6 & 0 & 0 \\ 2 & 0 & 8 & 2 & 0 & 0 \\ 0 & 6 & 2 & 8 & -6 & 2 \\ 0 & 0 & 0 & -6 & 12 & -6 \\ 0 & 0 & 0 & 2 & -6 & 4 \end{bmatrix}\begin{bmatrix} l\theta_1 \\ \delta_2 \\ l\theta_2 \\ l\theta_3 \\ \delta_4 \\ l\theta_4 \end{bmatrix} = \begin{bmatrix} 0 \\ 0 \\ 0 \\ 0 \\ 0 \\ 0 \end{bmatrix}$$

これを並べかえて

$$\begin{bmatrix} m_1\ddot{\delta}_2 \\ m_2\ddot{\delta}_4 \\ 0 \\ 0 \\ 0 \\ 0 \end{bmatrix} + \frac{EI}{l^3}\begin{bmatrix} 24 & 0 & -6 & 0 & 6 & 0 \\ 0 & 12 & 0 & 0 & -6 & -6 \\ -6 & 0 & 4 & 2 & 0 & 0 \\ 0 & 0 & 2 & 8 & 2 & 0 \\ 6 & -6 & 0 & 2 & 8 & 2 \\ 0 & -6 & 0 & 0 & 2 & 4 \end{bmatrix}\begin{bmatrix} \delta_2 \\ \delta_4 \\ l\theta_1 \\ l\theta_2 \\ l\theta_3 \\ l\theta_4 \end{bmatrix} = \begin{bmatrix} 0 \\ 0 \\ 0 \\ 0 \\ 0 \\ 0 \end{bmatrix}$$

剛性行列分割（マスター座標 δ_2, δ_4）（スレーブ座標 θ_1, θ_2, θ_3, θ_4）。

$$K_{22} = \begin{bmatrix} 24 & 0 \\ 0 & 12 \end{bmatrix}, \quad K_{24} = \begin{bmatrix} -6 & 0 & 6 & 0 \\ 0 & 0 & -6 & -6 \end{bmatrix}, \quad K_{42} = K_{24}^t, \quad K_{44} = \begin{bmatrix} 4 & 2 & 0 & 0 \\ 2 & 8 & 2 & 0 \\ 0 & 2 & 8 & 2 \\ 0 & 0 & 2 & 4 \end{bmatrix}$$

等価軸剛性　　$K_{22} - K_{24}K_{44}^{-1}K_{42} = \dfrac{4}{5}\begin{bmatrix} 12 & 3 \\ 3 & 2 \end{bmatrix}$

2質点系　$\begin{bmatrix} m_1 & 0 \\ 0 & m_2 \end{bmatrix}\begin{bmatrix} \ddot{\delta}_2 \\ \ddot{\delta}_4 \end{bmatrix} + \dfrac{32EI}{5L^3}\begin{bmatrix} 12 & 3 \\ 3 & 2 \end{bmatrix}\begin{bmatrix} \delta_2 \\ \delta_4 \end{bmatrix} = 0 \to$ 固有値 $\omega^2 = \dfrac{EI}{mL^3}\{7.48 \quad 82.1\}$

(2) 伝達マトリックスの伝達途中に境界条件があるので，このままでは解けない。

(3) 影響係数行列　$[\alpha] = \dfrac{5L^3}{32EI}\begin{bmatrix} 12 & 3 \\ 3 & 2 \end{bmatrix}^{-1} = \dfrac{L^3}{EI}\begin{bmatrix} 1/48 & -1/32 \\ -1/32 & 1/8 \end{bmatrix}$

自重たわみ線　$y = [\alpha]\begin{bmatrix} m \\ m \end{bmatrix}g = \dfrac{mgL^3}{96EI}\begin{bmatrix} -1 \\ 9 \end{bmatrix} \to$ 式 (3・38) $\to \omega_1^2 = \dfrac{7.66EI}{mL^3}$

3・5　固有振動数の近似計算

（4）　m_1 単独系　$\omega_{11}^2 = \dfrac{1}{\alpha(1,1)m} = \dfrac{48EI}{mL^3}$ ，m_2 単独系　$\omega_{22}^2 = \dfrac{1}{\alpha(2,2)m} = \dfrac{8EI}{mL^3}$

近似固有値　$\omega_a^2 = \dfrac{1}{\dfrac{1}{\omega_{11}^2} + \dfrac{1}{\omega_{22}^2}} = \dfrac{48EI}{7mL^3} = \dfrac{6.86EI}{mL^3}$

補遺　影響係数行列　影響係数とは単位荷重に対するはりのたわみのことだから，材料力学のたわみ曲線からじかに知ることができる。汎用的なたわみ計算の例として図 3・29 の場合のたわみ関数 $y(\xi, a, P)$ を同図に併記している。荷重 P が a 位置に作用している場合の ξ 位置のたわみである。例えば，例題 3・15 の場合，影響係数行列はつぎのように求まり，（3）の解に一致する。

$$[\alpha] = \begin{bmatrix} y(1/2, 1/2, 1) & y(1/2, 3/2, 1) \\ y(3/2, 1/2, 1) & y(3/2, 3/2, 1) \end{bmatrix} = \dfrac{L^3}{EI} \begin{bmatrix} 1/48 & -1/32 \\ -1/32 & 1/8 \end{bmatrix}$$

また，図 3・25 の場合，影響係数行列はつぎのように求まり，その逆行列をとって，式（3・57）の剛性行列に一致する。

$$[\alpha] = \begin{bmatrix} y\left(\dfrac{1}{3}, \dfrac{1}{3}, 1\right) & y\left(\dfrac{1}{3}, \dfrac{2}{3}, 1\right) \\ y\left(\dfrac{2}{3}, \dfrac{1}{3}, 1\right) & y\left(\dfrac{2}{3}, \dfrac{2}{3}, 1\right) \end{bmatrix} = \dfrac{L^3}{486EI} \begin{bmatrix} 8 & 7 \\ 7 & 8 \end{bmatrix} \rightarrow K = [\alpha]^{-1} = \dfrac{162EI}{5L^3} \begin{bmatrix} 8 & -7 \\ -7 & 8 \end{bmatrix}$$

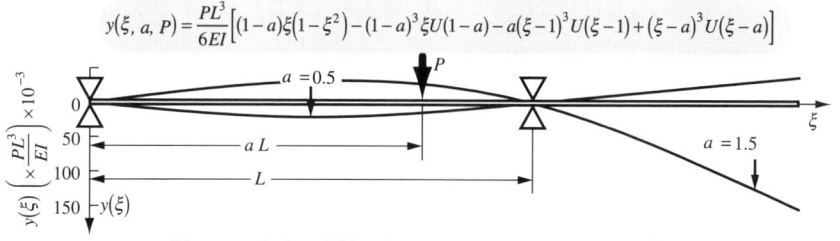

$$y(\xi, a, P) = \dfrac{PL^3}{6EI}\left[(1-a)\xi(1-\xi^2) - (1-a)^3 \xi U(1-a) - a(\xi-1)^3 U(\xi-1) + (\xi-a)^3 U(\xi-a)\right]$$

図 3・29　たわみ曲線　（$U(t) = 0\ (t<0),\ U(t) = 1\ (t \geq 0)$）[11]

第4章
モード合成法と「擬モーダル法」

固有モード ϕ_i にモード座標 η_i の重み値をつけて全モード数について重ね合わせることで振動を表すのがモード解析であるが，モード座標には元の物理座標のイメージは完全になくなっている。この物理座標をできるだけ残しながら系の縮小を計る方法を紹介する。

その一つがグヤン法である。この方法では，細かくメッシュした膨大な数の節点の中で「比較的」重要な節点のみを選択，選ばれた節点に関する静的変形モードでモード展開し，行列を縮小する。本縮小系は選ばれた節点の物理座標からなる。

他の方法としてモード合成法をとりあげる。軸受などの「最重要」境界点のみにグヤン法を適用し，選ばれなかった多くの点は内部系としてモード解析を適用する。この物理座標とモード座標の混合形がモード合成法である。しかし，本方法の質量行列は対角でないため等価な多質点系モデルの形に絵が描けない。

そこで，モード合成法モデルに対応した等価な物理系を求める方法として「擬モーダル法」を紹介する。物理的なイメージにかなった合目的なモデルが得られる。

最後に，軸受境界から力を入力した場合の軸受ジャーナル応答を，プラント伝達関数としてモード合成法モデルから作成する方法を紹介する。

4・1 モード合成法モデル

4・1・1 なぜモード合成法か

図4・1に，有限要素（FE）法を厳密モデルとした場合の簡略モデル化の概念を示す。

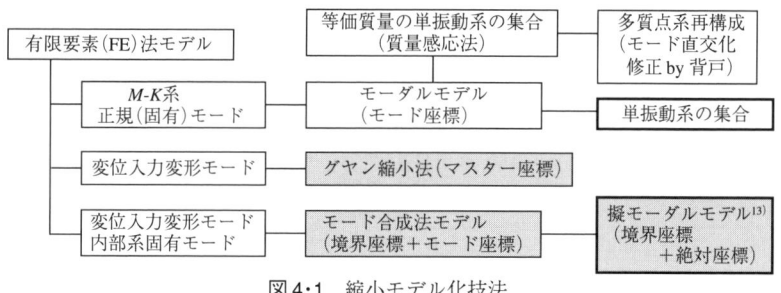

図4・1 縮小モデル化技法

さきに説明したモーダルモデルは，$M\text{-}K$系の正規（固有）モードを用いてモード座標への座標変換を行い，単振動系の並列和に縮小した。この縮小モーダルモデルは，振動理解の実務面の簡便さを優先させたモデル化で，下記のような不都合が存在する。

① 外力加振，フィードフォワード制御のように入力によって系の固有モードが変わらない状況を前提としている。よって，ガタなどの非線形反力や状態フィードバック制御など，状態変化の影響で固有モードが変わる可能性のある問題に適用するには懸念が残る。

② 物理座標は存在せず，原理的にすべてがモード座標なので，隣接の振動系や制御系との連結・連成がとりにくい。

これらの不便さを克服する方法として，グヤンの縮小モデル化法や，文献[12]で「拘束型」モード合成法と呼ぶ方法を本節で説明する。前者の方法は，マスター座標とスレーブ座標に分割しマスターの系へと縮小を図った式（3・54）の考えの一般化である。後者の方法は，注目すべきマスターの境界節点を物理座標で表し，スレーブの非注目点を内部系と呼びモード座標で表す混在形である。

4・1・2 グヤン (Guyan) の縮小法

実機の振動解析では，自動メッシュ機能の威力も相まって，機械の変断面形状に沿って非常に細かく節点がとられる。振動解析の立場からすると多すぎるのが実状である。

例えば，図4・2 (a) の実機に対し，図 (b) に示すように FE 法モデル（はり要素）では多数の節点（同図○印）に分割される。しかし，実際に問題になる固有モードははじめの数個だから，メッシュが細かすぎて節点が多すぎる。そこで，全節点のうちいくつかの大事な点を選び，それらを注目節点（マスター，図 (b) ●印）とみる。このとき図 (b) のように，回転軸の軸受力や制御力などの反力の作用する境界点は必ずマスター節点に選ぶ。不釣合いなど外力の作用する節点も注目節点に選んでもよいが，必ずというわけではない。

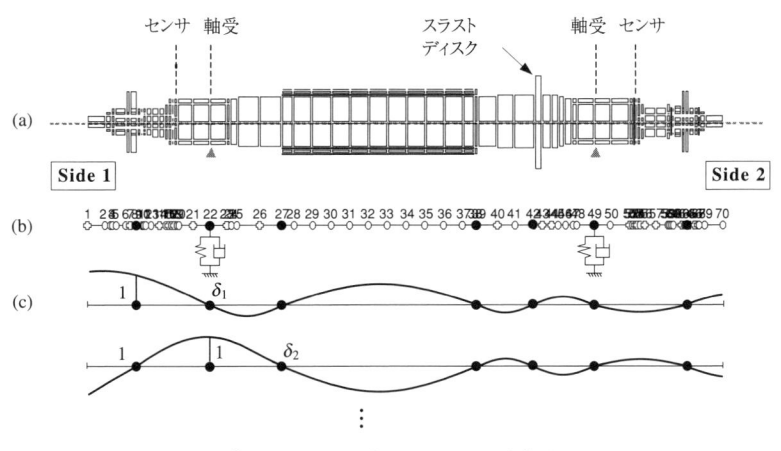

図4・2 「重要=境界」節点の選択と強制変位変形モード

この注目節点を「境界座標」として $X_1 = \{x_{11}, x_{12}, \cdots\}$ と記し，それ以外の無視された座標を「内部座標」として $X_2 = \{x_{21}, x_{22}, \cdots\}$ と書く。よって，M-K 系の運動方程式は，境界反力 Q と外力 F のもと，境界座標系 X_1 と内部座標系 X_2 とに分けて，つぎのように表される。

$$\begin{bmatrix} M_1 & 0 \\ 0 & M_2 \end{bmatrix} \begin{bmatrix} \ddot{X}_1 \\ \ddot{X}_2 \end{bmatrix} + \begin{bmatrix} K_{11} & K_{12} \\ K_{12}^t & K_{22} \end{bmatrix} \begin{bmatrix} X_1 \\ X_2 \end{bmatrix} = \begin{bmatrix} -Q(X_1, \dot{X}_1) \\ 0 \end{bmatrix} + \begin{bmatrix} F_1(t) \\ F_2(t) \end{bmatrix} \quad (4・1)$$

減衰項は説明の簡略化のために省いている。

4・1 モード合成法モデル

つぎに静的変形モード δ を準備する。図 (c) に示すように,境界座標の1点を単位=1だけ強制変位させ,他の境界座標=0に拘束したときの静的変形モードをはじめに求める。この操作を各境界節点について順次繰り返し,$\delta_1, \delta_2, \cdots$ を求める。すなわち

$$\begin{bmatrix} K_{11} & K_{12} \\ K_{12}^t & K_{22} \end{bmatrix} \begin{bmatrix} E \\ \delta \end{bmatrix} = \begin{bmatrix} K_{eq} \\ 0 \end{bmatrix} \tag{4・2}$$

ただし E:単位行列, $\delta = [\delta_1 \quad \delta_2 \quad \cdots]$:静的変形モード行列
この右辺は境界座標を単位だけ動かすのに要した力ゆえ,ばね定数のことで等価軸剛性 K_{eq} を指す。上式を解いて,変形モード δ と等価軸剛性 K_{eq} はつぎのように求まる。

$$\delta = -K_{22}^{-1} K_{12}^t E \tag{4・3}$$

$$K_{eq} = K_{11} - K_{12} K_{22}^{-1} K_{12}^t E:\text{等価軸剛性} \tag{4・4}$$

このようにして得られた静的変形モードを用いて座標変換を定義する。

$$\begin{bmatrix} X_1 \\ X_2 \end{bmatrix} \equiv \begin{bmatrix} 1 & 0 & \cdots \\ 0 & 1 & \cdots \\ \vdots & \vdots & \ddots \\ \delta_1 & \delta_2 & \cdots \end{bmatrix} \begin{bmatrix} x_{11} \\ x_{12} \\ \vdots \end{bmatrix} = \begin{bmatrix} E \\ \delta \end{bmatrix} X_1 \equiv T_g X_1 \tag{4・5}$$

この座標変換をさきの運動方程式 (4・1) に代入し,合同変換を施すと

$$M_\delta \ddot{X}_1 + K_{eq} X_1 = -Q_1(X_1, \dot{X}_1) + F_1(t) + \delta^t F_2(t) \tag{4・6}$$

ただし $M_\delta = M_1 + \delta^t M_2 \delta$:有効質量
となり,境界座標のみに注目した運動方程式となる。境界が物理座標のまま残っているので,境界から Q を介して非線形反力やフィードバック力を入れやすい。

また,もとの総節点数に比べ注目節点数まで大幅な縮小が可能で,縮小モデルは,若干高めの固有値を与えるが,精度も良好で実際の振動解析で多用されている。

例題4・1 図4・3(a)に示す片持ばりの先端にばね k_b が作用している場合を考える。

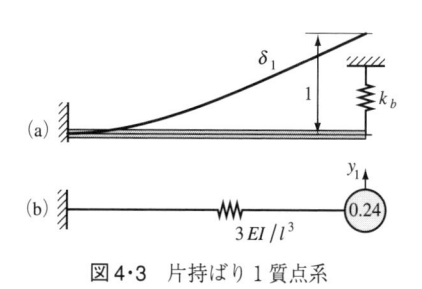

図4・3 片持ばり1質点系

(1) 先端変位 y_1 にのみ注目したときの1自由度グヤンモデル（図(b)）を求めよ。
(2) 自由端（k_b=0）での固有振動数

$$\omega_a = \lambda_a^2 / l^2 \sqrt{EI/(\rho A)}$$

の近似値を求めよ。

解 (1) はりの静たわみ $\delta_1 = (3-\xi)\xi^2/2$, $M_\delta = \rho Al \int_0^1 \delta_1^2 d\xi = 0.24\rho Al$, $K_{eq} = 3EI/l^3$ だから、ばね定数 k_b を重畳して

$$M_\delta \ddot{y}_1 + (K_{eq} + k_b)y_1 = 0 \tag{4・7}$$

この M_δ ははり先端が感じる有効質量で、図2・4に示す片持ばり有効質量と同意。

(2) 近似解 $\lambda_a^2 = (3/0.24)^{1/2} = 3.575 \geq$ 厳密値 $\lambda_e^2 = \{3.516\}$

例題4・2 図4・4に示す片持ばりで、$\xi=x/l$ とする。

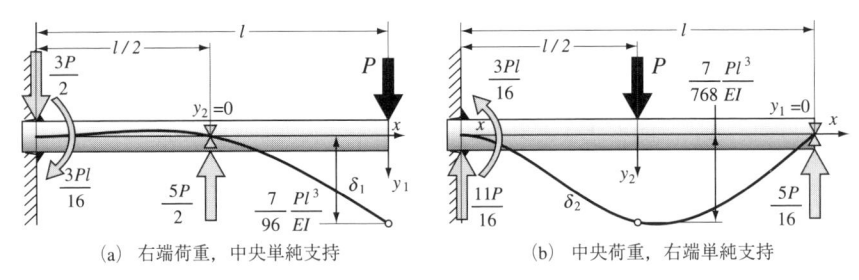

(a) 右端荷重，中央単純支持
(b) 中央荷重，右端単純支持

図4・4 荷重 P に対する片持ばりのグヤン変形曲線[11]

(1) 位置 $\xi=1$, $\xi=0.5$ の変位 y_1, y_2 に注目したときの2自由度グヤンモデルを求めよ。
(2) 自由端境界における固有振動数 $\omega_a = \lambda_a^2/l^2 \sqrt{EI/(\rho A)}$ の近似値を求めよ。

解 (1) 図(a)は先端荷重 P が作用して、中央が単純支持の場合 → たわみ線 Y_1

$$Y_1(\xi) = \frac{7}{96}\frac{Pl^3}{EI}\delta_1(\xi) \rightarrow 変形モード\ \delta_1(\xi) = \frac{8}{7}\left[3\xi^2\left(\xi-\frac{1}{2}\right) - 5\left(\xi-\frac{1}{2}\right)^3 U\left(\xi-\frac{1}{2}\right)\right]$$

図(b)は中央荷重 P が作用して、先端が単純支持の場合 → たわみ線 Y_2

$$Y_2(\xi) = \frac{7}{768}\frac{Pl^3}{EI}\delta_2(\xi) \rightarrow 変形モード\ \delta_2(\xi) = \frac{8}{7}\left[\xi^2(9-11\xi) + 16\left(\xi-\frac{1}{2}\right)^3 U\left(\xi-\frac{1}{2}\right)\right]$$

2質点系等価質量 $M_{22} = \rho Al \int_0^1 \begin{bmatrix} \delta_1^2 & \delta_1\delta_2 \\ \delta_1\delta_2 & \delta_2^2 \end{bmatrix} d\xi = \rho Al \begin{bmatrix} 0.137 & 0.088 \\ 0.088 & 0.445 \end{bmatrix}$

等価剛性 　$K_{22} = \dfrac{EI}{l^3} \begin{bmatrix} 96/7 & -5/16 \times 768/7 \\ -5/2 \times 96/7 & 768/7 \end{bmatrix} = \begin{bmatrix} 96/7 & -240/7 \\ -240/7 & 768/7 \end{bmatrix}$ 　(4・8)

(2) 2質点系固有値計算　近似解 $\lambda_a{}^2 = \{3.52 \quad 22.3\} \geq $ 厳密値 $\lambda_e{}^2 = \{3.516 \quad 22\}$

補遺　このように，グヤン法でも注目節点数を増やせば精度は上がる。

4・1・3　モード合成法モデル

グヤン法における注目節点を，隣接する構造系との連結点や，軸受反力などが作用するフィードバック点などの最重要点に限定し，境界座標と考える。そして残りの節点群を内部系とする。

以下，一般性を失わないように図4・5の具体的な系でモード合成法を説明する。この系は，左端が既知の単純支持，右端が可変の境界ばね定数 k_b とする。具体的には右端における状態フィードバック制御 u を想定し，制御系との連成を考えている。この系の右端を境界座標として，それ以外の座標を内部系とする。$F(x,t)$ は強制力とする。

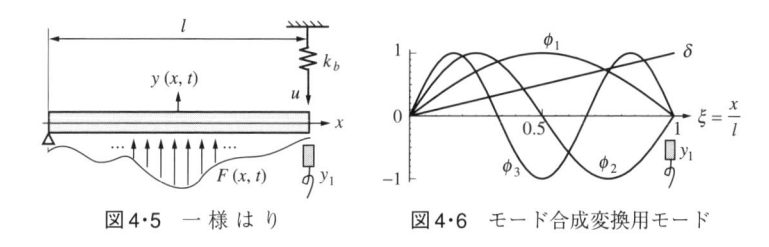

図4・5　一様はり　　　図4・6　モード合成変換用モード

これに対して図4・6に示す2種類のモードを準備する。$\xi = x/l$ として

① グヤン法と同様に，境界座標を単位量だけ強制変位させたときの軸の静的な変形モード δ を用いる。いまの場合

　　　　左端変位 =0, 右端変位 =1 の直線モード　$\delta = \xi$ 　　　　(4・9)

　　　　強制変位させたときのばね反力を示す等価ばね定数　$K_{eq} = 0$ 　(4・10)

（注：右端の境界ばね k_b は当初除いておき，モデル完成後に直接重畳する。）

② 境界座標 =0 としたときの内部系の固有モード ϕ を用いる。いまの場合

　　　　両端単純支持境界とした固有モード　　$\phi_i = \sin(i\pi\xi)$ 　$(i=1,2,3)$ 　(4・11)

（注：内部系のモード解析として固有モードを3本採用している。）

この2種類のモードを用いてモード合成法の座標変換 Ψ を次式で考える。

$$y(x,t) = \delta(x)y_1(t) + \sum_{i=1}^{n} \eta_i(t)\phi_i(x)$$

$$= [\delta(x) \quad \phi_1(x) \quad \phi_2(x) \quad \phi_3(x)][y_1 \quad \eta_1 \quad \eta_2 \quad \eta_3]^t \equiv [\delta \quad \Phi]\begin{bmatrix} y_1 \\ \eta \end{bmatrix} \equiv \Psi \begin{bmatrix} y_1 \\ \eta \end{bmatrix} \quad (4\cdot 12)$$

ただし $y(x,t)$= はりの x 位置の振動変位，$y_1(t)$= 右端の振動変位

変換式 $(4\cdot 12)$ のもと，モード合成座標 $\{y_1, \eta\}$ 系の運動方程式は次式となる。

$$\begin{bmatrix} M_\delta & M_c \\ M_c^t & M_\eta \end{bmatrix} \begin{bmatrix} \ddot{y}_1 \\ \ddot{\eta} \end{bmatrix} + \begin{bmatrix} K_{eq} & 0 \\ 0 & K_\eta \end{bmatrix} \begin{bmatrix} y_1 \\ \eta \end{bmatrix} = \begin{bmatrix} 1 \\ 0 \end{bmatrix} u(t) + \begin{bmatrix} F_\delta \\ F_\phi \end{bmatrix} \quad (4\cdot 13)$$

ただし $\begin{bmatrix} M_\delta & M_c \\ M_c^t & M_\eta \end{bmatrix} \equiv \rho A l \int_0^1 \Psi^t \Psi d\xi = \rho A l \int_0^1 \begin{bmatrix} \delta^2 & \delta\Phi \\ \Phi^t\delta & \Phi^t\Phi \end{bmatrix} d\xi \quad (4\cdot 14)$

境界座標から見た有効質量：$M_\delta \equiv \rho A \int_0^l \delta^2(x) dx = \rho A l / 3$

等価軸剛性：$K_{eq} = 0$ ← 剛体変形だから0である。

内部系（単純支持状態）のモード質量：

$M_\eta \equiv \rho A l \int_0^1 \Phi^t \Phi d\xi = \text{diagonal}[\cdots, m_i^*, \cdots] = \rho A l \, \text{diagonal}[1/2, 1/2, 1/2]$

連成質量：$M_c \equiv \rho A l \int_0^1 \delta \Phi d\xi = [\cdots, m_{ci}^*, \cdots] = \rho A l \left[\dfrac{1}{\pi}, \dfrac{-1}{2\pi}, \dfrac{1}{3\pi} \right]$

内部系の固有円振動数：$\omega_z = \dfrac{\lambda^2}{l^2}\sqrt{\dfrac{EI}{\rho A}}$ （$\lambda = \{\pi, 2\pi, 3\pi\}$）

内部系のモード剛性：$K_\eta = \text{diagonal}[\cdots, k_i^* = m_i^* \omega_{zi}^2, \cdots]$

モード別強制力：$\begin{bmatrix} F_\delta \\ F_\phi \end{bmatrix} = l \int_0^1 \begin{bmatrix} \delta(\xi) F(\xi, t) \\ \Phi^t(\xi) F(\xi, t) \end{bmatrix} d\xi$

よって，はり部に関するモード合成法モデルの質量行列 M_ψ，剛性行列 K_ψ は

$$M_\psi \equiv \begin{bmatrix} M_\delta & M_c \\ M_c^t & M_\eta \end{bmatrix} = \rho A l \begin{bmatrix} 1/3 & 1/\pi & -1/(2\pi) & 1/(3\pi) \\ 1/\pi & 1/2 & 0 & 0 \\ -1/(2\pi) & 0 & 1/2 & 0 \\ 1/(3\pi) & 0 & 0 & 1/2 \end{bmatrix} \quad (4\cdot 15)$$

$$K_\psi \equiv \begin{bmatrix} K_{eq} & 0 \\ 0 & K_\eta \end{bmatrix} = \dfrac{EI}{l^3} \text{diagonal}\left[0, \dfrac{\pi^4}{2}, \dfrac{(2\pi)^4}{2}, \dfrac{(3\pi)^4}{2} \right] \quad (4\cdot 16)$$

となる。ここで，右端の境界ばね反力は

$$u = -k_b x \tag{4・17}$$

だから，このはり部分の剛性行列に境界ばね定数 k_b を重畳して

$$K_\psi^* = \frac{EI}{l^3} \text{diagonal}\left[K_b, \frac{\pi^4}{2}, \frac{(2\pi)^4}{2}, \frac{(3\pi)^4}{2}\right] \quad \left(k_b = K_b \frac{EI}{l^3}\right) \tag{4・18}$$

全系のモード合成法モデルの剛性行列 K_ψ^* が完成する。このモデルの特徴についてまとめると，つぎのようになる。

① M_δ 行列と K_{eq} 行列は系の右端が感じる有効質量と等価軸剛性を意味し，グヤン法の場合と同じである。この例では，有効質量は全質量の 1/3 に当たる。

② 内部系部分はモード解析だから質量行列 M_η，剛性行列 K_η ともに対角行列となる。

③ 変形モード δ と内部固有モード Φ の内積結果を示す質量行列の縁部 M_c は，両者が直交しないので 0 ではない。縁が汚れている。

④ このように質量行列 M_ψ は縁付き対角行列になる。すべて対角行列となるモード解析と似て非なるところである。

⑤ 境界要素との結合は式 (4・18) で行ったように，剛性行列の重畳で実施される。例えば，境界変位 y_1 に反応する伝達関数 $G_r(s)$ の制御反力 $-u(s)=G_r(s)y_1(s)$ が作用しているときには，重畳部分を $k_b \to G_r(s)$ に書き換えればよい。

例題4・3 図4・5の系の固有値問題 $\omega_n^2 M_\psi \Psi = K_\psi^* \Psi$ を解き，境界ばね定数 k_b をパラメータとしたときの固有振動数 ω_n の変化を求めた図4・7を検証せよ。と同時に，左右端の値をチェックせよ。

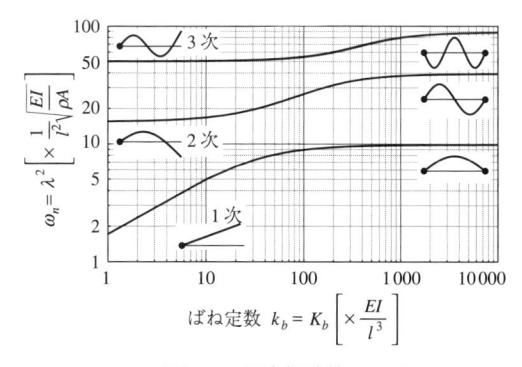

図4・7 固有振動数マップ

解 厳密解として固有振動数マップを考える。

左端は単純支持 - 自由だから

$$\lambda = \{3.927 \quad 7.069 \quad 10.21\}$$
$$\rightarrow \lambda^2 = \{15.4 \quad 50 \quad 104\}$$

右端は単純支持 - 単純支持だから

$$\lambda = \{1 \quad 2 \quad 3\}\pi \rightarrow \lambda^2 = \{1 \quad 4 \quad 9\}\pi^2$$

例題 4・4 図 4・8 (a) の片持ばり系のモード合成法モデルを求めよ。ここで，モード展開のモードが図 (b)，(c) であることを検証せよ。境界ばね定数 k_b をパラメータとしたときの固有振動数 ω_n の変化を求めた図 4・9 を検証せよ。と同時に，左右端の値をチェックせよ。

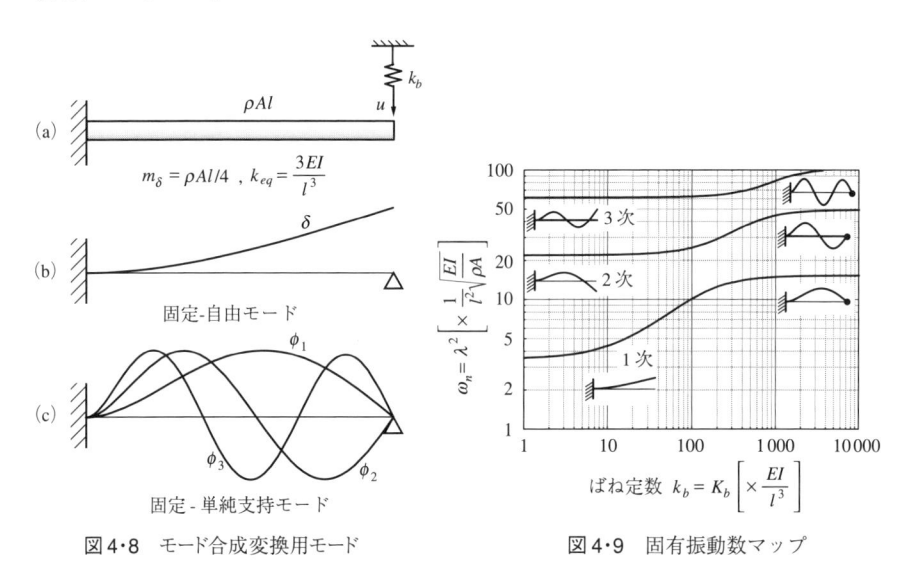

図 4・8 モード合成変換用モード

図 4・9 固有振動数マップ

解 右端を境界条件としてモード合成法への変換モードは，下記 2 種類。

① 変形モード（図 4・8 (b)）：

　　右端を単位 =1 だけ静的にリフトアップしたたわみ曲線　$\delta = (3-\xi)\xi^2 / 2$

　　等価軸剛性　$K_{eq} = 3EI / l^3$

② 内部系固有モード（図 4・8 (c) に示すように，表 3・1 の④を参照）：

　　右端を単純支持したときの固有振動モード ϕ についてはじめの 3 本を採用。

$$\phi = \phi_0 / \phi_{0\max}$$

ただし $\phi_0 = \dfrac{\cosh \lambda \xi - \cos \lambda \xi}{\cosh \lambda} - \dfrac{\sinh \lambda \xi - \sin \lambda \xi}{\sinh \lambda}$, $\lambda = \{3.927 \quad 7.069 \quad 10.21\}$

$$\phi_{0\max} = \{0.06 \quad 0.00261 \quad 0.000112\}, \quad \xi = x/l$$

得られるモード合成法モデルの運動方程式を式 (4・13) の形に書いて，ここでは

$$\left.\begin{array}{l} \text{質量行列} \quad M_\psi \equiv \begin{bmatrix} M_\delta & M_c \\ M_c^t & M_\eta \end{bmatrix} = \rho A l \begin{bmatrix} 33/140 & 0.23 & -0.131 & 0.091 \\ 0.23 & 0.431 & 0 & 0 \\ -0.131 & 0 & 0.425 & 0 \\ 0.091 & 0 & 0 & 0.432 \end{bmatrix} \\[2em] \text{剛性行列} \quad K_\psi^* = \dfrac{EI}{l^3} \mathrm{diagonal}[3+K_b,\ 102.5,\ 1062,\ 4693] \quad \left(k_b = K_b \dfrac{EI}{l^3}\right) \end{array}\right\} \quad (4 \cdot 19)$$

ここで，境界ばね定数 k_b を可変とした固有振動数は，式 (4・19) の固有値問題を解いて図 4・9 となる．同固有振動数マップの左右端の値はつぎのようになる．

左端：境界条件は固定 - 自由なので，表 3・1 ⑥ より

$\lambda = \{1.875 \quad 4.694 \quad 7.855\} \rightarrow \lambda^2 = \{3.515 \quad 22.03 \quad 61.7\}$

右端：境界条件は固定 - 単純支持なので，表 3・1 ④ より

$\lambda = \{3.927 \quad 7.069 \quad 10.21\} \rightarrow \lambda^2 = \{15.4 \quad 50 \quad 104\}$

4・2 擬モーダルモデル

モード合成法モデルの質量行列 M_ψ は対角行列とならず，縁に非零要素の質量連成が存在するために，等価な物理モデルを描くことができなかった．そこで，これに対応する等価な力学モデルの作り方を紹介する．完成した姿はモーダルモデルに似ているので，ここでは「擬モーダルモデル」[13,14] と呼んでいる．

4・2・1 擬モーダルモデルの原理

モード合成法モデルの質量行列 M_ψ に存在する非零要素による連成は，境界座標と内部系モード座標間の慣性力の連成である．式 (4・12) の定義式にみるように，それは内部系モード座標 η が相対座標であることによる．

そこで，各モード座標η_iに対応する仮想の絶対座標ξ_iを設け，相対座標はこの仮想絶対座標と境界座標y_1との差に比例するとする．

$$\eta_i = a_i(\xi_i - y_1) \quad (i=1, 2, 3) \tag{4・20}$$

比例定数a_iはこの段階では未定である．対応する座標変換行列Tを次式で定義する．

$$\begin{bmatrix} y_1 \\ \eta \end{bmatrix} = T \begin{bmatrix} y_1 \\ \xi \end{bmatrix} \tag{4・21}$$

ただし $T = \begin{bmatrix} 1 & 0 & 0 & 0 \\ -a_1 & a_1 & 0 & 0 \\ -a_2 & 0 & a_2 & 0 \\ -a_3 & 0 & 0 & a_3 \end{bmatrix}$, $\eta \equiv \begin{bmatrix} \eta_1 \\ \eta_2 \\ \eta_3 \end{bmatrix}$, $\xi \equiv \begin{bmatrix} \xi_1 \\ \xi_2 \\ \xi_3 \end{bmatrix}$

上式を式（4・13）に代入して合同変換を施す．このとき

$$a_i = (M_c \text{の1行}i\text{列要素}) / (M_\eta \text{の}i\text{行}i\text{列要素}) \tag{4・22}$$

$$\therefore a_i = \{2/\pi \quad -1/\pi \quad 2/(3\pi)\}$$

と選んでおけば，合同変換後の質量行列は対角行列に帰着し次式を得る．

$$M_\xi \begin{bmatrix} \ddot{y}_1 \\ \ddot{\xi} \end{bmatrix} + K_\xi \begin{bmatrix} y_1 \\ \xi \end{bmatrix} = \begin{bmatrix} u \\ 0 \end{bmatrix} \tag{4・23}$$

ただし内部系等価質量：$m_{\xi i} = m_i^* a_i^2$，連結ばね定数：$k_{\xi i} = m_{\xi i}\omega_i^2$ とおくと

質量行列 $M_\xi \equiv T'M_\psi T = \text{diagonal}\left[M_\delta - \sum_{i=1}^{3} m_{\xi i} \quad m_{\xi 1} \quad m_{\xi 2} \quad m_{\xi 3} \right]$

$$= \rho Al \, \text{diagonal}\left[\frac{1}{3} - \frac{49}{18\pi^2} \quad \frac{2}{\pi^2} \quad \frac{1}{2\pi^2} \quad \frac{2}{9\pi^2} \right]$$

$$= \frac{\rho Al}{3}\begin{bmatrix} 0.173 & 0.608 & 0.152 & 0.067 \end{bmatrix} \tag{4・24}$$

剛性行列 $K_\xi \equiv T'K_\psi T = \begin{bmatrix} k_b + K_{eq} + \sum_{i=1}^{3} k_{\xi i} & -k_{\xi 1} & -k_{\xi 2} & -k_{\xi 3} \\ -k_{\xi 1} & k_{\xi 1} & 0 & 0 \\ -k_{\xi 2} & 0 & k_{\xi 2} & 0 \\ -k_{\xi 3} & 0 & 0 & k_{\xi 3} \end{bmatrix}$

$$= \frac{EI}{l^3}\pi^2 \begin{bmatrix} K_b/\pi^2 + 28 & -2 & -8 & -18 \\ -2 & 2 & 0 & 0 \\ -8 & 0 & 8 & 0 \\ -18 & 0 & 0 & 18 \end{bmatrix} \quad \left(k_b = K_b \frac{EI}{l^3} \right) \tag{4・25}$$

今度は，剛性行列K_ξが非対角行列となったが，質量行列M_ξは対角化されたので多質

点系のモデル図 4・10 が描ける。

　このように境界質量の上に内部系の曲げ振動成分を表す単振動系の並列和が乗り，モーダルモデルと似ているので「擬」モーダルモデルとここでは呼んでいる。質量行列 m_ξ の対角要素は，右端の感じる有効質量 $M_\delta = \rho Al/3$ を各 ξ_i 質点へどのように質量配分したかを示す比で，Δm はその残りである。総量 M_δ は保持される。

　この擬モーダルモデルの特徴をまとめると，つぎのようになる。

① 式 (4・24) の質量行列 M_ξ について，1行1列要素は境界座標の変形モードの質量でこれを「母親」，内部系の弾性曲げモードに対応する単振動系の等価質量 m_ξ を「子供」とみてみると，内部系の採用モード本数だけ子供が生まれたと読みとれる。モード合成法の有効質量 M_δ はお産前の「母親」の質量のことで，「子供」が生まれることによって境界座標の「母親」質量は減った。しかし，「母親」+「子供」の質量の和はお産前と不変である。

② 各「子供」の単振動系は「母親」の背中にのるように，境界「母親」座標に連結ばね $k_{\xi i}$ で連結されている。「子供」同士は直交しているので連結はない。

③ 仮に内部系の採用モード数を2本として，この4質点系を3質点系に縮小する場合には，第3子は「母親」のお腹に戻るので，図4・11 (a) のモデルとなる。同様に長男のみを出産した2質点系，あるいは子供のいない1質点系の縮小モデルは図 (b) および図 (c) である。

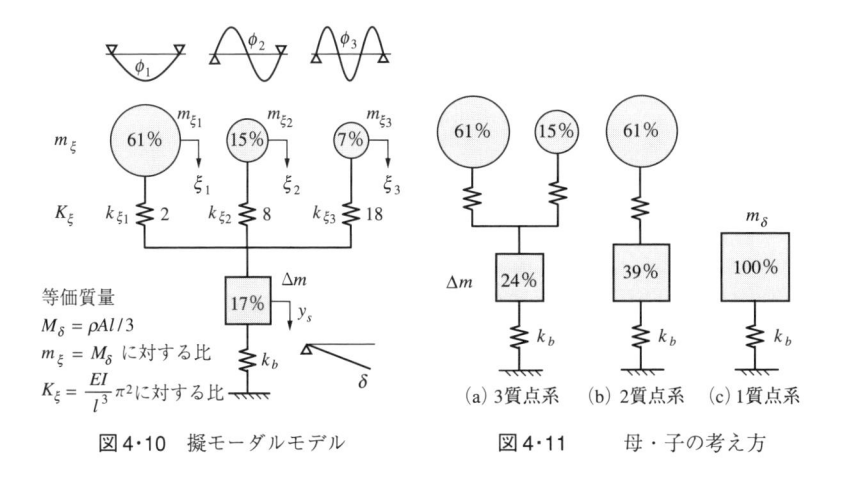

図4・10　擬モーダルモデル

図4・11　母・子の考え方

例題 4・5 例題 4・4 の続きとして，モード合成法モデルに対応する擬モーダルモデルが図 4・12 となることを検証せよ。

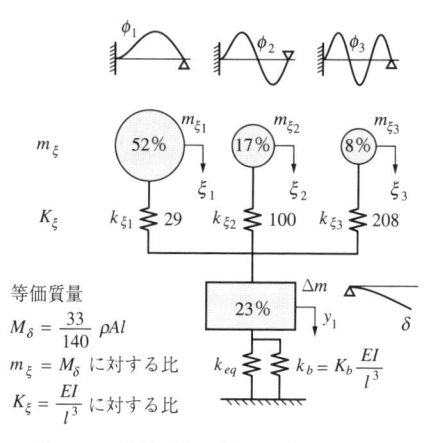

図 4・12 片持ばりの擬モーダルモデル

等価質量
$$M_\delta = \frac{33}{140}\rho Al$$
$m_\xi = M_\delta$ に対する比
$K_\xi = \frac{EI}{l^3}$ に対する比

解 擬モーダルモデルへの座標変換

$$T = \begin{bmatrix} 1 & 0 & 0 & 0 \\ -0.533 & 0.533 & 0 & 0 \\ 0.307 & 0 & -0.307 & 0 \\ -0.211 & 0 & 0 & 0.211 \end{bmatrix}$$

質量行列
$$M_\xi \equiv T^t M_\psi T = \rho Al \begin{bmatrix} 0.0538 & 0 & 0 & 0 \\ 0 & 0.123 & 0 & 0 \\ 0 & 0 & 0.0401 & 0 \\ 0 & 0 & 0 & 0.0192 \end{bmatrix}$$
$$= 33/140\, \rho Al\ \mathrm{diagonal}\, [0.23\ \ 0.52\ \ 0.17\ \ 0.08]$$

剛性行列
$$K_\xi \equiv T^t K_\psi T = \frac{EI}{l^3} \begin{bmatrix} K_b+3+337 & -29 & -100 & -208 \\ -29 & 29 & 0 & 0 \\ -100 & 0 & 100 & 0 \\ -208 & 0 & 0 & 208 \end{bmatrix}$$

例題 4・6 図 4・13 のように両端で軸受ばね k_b で支持された系において，軸受点を境界座標 $X_1=\{x_{11},x_{12}\}$，それ以外の点を内部座標 X_2 とする。軸受ばねはロータモデル完成後に重畳するとして，モード合成法モデルおよび擬モーダルモデルをつぎの手順で求めよ。

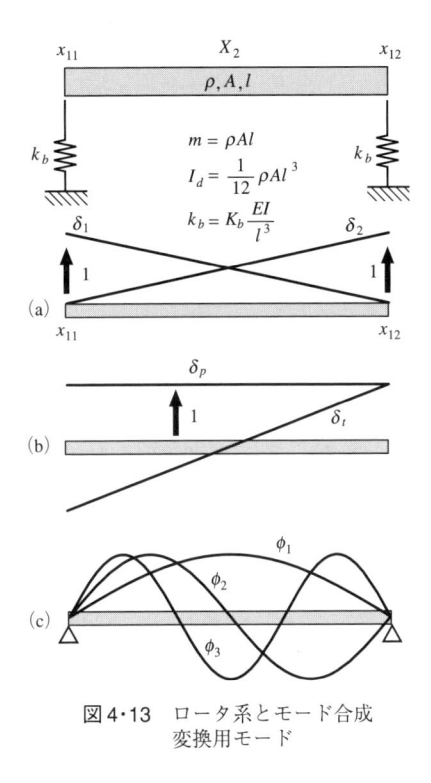

図4·13 ロータ系とモード合成変換用モード

(1) 境界点を強制変位させたときの変形モードとして図 (a) の δ_1 と δ_2 モード,ならびに図 (c) の内部系のモード ϕ_i を3本用いてモード合成変換行列 Ψ を定義し,モード合成法モデルの運動方程式を求めよ.

(2) 変形モードを図 (b) の並進 δ_p と傾き δ_t モードにおき換えた場合のモード合成変換行列 Ψ を定義し,モード合成法モデルの運動方程式を求めよ.

(3) 前記 (2) の場合から擬モーダルモデルを求め,力学モデルを描け.

(4) 固有振動数 ω_n とばね定数 k_b の関係を示す危険速度マップを描け.

解

(1) $\xi=x/l$ として $\Psi = [1-\xi \quad \xi \quad \sin\pi\xi \quad \sin 2\pi\xi \quad \sin 3\pi\xi]$, $K_{eq}=0$

内部系の固有円振動数 $\omega_z = \dfrac{\lambda^2}{l^2}\sqrt{\dfrac{EI}{\rho A}}$ ($\lambda_i = \{\pi, 2\pi, 3\pi\}$)

第4章 モード合成法と「擬モーダル法」

$$M_\psi = \rho Al \int_0^1 \Psi^t \Psi d\xi = \frac{\rho Al}{6} \begin{bmatrix} 2 & 1 & 6/\pi & 3/\pi & 2/\pi \\ 1 & 2 & 6/\pi & -3/\pi & 2/\pi \\ 6/\pi & 6/\pi & 3 & 0 & 0 \\ 3/\pi & -3/\pi & 0 & 3 & 0 \\ 2/\pi & 2/\pi & 0 & 0 & 3 \end{bmatrix}, \quad X_\eta = \begin{bmatrix} x_{11} \\ x_{12} \\ \eta_1 \\ \eta_2 \\ \eta_3 \end{bmatrix}$$

$$K_\psi^* = \text{diagonal}\begin{bmatrix} K_b & K_b & \pi^4/2 & 8\pi^4 & 81\pi^4/2 \end{bmatrix} EI/l^3$$

モード合成法モデル運動方程式 $\quad M_\psi \ddot{X}_\eta + K_\psi X_\eta = 0$

(2) 並進変位 $x_p = (x_{11} + x_{12})/2$ と傾き変位 $x_t = (-x_{11} + x_{12})/2$ を用いて

$$\Psi = \begin{bmatrix} 1 & -1+2\xi & \sin\pi\xi & \sin 2\pi\xi & \sin 3\pi\xi \end{bmatrix}, \quad K_{eq}=0$$

$$M_\psi = \rho Al \int_0^1 \Psi^t \Psi d\xi = \frac{\rho Al}{6} \begin{bmatrix} 6 & 0 & 12/\pi & 0 & 4/\pi \\ 0 & 2 & 0 & -6/\pi & 0 \\ 12/\pi & 0 & 3 & 0 & 0 \\ 0 & -6/\pi & 0 & 3 & 0 \\ 4/\pi & 0 & 0 & 0 & 3 \end{bmatrix}, \quad X_\eta \equiv \begin{bmatrix} x_p \\ x_t \\ \eta_1 \\ \eta_2 \\ \eta_3 \end{bmatrix}$$

$$K_\psi = \text{diagonal}\begin{bmatrix} 0 & 0 & \pi^4/2 & 8\pi^4 & 81\pi^4/2 \end{bmatrix} EI/l^3$$

$$K_\psi^* = \text{diagonal}\begin{bmatrix} 2K_b & 2K_b & \pi^4/2 & 8\pi^4 & 81\pi^4/2 \end{bmatrix} EI/l^3$$

運動方程式 $\quad M_\psi \ddot{X}_\eta + K_\psi X_\eta = 0$

(3) 擬モーダルモデルへの座標変換

$$T = \begin{bmatrix} 1 & 0 & 0 & 0 & 0 \\ 0 & 1 & 0 & 0 & 0 \\ -4/\pi & 0 & 4/\pi & 0 & 0 \\ 0 & 2/\pi & 0 & -2/\pi & 0 \\ -4/(3\pi) & 0 & 0 & 0 & 4/(3\pi) \end{bmatrix}$$

$$M_\xi = T^t M_\psi T = \rho Al \begin{bmatrix} 0.1 & 1/3 & -2/\pi^2 & 0.81 & 2/\pi^2 & 0.09 \end{bmatrix}$$

$$K_\xi^* = T^t M_\psi^* T = \frac{EI}{l^3} \begin{bmatrix} 2K_b + 80\pi^2 & 0 & -8\pi^2 & 0 & -72\pi^2 \\ 0 & 2K_b + 32\pi^2 & 0 & -32\pi^2 & 0 \\ -8\pi^2 & 0 & 8\pi^2 & 0 & 0 \\ 0 & -32\pi^2 & 0 & 32\pi^2 & 0 \\ -72\pi^2 & 0 & 0 & 0 & 72\pi^2 \end{bmatrix}, \quad X_\eta \equiv \begin{bmatrix} x_p \\ x_t \\ \xi_1 \\ \xi_2 \\ \xi_3 \end{bmatrix}$$

擬モーダルモデル運動方程式 $M_\xi \ddot{X}_\xi + K_\xi^* X_\xi = 0$ は並進系と傾き系に分離される。並進系 $\{x_p, \xi_1, \xi_3\}$ の力学モデルを図4・14 (a) に，傾き系 $\{x_t, \xi_2\}$ の力学モデルを同図 (b) に示す。

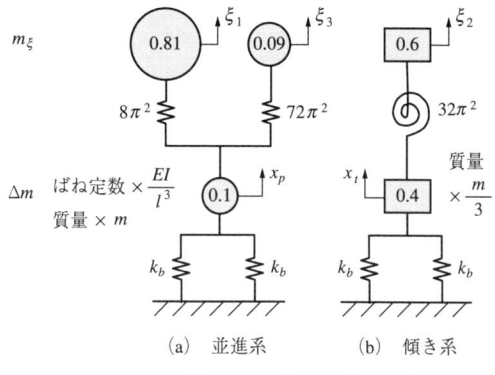

図4・14 擬モーダルモデル

このように擬モーダルモデルにおいては，有効質量 M_δ の一部が内部系弾性モードの等価質量に転換されるので，系全体の質量はつねに不変である。物理的に合目的なモデル化理論である。

(4) 固有値問題 $\omega_n^2 M_\psi \phi = K_\psi^*(k_b)\phi$ を軸受ばね k_b をパラメータに解く。→図4・15
同固有振動数マップの両端について，つぎのように考える。
左端：自由 - 自由，表3・1①より $\lambda = \{4.73 \quad 7.853 \quad 10.996\}$ → $\lambda^2 = \{22.4 \quad 61.4 \quad 121\}$
右端：単純支持 - 単純支持，表3・1⑤より $\lambda = \{\pi \quad 2\pi \quad 3\pi\}$ → $\lambda^2 = \{\pi^2 \quad 4\pi^2 \quad 9\pi^2\}$

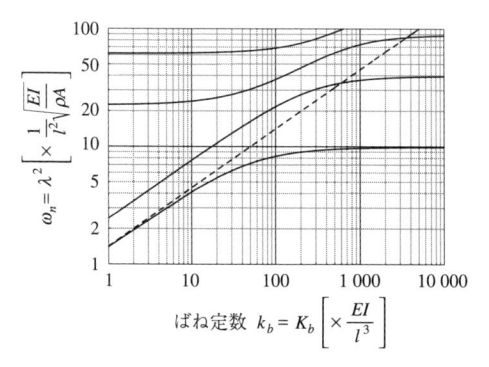

図4・15 危険速度マップ

4・2・2 いろいろな系の擬モーダルモデル例

いろいろな系の擬モーダルモデル例を**表 4・1** に示す。

表 4・1

(a) 傾き棒	(b) 片持ばり	(c) 2軸受系	(d) 一端ねじり入力
$m_\delta = \dfrac{1}{3}m$	$m_\delta = 0.24\,m$	$m = \rho A l \quad I_d = \dfrac{1}{12}\rho A l^3$	$I_p = \dfrac{d^2}{8}\rho A l$
強制変位モード δ $k_{eq}=0$	強制変位モード δ $k_{eq}=3$	強制変位モード $\delta_1,\ \delta_2$ $k_{eq}=\{0,\,0\}$	強制変位モード δ $k_{eq}=0$
内部系モード $\phi_{c1},\phi_{c2},\phi_{c3}$	内部系モード $\phi_{c1},\phi_{c2},\phi_{c3}$	内部系モード $\phi_{c1},\phi_{c2},\phi_{c3}$	内部系モード $\phi_{c1},\phi_{c2},\phi_{c3}$
$\lambda_i=\{\pi,2\pi,3\pi\}$	$\lambda_i=\{3.93,7.07,10.2\}$	$\lambda_i=\{\pi,2\pi,3\pi\}$	$\lambda_i=\left\{\dfrac{\pi}{2},\dfrac{3\pi}{2},\dfrac{5\pi}{2}\right\}$
$\omega_i=\dfrac{\lambda_i^2}{l^2}\sqrt{\dfrac{EI}{\rho A}}$	$\omega_i=\dfrac{\lambda_i^2}{l^2}\sqrt{\dfrac{EI}{\rho A}}$	$\omega_i=\dfrac{\lambda_i^2}{l^2}\sqrt{\dfrac{EI}{\rho A}}$	$\omega_i=\dfrac{\lambda_i}{l}\sqrt{\dfrac{G}{\rho}}$
$m_\delta=(1/3)m$	$m_\delta=(33/140)m=0.24m$		
$m_1/m_\delta=0.61$	$m_1/m_\delta=0.52$	$m_1/m_\delta=0.81$	$m_1/I_p=0.81$
$m_2/m_\delta=0.15$	$m_2/m_\delta=0.17$	$m_2/I_d=0.61$	$m_2/I_p=0.09$
$m_3/m_\delta=0.07$	$m_3/m_\delta=0.08$	$m_3/m_\delta=0.09$	$m_3/I_p=0.03$
$\Delta m/m_\delta=0.17$	$\Delta m/m_\delta=0.23$	$\Delta m/m_\delta=0.1$ $\Delta I_d/I_d=0.39$	$\Delta I_p/I_p=0.07$
(モデル図:×m_δ 0.61, 0.15, 0.07; $\omega_1,\omega_2,\omega_3$; $k_{eq}=0$, $0.17m_\delta$, f)	(モデル図:×m_δ 0.52, 0.17, 0.08; $\omega_1,\omega_2,\omega_3$; $k_{eq}=3$, $0.23m_\delta$, f)	(モデル図:×m_δ 0.81, ×I_d 0.61, ×m_δ 0.09; $\omega_1,\omega_2,\omega_3$; $\Delta m=0.1\,m_\delta$, $\Delta I_d=0.39\,I_d$, f_1,f_2)	(モデル図:0.81×I_p, ω_1; 0.09×I_p, ω_2, f; 0.03×I_p, ω_3; 0.07I_p)
図4・10参照	例題4・5参照	例題4・6参照	

4・3 プラント伝達関数

図4・5の系を例に,境界座標 y_1 が一つのときのプラント伝達関数 y_1/u を検討する。対応するモード合成法モデルの運動方程式 (4・13) において,境界座標 y_1 が1次元であることを明記するために,行列表記の有効質量 $M_\delta \to m_\delta$,等価剛性 $K_{eq} \to k_{eq}$ のように小文字の変数表記に切り換える。

いま,内部系の固有モードとして質量で規格化したものを採用したとき

$$M_\eta = \rho A l \int_0^1 \Phi^t \Phi d\xi = \mathbf{1} : 単位行列$$

$$K_\eta = \text{diagonal} \begin{bmatrix} \omega_{z1}^2 & \cdots & \omega_{zi}^2 & \cdots \end{bmatrix} \equiv \begin{bmatrix} \omega_z^2 \end{bmatrix} : 対角行列 (\omega_z = 内部系の固有振動数)$$

である。よって,モード合成法モデルの運動方程式は次式に書き改められる。

$$\begin{bmatrix} m_\delta & M_c \\ M_c^t & \mathbf{1} \end{bmatrix} \begin{bmatrix} \ddot{y}_1 \\ \ddot{\eta} \end{bmatrix} + \begin{bmatrix} k_{eq} & 0 \\ 0 & [\omega_z^2] \end{bmatrix} \begin{bmatrix} y_1 \\ \eta \end{bmatrix} = \begin{bmatrix} 1 \\ \mathbf{0} \end{bmatrix} u(t) \qquad (4・26)$$

ただし

$$\begin{bmatrix} m_\delta & M_c \\ M_c^t & \mathbf{1} \end{bmatrix} = \begin{bmatrix} m_\delta & m_{c1} & m_{c2} & m_{c3} \\ m_{c1} & 1 & 0 & 0 \\ m_{c2} & 0 & 1 & 0 \\ m_{c3} & 0 & 0 & 1 \end{bmatrix}, \quad \begin{bmatrix} k_{eq} & 0 \\ 0 & [\omega_z^2] \end{bmatrix} = \begin{bmatrix} k_{eq} & 0 & 0 & 0 \\ 0 & \omega_{z1}^2 & 0 & 0 \\ 0 & 0 & \omega_{z2}^2 & 0 \\ 0 & 0 & 0 & \omega_{z3}^2 \end{bmatrix}$$

$m_\delta = \rho A l / 3$

$k_{eq} = m_\delta \omega_\delta^2$ (図4・5では $k_{eq} = 0$ だが,一般性をもたせるため非零と表記)

よってプラント伝達関数は

$$G_p(s) \equiv \frac{y_1(s)}{u(s)} = \frac{(s^2 + \omega_{z1}^2)(s^2 + \omega_{z2}^2)(s^2 + \omega_{z3}^2)}{D(s)} \qquad (4・27)$$

ただし

$$D(s) \equiv \begin{vmatrix} m_\delta(s^2 + \omega_\delta^2) & m_{c1} s^2 & m_{c2} s^2 & m_{c3} s^2 \\ m_{c1} s^2 & s^2 + \omega_{z1}^2 & 0 & 0 \\ m_{c2} s^2 & 0 & s^2 + \omega_{z2}^2 & 0 \\ m_{c3} s^2 & 0 & 0 & s^2 + \omega_{z3}^2 \end{vmatrix} \qquad (4・28)$$

プラント伝達関数の分子には内部系の固有振動数 ω_{zi} ($i=1\sim3$) が並ぶ。これは境界座標を拘束した系の固有振動数のことで，境界点が節となるモードを意味する。すなわち，加振してもプラントとしては反応しないので，零点（反共振）周波数と呼ばれ，固有振動数マップ図4・7の右端の周波数を指す。

一方，分母には軸受がない，すなわちフリー ($u=0$) 境界での共振周波数が並ぶはずで，それは極周波数と呼ばれ，固有振動数マップ図4・7の左端の周波数のことである。この極周波数を ω_{pi} ($i=0\sim3$) と書き，かつ連成質量の2乗は擬モーダルモデルの質量を指し

$$m_{ci}^2 = m_{\xi i} \quad (i=1,2,3) \tag{4・29}$$

であることに留意すると，伝達関数の分母はつぎのように整理される。

$$D(s) = \left(m_\delta - \sum_{i=1}^{3} m_{\xi i}\right)(s^2 + \omega_{p0}^2)(s^2 + \omega_{p1}^2)(s^2 + \omega_{p2}^2)(s^2 + \omega_{p3}^2) \tag{4・30}$$

式 (4・28) と式 (4・30) の定数項を比べて次式が成立する。

$$\left(m_\delta - \sum_{i=1}^{3} m_{\xi i}\right)\omega_{p0}^2\omega_{p1}^2\omega_{p2}^2\omega_{p3}^2 \approx m_\delta \omega_\delta^2 \omega_{z1}^2 \omega_{z2}^2 \omega_{z3}^2 \tag{4・31}$$

固有振動数マップの左端の最低次固有振動数 ω_{p0} とはグヤンモデルの最低次固有振動数 ω_δ にほぼ等しい。よって，プラント伝達関数は次式[14]となる。

$$\begin{aligned}
G_p(s) &= \frac{((s/\omega_{z1})^2 + 1)((s/\omega_{z2})^2 + 1)((s/\omega_{z3})^2 + 1)}{m_\delta(s^2 + \omega_\delta^2)((s/\omega_{p1})^2 + 1)((s/\omega_{p2})^2 + 1)((s/\omega_{p3})^2 + 1)} \\
&= \frac{((s/\omega_{z1})^2 + 1)((s/\omega_{z2})^2 + 1)((s/\omega_{z3})^2 + 1)}{k_{eq}((s/\omega_\delta)^2 + 1)((s/\omega_{p1})^2 + 1)((s/\omega_{p2})^2 + 1)((s/\omega_{p3})^2 + 1)} \\
&= \frac{((s/\omega_{z1})^2 + 1)((s/\omega_{z2})^2 + 1)((s/\omega_{z3})^2 + 1)}{(m_\delta s^2 + k_{eq})((s/\omega_{p1})^2 + 1)((s/\omega_{p2})^2 + 1)((s/\omega_{p3})^2 + 1)}
\end{aligned} \tag{4・32}$$

特に，この図4・5では $k_{eq}=0$，すなわち $\omega_\delta=0$ だから

$$G_p(s) = \frac{((s/\omega_{z1})^2 + 1)((s/\omega_{z2})^2 + 1)((s/\omega_{z3})^2 + 1)}{m_\delta s^2 ((s/\omega_{p1})^2 + 1)((s/\omega_{p2})^2 + 1)((s/\omega_{p3})^2 + 1)} \tag{4・33}$$

各周波数の大きさの関係は

$$\omega_\delta \approx \omega_{p0} < \omega_{z1} < \omega_{p1} < \omega_{z2} < \omega_{p2} < \omega_{z3} < \omega_{p3} \cdots \tag{4・34}$$

4・3 プラント伝達関数

のように，極周波数 ω_p と零点周波数 ω_z が交互に並ぶ．

例題 4・7 図 4・5 の系についてプラント伝達関数のボード線図を描け．

解 $\omega_0 = \dfrac{1}{l^2}\sqrt{\dfrac{EI}{\rho A}}$ とおいて $m_\delta = \dfrac{\rho Al}{3}$, $k_{eq} = 0$

零点周波数：$\omega_z = \{\pi^2 \quad 4\pi^2 \quad 9\pi^2\}\omega_0 = \{10 \quad 40 \quad 90\}\omega_0$

極周波数：$\omega_p = \{3.927^2 \quad 7.069^2 \quad 10.21^2\}\omega_0 = \{15.4 \quad 50 \quad 104\}\omega_0$

として式 (4・33) に代入してボード線図を求めた結果が図 4・16 (1) である．

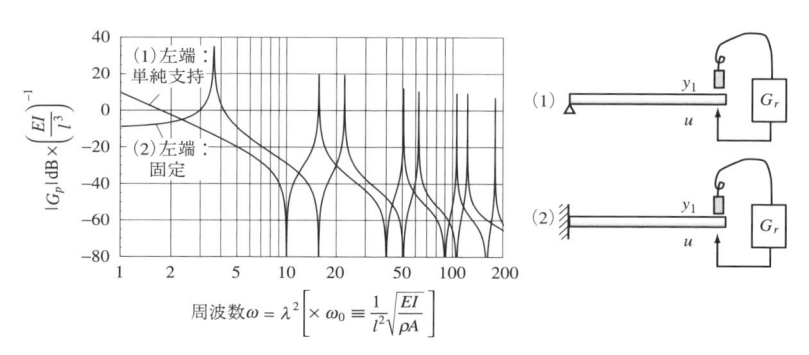

図 4・16　はりのプラント伝達関数 y_1/u

低周波数では $G_p \approx 1/(m_\delta\omega^2)$ だから，$\omega=1$ で G_p=3=9.5dB を通る．

例題 4・8 図 4・8 の片持ばり系についてプラント伝達関数のボード線図を描け．

解 $\omega_0 = \dfrac{1}{l^2}\sqrt{\dfrac{EI}{\rho A}}$ とおいて $m_\delta = \dfrac{33}{140}\rho Al$, $k_{eq} = 3\dfrac{EI}{l^3}$

零点周波数：$\omega_z = \{3.927^2 \quad 7.069^2 \quad 10.21^2\}\omega_0 = \{15.4 \quad 50 \quad 104\}\omega_0$

極周波数：$\omega_p = \{1.875^2 \quad 4.694^2 \quad 7.855^2\}\omega_0 = \{3.52 \quad 22 \quad 61.7\}\omega_0$

として式 (4・32) に代入してボード線図を求めた結果が図 4・16 (2) である．低周波数では $G_p \approx 1/k_\delta$ だから，$\omega=0$ で G_p=1/3= –9.5dB のフラット特性を示す．

例題 4・9 図 4・13 の系に関し，例題 4・6 (2) で求めたモード合成法モデルの質量行列 M_Ψ と剛性行列 K_Ψ を用いて，並進入力 u_p と傾き入力 u_t に対する応答は s 領域で次式となる．

$$\left(M_\psi s^2 + K_\psi\right)\begin{bmatrix} x_p(s) \\ x_t(s) \\ \eta_1(s) \\ \eta_2(s) \\ \eta_3(s) \end{bmatrix} = \begin{bmatrix} u_p(s) \\ u_t(s) \\ 0 \\ 0 \\ 0 \end{bmatrix} = \begin{bmatrix} 1 & 0 \\ 0 & 1 \\ 0 & 0 \\ 0 & 0 \\ 0 & 0 \end{bmatrix}\begin{bmatrix} u_p(s) \\ u_t(s) \end{bmatrix} \equiv B\begin{bmatrix} u_p(s) \\ u_t(s) \end{bmatrix} \quad (4\cdot 35)$$

(1) 並進系 $G_{pp}=x_p/u_p$ と傾き系 $G_{tt}=x_t/u_t$ のプラント伝達関数のボード線図を描け。

(2) プラント伝達関数の零点や極周波数と固有振動数マップ図4・15の関係を述べよ。

解

(1) $C=B^t$ として $C\left(M_\psi s^2+K_\psi\right)^{-1}B = \text{diagonal}\begin{bmatrix} G_{pp}(s) & G_{tt}(s) \end{bmatrix}$ よりプラント伝達関数を求めボード線図を描く。その結果が図4・17である。

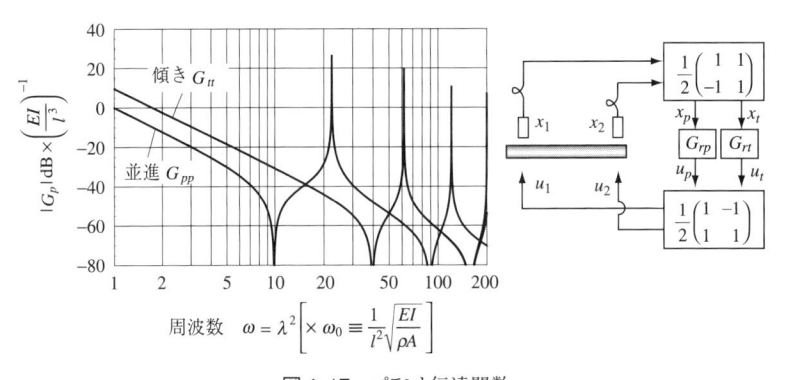

図4・17 プラント伝達関数

(2) 零点周波数には図4・15の右端の単純支持-単純支持の固有振動数が対応する。

並進系　$\omega_z = \{\pi^2\ \ 9\pi^2\}\omega_0 = \{10\ \ 90\}\omega_0$

傾き系　$\omega_z = \{4\pi^2\}\omega_0 = \{40\}\omega_0$

極周波数には図4・15の左端の自由-自由境界の固有振動数が対応する。

並進系　$\omega_p = \{4.73^2\ \ 11^2\}\omega_0 = \{22.4\ \ 121\}\omega_0$

傾き系　$\omega_p = \{7.85^2\}\omega_0 = \{61.4\}\omega_0$

第5章
不釣合いとバランシング

ロータ振動問題の大半は不釣合いによる過大振動や共振問題であるといっても過言ではない。その対策として，即効薬は釣合わせ（バランシング）である。その釣合わせの基本は入力（不釣合い）と出力（振動）との線形関係にある。すなわち

- 不釣合いの大きさに不釣合い振動の振幅は比例する。
- ロータ上で不釣合いの角度がずれると，その分だけ振動波形の位相もずれる。

ということを前提としている。理論としては，これ以外のコンセプトはないし，また必要でもない。

しかし，具体的なフィールドバランス作業手順としてはいろいろなノウハウがある。職場の伝統的な方法や作業者の経験的な趣向を凝らした技法など，各種のバリエーションがある。本節では，その中でいくつかの基本的な手法について紹介する。各手法とも例題を設けているので，作業者になったつもりで試行をお願いしたい。

5・1 剛性ロータの不釣合い

5・1・1 静不釣合いと動不釣合い

図5・1 (a) に示すように，回転軸中心線上の図心 S がロータ重心 G から ε だけずれている場合，回転軸には不釣合い力と呼ばれる

$$遠心力：F = m\varepsilon\Omega^2 \quad [\text{N}] \tag{5・1}$$

が軸に作用する。$m\varepsilon$ を不釣合い U，ε を偏心量という。ロータを滑らかに可動する軸受の上に載せたとき，原理的には図心 S の下方に重心 G が位置するように静止するの

(a) 図中ラベル: S, G, ε, Ω

(b) 図中ラベル:
$F_l = F \dfrac{b}{a+b}$, $F_r = F \dfrac{a}{a+b}$, G, Ω, a, b
$F = m\varepsilon\Omega^2$

$\varepsilon \neq 0\ (S \neq G),\ \tau = 0$

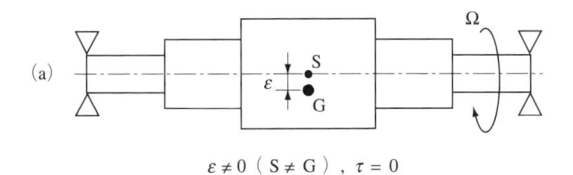

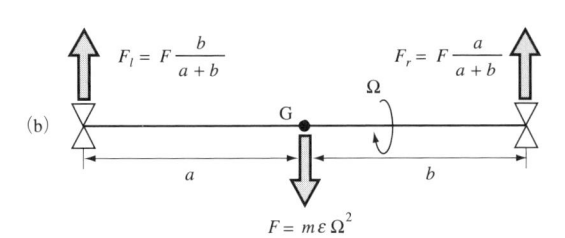

図5・1　静不釣合い

で，ロータを回転させることなく不釣合い方向が検出できる。このようにして検知できる不釣合いを「静」不釣合いと呼ぶ。

図 (b) は，静不釣合いによって軸受に発生する並進反力を示し，ロータ回転に伴い向きを転じる交番力である。

一方，回転円板の重心Gは図心Sに一致しているが，図5・2 (a) に示すように，円

(a) 図中ラベル: τ, G = S, Ω
$\varepsilon = 0\ (S = G),\ \tau \neq 0$

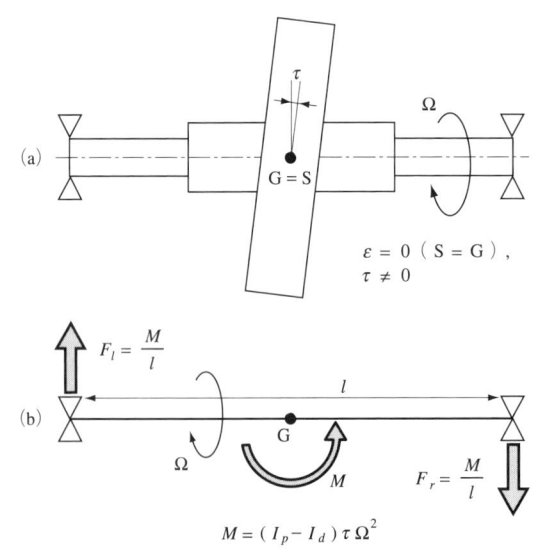

(b) 図中ラベル:
$F_l = \dfrac{M}{l}$, l, G, Ω, M, $F_r = \dfrac{M}{l}$
$M = (I_p - I_d)\tau\Omega^2$

図5・2　動不釣合い

板の重心を通る慣性主軸が回転軸に対して角度 τ だけ傾いているときには

$$\text{モーメント}：M = (I_p - I_d)\tau\Omega^2 \quad [\text{N·m}] \tag{5·2}$$

が軸に作用する。このモーメントはロータを軸受に載せるのみでは検出できず，回転させることではじめて検出可能なので「動」不釣合いと呼ばれる。

図 (b) は，動不釣合いによって回転時に軸受に発生する交番的反力を示す。

5・1・2 静不釣合いと偶不釣合い

さきの偏心量 ε を有する質量 m の円板の静不釣合い U は，図 5・3 (a) に示すように半径 r の位置にとり付けられた小さなおもり Δm におき換えられる。

$$\text{静不釣合い}：U = m\varepsilon = \Delta m\,r \quad [\text{kg·m}] \tag{5·3}$$

また，円板に傾き τ がある場合の動不釣合いの発生するモーメントは，図 5・3 (b) に示すように，円板を挟んだ距離 a の位置に存在する逆相の二つの静不釣合いと等価である。

$$(I_p - I_d)\tau = \Delta m\,r\,a \quad [\text{kg·m}^2] \tag{5·4}$$

この逆相のペアの静不釣合いを偶不釣合いという。

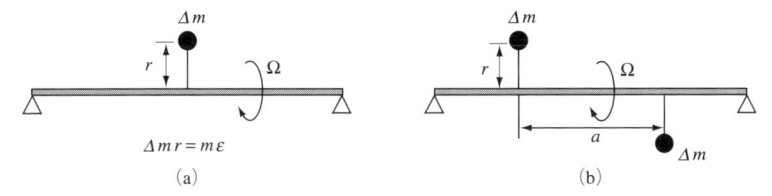

図 5・3 静不釣合いと偶不釣合い

実際の剛体ロータでは静不釣合いと動不釣合いが混在しているので，結局 2 か所 (2 面という) の静不釣合いで表される。ロータ軸の左右 2 面を指定したときに，その 2 面での等価な静不釣合いを検出する「計測器」が後述の剛体バランサーである。このバランサーの計測値に従い不釣合いを除去する作業がバランシングで，具体的にはロータの 2 面に適切なおもりを付ける，あるいは反対側を削る作業である。

5・1・3 不釣合い振動の及ぼす弊害

さきの静不釣合いやモーメントはその大きさを示したものである。実際にはロータ

断面のある位相に存在するので，ベクトルである。そのベクトルの向きは軸回転に同期して変動する交番力である。よって，不釣合いによって発生する交番的軸受反力は軸受台や床に伝搬し，機械にとっては加振源となる。

そのために，図5・4に示すように不釣合い振動は種々の弊害を及ぼす。回転機械にとって不釣合いは諸悪の根元である。換言すれば，バランスがいかに大切かを物語っている。

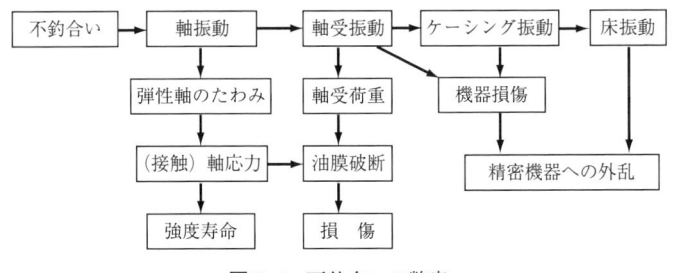

図5・4 不釣合いの弊害

5・1・4　剛体ロータの許容残留不釣合い[15]

回転機ロータは製造過程で各部品ごとに剛体としてのバランスがとられる。また，ケーシングに挿入される前に最終的に組み立てロータとしての剛体軸バランスがとられる。

剛体ロータのバランサー（「ダイナミックバランサー」という）として，図5・5に示すように，2種類が市販されている。

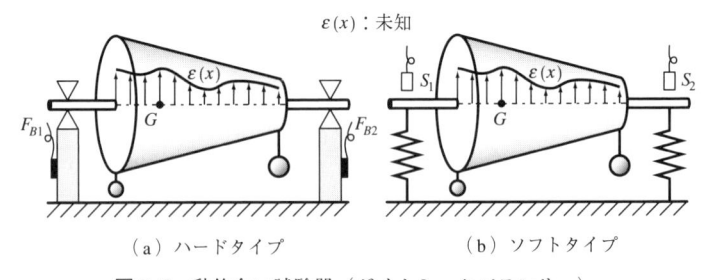

（a）ハードタイプ　　　　（b）ソフトタイプ
図5・5　動釣合い試験器（ダイナミックバランサー）

① ハードタイプ　剛支持軸受で剛体軸を支承，回転させるもので，軸受反力を計測して残留不釣合いに換算する方法である．
② ソフトタイプ　軟支持軸受で剛体軸を支承，回転させるもので，軸受振動を計測して残留不釣合いに換算する方法である．

表 5・1 に示すように，ISO 1940-1 では釣合わせ品質はグレード $G = $ 不釣合い偏心〔mm〕×回転角速度〔rad/s〕で定義され，下記にて計算する値である．

$$\text{Balance quality grade}: G = \frac{\varepsilon_{per}[\mu\text{m}]}{1000} 2\pi \frac{N[\text{rpm}]}{60} = \frac{\varepsilon N}{9550} \quad [\text{mm/s}] \quad (5\cdot 5)$$

ただし $N=$ 運転回転数〔rpm〕

　　$\varepsilon_{per}=$ 許容残留比不釣合い（偏心量）〔μm〕

許容不釣合い U_{per} は

$$U_{per} = \varepsilon_{per} m \quad [\mu\text{m kg=g mm}] \quad (m= \text{ロータ質量}) \quad (5\cdot 6)$$

1 面バランスではこの U_{per} が許容値である．2 面バランスではこの U_{per} を評価すべき 2

表 5・1　許容不釣合い（ISO1940-1 / JIS B0905）[15]

$G \leq 250$	剛支持高速4シリンダディーゼル機関クランク軸系
$G \leq 100$	車両用機関完成品，高速ディーゼル機関クランク軸系
$G \leq 40$	自動車車輪，鉄道用車輪軸，農業機械回転部品，建設機械回転部品
$G \leq 16$	回転部品一般，自動車の回転部品，クランク軸，船用プロペラ
$G \leq 6.3$	風水力機械一般，遠心分離機ドラム，製紙ロール，ポンプ，ファン
$G \leq 2.5$	ジェットエンジン，ガスタービン，蒸気タービン，ターボ圧縮機　工作機械主軸，小型電機子，タービン駆動ポンプ，特別仕様風水力機械
$G \leq 1.0$	音響用機器，研削盤砥石軸，特別仕様小型電機子
$G \leq 0.4$	ジャイロスコープ，精密研削盤砥石軸および電機子

面に振り分ける．評価面として近年，振動伝達や軸受荷重の管理重視の立場から軸受面がとられるようになり，図 5・6 に示すように静的釣合い式に従って U_{perA} と U_{perB} に振り分けられる．ただし，これらの許容値は同図に併記の範囲で規定され，範囲外ならそれぞれ境界の値におき換える．

ところで，評価面としては軸受面が望ましいが，実際の作業では依然として修正面がとられている．このようなときには，図 5・7 に示す要領で修正面許容値 U_{per1}, U_{per2} におき換える．

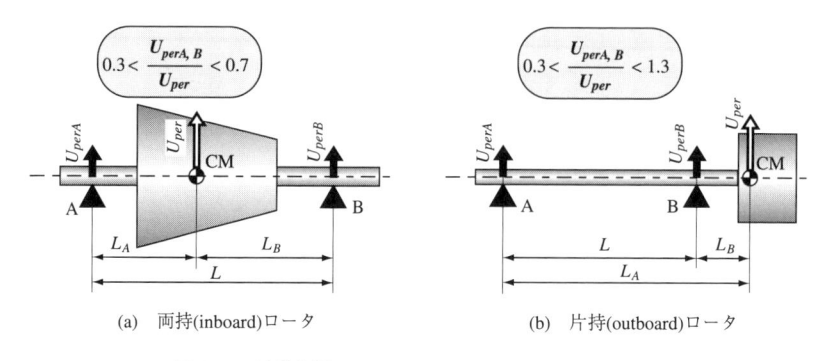

図5・6　軸受基準の $U_{perA} = U_{per} L_B / L$, $U_{perB} = U_{per} L_A / L$

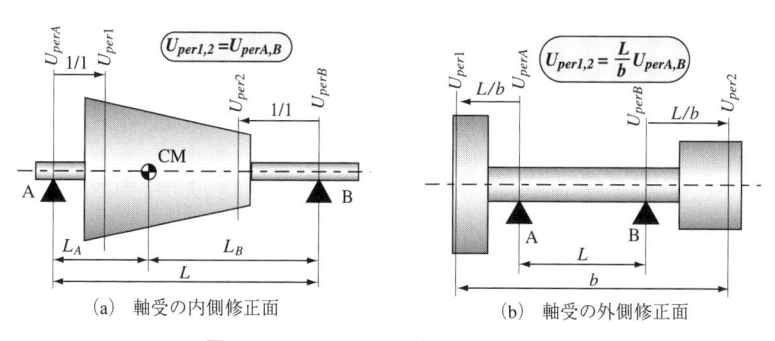

図5・7　U_{per} のバランス修正面への変換

例題5・1　$\varepsilon = 10\ \mu m$, $N = 6000$ rpm の不釣合い品質グレード G を求めよ。

解　$G = 10 \times 10^{-3} \times 2\pi(6000/60) = 6.28 \approx 6.3$

例題5・2　図5・7(a)に示す蒸気タービンロータで，全質量 = 3600 kg，N = 4950 rpm，L_A=8m, L_B=10m, L=18m の場合の許容不釣合い量を求めよ。

解　不釣合い品質グレード $G = 2.5$ が指定される。

残留許容比不釣合い：$\varepsilon_{per} = 2.5 \times 1000 / [2\pi(4950/60)] = 4.8\ [\mu m]$

許容不釣合い量：$U_{per} = 4.8 \times 3600 = 17.3 \times 10^3\ [g \cdot mm]$

左軸受面許容不釣合い量：$U_{perA} = 17.3 \times 10^3 \times 10/18 = 9.6 \times 10^3\ [g \cdot mm]$

右軸受面許容不釣合い量：$U_{perB} = 17.3 \times 10^3 \times 8/18 = 7.7 \times 10^3\ [g \cdot mm]$

左修正面換算許容不釣合い量：$U_{per1} = U_{perA} = 9.6 \times 10^3\ [g \cdot mm]$

右修正面換算許容不釣合い量：$U_{per2} = U_{perB} = 7.7 \times 10^3\ [g \cdot mm]$

5・2 フィールド1面バランス（モード円バランス）

5・2・1 回転パルス，不釣合い，振動ベクトルの関係

式（2・33）の不釣合い振動応答は図2・17に示すように，ボード線図あるいはナイキスト線図（モード円，ポーラ円）で表される．この図の位相差とは不釣合い偏心 ε の方向を基準に表現している．しかし，不釣合いの方向は実際にはわからない．

そこで，図5・8に示すようにパルスセンサと振動センサを設ける．ロータの断面の一部にマークを付けて回転パルス信号を発生させ，この回転マークをロータ位相の基準とする．回転パルス波形とロータ振動波形を見比べ，パルスからみた振動ピークの位相差 ϕ と振幅 a を検出する方法がとられる．その検出には，具体的には図のようなベクトルモニタが用いられ，ボード線図やナイキスト線図を描く．

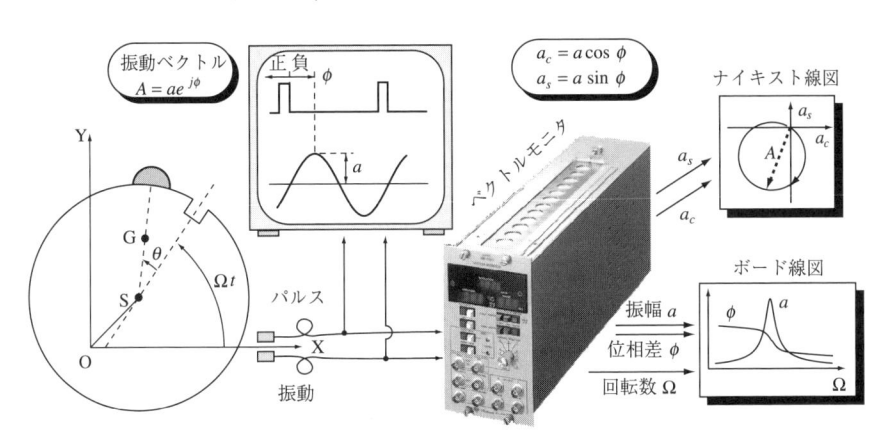

図5・8 不釣合い振動とベクトルモニタ

（注）ここでは，振動センサの極性はロータがセンサに近づけば正，離れれば負とする．また，位相差 ϕ は進み規準で，進んでいれば正，遅れていれば負とするので，ナイキスト線図は時計方向に回る．しかし，ベクトルモニタを用いた実際のバランス作業では，センサの極性や位相規準の正負が逆の場合があり，はじめに確認されたい．

(a)

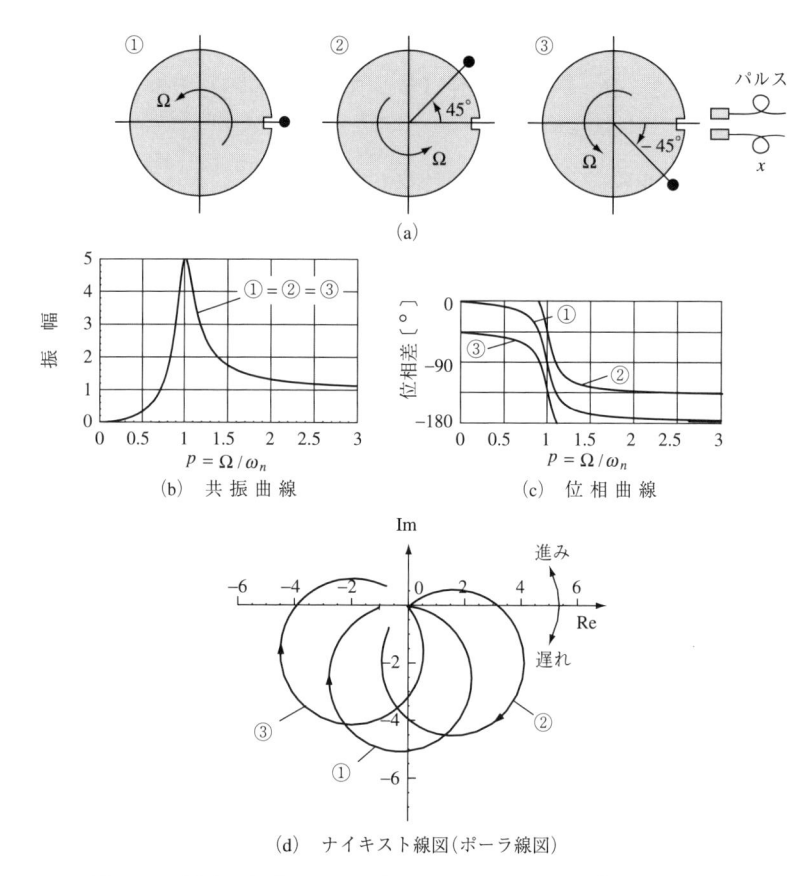

(b) 共振曲線

(c) 位相曲線

(d) ナイキスト線図(ポーラ線図)

図5・9 不釣合い振動のボード線図とナイキスト線図（$\zeta = 0.1$の場合）

パルス基準で振動波形を解析したときの応答線図の例は図5・9となる．不釣合いと回転マークが

①のように，同位相なら図2・17と同じである．

②のように，回転マークからみて不釣合い位相が進んでいる（この例では回転方向45°）なら，位相曲線は不釣合い位相分だけ上にシフトした形をなす．と同時に，ナイキスト線図は原点を中心に位相進み方向に回転した曲線となる．

③のように，回転マークからみて不釣合い位相が遅れている（この例では反回転方向45°）なら，位相曲線は不釣合い位相分だけ下にシフトした形をなし，ナイキスト線図は原点を中心に位相遅れ方向に回転した曲線となる．

よって，低速回転時においてナイキスト線図の出だしの方向をみれば不釣合いの位相が予測可能である。

図5・10 は不釣合い U，回転マーク，振動ベクトル A の各方向をストロボ的にみたロータ断面図と時刻歴波形で，それぞれ①共振前，②共振中，③共振後のものである。

① 低速回転（共振前）では，不釣合い U と振動ベクトル A はほぼ同相。
② 危険速度（共振中）では，不釣合い U に対し 90°遅れた方向に振動ベクトル A がある。共振前に比べ，90°遅れた位相に振動ピークが現れる。
③ 高速回転（共振後）では，不釣合い U に対し逆相方向に振動ベクトル A がある。

よって，これに対応するナイキスト線図では，図(c)に示すように，振動は右上45°方向から出はじめる。よって，ナイキスト線図の出だしの方向から，あるいは低速回転時のパルスと振動ピークとの位相差から，不釣合い位相を逆算することが原理的には可能といえる。が，実際にはなかなか難しく，つぎに述べるような影響係数を調べて不釣合いを同定する手順とする。

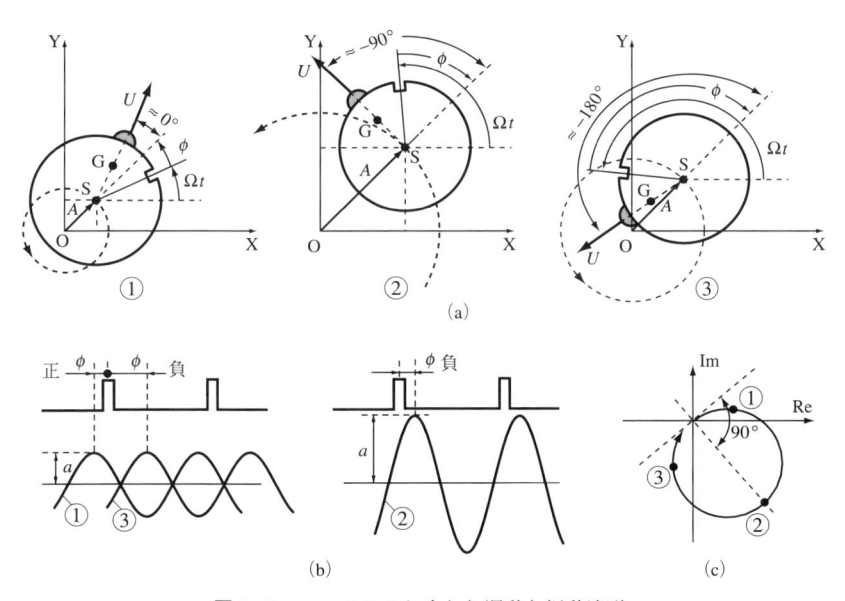

図5・10 ロータのふれまわり運動と振動波形

5・2・2 線形関係

回転マークからみて位相 θ に偏心 ε があるとする。このときの不釣合い力は $m\varepsilon e^{j\theta}\Omega^2 e^{j\Omega t}$ で,不釣合い振動ベクトルとの間には線形関係が成立するので,式 (2・33) から

$$A = \frac{\varepsilon e^{j\theta}\Omega^2}{-\Omega^2 + \omega_n^2 + 2j\zeta\omega_n\Omega} \equiv G_\alpha(j\Omega)\varepsilon e^{j\theta} \tag{5・7}$$

$$G_\alpha(j\Omega) = \frac{A}{\varepsilon e^{j\theta}} \quad : 影響係数 \tag{5・8}$$

となる。バランス作業の状況としては,「振動ベクトル A は計測可能。不釣合い力から計測振動ベクトルまでの影響係数 $G_\alpha(j\Omega)$ は不明。不釣合い偏心の大きさ ε と位相 θ がわからないのでそれを知りたい」ということである。

5・2・3 影響係数の同定

図 5・11 ①のように初期振動①において,共振点近くの回転数 Ω (ここでは $p=\Omega/\omega_n$ =0.95) で振動ベクトル A を計測したとする。

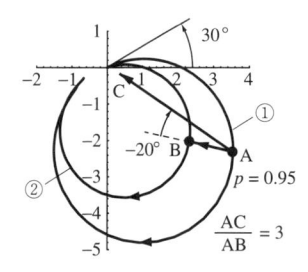

図 5・11 モード円バランス

つぎに,影響係数の測定にとりかかる。そのために図 5・12 (a) に示すように,既知の試しおもり Δm_t を半径 r,位相 θ_t の所に付けて回転させる。そして,図 5・11 ②のように,さきと同じ回転数 Ω で振動ベクトル B を測定する。全重量を m とすると

$$B = \frac{\left(\varepsilon e^{j\theta} + \dfrac{\Delta m_t}{m}re^{j\theta_t}\right)\Omega^2}{-\Omega^2 + \omega_n^2 + 2j\zeta\omega_n\Omega} = G_\alpha(j\Omega)\left(\varepsilon e^{j\theta} + \frac{\Delta m_t}{m}re^{j\theta_t}\right) \tag{5・9}$$

試しおもりを付ける前後の振動を比較する。式 (5・7) と式 (5・9) の差をとれば,試

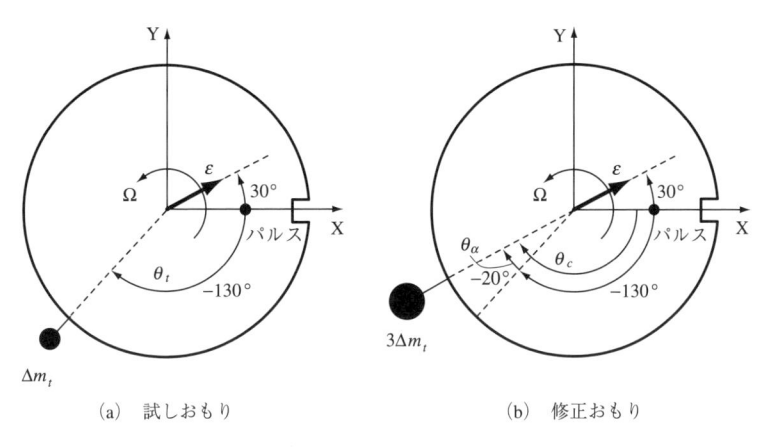

5・2 フィールド1面バランス（モード円バランス）

図5・12

(a) 試しおもり　　(b) 修正おもり

しおもりを付けたことによる影響が次式でわかる。

$$B - A = G_\alpha(j\Omega)\left(\frac{\Delta m_t}{m} re^{j\theta_t}\right) \rightarrow G_\alpha(j\Omega) = (B - A)/\left(\frac{\Delta m_t}{m} re^{j\theta_t}\right) \quad (5\cdot 10)$$

ここで，差 $B-A$ を効果ベクトルといい，この効果ベクトルを単位不釣合い当りに換算したものが影響係数 $G_\alpha(j\Omega)$ である。

5・2・4 修正おもり

最終的に半径 r に付けるべき修正おもり（correction weight）Δm_c と位相 θ_c は，$-A$ の振動を発生させるに等しい効果があればよいので

$$-A = G_\alpha(j\Omega)\frac{\Delta m_c}{m} re^{j\theta_c} \rightarrow \frac{\Delta m_c}{m} re^{j\theta_c} = \frac{-A}{G_\alpha(j\Omega)} \quad (5\cdot 11)$$

5・2・5 修正おもりの計算

式 (5・11) を解けば修正おもりを得るが，わかりにくいので，試しに付けたおもりを最終的にはどのように変更すればよいかと考える。式 (5・11) を式 (5・10) で除して

$$\Delta m_c e^{j\theta_c} = \Delta m_t e^{j\theta_t}\left(\frac{-A}{B-A}\right) = \Delta m_t e^{j\theta_t} \alpha e^{j\theta_\alpha} \quad (5\cdot 12)$$

ただし $-A/(B-A) = \alpha e^{j\theta_\alpha}$

ゆえに

$$\Delta m_c = \alpha \Delta m_t, \quad \theta_c = \theta_t + \theta_\alpha \qquad (5\cdot13)$$

式 (5・13) は，$-A$ の目標に到達するためには，試しおもりをあと α 倍し位相を θ_α ずらせばよいということを意味している。この複素数の算出は，危険速度に近いある回転数一点について計算すれば十分であるので，物差しと分度器があれば簡単にできる。つぎの例題で必要な作業手順を確認しよう。

例題5・3 モード円バランス　不釣合い偏心 $\varepsilon = 1$ mm，位相 $\theta = +30°$ のロータがある。この不釣合い振動のナイキスト線図が図 5・11 ①曲線である。A 点は回転数 $p = \Omega/\omega_n = 0.95$ の点である。本来は未知のこの不釣合いを同定せよ。

解　このナイキスト線図の「円」の出だしの位相が不釣合いの位相である。この例では $\theta = +30°$ 方向にみえる。よって，30° と反対方向の $-150°$ 前後の位相につけることが推奨される。

そこで図 5・12 (a) に示すように，半径 r の位置に Δm_t の試しおもり（偏心で 0.3mm 相当）を $\theta_t = -130°$ に付けてみることにする。この試しおもり付加時のナイキスト線図が図 5・11 ②で，回転数 $p = 0.95$ の点が B である。振動は小さくなっており，位相はよいが，おもりの大きさが不足らしい。

当初の振動ベクトル A 点から，試しおもりを付けたことによる効果で B 点に移動。効果ベクトル AB（式 (5・10) の $B-A$ に相当）を原点に向かうような理想のベクトル AC（式 (5・11) の $-A$ に相当）とするためには，大きさを $|AC|/|AB|$ 倍，位相をさらに $\angle$ BAC° 回せばよい。角度は，線分 AB から線分 AC をみて時計方向だから負の値である。よって，この例では

$$|AC|/|AB| = 3, \quad \angle BAC = -20°$$

と読みとれる。

よって，試しおもりをいったん外し，図 5・12 (b) に示すように，修正おもり $\Delta m_c = 3\Delta m_t$ を，$-130-20 = -150°$ 位相にとり付ければよい。その結果，小さな振動となりバランスが完了する。この過程を共振曲線で観察したものが図 5・13 である。初期不釣合いを偏心 0.9 mm，$-150+180 =$

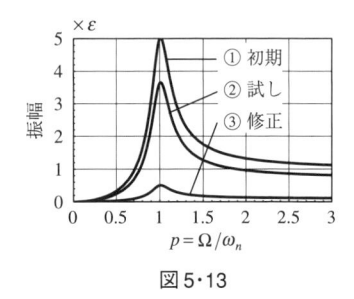

図5・13

+30°と同定したことになる。

5・3 影響係数法バランス

さきに説明した影響係数法による1面バランス法を多面バランスに拡張する。図5・14に示すようにバランス修正面をm面,振動計測箇所をnとする。この構成で,危険速度の近くのある回転数において,初期振動=振幅∠位相=A_0を計測する。

$$A_0 \equiv \begin{bmatrix} A_{10} & A_{20} & \cdots & A_{n0} \end{bmatrix}^t \tag{5・14}$$

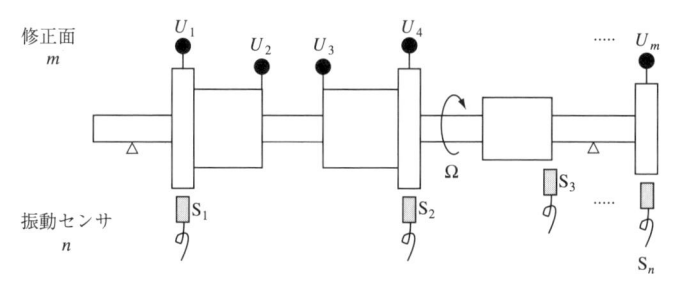

図5・14 修正面数mと振動計測センサ数n

つぎに,修正面1に試しおもり=おもさ∠位相=W_{t1}を付加したときの各センサ位置での振動A_1を同じ回転数で計測する。

$$A_1 \equiv \begin{bmatrix} A_{11} & A_{21} & \cdots & A_{n1} \end{bmatrix}^t$$

よって,修正面1に試しおもりW_{t1}を付けることによる振動変化,すなわち効果ベクトルΔA_1は

$$\Delta A_1 \equiv A_1 - A_0 = \begin{bmatrix} A_{11} - A_{10} & A_{21} - A_{20} & \cdots & A_{n1} - A_{n0} \end{bmatrix}^t$$

である。これを単位おもり当りに換算したものが影響係数α_1である。

$$\alpha_1 \equiv \begin{bmatrix} \alpha_{11} & \alpha_{21} & \cdots & \alpha_{m1} \end{bmatrix}^t = \Delta A_1 / W_{t1} = (A_1 - A_0) / W_{t1}$$

ただしα_{ij}, i=センサ番号, j=修正面番号
この手順を各修正面について繰返し修正を行い,すべての影響係数を求める。

$$\alpha_1 \quad \alpha_2 \quad \cdots \quad \alpha_m$$

釣合せとは,初期振動を打ち消すように各修正面に釣合いおもりW_{ci}を付ければよいので

$$-A_{i0} = \alpha_{i1}W_{c1} + \alpha_{i2}W_{c2} + \cdots + \alpha_{im}W_{cm} \quad (i = 1 \sim n) \tag{5・15}$$

これを行列で表すと次式となる．

$$-A = \alpha W_c \tag{5・16}$$

ただし $\alpha \equiv [\alpha_1 \ \alpha_2 \ \cdots \ \alpha_m] \equiv [\alpha_{ij}]$ ：影響係数行列

$$W_c \equiv [W_{c1} \ W_{c2} \ \cdots \ W_{cm}]^t$$

つぎに，式 (5・16) の解き方について述べる． $n = m$ の場合

$$W_c = -\alpha^{-1}A_0 \tag{5・17}$$

$n > m$ の場合，最小2乗法より求める．

$$W_c = -(\overline{\alpha}^t \alpha)^{-1}\overline{\alpha}^t A_0 \tag{5・18}$$

$n < m$ の場合は，センサを増やすか，修正面を減らして $n \geq m$ にする．

また，修正おもりを，各修正面に付けた試しおもりを何倍して何度進めるかという比 H_c で表したいときには，つぎのように読み替え

$$\alpha \to \Lambda = [\Delta A_1 \ \Delta A_2 \ \cdots \ \Delta A_m], \quad W_c \to H_c \tag{5・19}$$

式 (5・16) ～式 (5・18) から比 H_c を求め，修正おもりを次式で求める．

$$W_c = \begin{bmatrix} W_{t1} & 0 & 0 & 0 \\ 0 & W_{t2} & 0 & 0 \\ \vdots & \vdots & \ddots & \vdots \\ 0 & 0 & 0 & W_{tm} \end{bmatrix} H_c \tag{5・20}$$

影響係数法バランスの応用に関しては，つぎのことがいえる．

① この方法では複素数の逆行列演算が入るので現場での即応性に欠けるが，電卓ベースの簡素なバランスシステムとしての商品例もある．
② 一般にコンピュータ支援の自動バランスシステムとして実用化されている．
③ 各ショットにおいて，正確に同じ回転数で振動を計測する．
④ 生波形ではなく，できれば回転同期フィルタを通した波形で振動を読みとる．
⑤ 軸振動の代わりに，静止側に伝搬した加速度振動波形とパルス信号をペア計測し，バランス計算を行っても原理的には可能である．

例題5・4 図5・15に示すロータのバランス作業を行う．修正面は #1，#2，#3 の3面，振動計測は左右の{No.1，No.2}軸受の2か所{S_1，S_2}センサとする．バランス前の共振曲線は図5・16の Before 曲線で，回転周波数 46Hz と 63Hz で複素振幅〔μm∠°〕

5・3 影響係数法バランス

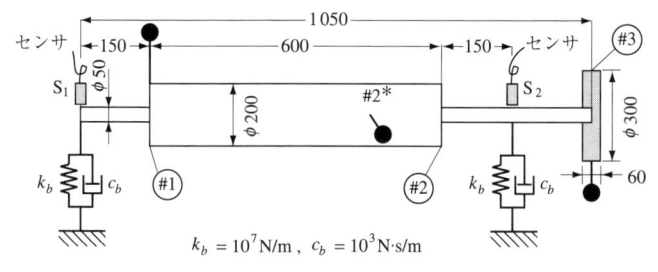

図5・15 バランス修正するロータ

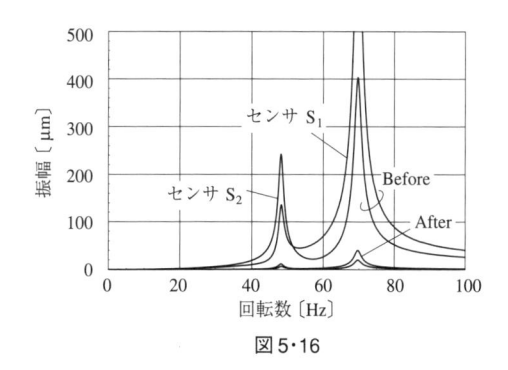

$k_b = 10^7 \text{N/m}, \ c_b = 10^3 \text{N·s/m}$

図5・16

を計測した。shot 0 から shot 3 運転時の振動記録は表5・2のとおりで，影響係数法で修正おもりを計算した結果が shot 4 である。検証せよ。

表5・2 運転振動記録（μm∠°）

shot No	回転数	No1. 軸受	No2. 軸受	回転数	No1. 軸受	No2. 軸受
shot 0	バランス前の回転試験					
	未知不釣合い {#1, #2*, #3} = 10g {∠0°, ∠90°, ∠180°} × 100mm					
A_0	46Hz	34 ∠ 73°	73 ∠ 110°	63Hz	104 ∠ −7°	43 ∠ −165°
shot 1	修正面 #1 に試しおもり 5g ∠ −90° 付加時の振動を計測					
A_1	46Hz	19 ∠ 70°	59 ∠ 122°	63Hz	105 ∠ −18°	41 ∠ +173°
shot 2	修正面 #2 に試しおもり 5g ∠ −90° 付加時の振動を計測					
A_2	46Hz	19 ∠ 74°	51 ∠ 134°	63Hz	104 ∠ −5°	42 ∠ −175°
shot 3	修正面 #3 に試しおもり 0.5g ∠ −180° 付加時の振動を計測					
A_3	46Hz	34 ∠ 76°	76 ∠ 113°	63Hz	107 ∠ −7°	43 ∠ −166°
shot 4	バランス確認回転試験 W_c = { 10g∠ −166°, 8g ∠ −90°, 10g } × 0.95 *					

* 共振曲線を多少大きくみせるため，修正おもりは答より若干少なめの95%にしている。

解 試しおもりに対する比で修正おもりを計算する。

$$\Lambda = \begin{bmatrix} 19\angle 70° - 34\angle 73° & 19\angle 74° - 34\angle 73° & 34\angle 76° - 34\angle 73° \\ 59\angle 122° - 73\angle 110° & 51\angle 134° - 73\angle 110° & 76\angle 113° - 73\angle 110° \\ 105\angle -18° - 104\angle -7° & 104\angle -5° - 104\angle -7° & 107\angle -7° - 104\angle -7° \\ 41\angle 173° - 43\angle -165° & 42\angle -175° - 43\angle -165° & 43\angle -166° - 43\angle -165° \end{bmatrix}$$

$$\text{式 (5·16)} \to -\begin{bmatrix} 34\angle 73° \\ 73\angle 110° \\ 104\angle -7° \\ 43\angle -165° \end{bmatrix} = \Lambda H_c \to H_c = \begin{bmatrix} 2\angle -76° \\ 1.5 \\ -20 \end{bmatrix}$$

$$\to W_c = \begin{bmatrix} 5\angle -90° & 0 & 0 \\ 0 & 5\angle -90° & 0 \\ 0 & 0 & 0.5\angle -180° \end{bmatrix} H_c = \begin{bmatrix} 10\mathrm{g}\angle -166° \\ 7.5\mathrm{g}\angle -90° \\ 10\mathrm{g} \end{bmatrix} \to \text{図 5·16 の After 曲線}$$

例題 5·5 修正面および振動計測はさきと同様の条件で図 5·15 に示すロータのバランス作業を行う。危険速度において同相・逆相モードになることを想定して、今度は各修正面 {#1, #2, #3} に対し図 5·17 のようにペアで試しおもりをつけるショットを試みる。各ショットの振動記録を表 5·3 に示す。バランス前の共振曲線は図 5·18 の Before 曲線で、回転数 46Hz と 63Hz で複素振幅 [mm∠°] を計測した。修正おもりを求めよ。

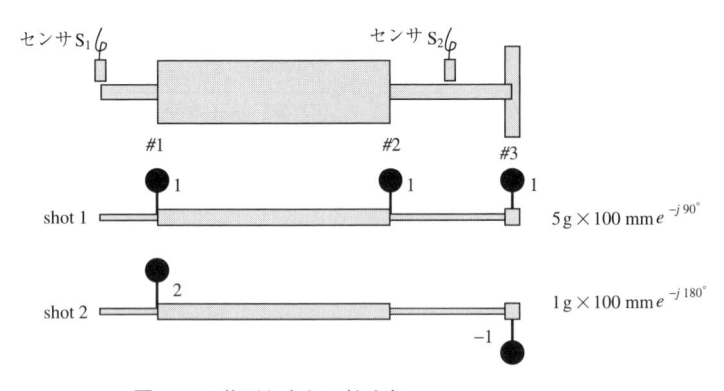

図 5·17 修正おもりの付け方

解 試しおもりに対する比で修正おもりを計算する。例題 5·4 とは若干異なる趣きの答を得る。

表5·3　運転振動記録（μm∠°）

shot No	回転数	No1. 軸受	No2. 軸受	回転数	No1. 軸受	No2. 軸受
shot 0	バランス前の回転試験（未知不釣合いは 表5·2 と同じ）					
A_0	46Hz	34 ∠ 73°	73 ∠ 110°	63Hz	104 ∠ −7°	43 ∠ −165°
shot 1	各修正面に試しおもり = { 1, 1, 1 } 5g ∠ −90° 付加時の振動を計測					
A_1	46Hz	9 ∠ −110°	58 ∠ −157°	63Hz	104 ∠ 3°	44 ∠ +170°
shot 2	各修正面に試しおもり = { 2, 0, −1 } 1g ∠ −180° 付加時の振動を計測					
A_2	46Hz	33 ∠ 78°	73 ∠ 110°	63Hz	90 ∠ −7°	36 ∠ −160°
shot 3	バランス確認回転試験 W_c = { 12.4g ∠ −156°, 4g ∠ −55°, 9.2g ∠ −14° } × 0.95					

$$式(5\cdot16) \rightarrow -\begin{bmatrix} 34\angle 73° \\ 73\angle 110° \\ 104\angle -7° \\ 43\angle -165° \end{bmatrix} = \begin{bmatrix} 9\angle -110° - 34\angle 73° & 33\angle 78° - 34\angle 73° \\ 58\angle -157° - 73\angle 110° & 73\angle 110° - 73\angle 110° \\ 104\angle 3° - 104\angle -7° & 90\angle -7° - 104\angle -7° \\ 44\angle 170° - 43\angle -165° & 36\angle -160° - 43\angle -165° \end{bmatrix} H_c$$

$$\rightarrow H_c = \begin{bmatrix} 0.77\angle 35° \\ 7\angle 8° \end{bmatrix} \rightarrow W_c = \begin{bmatrix} 1 & 2 \\ 1 & 0 \\ 1 & -1 \end{bmatrix} \begin{bmatrix} 5\angle -90° & 0 \\ 0 & -1 \end{bmatrix} H_c = \begin{bmatrix} 12.3g\angle -156° \\ 4g\angle -55° \\ 9.2g\angle -14° \end{bmatrix} \rightarrow \begin{array}{l}図5\cdot 18 \\ のAfter \\ 曲線\end{array}$$

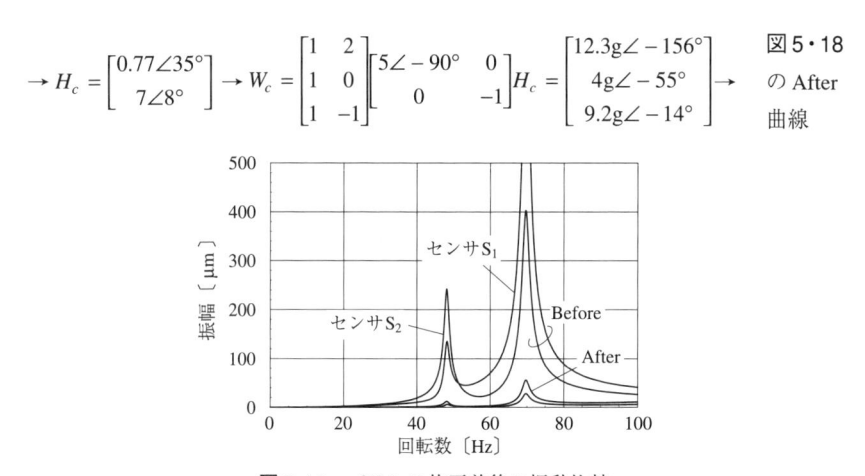

図5·18　バランス修正前後の振動比較

5·4　モード別バランス法

各危険速度では一つの固有モードが卓越する．そのことを利用して，そのモードを誘発している不釣合い成分のみを除去する方法[16]である．

例えば，図5・19 (a) に示すように曲げ1次モード危険速度付近での振動は，はり中央を修正面とすれば，曲げ2次モードに影響することなく1次モードのみのバランスが可能である．同様の考えで，曲げ2次モードに対しては，1次モードに影響しないように，逆相とした2修正面（偶釣合わせ）が推奨される．図 (b) はその代案で，1次モードに対しては同相釣合せを，2次モードに対しては逆相釣合せを採用している．各モードに対しどのようなペア比で各修正面におもりを付けるかは，モード分離を考えてあらかじめ決めておく．

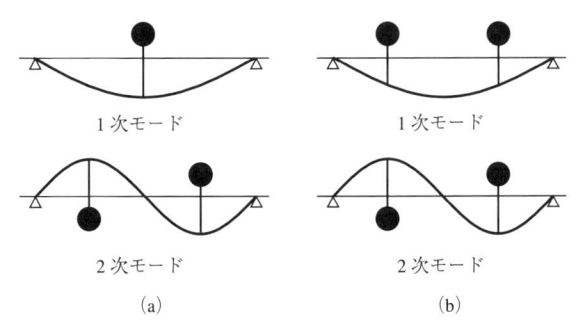

図5・19

実作業では，定格回転数内に存在する危険速度モードに対し，順次1次，2次…と回転数を上げながら，各モードごとに既定のペア比に従ってバランスをとっていく．ペア比での影響係数をポーラ円などから調べ，修正おもりを確定する．

例題5・6 図5・15のロータに対し，図5・20に示す予想固有モードを参照し，モード別バランスを適用して定格回転数100Hzまで昇速せよ．ただし，途中で振幅100μmを越えないように運転せよ．

解 1次モードに対する釣合いおもり比を{1, 1, 1}の同相にとる．2次モードに対する比を{h_1, 0, h_3}とすると，1次モードに影響しないようにするために

$$0.5h_1 + 1.0h_3 = 0 \rightarrow h_1 = -2h_3 \rightarrow 2次モードの比 = \{2, 0, -1\}$$

の逆相とする．この準備のもとに回転を開始する．

表5・4に示すshot0とshot1を実施，対応する共振曲線を図5・21に示す．その結果，図5・22のポーラ円におけるshot 0とshot 1の比較から，同相試しおもりを0.8倍，位相を回転方向に35°回せという解を得る．

5・4 モード別バランス法

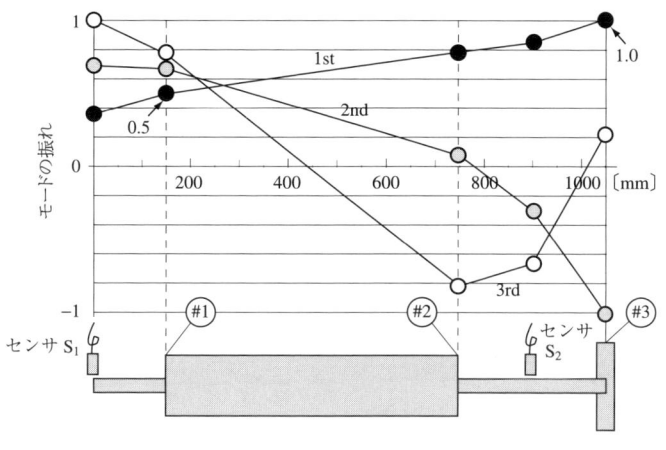

図 5・20

表 5・4 運転記録

shot No	内容（第1次危険速度モードバランス）
shot 0	バランス前の回転試験（未知不釣合いは 表 5・2 と同じ） 1次危険速度手前の回転数 46Hz まで運転し，図 5・21 shot 0 の共振曲線（Before）を計測 振動が大きいほうのセンサ S_2 についてポーラ円図 5・22 shot 0 を計測
shot 1	各修正面に試しおもり = { 1, 1, 1 } 5g ∠ −90° を付加 回転数 46Hz まで運転し，センサ S_2 のポーラ円図 5・22 shot 1 を計測

図 5・21

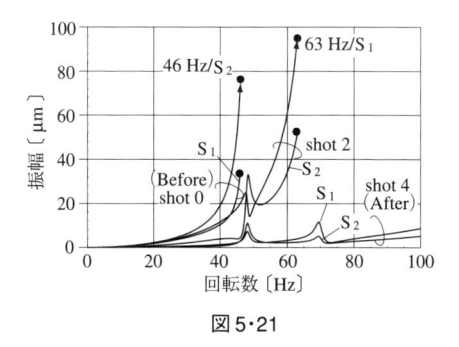

よって，修正おもりは 5g×0.8=4g，位相は −90+35=−55° に同相で付け，続いて，**表 5・5** に記載の回転試験へと進む．同表の shot2 と shot3 を実施する．

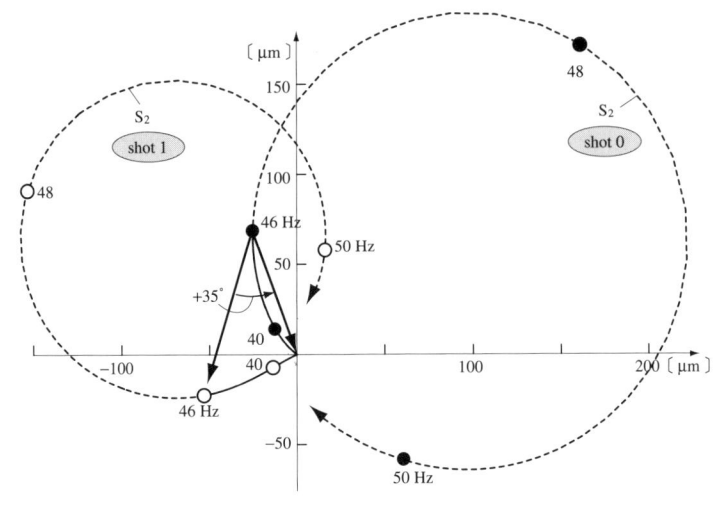

図5・22 センサ S_2 の振動（1次危険速度付近）

表5・5 運転記録

shot No	内容（第2次危険速度モードバランス）
shot 2	1次モード用修正おもり = { 1, 1, 1 } 4g∠-55°を付加し，回転を再開 図5・21 shot2 に示すように，1次危険速度を小振幅で通過することを確認して，2次危険速度手前の回転数63Hz まで昇速 振動が大きいほうのセンサ S_1 についてポーラ円図5・23 shot 2 を計測
shot 3	各修正面に試しおもり = { 2, 0, -1 } 1g∠-180°を付加 回転数63Hz まで運転し，S_1 のポーラ円図5・23 shot 3 を計測

その結果，図5・23のポーラ円において，shot 2 と shot 3 の比較から，逆相試しおもりを7倍，位相を回転方向に10°回せという解を得る。

最終的に表5・6に示す2次モード用バランスおもりを付け，バランス確認回転試験を実施した。その結果，図5・21shot4 に示すような良好なバランスを得た。

初期振動から，結局付けた修正おもりの合計は shot2 と shot4 の和だから

$$W_c = \{12.8\text{g}\angle -154° \quad 4\text{g}\angle -55° \quad 9.4\text{g}\angle -13°\}$$

となり，例題5・5とほぼ等しい解を得る。

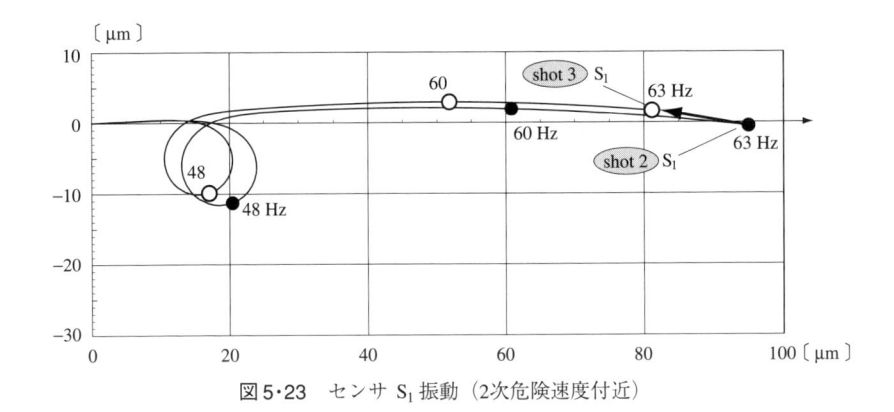

図5·23 センサ S_1 振動（2次危険速度付近）

表5·6 運転記録

shot No	内容（最終バランス確認回転試験）
shot 4	2次モード用修正おもり = { 2, 0, -1 } 7g ∠ -170° を追加（図5·21） shot 4 の共振曲線（After）を計測．全域小振幅で良好なバランス状態を確認．

5·5 n 面法か $n+2$ 面法か

5·5·1 両手法の比較

弾性ロータのn次危険速度までに対するロータバランス法に関して，必要な修正面の数についてつぎの二つの考え方がある．

① n 面法　　n次危険速度までの各モードの軸振動→0となるようにする．さきの例題などで説明した通常の方法である．

② $n+2$ 面法　n次危険速度までの各モードの軸振動→0に加えて，軸受反力→0となるようにする．このためには，剛性ロータのバランスも必要で，あと2個の修正面が必要となる[17～21]．

ある一つの固有モードに対応する危険速度近くで卓越する不釣合い振動を低減するには，一つのアクション（1修正面）で十分である．よって，図5·24に示すように，n個の危険速度を超える，あるいはその近くまで運転する場合には計n個の修正面が必要ということになる．

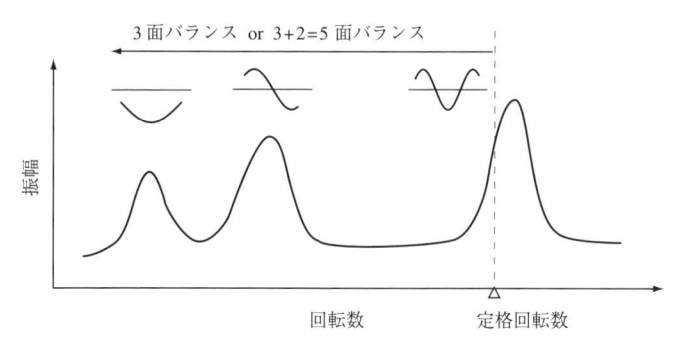

図5·24 n面法 および $n+2$面法バランス

例えば，図5·25(a)のように両端単純支持ロータに偏心 ε が一様に分布しているとしよう。$n=1$ の場合として，第1次危険速度の正弦波モードに対するバランスを考えて修正面を軸中央 U_c とする。

$$U_c = \int_0^L \rho A \varepsilon \sin \pi \frac{x}{L} dx = \frac{2\rho A L \varepsilon}{\pi} = 0.64 m\varepsilon \quad (m = \rho A L) \tag{5·21}$$

この修正おもり U_c の効果で第1次危険速度の振動は確かに小さくなる。

一方，左右の軸受反力荷重 R_1，R_2 をみてみよう。不釣合い振動とは回転座標系か

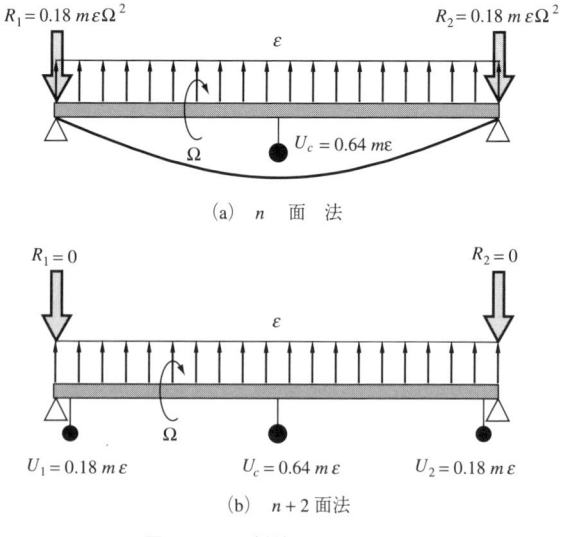

図5·25 一様棒のバランス例

らみて静力学の問題であるから，静的平衡式より

$$R_1 = R_2 = \frac{\Omega^2}{L}\left[\int_0^L x\rho A\varepsilon dx - U_c \frac{L}{2}\right] = \left(\frac{1}{2} - \frac{1}{\pi}\right)m\varepsilon\Omega^2 = 0.18m\varepsilon\Omega^2 \tag{5・22}$$

バランス前の $0.5m\varepsilon\Omega^2$ よりは小さくなっているが，反力は残っている。この軸受反力を消すためには，左右軸受近くに修正面を2個追加し，反力相当の修正おもり U_1，U_2 を設ければよい。結局，図5・25 (b) のように，n+2=3面バランス

$$\{U_1, U_c, U_2\} = \{-0.18, -0.64, -0.18\}m\varepsilon$$

を採用して，振動→0，かつ軸受反力→0なる理想的なバランスとなる。

曲げモードの個数 n に剛体バランス用の2面を加えた n+2 面法では，軸受反力が消えることから，ロータ不釣合い振動が基礎に伝搬しないことが特長である。家電・精密機器のように床振動に敏感な機器には向いている方法である。また，このバランス法では，軸受の状態が，例えば軸受のばね・減衰特性が温度などで変化しても，ロータ釣合い状態は良好に維持されるのが特長である。すなわち，境界条件フリーなので，普遍的バランス法といえる。

例題5・7 図5・26は空調用圧縮器とその簡易計算モデルである。不釣合いとしてはロータリ部の偏肉 U のみと仮定する。修正面としてはロータ下部 U_1 とモータ部両端 U_2，U_3 の計3面を用意する。振動計測可能な箇所はモータ上部のセンサ S_1 とし，

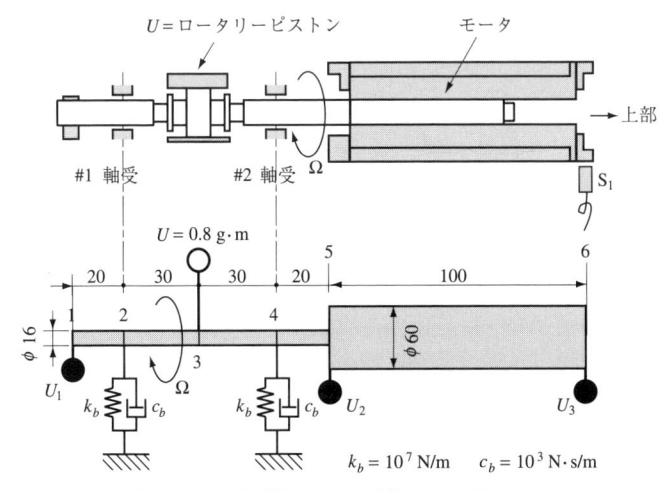

図5・26 圧縮機ロータの計算モデル[22],VB117

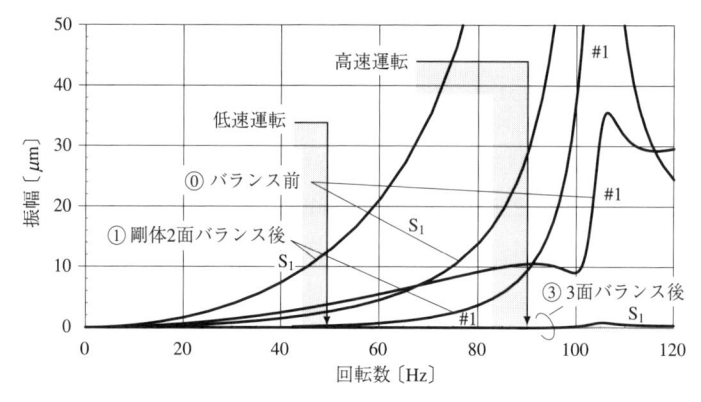

図5・27 不釣合い軸振動（センサ S_1 と軸受部 #1）

この振動値を用いて影響係数を計算する。

#1軸受ジャーナル振動と S_1 振動の不釣合い振動振幅の例を図5・27⓪に示す。

(1) 従来は低速運転（50Hz）だったので，ロータリ不釣合い U に対して U_2，U_3 を用いた剛体2面バランスを行っていた。U_2，U_3 を決定せよ。

(2) しかし，この方法では高速運転（90Hz）で振動→大となることを検証せよ。

(3) そこで，$n=1$ とした3面バランスを適用して，普遍的バランスを実現せよ。

解

(1) $\begin{cases} U + U_2 + U_3 = 0 \\ 50U_2 + 150U_3 = 0 \end{cases} \rightarrow \begin{cases} U_2 = -1.5U \\ U_3 = 0.5U \end{cases} \rightarrow$ 図5・28①

(2) バランス前と剛体2面バランス時の軸振動共振曲線の比較を図5・28⓪①に示す。軸受ジャーナル振動は剛体バランスにより低速回転では小さく改善されているが高速回転ではかえって悪化している。図5・29⓪①の軸受反力も同様である。

　　影響係数算出のために，90Hzでのセンサ S_1 の振動ベクトルを記録。

　　　バランス前　　　S_1 振動：A_0 = 29μm ∠ −13° @ 90 rps

　　　剛体バランス時　S_1 振動：A_1 = 118μm ∠ −7° @ 90 rps

(3) 既設の剛体2面バランスの上に3面ペアバランスを被せる形で3面バランスを実現する。剛体バランスを壊さないよう3面に付けるべきおもり比は

$\begin{cases} U_1 + U_2 + U_3 = 0 \\ -50U_1 + 50U_2 + 150U_3 = 0 \end{cases} \rightarrow \{U_1, U_2, U_3\} = \{1, -2, 1\} \rightarrow$ 図5・28②

① 剛体 2 面バランス

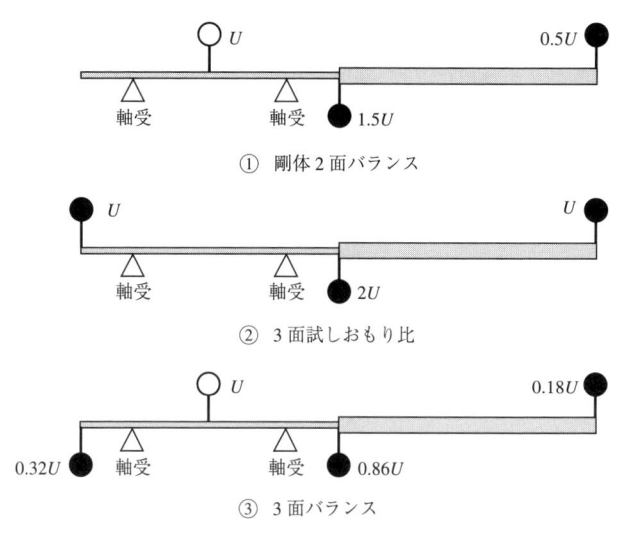

② 3 面試しおもり比

③ 3 面バランス

図 5・28　2 面バランスと $n+2=3$ 面バランス

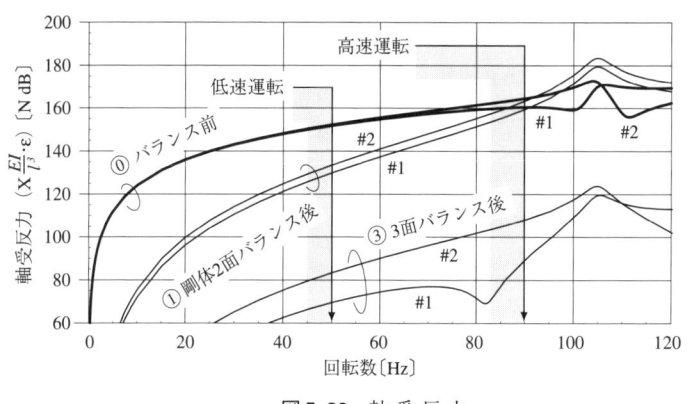

図 5・29　軸 受 反 力

この準備のもと影響係数を調べ，修正おもりの比を求めた。
試しおもり $\{U_1, U_2, U_3\} = \{1, -2, 1\}\, U$ 付加時の

　　S_1 振動： $A_2 = 487\,\mu m \angle -6°$ @ 90 rps

　　修正比： $H_c = -A_1/(A_2 - A_1) = -0.32$ 倍 $\angle -3° \fallingdotseq -0.32$ 倍

よって，最終的に修正おもりの合計はつぎのようになる。

　　$\{U_1, U_2, U_3\} = \{0, -1.5, 0.5\}\, U - 0.32\, \{1, -2, 1\}\, U$

$= \{-0.32, -0.86, 0.18\} U \rightarrow$ 図 5・28 ③ (5・23)

この3面バランスの適用により，図5・27③および図5・29③に示すように，低速および高速の全回転数域で振動・反力ともに小さい理想的なバランス状態となる。

(3) の別解　図5・30に示すモード合成変換用モードを用いる。

$$\text{剛体モード：} \delta_1 = [1.33 \quad 1 \quad 0.5 \quad 0 \quad -0.33 \quad -2]^t$$
$$\delta_2 = [-0.33 \quad 0 \quad 0.5 \quad 1 \quad 1.33 \quad 3]^t \quad (5 \cdot 24)$$

$$\text{軸受部単純支持モード：} \phi_1 = [0.16 \quad 0 \quad -0.19 \quad 0 \quad 0.49 \quad 3.7]^t \quad (5 \cdot 25)$$

修正おもりを $W_c = [U_1 \quad 0 \quad U \quad 0 \quad U_2 \quad U_3]^t$ とおいて次式を解く。

$$\delta_1{}^t W_c = \delta_2{}^t W_c = \phi_1{}^t W_c = 0 \rightarrow \{U_1, U_2, U_3\} = \{-0.32, -0.86, 0.18\} U \quad (5 \cdot 26)$$

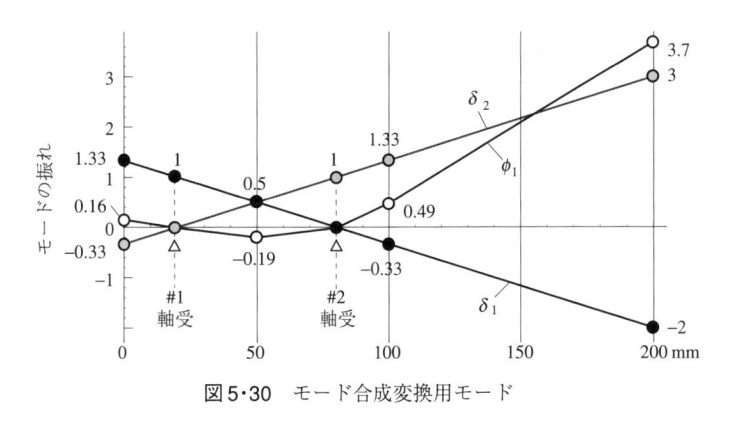

図5・30　モード合成変換用モード

5・5・2　普遍的なバランスに必要な修正面数

$n+2$ 面の数え方を危険速度マップ上で示す。図5・31は危険速度マップの代表例で，横軸が軸受剛性で，縦軸を第1次自由−自由曲げ固有振動数でそれぞれ規格化している。曲線は低次から第1，2，3，…次危険速度を指す。左側の軟支持系には磁気軸受，中央部にすべり軸受，右側の剛支持系には玉軸受などが相当する。

第1，2次危険速度曲線の左側の直線部は剛体モードで，右側の飽和部は単純支持-単純支持境界の曲げモードである。途中，曲線が曲がりはじめるところから固有モードに曲げモード成分が介在しはじめたことを意味している。第3次以上では，左端の

5・5 n 面法か $n+2$ 面法か

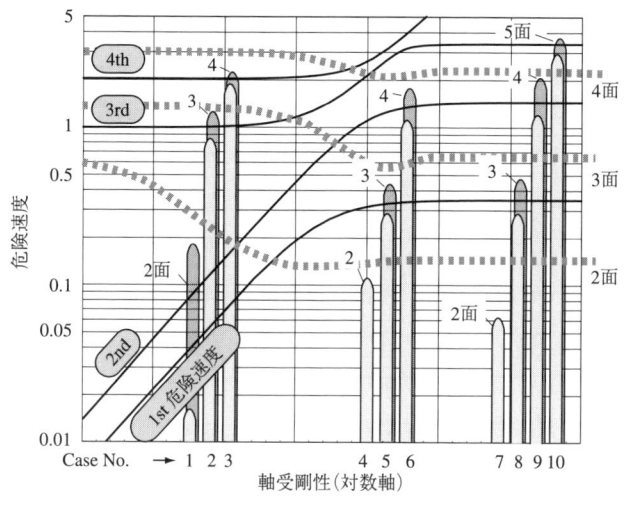

図 5・31 必要な修正面数 = $(n+2)$

自由—自由境界の曲げモードから，右端の単純支持—単純支持境界の曲げモードへの変化を示している。

このような，曲げモード成分の介在に注意して $n+2$ 面の必要面数を考察した結果を破線にて図 5・31 に併記している。また，縦棒の高さは運転数範囲である。さきの例題 5・7 では，低速運転は Case 7 に相当し 2 面バランス，高速運転は Case 8 に相当するので 3 面バランスが推奨される。

危険速度マップの左側は軟支持ロータ系で，危険速度の数と修正面の数が等しいので，n 面法[20]であるともいえる。

5・5・3 $n+2$ 面法の 2 とは

$n+2$ 面法の 2 とは，通常の 2 軸受剛ロータのバランスに必要な面の数，すなわち 2 面が対応していると考えられている。では，「3 軸受ロータでも +2 なのか」という疑問が生じる。結論からさきに述べると，$n+2$ 面法の 2 とは軸受の数を指す。よって，3 軸受ロータでは $n+3$ 面バランスということになる。すなわち

$n+2$ 面法バランス → $(n+$ 軸受の数$)$ 面法バランス

と読み替えるべきである。

モード合成法の理論によれば，式 (1・13) に示すモード別強制力は，未知不釣合いを $U(x)$ としたとき

変形モードに対し $\delta_1{}^t U(x), \delta_2{}^t U(x), \cdots, \delta_m{}^t U(x) \to 0$ （m=軸受の数） (5・27)

軸受部単純支持の曲げモードに対し $\phi_1{}^t U(x), \phi_2{}^t U(x), \cdots, \phi_n{}^t U(x)$ (5・28)

と表される。これらの値がすべて 0 ならば，軸受動特性の値に左右されない普遍的なバランスが実現できたことになる。1 共振モードに対して 1 修正面だから，必要な修正面数は ($n+m$)=(n+軸受の数) となり，さきほどの読み替えの妥当性がうなずける。

また，$m=2$ 以上に対して式 (5・27) が満足されている場合には，剛体バランスも自動的に達成されていることも知られている。

補遺　さきの例題 5・7 の別解は，モード合成法用変換モードから求めた修正おもりで，軸受点が決まれば一意的に決定される値である。すなわち，軸受定数には関係せず，ロータ形状で決まる普遍的な値である。一方，解で紹介した影響係数法から求める修正おもりは，振動計測に基づくので，軸受定数に依存するといえる。

この両者から，つぎのことがいえる。

(1) いかなる軸受定数の場合であれ，影響係数法による $n+2$ 面バランスの計算結果は，この普遍的な値にいつも一致するはずである。

(2) モード合成法モデルのバランスでは軸受ジャーナル振動→0 と軸曲げ振動→0 の両立を図るもので，軸振動→0 と軸受反力→0 とが同時に達成される。

例題 5・8　図 5・32 (a) は 2 軸受ロータの例で，軸に一様分布の偏心 ε が 0° から 90° にわたって存在する。軸振動は軸中央 S_1 で計測して，影響係数を求めることとする。修正面は左端 W_{c1}，中央 W_{c2}，右端 W_{c3} の 3 面を用意する。

この軸受定数のもとで，不釣合い振動の S_1 共振曲線と軸受反力が図 5・33 ⓪ バランス前である。

(1) 軸中央部の 1 修正面で 1 センサ（中央 S_1 振動）として $\Omega=7$ で影響係数を調べ，

　　1 面バランス　$\{W_{c1}, W_{c2}, W_{c3}\}=\{0, -0.72 \angle 45°, 0\} m\varepsilon$ →図 5・32 (c)

を得た。このときの計算結果が図 5・33 ① である。検証せよ。

(2) 左端，軸中央部，右端の 3 修正面を用い，3 センサ（左右軸受，中央 S_1 振動）として，$\Omega=7$ で影響係数を調べると，結果的に

　　3 面バランス　$\{W_{c1}, W_{c2}, W_{c3}\}=\{-0.2 \angle 6°, -0.6 \angle 45°, -0.2 \angle 84°\} m\varepsilon$

5·5 n 面法か $n+2$ 面法か

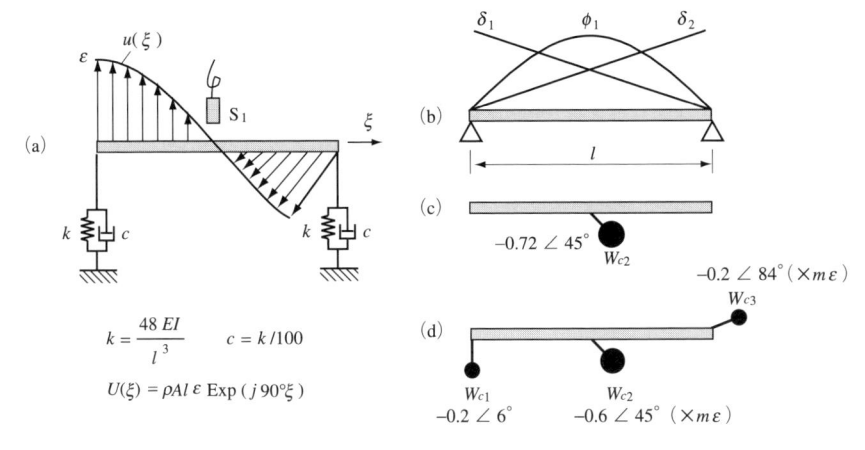

図5·32　$n=1$ 面バランスと $n+2=3$ 面バランス

(a) において:
$$k = \frac{48EI}{l^3}, \quad c = k/100$$
$$U(\xi) = \rho A l\, \varepsilon\, \mathrm{Exp}(j\,90°\xi)$$

(c): $-0.72 \angle 45°$ W_{c1}
　　$-0.2 \angle 84°\,(\times m\varepsilon)$

(d): W_{c3}, W_{c1}, W_{c2}
　　$-0.2 \angle 6°$　$-0.6 \angle 45°\,(\times m\varepsilon)$

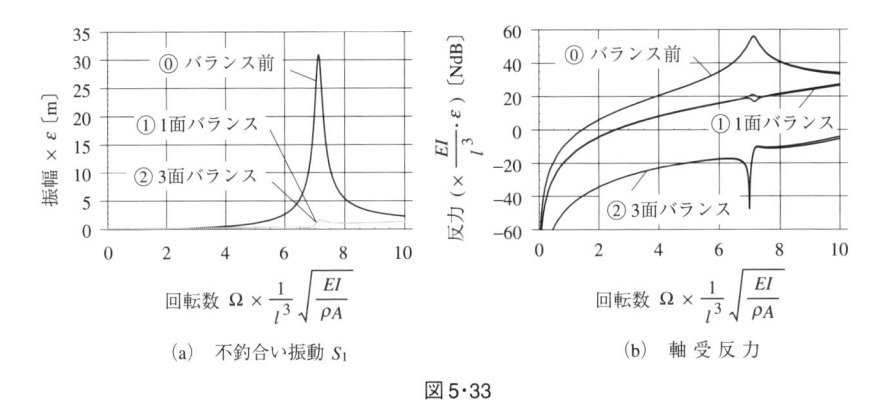

図5·33

(a) 不釣合い振動 S_1 — 縦軸: 振幅 × ε [m], 横軸: 回転数 $\Omega \times \dfrac{1}{l^3}\sqrt{\dfrac{EI}{\rho A}}$
　⓪ バランス前　① 1面バランス　② 3面バランス

(b) 軸受反力 — 縦軸: 反力 $\left(\times \dfrac{EI}{l^3}\cdot\varepsilon\right)$ [NdB]
　⓪ バランス前　① 1面バランス　② 3面バランス

→図5·32 (d)

となり，対応する計算結果が図5·33の ② である．検証せよ．

(3) この系のモード合成法モデルのモードを図5·32 (b) に示す．このモードを用いて3面バランスの値を求め，さきの (2) と同じ値が得られることを証明せよ．

解　(1)，(2) は省略する．

(3) $\displaystyle\int_0^1 \begin{bmatrix} U(\xi)\delta_1 \\ U(\xi)\delta_2 \\ U(\xi)\phi_1 \end{bmatrix} d\xi + \begin{bmatrix} 1 & 0.5 & 0 \\ 0 & 0.5 & 1 \\ 0 & 1 & 0 \end{bmatrix}\begin{bmatrix} W_{c1} \\ W_{c2} \\ W_{c3} \end{bmatrix} = 0 \rightarrow \begin{bmatrix} W_{c1} \\ W_{c2} \\ W_{c3} \end{bmatrix} = -\begin{bmatrix} 0.19\angle 6° \\ 0.6\angle 45° \\ 0.19\angle 84° \end{bmatrix} m\varepsilon \rightarrow$ 前記 (2) に一致

ただし $U(\xi) = \rho A l \varepsilon e^{j90°}\xi$, $\delta_1 = \xi$, $\delta_2 = 1-\xi$, $\phi_1 = \sin\pi\xi$, $m = \rho A l$, $\xi = x/l$

補遺 1面バランスでも軸振動→0で十分にバランスがとれているが，軸受反力としては−20dB 程度の減少で不満が残る．しかし，3面バランスを適用すると−60dB 以上が達成され，軸受反力→0 の理想状態が実現されている．

例題5・9 図5・34 は3軸受ロータの例で，軸に一様分布の偏心 ε が存在する．軸受部を単純支持したときの曲げモードを $n=2$ 次まで考慮した場合の $n+3=5$ 面バランスを行え．修正面位置は図中の $W_{c1}, W_{c2} \cdots W_{c5}$ である．

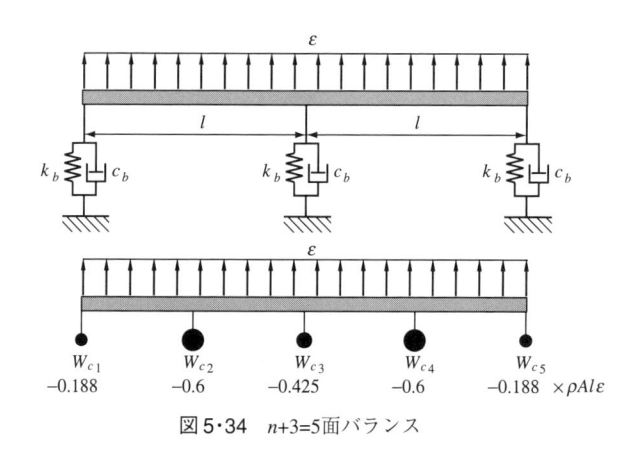

図5・34 $n+3=5$ 面バランス

W_{c1}	W_{c2}	W_{c3}	W_{c4}	W_{c5}
−0.188	−0.6	−0.425	−0.6	−0.188	$\times \rho A l \varepsilon$

解 図5・35 に示す変形モード $\delta_1, \delta_2, \delta_3$ および軸受部単純支持とした曲げモード ϕ_1, ϕ_2 を求める．次式の計算で修正おもりを得る．

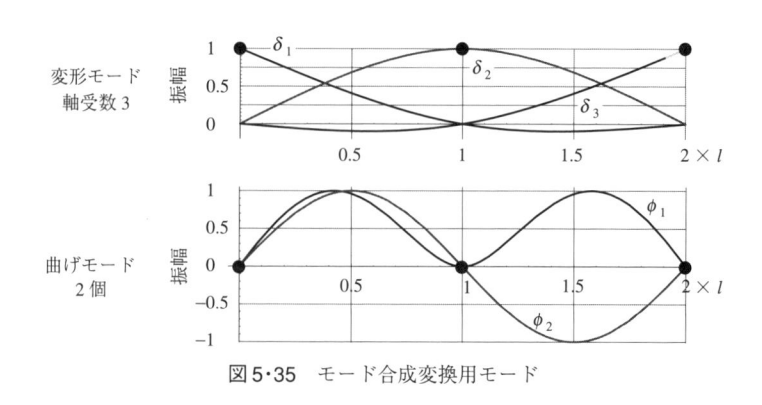

図5・35 モード合成変換用モード

$$\int_0^{2l} \rho A \varepsilon \begin{bmatrix} \delta_1 \\ \delta_2 \\ \delta_3 \\ \phi_1 \\ \phi_2 \end{bmatrix} dx + \begin{bmatrix} 1 & 0.41 & 0 & -0.09 & 0 \\ 0 & 0.69 & 1 & 0.69 & 0 \\ 0 & -0.09 & 0 & 0.41 & 1 \\ 0 & 0.96 & 0 & 0.96 & 0 \\ 0 & 1 & 0 & -1 & 0 \end{bmatrix} \begin{bmatrix} W_{c1} \\ W_{c2} \\ W_{c3} \\ W_{c4} \\ W_{c5} \end{bmatrix} = 0 \rightarrow \begin{bmatrix} W_{c1} \\ W_{c2} \\ W_{c3} \\ W_{c4} \\ W_{c5} \end{bmatrix} = \begin{bmatrix} -0.188 \\ -0.6 \\ -0.425 \\ -0.6 \\ -0.188 \end{bmatrix} \rho A l \varepsilon$$

修正おもりの総和は $2\rho A l \varepsilon$ で，もとの不釣合いの総和と一致し，モーメントを調べても釣合っている．すなわち，剛体バランスも成立している．

5・6　磁気軸受ロータのバランス

5・6・1　フィードフォワード (FF) 加振を用いたバランス

磁気軸受 (AMB) は図 5・36 に示すような記号で描き，変位 S_1 と S_2 を計測し，それを入力として制御器 (CNTR) で計算した指令信号を出力し，それに比例した電磁力 F_b が軸受ジャーナルに作用する．この電磁力は変位に反応するフィードバック力で，これによってジャーナルは軸受内の中心に維持されロータは安定浮上する．制御器の特性は伝達関数で表され，ここでは同図に記載の CNTR を使用している．

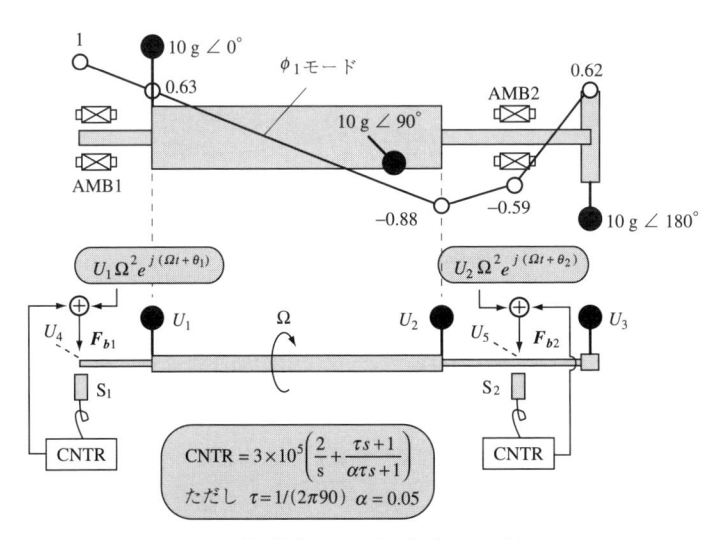

図 5・36　磁気軸受の不釣合い相当 FF 加振

この構成に対して，回転数に同期したふれまわり信号 $Ue^{(j\Omega t+\theta)}$ を指令信号に重畳させると，これに比例したふれまわり力が軸受ジャーナルに作用する．また，この信号に回転数の2乗をかけた遠心力信号 $U\Omega^2 e^{(j\Omega t+\theta)}$ を設定するとこれに比例した力，すなわち釣合いおもり相当のバランス力が軸受ジャーナルに作用する．これは，計測変位の大小に無関係の一定力で，フィードフォワード (FF) 力である．この FF 重畳操作は比較的簡単に実現でき，かつ，系の安定性には影響しないので重宝な方法である．

磁気軸受ではこの FF 加振を利用して影響係数を調べ，修正おもりを決定することが可能で，Open Loop Balancing[23] などと呼ばれている．磁気軸受ロータのバランスではさきに説明したモード別バランスが主流であるが，ここでは磁気軸受ならではの技法として FF 加振の活用を紹介する．

一般に，磁気軸受はすべり軸受などに比べ支持剛性が小さいため，磁気軸受ロータでは剛体モード（並進モードと傾きモード）の二つの危険速度が観察される．その一例が図 5・37 に示すバランス前の共振曲線である．この回転中に危険速度の手前で回転数を一定にして，FF 加振を行い影響係数を探す．

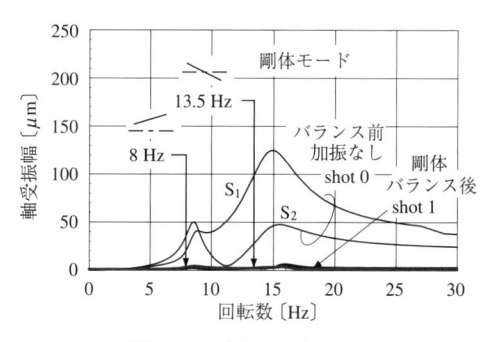

図 5・37 剛体モードバランス

この例では，shot 0 のバランス前の回転試験において1次および2次危険速度手前の回転数 8Hz および 13.5Hz の各回転数にて，左右磁気軸受から FF 加振を行う．このときの運転振動記録データが表 5・7 である．まず，FF 加振前に振動ベクトル A_0 を計測した．続いて，回転を止めることなく，振動が小さくなるように見当を付け AMB1 から 5g ∠ −45° 相当の FF 加振を行い，振動ベクトル A_1 を測定した．引き続き，加振点を軸受2に切り換えて，同様に振動が小さくなるよう 5g ∠ 0° 相当の FF 加振を行

表5・7 運転振動記録（μm∠°）

shot 0	回転数	AMB1	AMB2	回転数	AMB1	AMB2
	初期振動（対剛体モード危険速度）（未知不釣合いは 表5・2 と同じ）					
A_0	8Hz	22 ∠ 40°	38 ∠ 90°	13.5Hz	101 ∠ −56°	29 ∠ 118°
	FF加振@AMB 1　5g ∠ −45° 相当					
A_1	8Hz	21 ∠ 18°	31 ∠ 92°	13.5Hz	125 ∠ −68°	43 ∠ 107°
	FF加振@AMB 2　5g ∠ 0° 相当					
A_2	8Hz	22 ∠ 23°	28 ∠ 60°	13.5Hz	86 ∠ −58°	26 ∠ 132°

い，振動ベクトル A_2 を測定した。この1回の回転が図5・37shot0である。

以上の情報をもとに剛体モードの釣合いおもりを考える。図5・38に示すように，まずはじめに磁気軸受部を修正面と仮定した場合の架空の釣合いおもり $\{U_4, U_5\}$ を求める。その後に，正規の3修正面 $\{U_1, U_2, U_3\}$ に換算する方法で釣合いおもりを最終決定する。

釣合いおもり $\{U_4, U_5\}$ は次式で求まる。

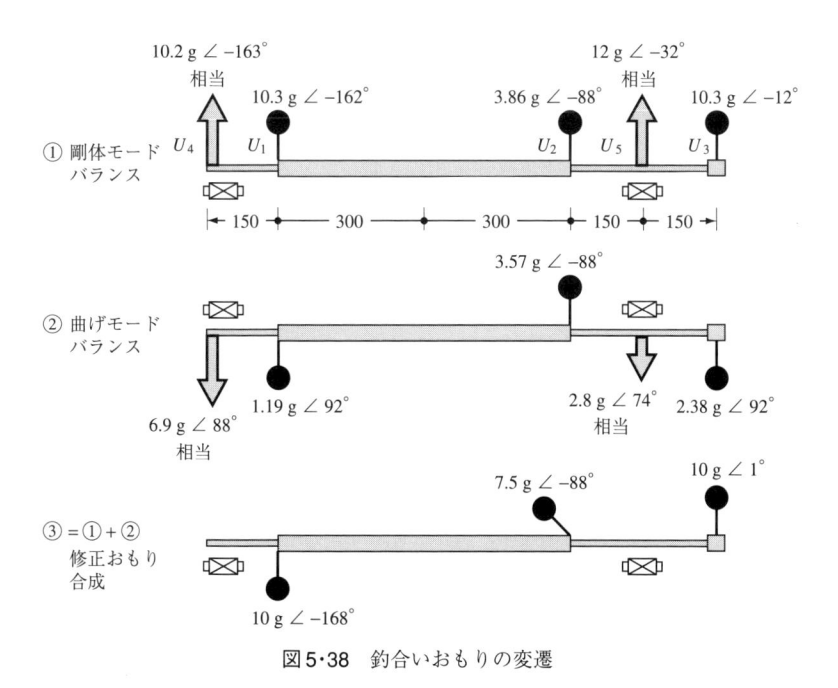

図5・38 釣合いおもりの変遷

式 (5・16) → $-\begin{bmatrix} 22\angle 40° \\ 38\angle 90° \\ 101\angle -56° \\ 29\angle 118° \end{bmatrix} = \Lambda H_c \to H_c = \begin{bmatrix} 2.04\angle -118° \\ 2.40\angle -32° \end{bmatrix}$

$\to \begin{bmatrix} U_4 \\ U_5 \end{bmatrix} = \begin{bmatrix} 5\angle -45° & 0 \\ 0 & 5\angle 0° \end{bmatrix} H_c = \begin{bmatrix} 10.2\text{g}\angle -163° \\ 12\text{g}\angle -32° \end{bmatrix} \to$ 図 5・38 ①

ただし $\Lambda = \begin{bmatrix} 21\angle 18° - 22\angle 40° & 22\angle 23° - 22\angle 40° \\ 31\angle 92° - 38\angle 90° & 28\angle 60° - 38\angle 90° \\ 125\angle -68° - 101\angle -56° & 86\angle -58° - 101\angle -56° \\ 43\angle 107° - 29\angle 118° & 26\angle 132° - 29\angle 118° \end{bmatrix}$

 この釣合いおもり相当のFF加振量 $\{U_4, U_5\}$ を，指定の3面釣合せ $\{U_1, U_2, U_3\}$ に換算する．そのために，つぎの3条件より決定する．

 剛体モードの釣合せFF加振量 $\{U_4, U_5\}$ を3面釣合せにおき換え

　　並進力の総和 $=0 \to U_1 + U_2 + U_3 = U_4 + U_5$

　　モーメントの総和 $=0 \to 300U_1 - 300U_2 - 600U_3 = 450U_4 - 450U_5$

かつ，図5・36に併記の曲げ1次モードに影響を与えないように

　　モード励振力 $=0 \to 0.63U_1 - 0.88U_2 + 0.62U_3 = 0$

とすると，この解は剛体モード危険速度用の3面バランスを与える．

$\{U_1 \quad U_2 \quad U_3\} = \{10.3\text{g}\angle -162° \quad 3.86\text{g}\angle -88° \quad 10.3\text{g}\angle -12°\} \to$ 図 5・38 ①

この3面釣合いおもりを付けた回転の共振曲線は図5・37shot1で，完全に剛体バランスがとれていることが確認される．

例題 5・10 前記の状態で，曲げモード付近まで回転上昇させたときの共振曲線が図5・39shot1である．このshot1の回転数152HzでFF加振を行い影響係数を調べた結果が表5・8である．このデータをもとに曲げモードの3面バランスを決定せよ．

解

式 (5・16) → $-\begin{bmatrix} 243\angle -121° \\ 113\angle 60° \end{bmatrix} = \Lambda H_c \to H_c = \begin{bmatrix} 1.08\angle 7° \\ 1.21\angle -6° \end{bmatrix}$

$\to \begin{bmatrix} U_4 \\ U_5 \end{bmatrix} = \begin{bmatrix} 1 & 1 \\ 1 & -1 \end{bmatrix} \begin{bmatrix} 2\angle 90° & 0 \\ 0 & 4\angle 90° \end{bmatrix} H_c = \begin{bmatrix} 6.9\text{g}\angle 88° \\ 2.8\text{g}\angle 74° \end{bmatrix} \to$ 図 5・38 ②

5・6 磁気軸受ロータのバランス

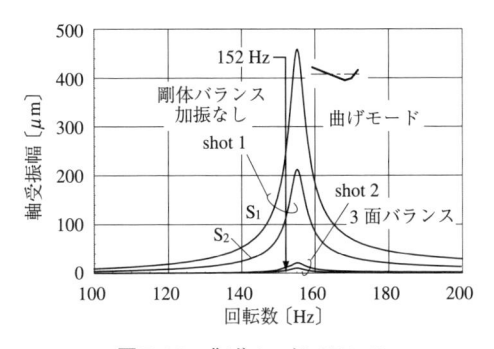

図5・39 曲げモードバランス

表5・8 運転振動記録 (μm∠°)

shot 1	回転数	AMB1	AMB2
	初期振動（対曲げモード危険速度）		
A_3	152Hz	243 ∠ −121°	113 ∠ 60°
	逆相 FF 加振 {+1, −1} 2g ∠ 90° 相当		
A_4	152Hz	119 ∠ −120°	57 ∠ 62°
	同相 FF 加振 {+1, +1} 4g ∠ 90° 相当		
A_5	152Hz	151 ∠ −120°	69 ∠ 60°

ただし $\Lambda = \begin{bmatrix} 119\angle-120°-243\angle-121° & 151\angle-120°-243\angle-121° \\ 57\angle62°-113\angle60° & 69\angle60°-113\angle60° \end{bmatrix}$

この釣合せおもり相当の FF 加振量 $\{U_4, U_5\}$ を，指定の3面釣合せ $\{U_1, U_2, U_3\}$ に換算する。そのために，さきと同様の考えでつぎの3条件より決定する。

並進と傾きの剛体モードを励振しないような釣合わせ

$$U_1 + U_2 + U_3 = 0$$

$$300U_1 - 300U_2 - 600U_3 = 0$$

かつ，曲げ1次モード励振力に関し FF 加振量 $\{U_4, U_5\}$ と3面おもりを等値し

$$0.63U_1 - 0.88U_2 + 0.62U_3 = U_4 - 0.59U_5$$

となる。この解が3次危険速度用の3面バランスを与える。

$$\{U_1 \quad U_2 \quad U_3\} = \{1.19\text{g}\angle92° \quad 3.57\text{g}\angle-88° \quad 2.38\text{g}\angle92°\} \rightarrow 図5・38 ②$$

このおもりを追加し回転を行ったときの共振曲線が図5・39shot 2 で，振動は低減され

ている。最終的に初期不釣合いに対して，shot 1 と shot 2 の釣合いおもりを付加したことになり，その合計は図5・38 ③である。

5・6・2　事例研究　磁気軸受形遠心圧縮機

図5・40 (a) に磁気軸受形遠心圧縮機ロータ系とその周辺の制御システムを，図 (b) に制御システムの内部を示す。通常，AMB制御システムは，計測変位を入力 $\{x,y\}$ として磁気軸受力 $\{F_x, F_y\}$ を出力とし，閉じたフィードバック（FB/CNTR）系として作用する。このときの不釣合い振動が，バランス前の共振曲線（図5・41 ①）およびポーラ線図（図5・42 ①）である。

この系の剛体モード（並進モードと傾きモード）の二つの危険速度は5 000 rpm付近でバランスは十分にとられているので，低振動で通過している。問題は11 500 rpm付近の第3次危険速度のバランスである。

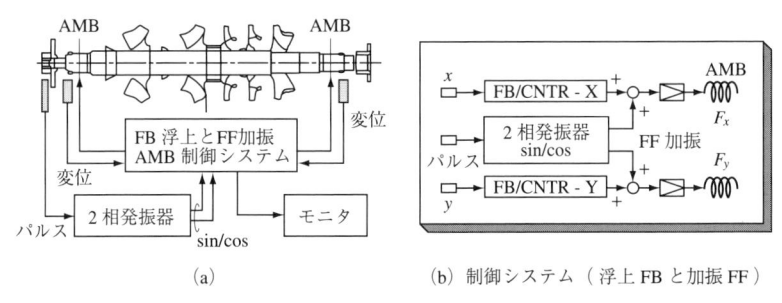

図5・40　AMB形遠心圧縮機と曲げモードバランス[24),VB245]

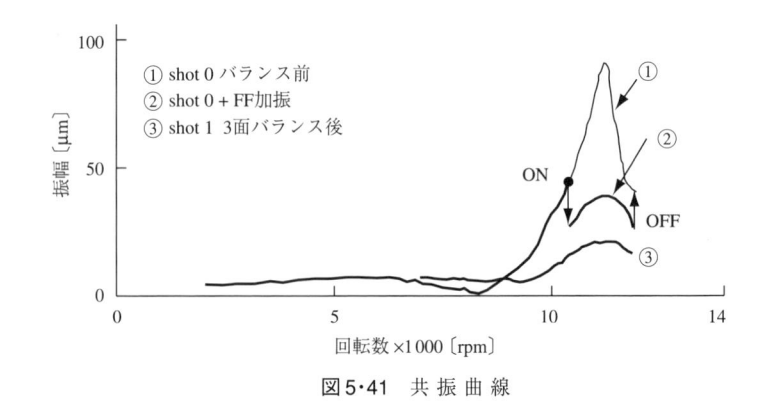

図5・41　共振曲線

5・6 磁気軸受ロータのバランス

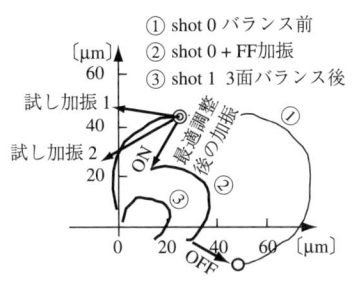

```
① shot 0 バランス前
② shot 0 + FF加振
③ shot 1 3面バランス後
```

図5・42 ポーラ線図

この回転状態①において，引き続いて，位相可変の2相発振器を用いて回転パルス信号に同期したsin/cos信号を発生させ，これをFF信号としてAMB制御FB/CNTRの出力に重畳する。その結果，回転同期電磁力が軸受ジャーナルに作用するので，そのゲインと位相差を適当に調整して振幅低減を図る。図5・42のON点◎から伸びた試しのベクトルがFF加振の調整を示しており，効果ベクトルが原点を向くようにリアルタイムで調整すればよい。

この調整後のFF加振時の振動振幅が図5・41②および図5・42②で，FF加振による振幅低減効果が読みとれる。この加振データから影響係数を求めた結果，この例では図5・43(a)に示すような不釣合い相当のAMB加振力が必要であることがわかった。そこで修正面として中央3面を用い，例題5・10の換算方法を踏襲して，剛体モードの不釣合いにならないように$U_1：U_2：U_3 = -0.55：1.0：-0.45$なる比で釣合いおもりに計算した。図(b)のようなバランス修正量$\{U_{c1}, U_{c2}, U_{c3}\} = \{-276, +512, -235\}$g・mmが得られ，実際には羽根車を削る作業でこれらの量を実現した。

最終的に回転させた結果が図5・41および図5・42の③shot 1曲線である。いまだ少し振動振幅が残っているが，良好なバランスを達成した。

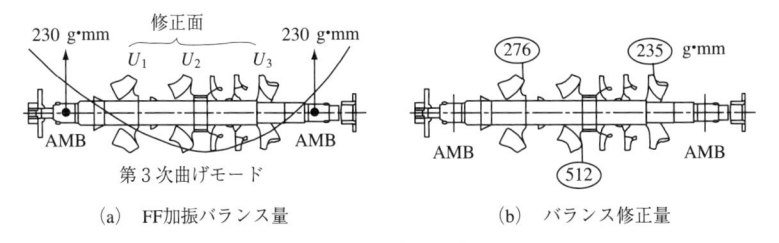

(a) FF加振バランス量

(b) バランス修正量

図5・43 釣合いおもり

このように FF 加振を利用すればバランス工程の大幅な短縮が可能である。

5・7　回転パルス信号がないときのバランス

5・7・1　3点トリムバランス[25]

回転パルス信号がなく，振動波形の振幅計測のみからバランスをとる3点バランス法を説明する。具体的には，図 5・44 に示すロータ断面のように，円周3か所に試しおもりを順に付けたときの3回のショットの振幅データを活用し，釣合いおもりを決める方法である。

つぎの四つの振動振幅を測定する。

(0)　まず，バランス前の初期振動振幅 $|A_0|$ を計測する。

(1)　位相①に試しおもり U を付けて振動振幅 $|A_1|$ を計測する。

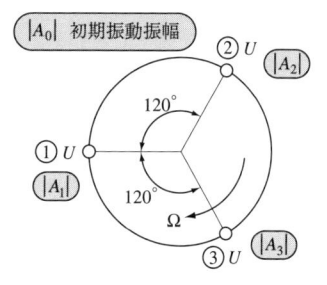

図 5・44　ロータ断面

(2)　同じ試しおもり U を +120°位相②に付けて振動振幅 $|A_2|$ を計測する。

(3)　同じ試しおもり U を -120°位相③に付けて振動振幅 $|A_3|$ を計測する。

ここで絶対値記号は，複素振幅の位相は不明で，その振幅のみしか解らないということを意味している。

この状況を，複素振幅が解るとして定式化すると，影響係数を α として次式で表される。

$$\begin{aligned} A_0 + \alpha U &= A_1 \\ A_0 + \alpha U e^{j120°} &= A_2 \\ A_0 + \alpha U e^{-j120°} &= A_3 \end{aligned} \quad (5\cdot29)$$

これを効果ベクトル αU を求める形に書き換えて

$$\begin{aligned} \alpha U &= -A_0 + A_1 \\ \alpha U &= -A_0 e^{-j120°} + A_2 e^{-j120°} \\ \alpha U &= -A_0 e^{j120°} + A_3 e^{j120°} \end{aligned} \quad (5\cdot30)$$

いま，位相情報がないので，疑問符「?」を用いて，式 (5・30) は形式的につぎのよう

5・7 回転パルス信号がないときのバランス

に書ける。

$$\alpha U = -A_0 + |A_1|e^{j?}$$
$$\alpha U = -A_0 e^{-j120°} + |A_2|e^{j?} \quad (5・31)$$
$$\alpha U = -A_0 e^{j120°} + |A_3|e^{j?}$$

この図式解法を考える。具体的に，図5・45に示すような振幅 $|A_0|$=30μm，$|A_1|$=49.0μm，$|A_2|$=18.1μm，$|A_3|$=34.3μmとして作図しよう。

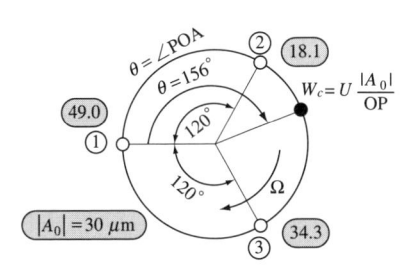

図5・45 計 算 例

図5・46に示すように，まずベクトル A_0 を右方向に考え，ベクトル $-A_0$ を左方向に描く。この点Aから半径 $|A_1|$ の円#1を描くと，この円上のいずれかの点が式 (5・31) 第1式の右辺である。同様に考えると，同第2式の右辺は，点Aから時計方向に120°まわった点Bを中心とした半径 $|A_2|$ の円#2上にある。また，同第3式の右辺は，点Aから反時計方向に120°まわった点Cを中心とした半径 $|A_3|$ の円#3上にある。この右辺はいずれも効果ベクトル αU に等しいので，三つの円は1点で交わるはずである。

この交点Pが，位相①に試しおもり U を付けたことによる効果ベクトルを意味するので，それが初期振動 $-A_0$ を発生させるように，すなわち点Aに向かうように修正お

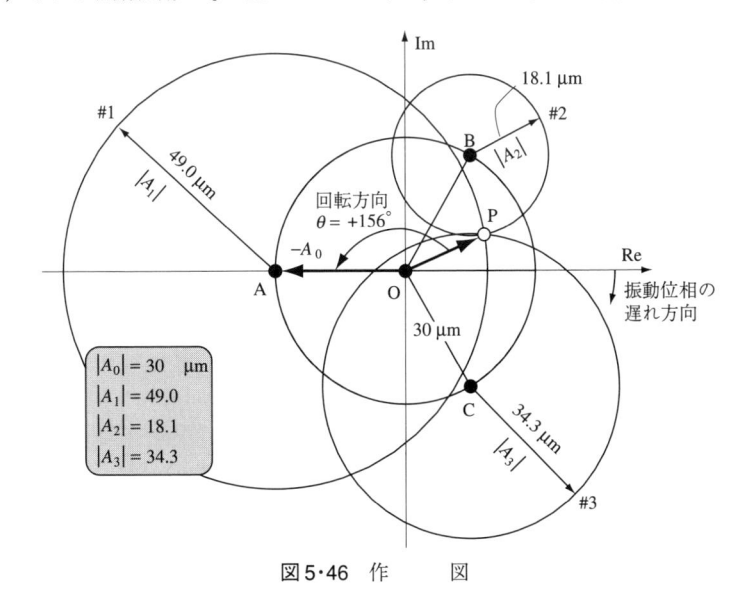

図5・46 作 図

もりを決めればよい。

修正おもり W_c，大きさ $=U\times|A_0|/|OP|$，位相＝①より回転方向に∠POA
この例では，修正おもり $W_c=1.5U\angle$（①より回転方向に 156°）

例題 5・11 さきの図 5・45 の運転記録で，記録の順番を変えた場合を図 5・47（a）に示す。この場合の釣合いおもりを求め，さきの結果と同じになることを確認せよ。

(a) ロータ断面

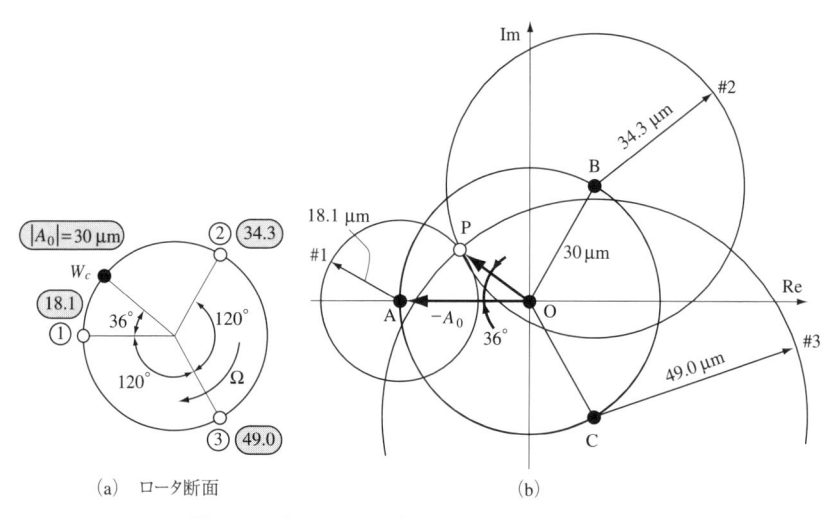

(b)

図 5・47　作　　図（記録の順番を変えた場合）

解　作図をすると図（b）のようになり，$W_c=1.5U\angle$（①より回転方向に 36°）

例題 5・12　図 5・48（a）ロータ断面の 3 点に試しおもり U を付ける。振幅 $|A_0|=30\mu m$，$|A_1|=49\mu m$，$|A_2|=13.4\mu m$，$|A_3|=42.3\mu m$ のときの修正おもり W_c を求めよ。ただし，この例では 120°等ピッチではないので要注意。

解　作図をすると図（b）のようになり，$W_c=1.5U\angle 156°$

5・7・2　等位相ピッチでおもりを変えるバランス

ロータ断面円周上を回転方向に 15°ピッチで試しおもり U の角度を変え，角度と計測される振幅の関係が図 5・49 とする。釣合い位相は振幅最小の 150°である。振幅曲線は振幅 $|A_0|\equiv$ 初期振幅 $|\pm b$ の形をなしているので，この試しおもりでは不足である。よって，釣合いおもりは $U\times|A_0|/b$ より，ここでは $W_c=1.5U\angle 150°$ が求まる。

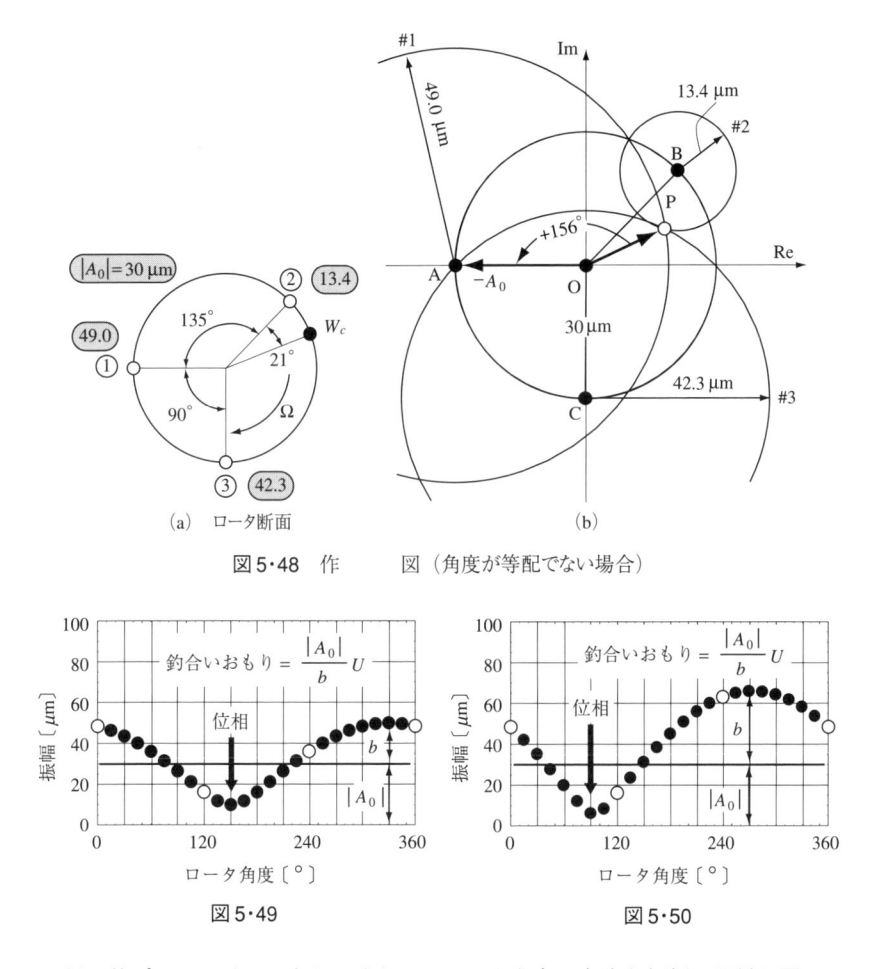

図5·48　作　　図（角度が等配でない場合）

図5·49

図5·50

同様に等ピッチで試しおもりUを振っていったとき，角度と振幅の関係が図5·50とする。振幅曲線は振幅$|A_0|<b$の形をなし，この試しおもりは過剰であることがわかる。よって，釣合いおもりは$U\times|A_0|/b$より，$W_c=0.83U\angle 94°$が求まる。

5·8　2面バランスの解法

2面以上の影響係数バランスでは複素数の逆行列計算が入るため途端に計算が難しくなる。いくらか負荷が低減される方法を以下に紹介する。

5・8・1 2面バランスの計算原理[25]

図5・51に示すようなロータで，N (Near) 側と F (Far) 側の2面でバランスを行う。このときのバランス作業データ例を表5・9に示す。

shot 0 　初期振動 N と F を計測。
shot 1 　N 側に試しおもり W_{tn} を付けて，振動 N_1 と F_1 を計測。
shot 2 　F 側に試しおもり W_{tf} を付けて，振動 N_2 と F_2 を計測。

これらの計測振動データを用い，次式のように影響係数間の複素係数 α と β を導入する。ここでは図5・51に示すような図式計算を併用する。

$$F_1 - F = \alpha(N_1 - N) \equiv \alpha A$$
$$N_2 - N = \beta(F_2 - F) \equiv \beta B \tag{5・32}$$

一方，2面に付けるべき修正おもり W_{cn} と W_{cf} を試しおもりとの比 θ と ϕ で表すと

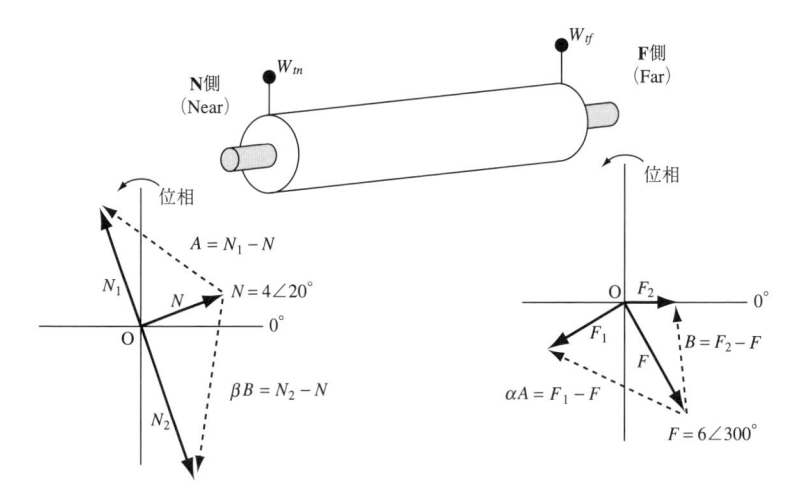

図5・51　2面バランスと振動ベクトルの計算（scale μm∠°）

表5・9　2面バランスの計測振動データ

shot No.	Near 側 μm ∠°			Far 側 μm ∠°			試しおもり g∠°
	振幅	位相	記号	振幅	位相	記号	
0	4	20	N	6	300	F	—
1	6	110	N_1	4	210	F_1	$W_{tn} = 5\,\text{g}\angle 0°$
2	8	290	N_2	2	3	F_2	$W_{tf} = 5\,\text{g}\angle 0°$

$$W_{cn} = \theta W_{tn}$$
$$W_{cf} = \phi W_{tf} \tag{5·33}$$

修正おもりを決める比は初期振動の逆相のものを発生させるように付けるべきだから，次式からその比が求まる．

$$-\begin{bmatrix} N \\ F \end{bmatrix} = \begin{bmatrix} N_1 - N & N_2 - N \\ F_1 - F & F_2 - F \end{bmatrix} \begin{bmatrix} \theta \\ \phi \end{bmatrix} \rightarrow -\begin{bmatrix} N \\ F \end{bmatrix} = \begin{bmatrix} A & \beta B \\ \alpha A & B \end{bmatrix} \begin{bmatrix} \theta \\ \phi \end{bmatrix} \tag{5·34}$$

$$\therefore \begin{bmatrix} \theta \\ \phi \end{bmatrix} = \frac{1}{1-\alpha\beta} \begin{bmatrix} (\beta F - N)/A \\ (\alpha N - F)/B \end{bmatrix} \tag{5·35}$$

例題 5·13 表 5·9 の両端振動データ記録から修正おもりを求めよ．

解 $N = 4\angle 20°$　　　　$F = 6\angle 300°$

$N_1 - N \equiv A = 7\angle 144°$　　$F_1 - F \equiv \alpha A = 7.5\angle 155°$　　$\alpha = \alpha A / A = 1.07\angle 11°$

$F_2 - F \equiv B = 5.5\angle 102°$　　$N_2 - N \equiv \beta B = 9\angle 265°$　　$\beta = \beta B / B = 1.64\angle 163°$

$\alpha N = 4.28\angle 31°$　　　　$\beta F = 9.84\angle 103°$　　　　$\alpha \beta = 1.75\angle 174°$

$$\left. \begin{array}{l} \theta = \dfrac{\beta F - N}{(1-\alpha\beta)A} = \dfrac{10\angle 125°}{(2.75\angle 356°)(7\angle 144°)} = 0.52\angle 345° \\[1em] \phi = \dfrac{\alpha N - F}{(1-\alpha\beta)B} = \dfrac{7.25\angle 86°}{(2.75\angle 356°)(5.5\angle 102°)} = 0.48\angle 348° \end{array} \right\} \tag{5·36}$$

$$\{W_{cn} \quad W_{cf}\} = \{\theta W_{tn}, \phi W_{tf}\} = \{2.6\text{g}\angle 345° \quad 2.4\text{g}\angle 348°\} \tag{5·37}$$

5·8·2 同相・逆相バランス

剛性ロータの振動ベクトルの表し方には，前項で示したように左右で実際に計測した振幅 N と F を用いる方法に加えて，同相・逆相という表現がある．同相（parallel mode）P 成分と逆相（tilting/conical mode）T 成分とは，前者が左右の平均で，後者はその差を指し，次式のように加工した振幅である．

$$\begin{array}{ll} P = (N+F)/2 & N = P+T \\ T = (N-F)/2 & \Leftrightarrow \quad F = P-T \end{array} \tag{5·38}$$

この式に対応する図式解が図 5·52 で，ベクトルの和差は図式的に簡単に計算できる．

これに伴い，試しおもりも左右ペアで考える．同相試しおもりは左右比 ={1, 1}× W_{tp} で付け，逆相試しおもりは左右比 ={1, −1}× W_{tt} で付ける．この比の作り方は一

$$N = P + T = 4\angle 20°$$
$$F = P - T = 6\angle 300°$$

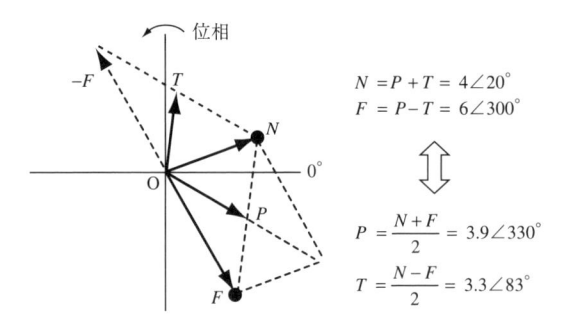

$$P = \frac{N+F}{2} = 3.9\angle 330°$$
$$T = \frac{N-F}{2} = 3.3\angle 83°$$

図5·52　ベクトルの左右表現と同相・逆相表現（scale μm$\angle$°）

義的ではなく，両者が独立な2個ならなんでもよいが，通常はモードの振れを勘案しおおむね同相/逆相ライクに決める．

実際のバランス作業では，同相あるいは逆相の一方の不釣合いが支配的な場合が多く，この同相・逆相のペアバランスが有効である．例えば，左右単独で求めた結果を示す式(5·37)は，結果的には同相で346°に修正おもり約2.5gを付けたことに相当する．剛体バランサーはこのような左右表現と同相・逆相表現がオプションで選択できるようになっている．

例題5·14　さきの表5·9は左右表現でのバランス作業データである．このデータをもとに，同相・逆相表現でのバランスデータに変換したものが表5·10である．

No.0　バランス前の同相・逆相振動値
No.1　同相試しおもりをW_{tp}={1, 1}×5 g$\angle$0°で付けたときの同相・逆相振動値
No.2　逆相試しおもりをW_{tt}={1, −1}×5 g$\angle$0°で付けたときの同相・逆相振動値
これを検算せよ．

表5·10　同相・逆相のペアバランスの計測振動データ

shot No.	同相 μm$\angle$°			逆相 μm$\angle$°			試しおもり g$\angle$°
	振幅	位相	記号	振幅	位相	記号	
0	3.9	330	P	3.3	83	T	−
1	3.8	180	P_1	3.3	282	T_1	W_{tp} = { 1, 1 } 5g$\angle$0°
2	4.0	116	P_2	11	86	T_2	W_{tt} = { 1, −1 } 5g$\angle$0°

解 $P = (N + F)/2$, $T = (N - F)/2$,

$N_p = N + (N_1 - N) + (N_2 - N) = N_1 + N_2 - N$, $\quad F_p = F_1 + F_2 - F$

$N_t = N + (N_1 - N) - (N_2 - N) = N_1 - N_2 + N$, $\quad F_t = F_1 - F_2 + F$

$P_1 = (N_p + F_p)/2$, $\quad T_1 = (N_p - F_p)/2$, $\quad P_2 = (N_t + F_t)/2$, $\quad T_2 = (N_t - F_t)/2$

例題 5・15 表 5・10 に示す同相・逆相のペアバランスの計測データが得られたとして左右面の修正おもりを計算し，例題 5・13 の解と一致することを確認せよ．

解 図 5・53 を参照せよ．各値はつぎのとおりとなる．

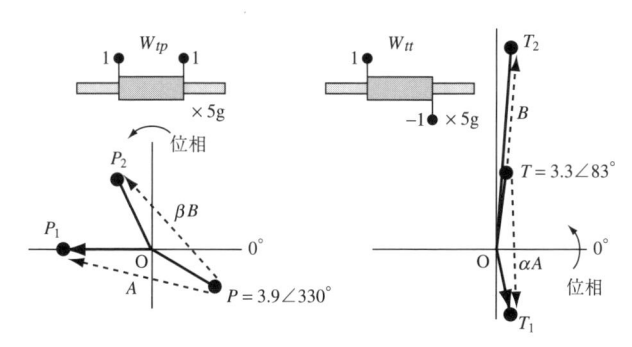

図 5・53 振動ベクトルの計算 (scale μm∠°)

$P = 3.9\angle 330°$ $\qquad T = 3.3\angle 83°$

$P_1 - P \equiv A = 7.4\angle 165°$ $\quad T_1 - T \equiv \alpha A = 6.6\angle 273°$ $\quad \alpha = \alpha A / A = 0.89\angle 108°$

$T_2 - T \equiv B = 7.6\angle 87°$ $\quad P_2 - P \equiv \beta B = 7.5\angle 133°$ $\quad \beta = \beta B / B = 0.99\angle 45°$

$$\theta = \frac{\beta T - P}{(1 - \alpha\beta)A} = \frac{7\angle 141°}{(1.82\angle 348°)(7.4\angle 165°)} = 0.52\angle 348°$$

$$\phi = \frac{\alpha P - T}{(1 - \alpha\beta)B} = \frac{0.32\angle 16°}{(1.82\angle 348°)(7.6\angle 87°)} = 0.02\angle 301°$$

(5・39)

$$\{W_{cn} \quad W_{cf}\} = \theta W_{tp} + \phi W_{tt} = \{2.7\text{g}\angle 346° \quad 2.5\text{g}\angle 350°\} \tag{5・40}$$

補遺 式 (5・39) に示すように $\theta \to$ 大で，$\phi \to$ 小だから，この系は同相不釣合いが支配的である．このように，同相・逆相表現のほうが物理的見通しがよい場合が多い．

第6章
ジャイロ効果と振動特性

　こまは高速で自転しながら傾いた状態でゆっくりと公転する。これをロータに例えれば，回転軸の回転数が自転で，公転するさまがホワール（旋回，ふれまわり）である。高速で自転するこまは，なぜ倒れることなくふれまわるのだろうか。それは倒れ防止のモーメントが作用しているためで，この自転回転数に比例するモーメント作用をジャイロ効果という。

　この倒れ防止のジャイロ効果をロータに例えれば，回転軸のセルフセンタリング機能に相当する。よって，回転軸の剛性アップ効果として観察される。

　非回転中のロータなど構造物の振動と回転中のロータ振動の相違はこのジャイロ効果の有無にある。ロータ系特有のジャイロ効果によって，固有振動数や周波数応答がどのような影響を受けるかについて，以下系統的に考えよう。

6・1　ロータダイナミクス

　構造物系の振動は，構造力学（Structure Dynamics）と呼ばれ，対応する運動方程式および振動様相の特徴は図6・1に示されている。振動系は質量，剛性（ばね），減衰（ダンパ）の各要素で構成される次式のような一般形運動方程式になる。

$$M\ddot{x} + C\dot{x} + Kx = F(t) \tag{6・1}$$

ただし M：構造物系の質量行列
　　　　K：構造物系の剛性行列
　　　　C：構造物系の減衰行列
　　　　$F(t)$：構造物系の外力

6・1 ロータダイナミクス

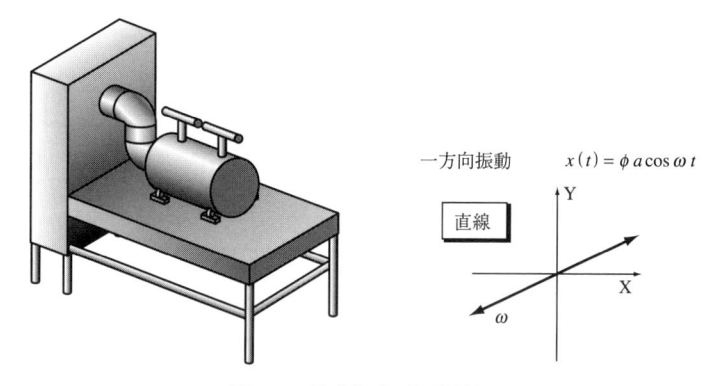

図6・1 構造物系の振動様相

この系の不減衰固有振動は次式で表される1方向振動である。

$$x(t) = \phi a \cos \omega t \tag{6・2}$$

ただし ϕ：固有ベクトル（正規モード）

　　　a：振幅

　　　ω：固有振動数

　構造物系の自由振動では，複素固有値解析によって各モードごとに固有振動数および減衰比が求まり，系全体の振動特性の概略を知る。また，強制振動では，モード別強制力やモード減衰比より各モードごとに1自由度系相当の強制振動応答を求め，その総和として系全体の振動応答を求めるモード解析法が適用される。振動方向は加振と同方向である。

　回転体の振動は，回転力学（Rotordynamics）と呼ばれ，その特徴は回転軸の回転（自転，spin）に伴いジャイロ効果が加わる点である。対応する振動様相は図6・2に示すように，ジャイロ効果によって，もはやロータ振動は1方向に現れるのではなく，XY平面上のふれまわり運動（公転，whirl）となる。XY平面を複素平面と考えると，運動方程式の一般形は，X方向の変位 x とY方向の変位 y をまとめた複素変位 $z = x + jy$ を用いて表現できる。ロータ系の運動方程式ならびに振動解を次式で表す。

$$M\ddot{z} - j\Omega G\dot{z} + Kz + K_b z + C_b \dot{z} = F_z(t) \tag{6・3}$$

ただし Ω：ロータの回転角速度

　　　M：ロータ系の質量行列

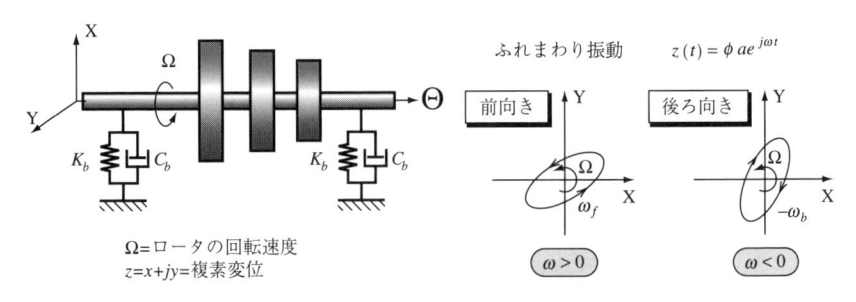

図6·2 ロータ系の振動様相

K：回転軸の剛性行列

G：ロータ系のジャイロ行列　[注；対称行列，正定値]

K_b, C_b：ロータを支持する軸受のばね定数，減衰定数

$F_z(t) = F_x(t) + jF_y(t)$：ふれまわり外力

$$z(t) \equiv x(t) + jy(t) = \phi a e^{j\omega t} \tag{6·4}$$

静止側からロータを俯瞰すれば，軸心はふれまわり運動を呈し，式 (6·4) の表現となる。X,Y おのおの一方向からロータ挙動をみれば近づいたり離れたりするので振動的にみえる。さらに，回転（自転）とふれまわり（公転）の向きが一致しているとき，前向きふれまわり (forward whirl) 運動といい，逆になっている場合は後ろ向きふれまわり (backward whirl) 運動という。図 6·2 のように，ふれまわりの向きには固有振動数 ω の正負が対応する。よって，共振時の振動応答も前向き共振と後ろ向き共振の二つの場合に分けて考えることになる。

6·2　ジャイロモーメントとこまの運動

6·2·1　ジャイロモーメント

円板の中心に固定軸のついたこまが自転しながら公転している状況を考えたとき，図 6·3 のようにジャイロモーメントがこまに作用し，周知のごとくこまは倒れることなくふれまわる。こまの支点に摩擦がなく，空気抵抗もない理想的な条件ではこまのふれまわり運動は永遠に続く。よってジャイロモーメントは，慣性力，ばね力などと同様に保存系である。

6・2 ジャイロモーメントとこまの運動

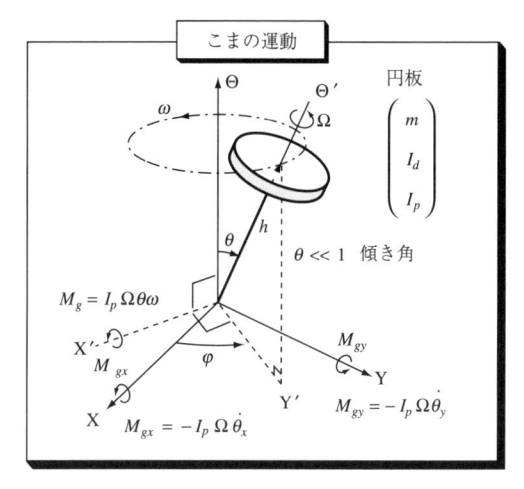

図6・3[26)]

図6・3に示すように，空間固定の慣性座標系 XYΘ 軸の Θ 軸に対して，自転角速度 Ω のこまが公転角速度 ω で，θ だけ傾いてふれまわっているとする．回転する物体座標系 Θ′ 軸まわりの円板の極慣性能率 I_p，重心まわりの横慣性能率 I_d，円板の中心軸の支点から重心までの長さ h とする．ジャイロモーメントはスピン Θ′ 軸がホワール Θ 軸方向に一致するように，すなわち傾き θ が減るように X′ 軸に作用する．その大きさは

$$M_g = I_p \Omega \theta \omega \qquad (6 \cdot 5)$$

このこまの運動を X-Θ 平面と Y-Θ 平面に射影して考える．各平面に射影したとき円板の変位 δ と傾き θ は材料力学のはりの変形問題に合わせて定義し，図6・4のように x, y の添え字を付す．すなわち，X-Θ 平面に射影して見た円板の変位を δ_x，傾き

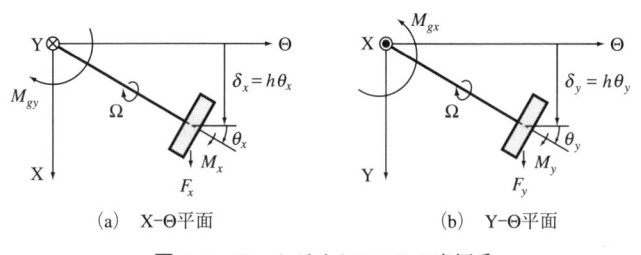

(a) X-Θ平面　　　(b) Y-Θ平面

図6・4　ロータダイナミクスの座標系

を θ_x とし,Y-Θ 平面に射影して見た円板の変位を δ_y,傾きを θ_y と記す.

こまの倒れの方向が Y 軸方向(X′ 軸 = X 軸, $\varphi = 90°$)にきたとき,図 6・4 (b) の系においてジャイロモーメントは

$$h\theta\omega = \omega\delta_y = -\dot{\delta}_x = -h\dot{\theta}_x$$

だから $\theta\omega = -\dot{\theta}_x$,よって

$$M_{gx} = I_p\Omega(-\dot{\theta}_x)$$

このときジャイロモーメントは,$M_{gx} = -M_y$ の関係にあるので,次式を得る.

$$M_y = I_p\Omega\dot{\theta}_x \tag{6・6}$$

同様に,こまの倒れの方向が X 軸方向(Y′ 軸 = X 軸, $\varphi = 0°$)のとき,図 6・4 (a) に示すように

$$h\theta\omega = \omega\delta_x = \dot{\delta}_y = h\dot{\theta}_y$$

だから $\theta\omega = \dot{\theta}_y$,よって $M_{gy} = -I_p\Omega\dot{\theta}_y$ となる.このときジャイロモーメントは,$M_{gy} = M_x$ の関係にあるので,次式を得る.

$$M_x = -I_p\Omega\dot{\theta}_y \tag{6・7}$$

6・2・2 こまの運動方程式とふれまわり解

こまの運動方程式は,支点から見た横慣性能率 $I_1 = I_d + mh^2$ として,上で求めたジャイロモーメントと重力によるモーメントを加味して

$$\begin{aligned} I_1\ddot{\theta}_x &= M_x + mgh\theta_x \\ I_1\ddot{\theta}_y &= M_y + mgh\theta_y \end{aligned} \rightarrow \begin{aligned} I_1\ddot{\theta}_x + I_p\Omega\dot{\theta}_y &= mgh\theta_x \\ I_1\ddot{\theta}_y - I_p\Omega\dot{\theta}_x &= mgh\theta_y \end{aligned} \tag{6・8}†$$

となる.式 (6・8) に関し第 1 式 + j × 第 2 式を作り,複素変位 θ

$$\theta = \theta_x + j\theta_y \tag{6・9}$$

を導入すると

$$I_1\ddot{\theta} - j\Omega I_p\dot{\theta} = mgh\theta \tag{6・10}$$

となり,複素数の変位および係数を用いた運動方程式を得る.

ここで,この運動方程式の解を

---

† ラグランジュ式によるこまの運動方程式の導出が文献 91, 126) に載っている.

$$\theta = \theta_x + j\theta_y = ae^{j\omega t} \tag{6·11}$$

とおいて，特性方程式を導出し，次式より固有振動数 ω を求めることができる．

$$I_1\omega^2 - \Omega I_p\omega + mgh = 0 \tag{6·12}$$

この特性方程式の解は，図6・5に示すように自転角速度 Ω が小さいときには交点が存在せず虚根であるが，大きい場合には交点が存在し2実根を得る．

$$\omega = \frac{\Omega I_p \pm \sqrt{(\Omega I_p)^2 - 4I_1 mgh}}{2I_1} \equiv \omega_1, \ \omega_2 > 0 \tag{6·13}$$

ただし $\Omega^2 \geq 4I_1 mgh / I_p^2$, $0 < \omega_1 < \omega_2$

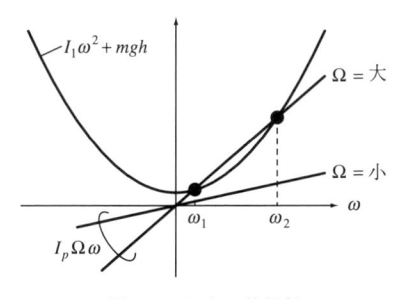

図6・5 こまの特性根

このように，特性方程式の二つの正の根はふれまわり角速度を示す．ふれまわり運動はX軸あるいはY軸の1方向から見れば振動であるので固有円振動数でもある．

経験的に理解しているように，式(6·13)は，こまのふれまわり角速度 ω が存在するためには，ある程度以上，自転角速度 Ω が大きくなくてはならないことを意味している．

6・3 ロータ系の固有振動

6・3・1 ふれまわり固有振動数

図6・6に示すように，こまを横にした1円板ロータ系を考える．回転軸は質量の無視できる剛性軸とする．左端は，こまの支点に相当し，単純（ピン）支持の軸受とする．右側に軸受としてばね（ばね定数 k）を配置し，ロータを支持する．回転軸を支える軸受の外側に大きな円板が付いているので，オーバハングロータと呼ばれる．

追加されたばねの発生する反力モーメント（左端回り）

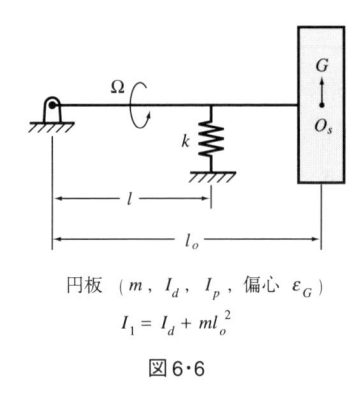

円板 (m, I_d, I_p, 偏心 ε_G)
$I_1 = I_d + ml_o^2$

図6・6

$$M = -kl^2\theta \tag{6・14}$$

を式 (6・10) の重力モーメントの代わりに代入して，ロータの運動方程式はつぎのように書ける．

$$I_1\ddot{\theta} - j\Omega I_p\dot{\theta} + kl^2\theta = 0 \tag{6・15}$$

θ は回転軸（円板）の傾きだから，これに適当な腕の長さ l をかけてこれを円板の変位 $z = l\theta$ と書き，見慣れた変位の形にする．ここでは単位長さ $l=1$ とする．これは円板の動きを，X軸とY軸の2方向からの変位センサで計測し，その信号をXY平面のリサージュとしてとらえた動きに相当する．このときの運動方程式は

$$I_1\ddot{z} - j\Omega I_p\dot{z} + kl^2 z = 0 \tag{6・16}$$

となる．このことから，回転力学として考察すべき1自由度系の運動方程式の基本系は下記のごとくなる．

$$\ddot{z} - j\Omega\gamma\dot{z} + \omega_n^2 z = 0 \tag{6・17}$$

ただし γ：ジャイロファクタ $= I_p/I_1$

ω_n：静止時のロータの固有円振動数 $= \sqrt{kl^2/I_1}$

回転円板に関して，横慣性能率 I_d と極慣性能率 I_p は図6・7のように与えられる．もっとも薄い円板では，$I_p = 2I_d$ である．よって，考察すべきジャイロファクタ γ の範囲は次式となる．

$$0 \leq \gamma < 2 \tag{6・18}$$

自由振動としてのふれまわり固有振動を

$$z = ae^{j\omega t} \tag{6・19}$$

6・3 ロータ系の固有振動

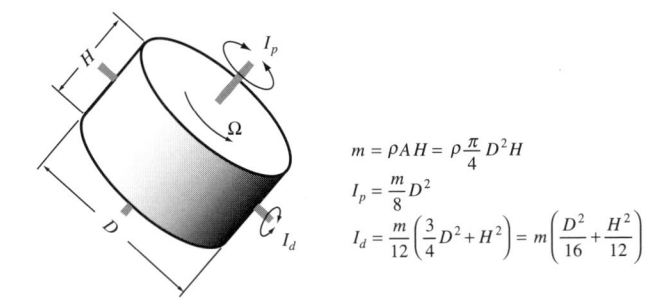

$$m = \rho A H = \rho \frac{\pi}{4} D^2 H$$

$$I_p = \frac{m}{8} D^2$$

$$I_d = \frac{m}{12}\left(\frac{3}{4}D^2 + H^2\right) = m\left(\frac{D^2}{16} + \frac{H^2}{12}\right)$$

図6・7　円柱形の回転体

ただし $\omega = \omega_f > 0$：前向き固有円振動数

$\omega = -\omega_b < 0$：後ろ向き固有円振動数（ω_b 自体は正とする）

とおく。このときの固有値方程式は式 (6・19) を式 (6・17) に代入しつぎのようになる。

$$\omega^2 - \omega_n^2 = \gamma \, \Omega \omega \tag{6・20}$$

これを解くと

$$\frac{\omega_f}{\omega_n} = \sqrt{1 + \left(\frac{\gamma}{2}\frac{\Omega}{\omega_n}\right)^2} + \frac{\gamma}{2}\frac{\Omega}{\omega_n} \tag{6・21}$$

$$\frac{-\omega_b}{\omega_n} = -\sqrt{1 + \left(\frac{\gamma}{2}\frac{\Omega}{\omega_n}\right)^2} + \frac{\gamma}{2}\frac{\Omega}{\omega_n} \tag{6・22}$$

ロータのふれまわり挙動は図6・8のように表される。回転数 $\Omega = 0$ の静止時には，ω

(a)　$\Omega = 0$　（静止時）　　　(b)　$\Omega > 0$　（回転時）

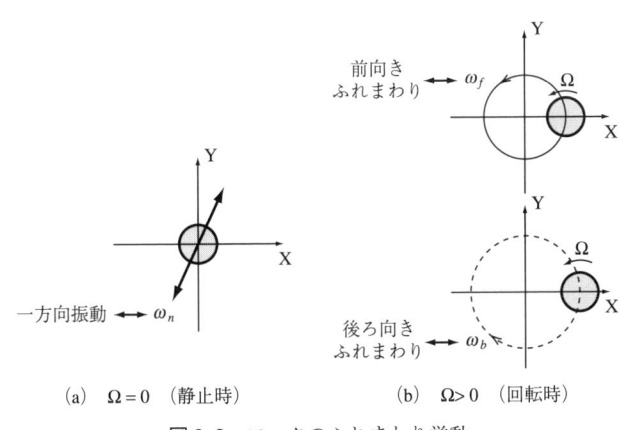

図6・8　ロータのふれまわり挙動

= ±ω_n となり，前向き固有振動数と後ろ向き固有振動数がたまたま一致した状態であり，その結果として固有円振動数 ω_n の1方向振動となる。回転時には，ω_f の前向き固有円振動数と，ω_b の後ろ向き固有円振動数が共存する。この両者の混在したふれまわりがロータ系の自由振動である。

6・3・2 ジャイロファクタの影響

固有値方程式 (6・20) の解を図式的に表現すると，図6・9のようになる。±ω_n に根を持つ2次曲線と，傾きがジャイロファクタ γ および回転数 Ω に比例する直線との交点として，ふれまわり固有円振動数 ω は与えられる。よって，前向き固有円振動数 ω_f の交点は，回転数の上昇とともに ω_n から増加する。一方，後ろ向き固有円振動数 ω_b の交点は，回転数の上昇とともに $-\omega_n$ から0に向かって絶対値が小さくなる。この図から，回転中のふれまわり固有円振動数は，$\omega_f > \omega_b$ であることがわかる。

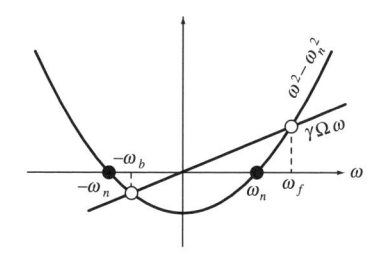

図6・9 固有値方程式の解

このふれまわり固有振動数を回転数との関係で，ジャイロファクタ γ をパラメータとして示したものが，図6・10である。図の縦軸に関し，前向き固有振動数を正側に，後ろ向きの固有振動数を負側に記述している。そこで，前向き固有振動数を実線で，後ろ向き固有振動数に関してはその絶対値を破線で，それぞれを区別して表示し，いずれも正側に書いたものが図6・11である。このような表示では，ジャイロ効果は，静止時の固有振動数 ω_n が回転数の上昇とともに，上下にスプリットするように描かれる。スプリットが大きければジャイロ効果は大であると認められる。

式 (6・21) (6・22) において，回転数が非常に高い範囲ではつぎの直線に漸近する。

$$\omega_f \to \gamma\Omega\omega_n, \quad \omega_b \to 0 \tag{6・23}$$

図6・10　固有振動数曲線
　　　　　(ω_fと$-\omega_b$を記載)

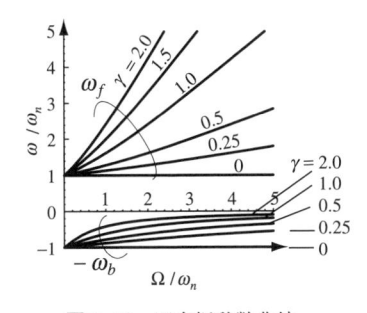

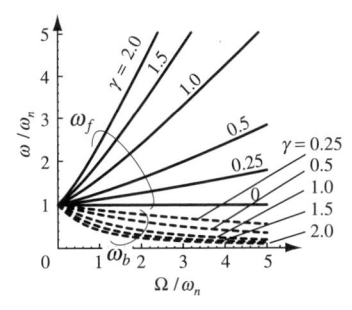

図6・11　固有振動数曲線
　　　　　(ω_fとω_bを記載)

また，低回転数付近のスプリットの仕方は次式で近似される．

$$\omega_f = \omega_n + \frac{\gamma}{2}\Omega, \quad \omega_b = \omega_n - \frac{\gamma}{2}\Omega \tag{6・24}$$

特に，非常に薄い円板ロータ，例えばハードディスクのような$\gamma = 2$の場合（厳密には，ディスクの節直径1本のモード），スプリットは

$$\omega_f = \omega_n + \Omega, \quad \omega_b = \omega_n - \Omega \tag{6・25}$$

と近似され，前向き固有振動数ω_fはω_nから回転数分だけ上がり，後ろ向き固有振動数ω_bは回転数分だけ下がる．そして，スプリットの量は($\omega_f-\omega_b$) $= 2\Omega$となる．

一般に，固有振動数曲線は，スプリットしなければジャイロ効果は無視できる程度に微少$\gamma \approx 0$ということで，$\omega_n \approx \omega_f \approx \omega_b$となり構造物の振動と同じである．タービンなどのターボマシン用長軸ロータの両端単純支持1次固有モードがこれに近い．しかし，2次固有モードでは軸中央部での円板の傾きモードが顕著になるのでジャイロ効果は無視できない．

6・3・3　多自由度ロータ系のふれまわり固有振動数計算

不減衰ロータ系の自由振動の運動方程式は，式(6・3)からつぎの形になる．

$$M\ddot{z} - j\Omega G\dot{z} + (K + K_b)z = 0 \tag{6・26}$$

ここでのK_bは軸受のX,Y方向等方剛性とする．この振動解を

$$z = \phi e^{\lambda t} \tag{6・27}$$

とおいて，式(6・26)に代入すれば，つぎの一般固有値方程式を得る．

$$\lambda B\Phi = A\Phi \qquad (6\cdot28)$$

ただし $B = \begin{bmatrix} M & 0 \\ 0 & K+K_b \end{bmatrix}$ = 正定値で対称行列 $(B = B^t)$

$A = \begin{bmatrix} j\Omega G & -(K+K_b) \\ K+K_b & 0 \end{bmatrix}$ = 交代エルミート行列 $(A = -\overline{A}^t)$

$\Phi = \begin{bmatrix} \phi\lambda \\ \phi \end{bmatrix}$

この場合の固有値は純虚数 $\lambda = j\omega$ として求まる。すなわち，不減衰固有振動数 ω を得る。得られた固有振動数 ω が正の値なら前向き，負の値なら後ろ向きふれまわりであることを示している。

このように，固有値問題の固有値の正負の符号に物理的意味を持たせた定義をここでは採用する。

補遺　ジャイロ系のふれまわり運動

運動方程式

$$I_1\ddot{\theta} - j\Omega I_p\dot{\theta} + k_\theta\theta = 0 \qquad (6\cdot29)$$

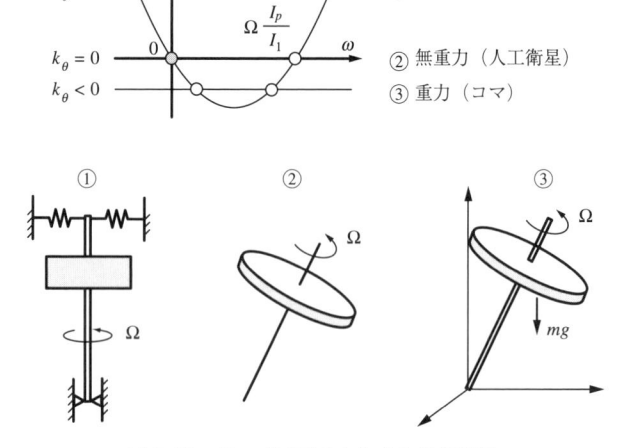

図6・12　ジャイロ系のふれまわり運動[27]

の解を
$$\theta = ae^{\lambda t} \tag{6・30}$$
とおく。$\lambda = j\omega$ としたときの特性方程式は
$$I_1\omega^2 - \Omega I_p \omega = k_\theta \tag{6・31}$$
となり，この右辺と左辺を別々に描いた図6・12の図式解を参照すると，純虚数根の存在条件がわかる。

式 (6・31) で，負ばね $k_\theta < 0$ はこまのふれまわり運動（図③）を，無重力空間のこまに相当する $k_\theta = 0$ は人工衛星の姿勢制御の運動（同図②）を，正ばね $k_\theta > 0$ はロータ系のふれまわり振動（同図①）をそれぞれ意味している。

6・4 不釣合い振動と共振

6・4・1 不釣合い共振条件と危険速度

不釣合い振動の共振条件について検討する。振動系の共振は，外力の強制振動数と系の固有振動数が一致したときに起こることは周知のとおりである。しかし，ロータの場合には，振動数の一致とともに，ふれまわりの向きも一致したときに起きる。すなわち，正負の符号も含めて，強制振動数と系の固有振動数が一致したときにロータ系は共振する。

ロータ系の固有振動数は，図6・13に示すように，実線は前向き固有振動数，破線は後ろ向き固有振動数と，区別して表示されている。このような，回転数などをパラメータにして固有振動数の変化を示す図を固有振動数曲線と呼ぶ。

つぎに，強制力としての不釣合い力をふれまわりとして考える。不釣合い量 U（質量 m と偏心量 ε との積，$U = m\varepsilon$，または不釣合い質量 Δm とそのとり付け半径 r との積，$U = \Delta mr$）に対して不釣合い力は，図の入力側に示すように，X方向にcos関数ならばY方向にはsin関数で表される。よって，X軸を実数としY軸を虚数とする複素平面で表現すると
$$m\varepsilon\Omega^2(\cos\Omega t + j\sin\Omega t) = m\varepsilon\Omega^2 e^{j\Omega t} \tag{6・32}$$
となる。すなわち，不釣合い力は回転数と同期した前向きの強制力であるといえる。強制振動数は $+\Omega$ である。この強制力を固有振動数曲線上にプロットすると，前向き

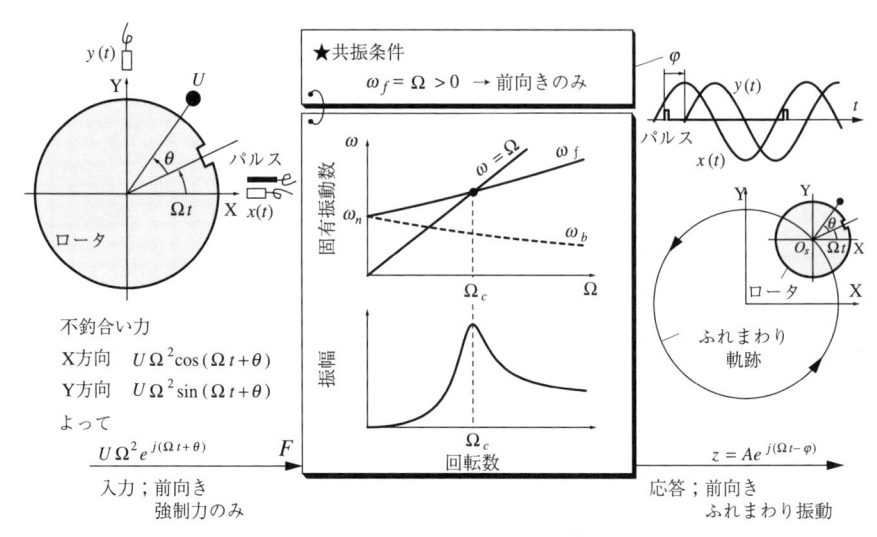

図6・13 不釣合い振動と共振

だから実線の直線 $\omega = \Omega$ となる。この直線を運搬曲線という。

「ふれまわりの向きも含めて固有振動数と強制振動数が一致したときに共振する」ので，実線同士の交点が共振点である。不釣合い振動でロータが共振する回転数を，ロータダイナミクスでは特に危険速度 Ω_c と呼ぶ。文字どおり危険な回転数のことである。よって危険速度は，前向き固有振動数が回転数に一致する状況のときである。破線で示す後ろ向き固有振動数と回転数が一致しても，共振は起こらない。それゆえ，予想される不釣合い振動共振曲線の図は，図6・13の中央下図のように，回転数 Ω_c で共振する曲線となる。危険速度は静止時の固有振動数 ω_n より少し高い値となる。

固有振動と回転数が一致する回転数を見出すために

$$z = ae^{j\Omega t} \tag{6・33}$$

なる解を仮定し，ジャイロ効果を含めた1自由度ロータ系の運動方程式 (6・17) に代入し，特性方程式を作る。そして，その根が危険速度 Ω_c である。

$$-\Omega^2(1-\gamma) + \omega_n^2 = 0 \rightarrow \Omega_c = \frac{\omega_n}{\sqrt{1-\gamma}} \tag{6・34}$$

薄い円板ロータで，$2 > \gamma \gg 1$ の場合，前向き固有振動数と回転数の運搬線は交わらないので危険速度は存在しない。

6・4・2 不釣合い振動共振曲線

ジャイロ効果を無視した不釣合い振動の運動方程式はすでに 2・3 節にて述べた。ここではジャイロ効果を加味した不釣合い振動を考える。ジャイロ効果のあるロータの不釣合い振動の基本式は式 (2・31) にジャイロ効果を付加したもので，運動方程式の一般的な表現はつぎのようになる。

$$\ddot{z} - j\Omega\gamma\dot{z} + 2\zeta\omega_n\dot{z} + \omega_n^2 z = \varepsilon\Omega^2 e^{j\Omega t} \tag{6・35}$$

その応答を，複素振幅 $A = ae^{-j\varphi}$ を用い

$$z = Ae^{j\Omega t} \equiv ae^{-j\varphi}e^{j\Omega t} = ae^{j(\Omega t - \varphi)} \tag{6・36}$$

とおくと

$$A = \frac{\varepsilon\Omega^2}{\omega_n^2 - \Omega^2(1-\gamma) + j2\zeta\omega_n\Omega} = \frac{\varepsilon}{1-\gamma}\frac{p^2}{1-p^2 + 2j\beta\zeta p} \tag{6・37}$$

ただし $p = \Omega/\Omega_c$，$\beta = 1/\sqrt{1-\gamma}$

となる。よって，ジャイロファクタ γ を考慮した不釣合い振動の振幅は，一般に

$$|A| \equiv a = \frac{\varepsilon}{1-\gamma}\frac{p^2}{\sqrt{(1-p^2)^2 + (2\zeta\beta p)^2}}$$
$$\varphi = -\tan^{-1}\left(\frac{2\beta\zeta p}{1-p^2}\right) \tag{6・38}$$

ジャイロファクタが無視できる $\gamma = 0$ のときは $p = \Omega/\omega_n$，$\beta = 1$ となり，不釣合い振動は周知の図 2・17 のように減衰比 ζ をパラメータとした共振曲線で表される。ジャイロ効果を $0 < \gamma < 1$ の範囲で考慮したときには，不釣合い振動共振曲線は減衰比 ζ およびジャイロファクタ γ をパラメータとして表わされ，その一例を図 6・14 に示す。共振曲線のピーク振幅となる回転数は危険速度 Ω_c で発生する。ジャイロ効果が効くほど共振振幅のピークは高くなり，すそ野は広くなる。実際のピーク振幅値と偏心量 ε の比である共振倍率 Q は

$$Q = \frac{a_{peak}}{\varepsilon} = \frac{1}{1-\gamma}\frac{1}{2\beta\zeta} = \frac{1}{\sqrt{1-\gamma}}\frac{1}{2\zeta} \tag{6・39}$$

となる。Q 値を厳密に知るためには，減衰比 ζ のほかにジャイロファクタ γ の補正を必要とする。通常の長軸ロータではジャイロファクタ γ が小さいので $Q = 1/(2\zeta)$ が

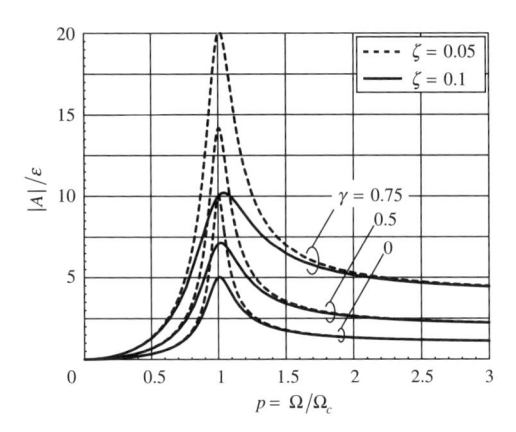

図6・14　不釣合い振動共振曲線

成立するとみて差し支えない。

　ジャイロファクタをもっと広範囲に考えて式 (6・38) の共振曲線を描いたものが図6・15である。短軸ロータで $\gamma \to 1$ に近くなると，Ω_c を求める図6・13の運搬線と前向き固有振動数はおたがいに漸近し，交点は無限に遠のき，いつまでたっても共振点を通過しないすその広い大振幅共振曲線となる。たいへん危険な設計である。一般に $0.5 < \gamma < 1$ になるといかに巧くバランスをとって回転させても，共振振幅を小さく押さえることは難しいといわれている。さらに，ジャイロ効果の大きい，$\gamma \gg 1$ 以上である薄い円板ロータ系で共振が存在しなくなるのでかえって好都合であると考えられるが，実際のロータ軸系設計では軸長は長くなるので $\gamma \to 1$ 相当に陥りやすい。短軸ロータ設計ではジャイロ効果に格段の注意が必要である。

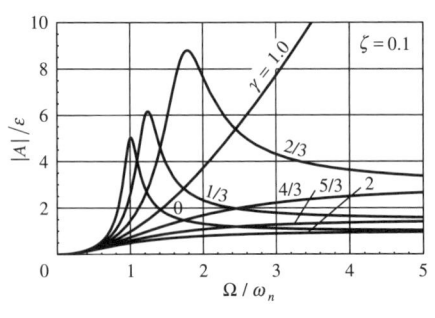

図6・15　共振曲線

6・4・3 多自由度ロータ系の危険速度計算

不減衰ロータ系のジャイロ効果を無視した非回転時の固有振動数 ω_n は，構造物系と同じくつぎの固有値問題の解である．

$$\omega_n^2 M\phi = (K + K_b)\phi \tag{6・40}$$

ここで，質量行列 M と剛性行列 $(K+K_b)$ は対称行列で，通常は正定値であるので，固有値 ω_n^2 は実数で正の値である．よって，その平方根を求めて $\pm \omega_n$ がそれぞれ前向きおよび後ろ向き固有振動数に対応する．

一方，この前向き固有振動数 ω_n が回転数 Ω に一致したときが危険速度 Ω_c である．よって危険速度 Ω_c は，ふれまわり振動解を

$$z = \phi e^{j\Omega_c t} \tag{6・41}$$

とおいて，式 (6・26) に代入したつぎの固有値問題の解である．

$$\Omega_c^2 (M - G)\phi = (K + K_b)\phi \tag{6・42}$$

ここで，$(M-G)$ は対称行列であるが正定値とは限らない．また，$(K+K_b)$ は対称行列で正定値．よって，固有値は実数ではあるが正の値とは限らないということがわかる．上記固有値問題から得られた固有値 Ω_c^2 が正の値のとき，そのモードの危険速度 Ω_c が存在する．負の値のときには，そのモードのジャイロファクタが1より大きくて危険速度とならない．

式 (6・42) は式 (6・40) に比べ，質量が軽くなった形をしているので，危険速度 Ω_c は静止時固有振動数 ω_n より少し大きめの値となる．

6・5 基礎加振時の振動と共振

6・5・1 共振条件

地震などのように基礎が振動している場合のロータ振動の共振条件について検討する．ロータ振動系の共振は，前章でも述べたように，外力の強制振動数と系の固有振動数が，ふれまわりの向きも含めて一致したときに起こる．

ロータ系の固有振動数曲線は，図 6・16 に示すように，実線は前向き固有振動数，破線は後ろ向き固有振動数と，区別して表示されている．

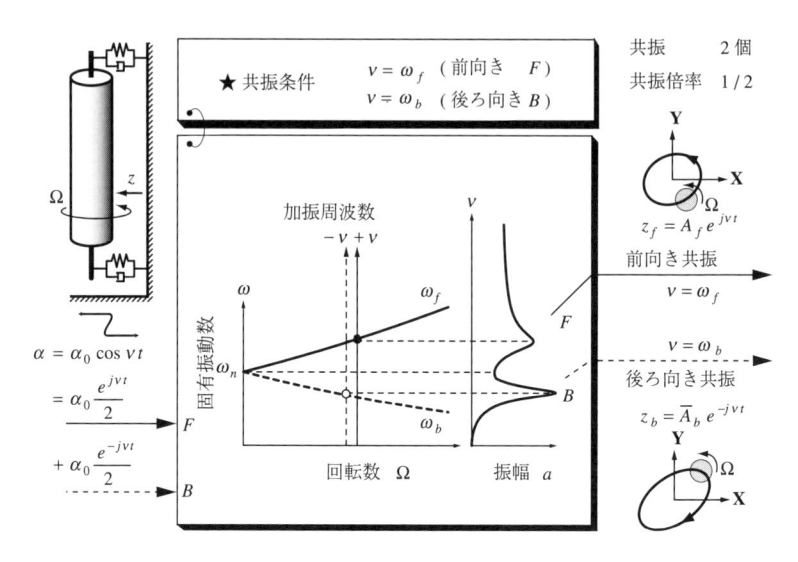

図6·16 基礎加振時の振動と共振

そこで作用する強制力も前向きと後ろ向きに区別して考えることにする。図の入力側に示すように，基礎加振のときの強制力とは，基礎の絶対加速度 $\alpha \times$ 質量が加振力で，地面から見た相対的な振動系の動き z が応答である。基礎の震動は1方向，ここではX方向とし，基礎の加速度を調和関数として表されるとする。これを指数関数におき換えて，ふれまわりの向きを表現する。

$$\alpha_z = \alpha_0 \cos vt = \frac{\alpha_0}{2}(e^{jvt} + e^{-jvt}) \tag{6·43}$$

よって，1方向加振は加振力が半分に減ぜられた前向き強制力と後ろ向き強制力の和でもって表される。

ある回転数で回転中に，基礎を震動させ，調和加振周波数 v を連続的に変化させるスイープ（掃引）加振の状況を考える。図6·16中央の固有振動数曲線において，強制力は加振周波数 v として垂線で表されている。この強制力は前向きであると同時に後ろ向きでもあるので，すなわち，この垂線は実線であるとともに破線でもある。ロータの共振条件は加振周波数が固有振動数に関して，「ふれまわりの向きも含めて一致」，あるいは「実線と実線の交点，破線と破線の交点」という共振条件に照らすと，同図においてB,Fと付記する交点において共振し，図の中央右側に示すような振動

応答曲線となる。

加振周波数 ν を小から大に向かってスイープしたとき、はじめに、破線の交点 B に対応する後ろ向きの共振が

$$-\nu = -\omega_b \text{ において } z_b = \bar{A}_b e^{-j\nu t} \to \text{大}$$

となって現れ、ロータは大きく後ろ向きホワール軌跡を描き運動する。ここで、「-」は複素共役を意味する。

さらに加振周波数 ν を上げていくと、今度は前向き共振

$$+\nu = +\omega_f \text{ において } z_f = A_f e^{j\nu t} \to \text{大}$$

が現れ、大きな前向きホワール軌跡を呈する。このように基礎加振の場合には、一つの振動モードで後ろ向きと前向きの共振が現れる。このことは、前向きおよび後ろ向き固有振動数を同時に検出するために、ロータを1方向に正弦波加振すればよいことを意味している。

6・5・2 基礎加振に対する強制振動解

ジャイロ効果を含むロータの基礎加振時の振動を記述する一般的な運動方程式として

$$\ddot{z} - j\Omega\gamma\dot{z} + 2\zeta\omega_n\dot{z} + \omega_n^2 z \approx -\ddot{z}_0(t)$$
$$= -\alpha_0 \cos\nu t = -\frac{\alpha_0}{2}(e^{-j\nu t} + e^{j\nu t}) \tag{6・44}$$

ただし z：基礎から見たロータ振動（相対変位）

$\ddot{z}_0$：基礎の震動を示す加速度波形

を考える。対応する1自由度ロータ系のモデルを図6・17に示す。基礎の調和加振加速度の前向きおよび後ろ向き成分に合わせて、振動応答も両者の和

$$z = A_f e^{j\nu t} + \bar{A}_b e^{-j\nu t} \tag{6・45}$$

とおく。式 (6・45) を式 (6・44) に代入し、$e^{j\nu t}$ と $e^{-j\nu t}$ に関する右辺と左辺の係数を等値すると、複素振幅 A_f および A_b が次式で与えられる。

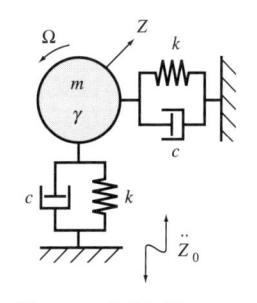

図6・17　基礎加振モデル

$$A_f = \frac{-\alpha_0}{2} \frac{1}{\omega_n^2 - v^2 + \Omega \gamma v + 2j\zeta\omega_n v}$$
$$A_b = \frac{-\alpha_0}{2} \frac{1}{\omega_n^2 - v^2 - \Omega \gamma v + 2j\zeta\omega_n v} \tag{6・46}$$

よって A_f の分母の実部 $\to 0$ なる条件において共振振動は

$$z_r \approx A_f e^{jvt} \quad (v = \omega_f > 0) \tag{6・47}$$

となり,ロータは大きく前向きふれまわり運動を呈す。また A_b の分母の実部 $\to 0$ なる条件において共振振動は

$$z_r \approx \overline{A}_b e^{-jvt} \quad (v = \omega_b < 0) \tag{6・48}$$

となり,ロータは大きく後ろ向きふれまわり運動を呈す。このように,ジャイロ効果の効いたロータ系の基礎加振では,後ろ向きおよび前向きの共振が別々の加振周波数 v で発生する。

複素変位のふれまわり表現式 (6・45) を,X および Y 方向の振動に表現し直し,それをそれぞれの方向の複素振幅の形と比較する。

$$x = \frac{z + \bar{z}}{2} = \frac{A_f + A_b}{2} e^{jvt} + \frac{\overline{A}_f + \overline{A}_b}{2} e^{-jvt}$$
$$y = \frac{z - \bar{z}}{2j} = \frac{A_f - A_b}{2j} e^{jvt} - \frac{\overline{A}_f - \overline{A}_b}{2j} e^{-jvt} \tag{6・49}$$

これを次式とみる。

$$x = \text{Re}[A_x e^{jvt}] = \frac{A_x}{2} e^{jvt} + \frac{\overline{A}_x}{2} e^{-jvt}$$
$$y = \text{Re}[A_y e^{jvt}] = \frac{A_y}{2} e^{jvt} + \frac{\overline{A}_y}{2} e^{-jvt} \tag{6・50}$$

この結果,X および Y 方向の複素振幅への変換式は次式となる。

$$A_x = A_f + A_b \quad A_y = -j(A_f - A_b) \tag{6・51}$$

この複素振幅の絶対値 $|A_x|$, $|A_y|$ を描いた基礎加振時の共振曲線が図 6・18 である。

なお,非回転 $\Omega = 0$ のとき,ジャイロ効果 $\gamma = 0$, $A_f = A_b = A$ となり

$$z = (A_f e^{jvt} + \overline{A}_b e^{-jvt}) = \text{Re}[2A_f e^{jvt}] \equiv \text{Re}[A e^{jvt}] \tag{6・52}$$

ロータは 1 方向に振動し,その複素振幅 A は次式のようによく知られた形で表される。

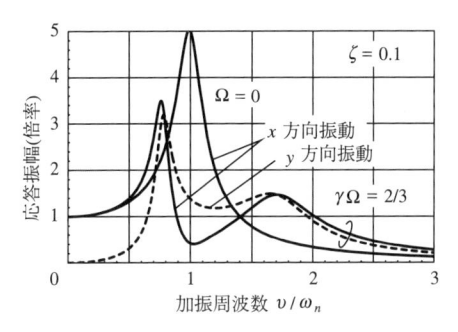

図6・18 基礎加振時の共振曲線

$$A = \frac{-\alpha_0}{\omega_n^2 - v^2 + 2j\zeta\omega_n v} \tag{6・53}$$

6・5・3 共振曲線とふれまわり軌跡

基礎加振時の応答を描いた図6・18を観察しよう。非回転時には，式 (6・53) の応答振幅に示すように共振ピークは一つで，$v=\omega_n$ で共振する。しかも，加振X方向のみに振動し，Y方向に振動は発生しない。

ジャイロ効果が大きく利いた高速回転時に基礎加振した場合には，式 (6・46) の応答振幅が示すように二つの共振ピーク[28]が現れる。このとき，はじめに後ろ向き共振が現れ，さらに加振を続けるといったん振幅は小さくなったあと前向き共振が現れる。X方向に加振しているにもかかわらず，共振振幅はX方向およびY方向いずれにも同程度の大きな振動となる。

回転時の基礎加振において，加振周波数を徐々に上げてスイープしていったときの振動応答のふれまわり軌跡を図6・19に示している。

(a) 加振周波数 v が小さいときは加振X方向にほぼ直線的に小さく振動しはじめる。少し加振周波数を上げていくと，Y方向にも振動しはじめる。全体として，X方向に長軸が傾いた，いわゆる寝た後ろ向き楕円ふれまわり軌跡となる。

(b) 加振周波数の上昇とともに，この小さな楕円ふれまわり軌跡はだんだんと大きくなり，円形に近くなりXとY方向に同程度に振れ，後ろ向き共振が発生，振幅最大となる。

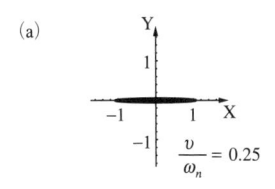

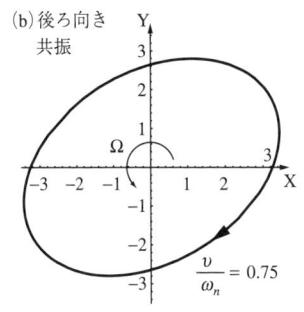

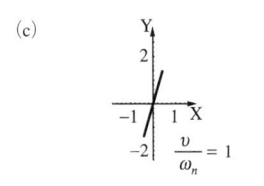

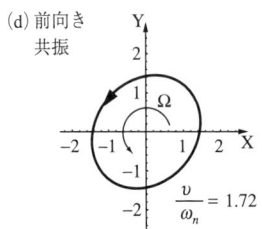

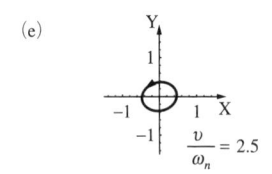

(a) $\dfrac{v}{\omega_n} = 0.25$

(b) 後ろ向き共振　$\dfrac{v}{\omega_n} = 0.75$

(c) $\dfrac{v}{\omega_n} = 1$

(d) 前向き共振　$\dfrac{v}{\omega_n} = 1.72$

(e) $\dfrac{v}{\omega_n} = 2.5$

図6・19　ふれまわり軌跡

(c) さらに加振周波数を上げていくと，この後ろ向きふれまわり軌跡は小さくしぼんでいき，Y方向に向いた小さな振幅の直線となる。その後，Y方向に立った前向きのふれまわり軌跡になる。このように，直線軌跡を介して，ふれまわり軌跡の向きは，後ろ向きから前向きに転じる。

(d) さらに加振周波数を上げていくと，前向きふれまわり軌跡は円形に近くなり，前向き共振が現れる。

(e) その後は，この前向き共振ふれまわり軌跡はしぼんで小さくなる。

このように，後ろ向き共振あるいは前向き共振が発生したときには，ふれまわり軌跡は円形に近くなり，加振X方向以外にも，Y方向にも等しくピークの現れる振動となる。共振ピーク値は，非回転時の応答より小さい。加振加速度 α を持つ基礎の1方向加振は，その1/2の大きさを持つ前向きと後ろ向きのふれまわり加振加速度に分解されるため，振動応答ピーク値も非回転時のものに比べ約1/2となる。

ジャイロファクタをパラメータにして，基礎加振時の共振曲線を図6・20に示す。後ろ向き共振ピークが前向き共振ピークより高くなるのは，みかけ上，後ろ向きモードはジャイロ効果で質量増加（固有振動数低下）→モード減衰比低下→Q値の増加，一方，前向きモードはジャイロ効果で質量減少（固有振動数上昇）→モード減衰比上昇→Q値の低下となるためである。

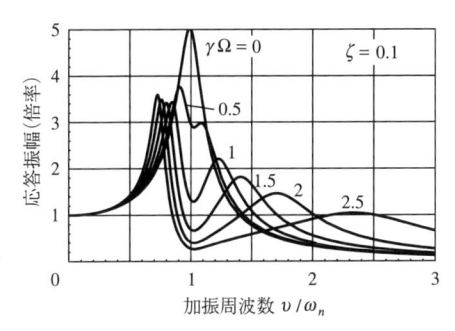

図6·20 基礎加振時ジャイロの影響

後ろ向きが1/2より高くなったぶん，前向きは1/2より下がっている。両者を平均すれば約1/2である。回転中にロータをインパルス加振すれば，最も感度の高い後ろ向きふれまわり軌跡を描いてロータは振動的に応答する。

6·5·4 事例研究　高速ロータの耐震評価

長軸高速ロータの耐震試験データを紹介する。図6·21はこのロータの概略で，左側の剛軸受と右側の軟軸受で支持されている。1次の危険速度は約5Hzで，右端が大きく振れるモードである。

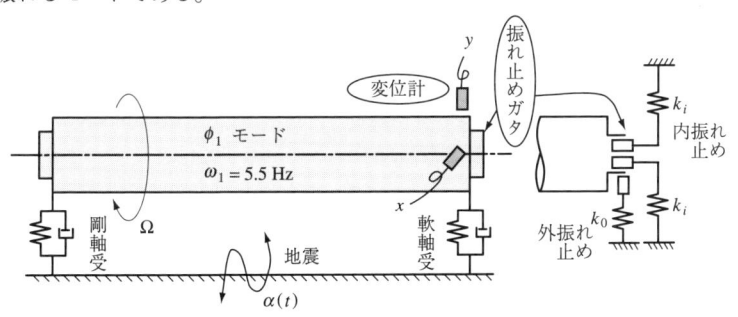

図6·21　長軸高速ロータの概略[29]

このロータを正弦波による1方向基礎加振した場合の共振曲線を図6·22に示す。図(a)は静止時の共振曲線で，図(b)は高速回転時のものである。

図(a)では共振ピークは一つで，XYリサージュ波形に見るように加振方向のみに振動している。図(b)では共振ピークは後ろ向き共振と前向き共振の二つのピークに分離している。しかも，XYリサージュ波形に見るように，共振時の応答軌跡はXY

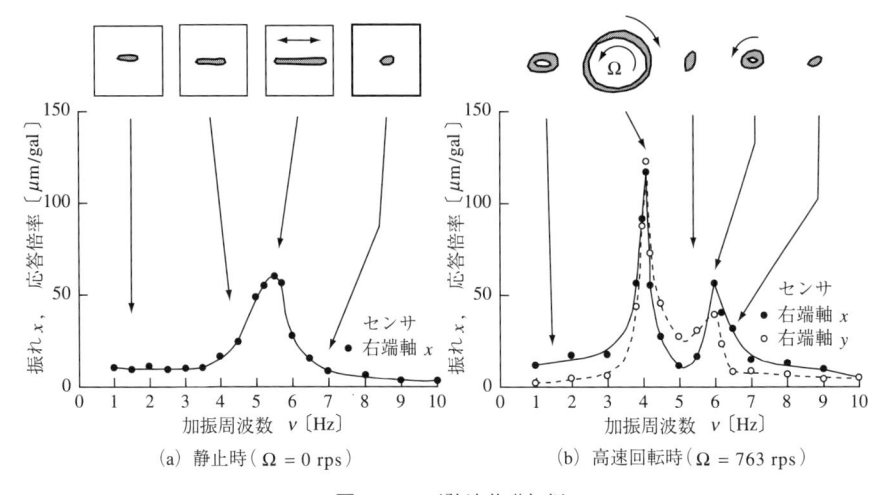

図 6・22 正弦波基礎加振

(a) 静止時 (Ω = 0 rps)
(b) 高速回転時 (Ω = 763 rps)

面を大きくふれまわっている。ジャイロ効果が大きいため，後ろ向き共振感度→大，前向き共振感度→小に分かれている。この例では，高速回転時における軸受動特性が低速時と大きく異なるために，図 (b) の後ろ向きピークは図 (a) の静止時ピークに比べ大きくなっているようである。

このロータの地震時の過大な振れを防止するために，右端にガタ系 (δ= 微小ギャップ) のばねストッパがついている。この効果を検討したものが図 6・23 で，図 (a) はシミュレーションで，図 (b) は試験結果である。

シミュレーションの (A) は地震入力が小さくまだガタ系にロータが衝突する前の線形応答波形とリサージュである。

(B) は地震入力が大きくなり，ロータがストッパに当たりながら制振されている非線形応答波形とリサージュである。

(C) はさらに地震入力を大きくした例であるが，リサージュは発散することなく，ロータ振動は巧くストッパで制振されている。

図 (b) の実線が計算結果で，丸印が対応する実験結果である。最大応答変位はおおよそ規定ギャップの 10% 増しくらいで効率的に制振されていることがわかる。

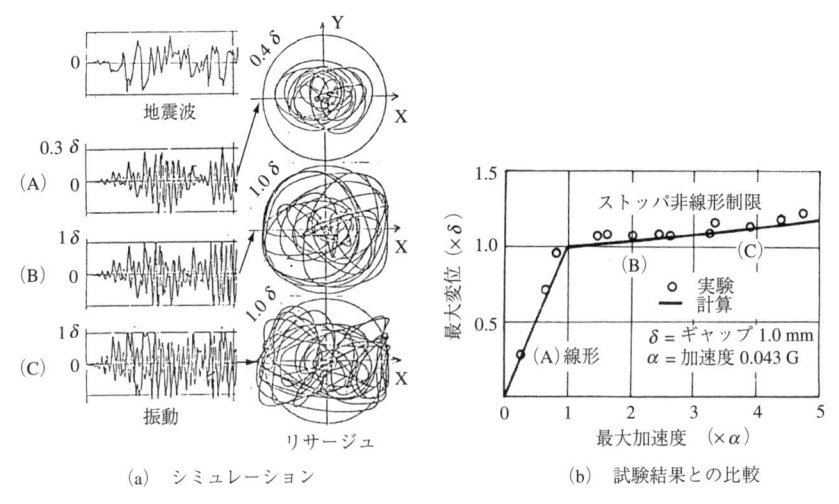

(a) シミュレーション　　　(b) 試験結果との比較

図6・23　地震時過大応答防止ストッパの効果

6・6　玉軸受の玉通過振動と共振

6・6・1　玉軸受の仕様

玉軸受は精密に作られており，回転軸の破損に至るような大きな起振力とはならないが，騒音や軸受摩耗の原因となる．また精巧なハードディスク装置のようなメカトロニクス機器では，たとえ機械的に微少振動でも，分解能からみて情報的には大振動であり，読み書き不能など種々のトラブルの原因となる．

玉軸受の不具合（玉の不揃い，転動面の変形や傷など）により玉の公転に起因した加振力が発生する．玉軸受のカタログ仕様例を図6・24に示す．このときの玉の公転回転数 Ω_R は

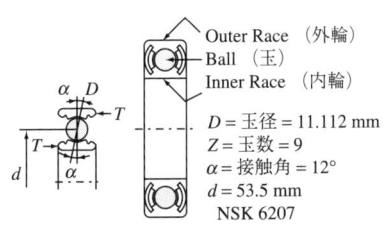

D = 玉径 = 11.112 mm
Z = 玉数 = 9
α = 接触角 = 12°
d = 53.5 mm
NSK 6207

図6・24　玉軸受の仕様

$$\Omega_R = \frac{\Omega}{2}\left(1 - \frac{D}{d}\cos\alpha\right) \equiv \beta\Omega \rightarrow \beta = \frac{1}{2}\left(1 - \frac{D}{d}\cos\alpha\right) \approx 0.4 \quad (6\cdot54)$$

ただしD:玉の直径，d:玉の公転直径，α:接触角，

Ω:軸回転数（内輪回転数）

と表される。公転回転数と内輪回転数との比 β は，この例では $\beta=0.398$ である。

通常，約 $\beta \approx 0.4$ くらいの設定なので，玉は，静止系から見ると軸の回転数の約40％で前向きに公転し，回転座標系からみると約60％で後ろ向きに公転している。転動面に突起があるモデルを考え，この玉が公転する際にその突起に衝突するような1方向起振力を考える。この強制振動は玉通過振動と呼ばれる。

6・6・2　外輪突起による起振力

外輪の1か所が変形して突起があるような，図6・25左上部に示すようなモデルを考える。玉がこの突起（凹部）を通過する振動数は，玉の公転角速度 Ω_R と玉数 Z との積 $Z\beta\Omega$ で，突起を通過するたびに1方向強制力

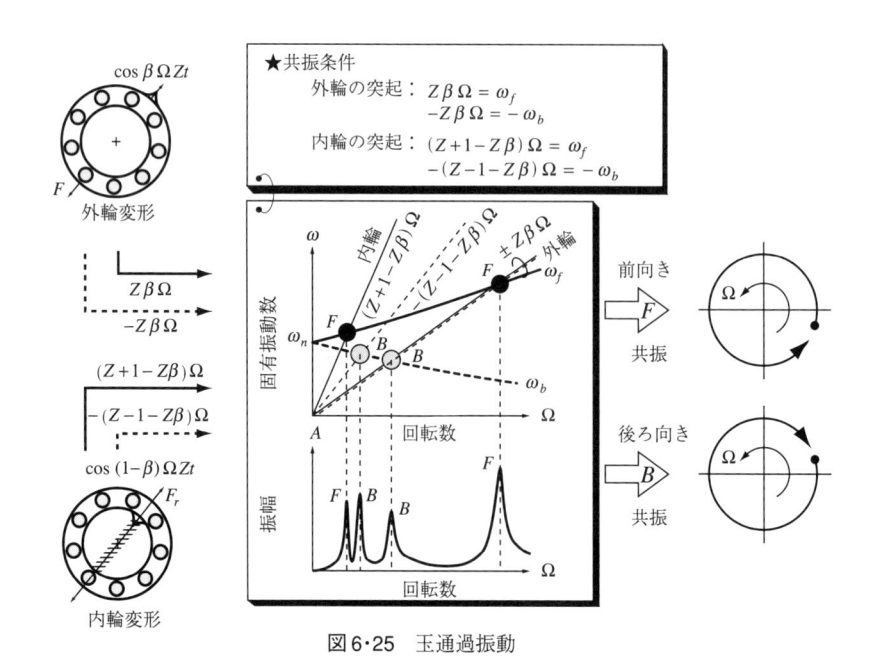

★共振条件
外輪の突起： $Z\beta\Omega = \omega_f$
$-Z\beta\Omega = -\omega_b$
内輪の突起： $(Z+1-Z\beta)\Omega = \omega_f$
$-(Z-1-Z\beta)\Omega = -\omega_b$

図6・25　玉通過振動

$$F = 2F_0 \cos Z\beta\Omega t \tag{6・55}$$

が発生する。これをふれまわりの表現に変換すると

$$F_z = F_0\left(e^{jZ\beta\Omega t} + e^{-jZ\beta\Omega t}\right) \tag{6・56}$$

となる。よって，外輪不具合の場合には，前向きおよび後ろ向きに同じ周波数のふれまわり強制力が作用する。図6・24では±3.582Ωである。上式は突起の数 $m=1$ の場合で，突起が対称にあり $m=2$ の場合なども考えられる。一般に m 個の対称位置の突起を仮定すると，ロータに対する強制力周波数は

$$\pm mZ\beta\Omega \tag{6・57}$$

と想定される。

6・6・3 内輪突起による起振力

つぎに，内輪の1か所に突起がある場合を考える。図6・25左下部に示す突起（凹部）モデルで，回転軸と玉の公転速度の差 $(\Omega-\Omega_R)$ と玉数 Z との積 $Z(1-\beta)\Omega$ が強制力周波数である。よって，回転座標系から見て1方向に，強制力

$$F_r = 2F_0 \cos Z(1-\beta)\Omega t \tag{6・58}$$

が発生する。慣性座標系からみたふれまわり形式で強制力 F_z を表現すると

$$F_z = F_r e^{j\Omega t} = F_0\left\{e^{j(Z+1-Z\beta)\Omega t} + e^{-j(Z-1-Z\beta)\Omega t}\right\} \tag{6・59}$$

である。よって内輪不具合の場合には，前向きと後ろ向きでは異なった加振周波数が発生する。図6・24の玉軸受では+6.48Ω，−4.412Ωとなる。一般的に突起が対称位置に m 個分布しているとすると，ロータに対する強制力周波数は

$$+(mZ+1-mZ\beta)\Omega, \quad -(mZ-1-mZ\beta)\Omega \tag{6・60}$$

と想定される。

6・6・4 共振条件

共振条件は，突起一つの場合を仮定すると，外輪面突起のとき

$$Z\beta\Omega = \omega_f, \quad Z\beta\Omega = \omega_b \tag{6・61}$$

内輪面突起のとき

$$(Z+1-Z\beta)\Omega = \omega_f, \quad (Z-1-Z\beta)\Omega = \omega_b \tag{6・62}$$

である。

この共振条件を図示すると図 6・25 中央の固有振動数曲線となる。外輪に起因する加振周波数は実線と破線の重なったもので式 (6・57) である。内輪に起因する加振周波数は，実線の前向きと破線の後ろ向きの強制力に分かれて示される式 (6・60) である。よって，共振条件は同図でふれまわりの方向も一致した交点であるので，同下図のような振動応答となり，この例では左から順に

　　内輪に起因した前向き共振，および後ろ向き共振

　　外輪に起因した後ろ向き共振，および前向き共振

が，いずれも同一モードで現れることがわかる。

6・6・5　事例研究　HDD

一昔前のハードディスクドライブ (HDD) について，図 6・26 に示す架台に対して水平方向に基礎加振を行い，回転軸上端の軸振動を静電容量型変位計で計測した。そのときの振動分析結果を図 6・27 に示す。

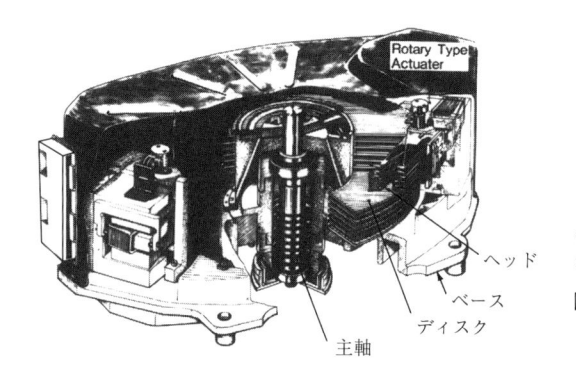

ディスク = 14"(357 ϕ) ×1.9 t ×13 枚
Ω = 3 600 rpm , 600 MB

図 6・26　旧 HDD（ロータリ形アクチュエータ）[30],VB218

この HDD に対して可変速運転を行い，ロータ軸振動を計測した結果が図 6・27 下段である。横軸が回転数で，縦軸がオーバオール振動の振幅である。30rps および定格回転数の 60rps において共振が発生している。この顕著な三つの共振について，発生周波数とその共振振幅の大きさを円の大きさで示すキャンベル線図を図 6・27 中段に載せている。すなわち

（a）　回転数 31.3rps で，199Hz の共振

（b）　回転数 32.8rps で，146Hz の共振

（c） 回転数60rpsで，384Hzの共振

この共振条件を解説しているのが図6・27上段である。まず，静止時，および各回転数で回転中に，ロータの基礎を通じて正弦波加振し共振周波数を求め，細かく実測値をプロットした。そうすると，同図に記載のように，下からω_{1b}，ω_{1f}，ω_2，ω_3，ω_4，ω_{5b}，ω_{5f}の固有振動数曲線を得た。

1次と5次は前向きと後ろ向きにスプリットするので，ジャイロの効いた回転系の固有モードである。特に1次モードでは$\omega_{1f}-\omega_{1b}=2\Omega$となっており，式（6・25）に照らしてジャイロファクタ$\gamma=2$の薄い円板振動モードである。すなわちディスクの節直径1本の振動モードを示している。一方2～4次の固有振動数曲線にはスプリットが認められないので静止構造系（ベース，軸受筒など）の固有モードである。固有振動数としては前向き＝後ろ向きである。

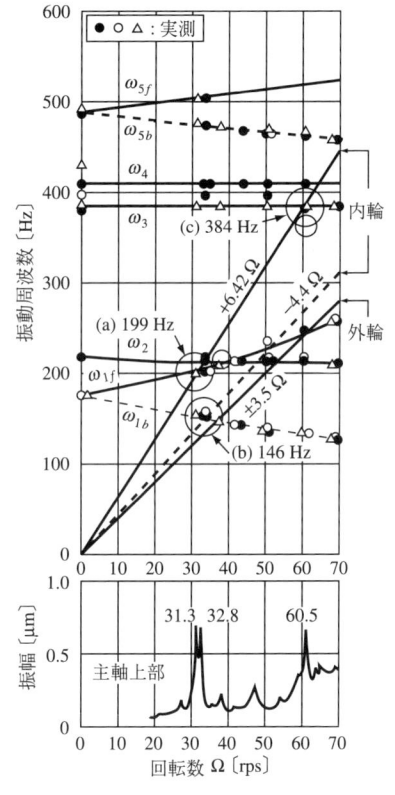

図6・27 HDDのキャンベル線図

このHDDの玉軸受は図6・24のもので，前節の本文にも引用したように図示のごとく加振周波数が作用する。

○ 外輪に起因する加振周波数＝±3.5Ω → 共振を励起していない
○ 内輪に起因する前向き加振周波数＝+6.42Ω → 上記（a）と（c）の共振励起
○ 内輪に起因する後ろ向き加振周波数 ＝−4.4Ω → 上記（b）の共振励起

以上の診断結果から，本HDDは一定速回転60rpsであるので，（c）の共振回避が必要である。そのために，ω_3固有振動数をいま少しアップさせる必要があり，静止側の剛性を強める，すなわち底板の強化と筒形状の軸受箱の強化対策が行われた。

この（c）の固有振動数はジャイロ効果でスプリットしていないので，ロータ側を変更する必要はない。

第7章
ロータ軸受系の振動特性近似評価

ロータ軸受系において，軸受動特性が複素固有値（実部の減衰特性と虚部の減衰固有振動数）に及ぼす影響について近似的に評価する方法を紹介する。評価方法の基本的な考え方は，つぎの2段階よりなる。

（1） 付録1に述べるような，保存系のモードに関する直交性に基づきモード展開を行う。そして，複素変位で表されたモード別1自由度運動方程式に縮小する。

（2） この系の特性根を近似解析する。各種パラメータの固有振動数や減衰特性に及ぼす影響をチェックする。これにより，軸受クロス剛性の不安定化に及ぼす影響，軸受剛性の異方性による安定化作用など，興味ある実際的事象の数々が簡単なモデル系の計算で理解可能となる。

さらに，不釣合い振動の共振曲線の形と，軸受動特性との関連についても言及し，特徴分析を行う。

7・1　1自由度ロータ系の運動方程式

図7・1に模擬するような一般的な1自由度剛ロータ系を想定し，軸受支持動特性が振動特性（固有振動数や危険速度，および減衰比やQ値）に及ぼす影響を概観する。もちろん，実際のロータ系は多自由度系であるが，モード別には図のような1自由度系と考えられるので，ここでの知見は実務でもおおいに役立つ。

横型ロータをすべり軸受で支持したとき，図7・

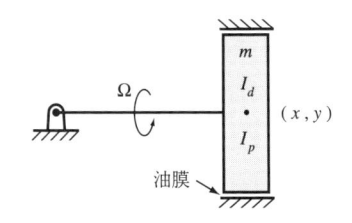

図7・1　1自由度系

7・1　1自由度ロータ系の運動方程式

2に解説するように，油膜がロータ自重を支えるためにジャーナルは軸受中心Oに対して少し偏心した位置Sで平衡する。この静的平衡点Sからわずかに振動変位$\{x,y\}$したときの軸受反力を表すばね・減衰係数を軸受動特性という。偏心しているため軸受動特性は，X-Y対称ではなく，ばね定数k_{ij}および粘性減衰定数c_{ij} $(i,j=x,y)$からなる計8パラメータで表される。

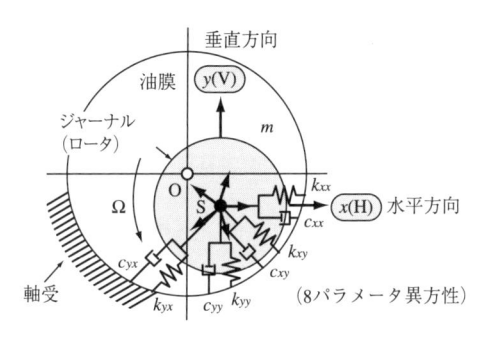

図7・2　すべり軸受動特性[31]

よって，モード質量m，モードジャイロ項Gを想定して，軸受動特性8パラメータを含む運動方程式の一般形は次式で書かれる。

$$m\ddot{x} + \Omega G\dot{y} + c_{xx}\dot{x} + c_{xy}\dot{y} + k_{xx}x + k_{xy}y = 0$$
$$m\ddot{y} - \Omega G\dot{x} + c_{yx}\dot{x} + c_{yy}\dot{y} + k_{yx}x + k_{yy}y = 0$$
(7・1)

これを複素変位$z=x+jy$の形式に書き改める。

$$m\ddot{z} - j\Omega G\dot{z} + k_f z + c_f \dot{z} + k_b \bar{z} + c_b \dot{\bar{z}} = 0 \quad (7・2)$$

ただし

$$k_f \equiv k_d - jk_c = \frac{k_{xx}+k_{yy}}{2} - j\frac{k_{xy}-k_{yx}}{2}, \quad k_b = \frac{k_{xx}-k_{yy}}{2} + j\frac{k_{xy}+k_{yx}}{2}$$

$$c_f \equiv c_d - jc_c = \frac{c_{xx}+c_{yy}}{2} - j\frac{c_{xy}-c_{yx}}{2}, \quad c_b = \frac{c_{xx}-c_{yy}}{2} + j\frac{c_{xy}+c_{yx}}{2}$$

一方，立型ロータは，図7・3に模擬するようにロータ自重による軸受荷重がないので軸受中心が幾何学的中心で，それからのロータ振動変位に対する軸受反力は全方向に等しく作用し，軸受動特性はX-Y方向に対称となる。

$$k_{xx} = k_{yy} = k_d, \quad k_{xy} = -k_{yx} = k_c$$
$$c_{xx} = c_{yy} = c_d, \quad c_{xy} = -c_{yx} = c_c$$
(7・3)

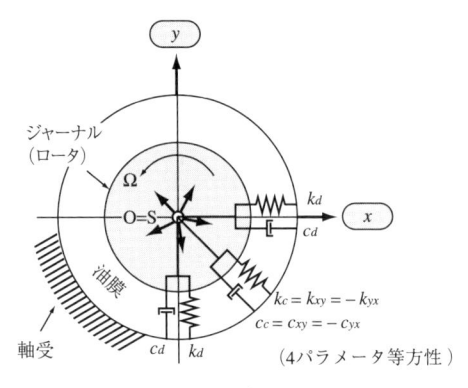

図7·3 すべり軸受動特性

よって，4パラメータを用いた運動方程式の表現に縮小される。

$$m\ddot{z} - j\Omega G\dot{z} + (k_d - jk_c)z + (c_d - jc_c)\dot{z} = 0 \qquad (7\cdot4)$$

これを等方性支持ロータ系という。

ここでは，等方性支持，そして異方性支持へと議論を進め，軸受パラメータの振動特性に及ぼす影響を論じる。

7·2 等方性支持ロータ系の振動特性

簡略化のために，ここでは下記の変数 ω_d および無次元パラメータを準備しておく。

$\omega_d = \sqrt{k_d / m}$ ：非回転時の不減衰固有振動数

$\gamma = G / m$ ：ジャイロファクタ

$p = \Omega / \omega_d$ ：無次元回転速度 　　　　　　　　　　　　　　(7·5)

$\mu_c = k_c / k_d$ ：クロスばねのダイレクトばねに対する比

$\zeta_d = c_d / 2\sqrt{mk_d}$ ：ダイレクト減衰の大きさ

$\zeta_c = c_c / 2\sqrt{mk_d}$ ：クロス減衰の大きさ

7·2·1 保存系の固有振動数

不減衰系（$c_d=c_c=0$）で，クロスばねのない（$k_c=0$，$k_{xy}=k_{yx}$）の場合が保存系の条件で，そのときの運動方程式は式（7·4）から

7・2 等方性支持ロータ系の振動特性

$$m\ddot{z} - j\Omega G\dot{z} + k_d z = 0 \tag{7・6}$$

その振動解を

$$z = ae^{j\omega t} \tag{7・7}$$

とおくと,固有振動数 ω はつぎの特性方程式より決定される。

$$m\omega^2 - \Omega G\omega - k_d = 0 \;\rightarrow\; \omega^2 - \gamma\,\Omega\,\omega - \omega_d^2 = 0 \tag{7・8}$$

すなわち

$$\omega = \gamma\,\Omega/2 \pm \omega_d\sqrt{1+(\gamma p)^2/4}$$

$$\therefore\quad \frac{\omega}{\omega_d} = \frac{\gamma p}{2} \pm \sqrt{1+\frac{(\gamma p)^2}{4}} \;\Leftrightarrow\; \left\{\frac{\omega_f}{\omega_d},\; \frac{-\omega_b}{\omega_d}\right\} \quad \text{(複合同順)} \tag{7・9}$$

このように2個の正負の固有振動数が存在する。$\omega = \omega_f > 0$ は円軌跡の前向きホワールの固有振動数で,$\omega = -\omega_b < 0$ は円軌跡の後ろ向きホワールの固有振動数である。

どちらの固有振動数も数値として正の値で表して

$$\left\{\frac{\omega_f}{\omega_d},\;\frac{\omega_b}{\omega_d}\right\} = \sqrt{1+\frac{(\gamma p)^2}{4}} \pm \frac{\gamma p}{2} \approx 1 \pm \frac{\gamma p}{2} + \frac{(\gamma p)^2}{8} \approx 1 \pm \frac{\gamma p}{2} \quad \text{(複合同順)}(7・10)$$

よって,固有振動数 ω_f と ω_b は,その概略を図7・4 (a) に示すように,ジャイロ効果で前向き固有振動数は高くなり,後ろ向き固有振動数は低下する。この前向き ω_f と後ろ向き ω_b のスプリットはジャイロ効果の特徴で,さきの図6・11で説明済みである。

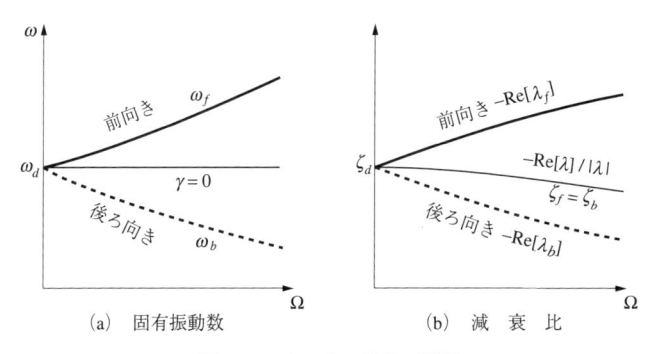

図7・4 ジャイロ効果の影響

7・2・2 非保存系パラメータの影響

非保存系パラメータ k_c, c_d, c_c を含む運動方程式 (7・4) に無次元パラメータを適用

した

$$\ddot{z} - j\Omega\gamma\dot{z} + \omega_d^2(1-j\mu_c)z + 2\omega_d(\zeta_d - j\zeta_c)\dot{z} = 0 \qquad (7\cdot11)$$

を考える．この振動解を

$$z = ae^{\lambda t} \qquad (7\cdot12)$$

とおくと特性方程式は次式となる．

$$\lambda^2 + 2[(\zeta_d - j\zeta_c) - jp\gamma/2]\omega_d\lambda + (1-j\mu_c)\omega_d^2 = 0 \qquad (7\cdot13)$$

上式を解いて厳密解は

$$\frac{\lambda}{\omega_d} = -\zeta_d + j\zeta_c + j\frac{\gamma p}{2} \pm j\sqrt{D} \qquad (7\cdot14)$$

ただし $D = 1 - j\mu_c - (\zeta_d - j\zeta_c - jp\gamma/2)^2 \approx 1 - j\mu_c + j\gamma p\zeta_d$

ここで，D 内の各変数は1に比べて小さいと仮定すると近似解は，付録2より

$$\frac{\lambda}{\omega_d} \approx -\zeta_d\left(1 \pm \frac{\gamma p}{2}\right) \pm \frac{\mu_c}{2} \pm j\left(1 \pm \frac{\gamma p}{2}\right) + j\zeta_c \qquad (7\cdot15)$$

で，具体的に表記すると次式となる．

前向きホワールの複素固有値： $\dfrac{\lambda_f}{\omega_d} \approx -\zeta_d\left(1+\dfrac{\gamma p}{2}\right) + \dfrac{\mu_c}{2} + j\left(1+\dfrac{\gamma p}{2}+\zeta_c\right)$ (7·16)

後ろ向きホワールの複素固有値： $\dfrac{\lambda_b}{\omega_d} \approx -\zeta_d\left(1-\dfrac{\gamma p}{2}\right) - \dfrac{\mu_c}{2} - j\left(1-\dfrac{\gamma p}{2}-\zeta_c\right)$ (7·17)

つぎに非保存系パラメータの及ぼす影響について式 (7·16) (7·17) を用い検討する．

（イ）　ダイレクト減衰　$c_d = c_{xx} = c_{yy} \rightarrow \zeta_d$

ダイレクト減衰 c_d の影響は複素固有値の実部に現れ，前向きホワールおよび後ろ向きホワールとも負に作用し，安定性をより増加させ，図 7·5 (b) となる．

（ロ）　クロスばね　$k_c = k_{xy} = -k_{yx} \rightarrow \mu_c$

クロスばね k_c の影響は複素固有値の実部に現れる．前向きホワールに対しては正の実部なので安定性を低下させる．一方，後ろ向きホワールに対しては逆に安定性を増す．その影響は図 7·5 (b) のように模擬される．

真円すべり軸受の動特性に関し，低速回転では異方性が強いが，高速回転域では等方性条件 $k_{xy} \approx -k_{yx} > 0$ で近似される．この油膜の発生するクロスばね定数 $k_c > 0$ が大きくなり，前向きホワールに対する安定度が低下し，ときには不安定となりオイ

図7・5 軸受動特性の影響

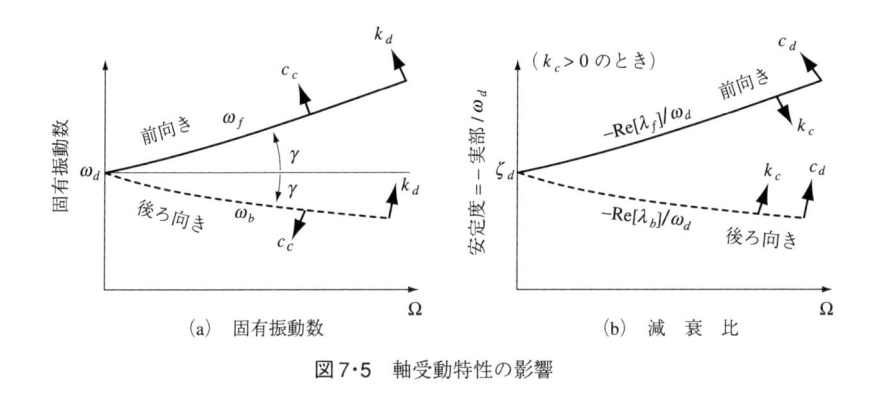

ホイップと呼ばれる自励振動が発生する。トレードオフとして，後ろ向きホワールの安定度は逆に上がる。

ティルティングパッド軸受ではこのクロスばね $k_c = 0$ といわれており，安定性の良い軸受である。

（ハ）クロス減衰　$c_c = c_{xy} = -c_{yx} \rightarrow \zeta_c$

クロス減衰 c_c の影響は複素固有値の虚部に現れ，図7・5(a)に模擬している。前向きの固有振動数を上昇させ，後ろ向き固有振動数を低下させる。しかし，実際のすべり軸受ではこの c_c 値の影響は小さく，ほとんど無視される。

（ニ）ジャイロ効果の複素固有値実部に及ぼす影響

ジャイロ効果を再度とりあげ，今度は複素固有値の実部に及ぼす影響について検討する。

回転とともに，前向き複素固有値 λ_f の実部 Re[λ_f] の絶対値自体は増加する。逆に，後ろ向き複素固有値 λ_b の実部 Re[λ_b] の絶対値自体は低下する。この増加と減少の傾向を図7・4(b)に示す。すなわち，図(a)の固有振動数曲線と同じように，固有値実部の曲線もジャイロ効果で上下にスプリットする。

保存系であるジャイロ効果が複素固有値の実部に影響するのは一見不自然であるが，これはつぎのように説明される。回転に伴うジャイロ効果によって，前向きホワールの質量がみかけ上軽くなり，前向き固有振動数がアップし，また複素固有値実部の絶対値も増加する。一方，後ろ向きホワールでは質量がみかけ上重くなるため，前向きとは逆の現象となる。

見方をかえて，減衰比に換算すると，式 (7・16) (7・17) より

$$\text{前向きホワールの減衰比}: \zeta_f \equiv -\frac{\text{Re}(\lambda_f)}{|\lambda_f|} \approx \frac{\zeta_d(1+\gamma p)\omega_d}{(1+\gamma p)\omega_d} = \zeta_d \tag{7・18}$$

$$\text{後ろ向きホワールの減衰比}: \zeta_b \equiv -\frac{\text{Re}(\lambda_b)}{|\lambda_b|} \approx \frac{\zeta_d(1-\gamma p)\omega_d}{(1-\gamma p)\omega_d} = \zeta_d \tag{7・19}$$

両者は近似的に等しく，図7・4 (b) にその様子が併記されている。

7・2・3 パラメータサーベイ

計算例で近似解の精度を確認してみよう。式 (7・11) に対して**表7・1**に示す4ケースを計算した。ここでは① 質量・ばね不減衰系，② 質量・ばね・減衰系，③ ジャイロ効果を考慮，④クロスばね効果の順に振動特性の変化を追跡した。同表には正確な複素固有値 λ，および減衰比 ζ ならびに式 (7・16)，(7・17) に従って求めた近似複素固有値 λ_a が併記されている。近似値の精度は良好で，式 (7・16)，(7・17) は有効な振動特性評価方法と考えられる

表7・1 パラメータ（$\omega_d = 1$，$\zeta = -\text{Re}[\lambda]/|\lambda|$）

No.	γp	ζ_d	μ_c	コメント	複素固有値	減衰比 ζ	近似 λ_a
①	0	0	0	保存系	$\lambda = \pm j1$	0	$\lambda_a = \pm j1$
②	0	0.2	0	減衰付与	$\lambda = -0.2 \pm j0.98$	0.2	$\lambda_a = -0.2 \pm j1$
③	1	0.2	0	ジャイロ効果	$\lambda = -0.29 + j1.6$ $\lambda = -0.11 - j0.6$	0.178	$\lambda_a = -0.3 + j1.5$ $\lambda_a = -0.1 - j0.5$
④	1	0.2	1	クロスばね不安定	$\lambda = 0.15 + j1.65$ $\lambda = -0.55 - j0.65$	-0.09 0.64	$\lambda_a = 0.2 + j1.5$ $\lambda_a = -0.6 - j0.5$

4ケースの複素固有値 λ をガウス平面（図7・6）上に描き，影響度を視覚化した。

① 質量・ばね不減衰系での特性根は虚軸上で $\lambda = \pm j1$，+側が前向き，−側が後ろ向きホワールの固有振動数を示す。

② 質量・ばね・減衰系では減衰 c_d の影響で，前向きも後ろ向きも，ともに等しく実部が−0.2程度左側にシフトし，安定性を増している。

③ ジャイロの影響が②から③への動きで，前向きは左上方向に，後ろ向きは右上方向に推移する。固有振動数としては，前向きはアップ，後ろ向きはダウンである。

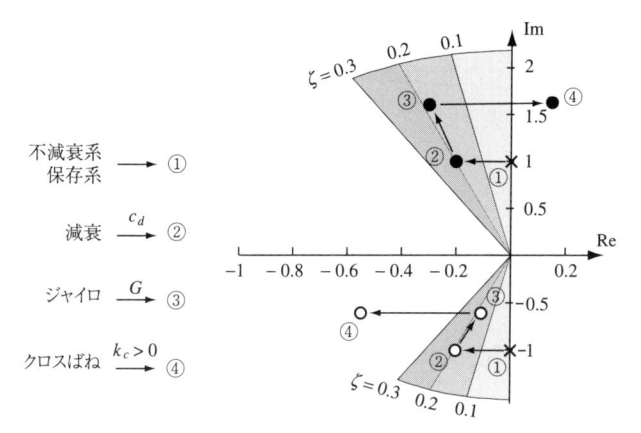

図7・6　特性根の計算例

　また，実部の絶対値でみると，前向きは増加し，後ろ向きは減少している。この差からホワールの向きによって安定性が異なるような印象を与える。しかし，減衰比に換算するといずれも $\zeta=0.178$ である。前項（ニ）で述べたように，減衰比に換算してジャイロ効果はおおむね不変である。

④　クロスばねの影響が③から④への動きで，前向きホワールの安定性が低下し，この例では実部が正の領域まで達しているので不安定になっている。トレードオフとして，後ろ向きホワールの安定性は増加している。

7・3　異方性支持ロータの振動特性

簡略化のために，下記の変数および無次元パラメータを追加しよう。

$k_b \equiv |k_b|e^{j\theta_b}$：剛性の異方性成分の極座標表示

$\mu_b = |k_b|/k_d$：剛性の異方性成分／等方性成分の大きさ比　　　(7・20)

$\Delta(\omega) = \Omega G \omega / |k_b| = \gamma p(\omega/\omega_d) / \mu_b$

$k_f \equiv k_d - jk_c = k_d(1 - j\mu_c)$

$c_f \equiv c_d - jc_c = 2(\zeta_d - j\zeta_c)\omega_d m$

c_b：減衰の異方性成分（通常小さいので無視）

7・3・1 保存系の固有振動数

不減衰系 ($c_f=c_b=0$) で作用・反作用則に従うばね定数 ($k_{xy}=k_{yx}$, すなわち $k_f=k_d$, $k_c=0$) の場合が保存系の条件で，そのときの運動方程式は式 (7・2) から

$$m\ddot{z} - j\Omega G\dot{z} + k_d z + k_b \bar{z} = 0 \tag{7・21}$$

と書け，その振動解を

$$z = \phi_f e^{j\omega t} + \bar{\phi}_b e^{-j\omega t} \tag{7・22}$$

とおく．特性式は

$$\begin{bmatrix} -m\omega^2 + \Omega G\omega + k_d & k_b \\ \bar{k}_b & -m\omega^2 - \Omega G\omega + k_d \end{bmatrix} \begin{bmatrix} \phi_f \\ \phi_b \end{bmatrix} = 0 \tag{7・23}$$

で固有振動数 ω はつぎの特性方程式より決定される．

$$(k_d - m\omega^2)^2 - |k_b|^2 = (\Omega G\omega)^2 \tag{7・24}$$

この図式解を図7・7に示す．同図において，ω_H と ω_V は非回転時のもので，ここでは水平方向固有振動数 ω_H，垂直方向固有振動数 ω_V と呼ぶ．通常は $\omega_H < \omega_V$ である．また，両方向の平均値ばね定数での不減衰固有振動数が ω_d である．

$$\{\omega_H^2, \omega_V^2\} = \frac{k_d \mp |k_b|}{m} = \omega_d^2(1 \mp \mu_b) \quad (\text{複号同順}) \tag{7・25}$$

回転がはじまるとジャイロ効果が作用するので，図の2次曲線と直線との交点である回転中の固有振動数 ω_1, ω_2 に移る．

　　水平方向：ω_H から下降し ω_1 へ，垂直方向：ω_V から上昇し ω_2 へ

その値は次式で与えられる．

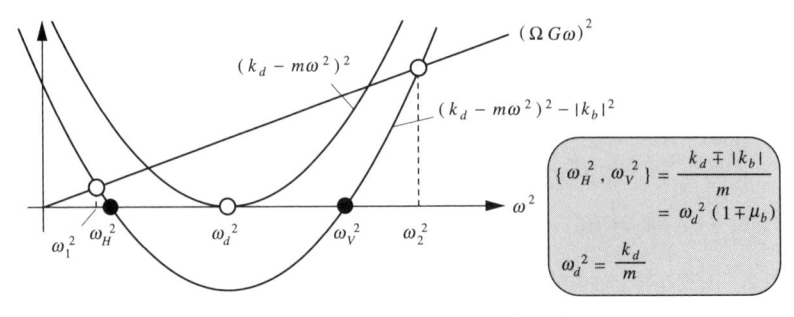

図7・7　異方性支持ロータの固有振動数

$$\{\omega_1^2, \omega_2^2\} = \frac{k_d \mp \sqrt{|k_b|^2 + (\Omega G \omega_i)^2}}{m} = \omega_d^2\left(1 \mp \mu_b\sqrt{1+\Delta^2}\right) \ (i=1,2 \ 複号同順) \quad (7\cdot26)$$

7・3・2 保存系のだ円ホワール

固有ベクトルは式 (7・23) 第1式を用い次式で表される。

$$\frac{\phi_b}{\phi_f} = \frac{m\omega^2 - k_d - \Omega G \omega}{|k_b|e^{j\theta_b}} = \frac{\mp\sqrt{|k_b|^2 + (\Omega G \omega)^2} - \Omega G \omega}{|k_b|e^{j\theta_b}} = \frac{\mp\sqrt{1+\Delta^2} - \Delta}{e^{j\theta_b}} \quad (7\cdot27)$$

$$\therefore \ \frac{\phi_b}{\phi_f} = \left(\mp\sqrt{1+\Delta^2} - \Delta\right)e^{-j\theta_b}$$

$$= \left\{\frac{1}{-h_1 e^{j\theta_b}}, \ \frac{h_2 e^{-j\theta_b}}{1}\right\} \Leftrightarrow \omega = \{\omega_1, \omega_2\}, \ (複合同順) \quad (7\cdot28)$$

ただし $h(\omega) = \sqrt{1+\Delta^2(\omega)} - \Delta(\omega)$ ($0 < h < 1$), $h_1 = h(\omega_1)$, $h_2 = h(\omega_2)$

このとき固有振動は前向きと後ろ向きホワールの合体だから，だ円のホワールとなる。Δ をパラメータにこの h の大きさを表したものを図7・8に示す。

（イ） 水平方向の低いほうの固有振動数 $\omega = \omega_1$ のとき，モード比は

$$\phi_f/\phi_b = -h_1 e^{-j\theta_b} \quad (7\cdot29)$$

だから

$$\begin{bmatrix}\phi_f \\ \phi_b\end{bmatrix} = \begin{bmatrix}-h_1 e^{j\theta_b} \\ 1\end{bmatrix} or \begin{bmatrix}1 \\ -1/h_1 e^{-j\theta_b}\end{bmatrix} \quad (7\cdot30)$$

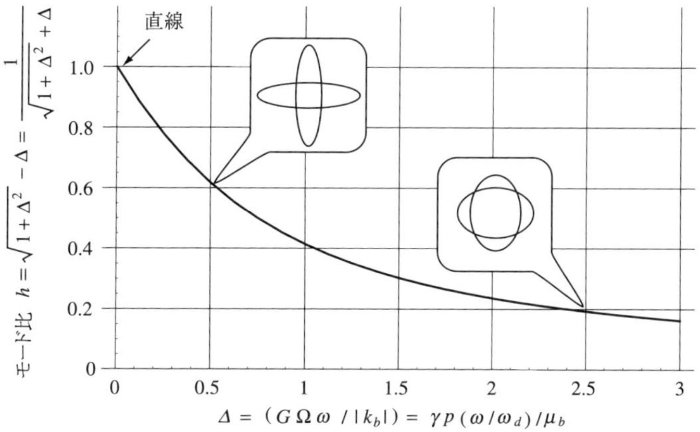

図7・8 モードの比

モード比 h_1 は 1 より小さく，$|\phi_f| \leq |\phi_b|$ だから，後ろ向きだ円ホワールを呈する。
（ロ）垂直方向の高いほうの固有振動数 $\omega = \omega_2$ のとき，モード比は

$$\phi_b / \phi_f = h_2 e^{-j\theta_b} \tag{7・31}$$

だから

$$\begin{bmatrix} \phi_f \\ \phi_b \end{bmatrix} = \begin{bmatrix} 1 \\ h_2 e^{-j\theta_b} \end{bmatrix} \tag{7・32}$$

この場合は $|\phi_f| \geq |\phi_b|$ だから，前向きだ円ホワールとなる。

このようにモード比 h が決まれば，だ円の傾き方向は不明だが，長軸 $=2(1+h)$ でかつ短軸 $=2(1-h)$ となるだ円形状が決まる。図には，$h=1$ の直線から，Δ の増加とともにだ円が次第に円に近づくさまの概略を載せている。ここでは，長軸方向が水平の場合と垂直の場合の 2 通りのだ円を描いている。

7・3・3 ジャイロ効果の影響

軸受剛性に異方性がある場合，低いほうの固有振動数 ω_1 と高いほうの固有振動数 ω_2 は前述の式 (7・24) より決定される。これを具体的に解くと

$$\left\{ \frac{\omega_1}{\omega_d}, \frac{\omega_2}{\omega_d} \right\} = \sqrt{1 + \frac{(\gamma p)^2}{2} \mp \sqrt{\frac{(\gamma p)^4}{4} + (\gamma p)^2 + \mu_b^2}} \quad \text{（複号同順）} \tag{7・33}$$

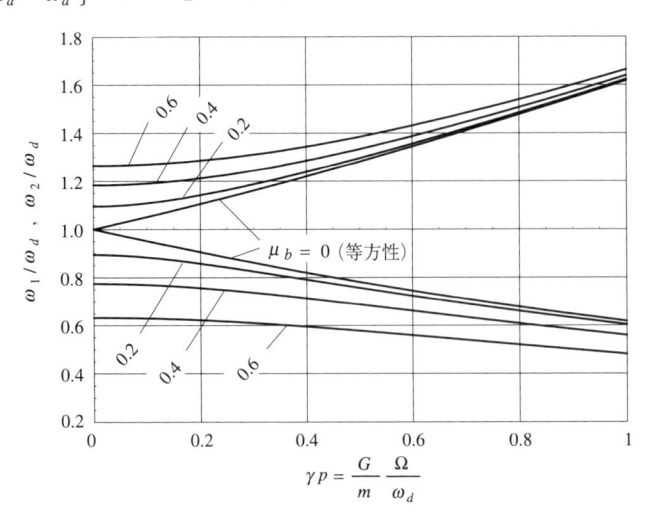

図 7・9　ジャイロ効果（異方性支持系, 保存系）

で表される。図7・9に固有振動数変化の計算例を示す。$\gamma p \approx 0$ 付近，すなわち低速回転でジャイロ効果の小さい範囲では異方性支持の特徴が大であるが，しばらくの回転の後には等方性支持のスプリットに収束していくことが図からわかる。この固有振動数変化と同時に，図7・8の Δ も大きくなるのでモード比 $h \to 0$，すなわちだ円ホワールから円ホワールに近づいていく。

7・3・4 だ円ホワールの形
一般に複素形式で振動解

$$z = A_f e^{j\omega t} + \overline{A}_b e^{-j\omega t} \tag{7・34}$$

ただし $A_f = a_f e^{j\varphi_f}$, $A_b = a_b e^{j\varphi_b}$
が与えられたとき，上式を書き改めると

$$z = e^{j(\varphi_f - \varphi_b)/2} \left\{ a_f e^{j(\omega t + \theta)} + a_b e^{-j(\omega t + \theta)} \right\} \quad (\theta = (\varphi_f + \varphi_b)/2) \tag{7・35}$$

長軸方向 $= (\varphi_f - \varphi_b)/2$, 長軸 $= 2|a_f + a_b|$, 短軸 $= 2|a_f - a_b|$

となり，だ円軌道は図7・10のように表され，だ円の長軸・短軸の寸法およびその方向が決まる。

具体的に，水平方向剛性 k_{xx} が垂直方向剛性 k_{yy} に比べて弱い

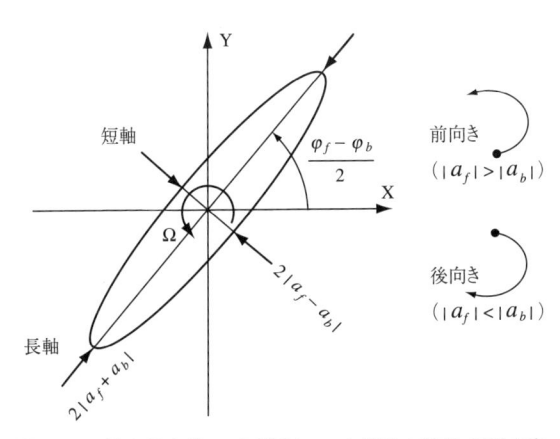

図7・10 異方性支持ロータだ円ホワール軌跡の長軸・短軸方向

表7・2 ホワール軌跡（図7・11）のときの値

No.	項目	$k_b/k_d \equiv \mu_b \angle \theta_b = 0.2 \angle -160°$							
		ω_1 振動				ω_2 振動			
(1)	γp	0	0.1	0.2	0.4	0	0.1	0.2	0.4
(2)	ω/ω_d	0.894	0.886	0.858	0.791	1.095	1.108	1.14	1.24
(3)	Δ	0	0.44	0.86	1.58	0	0.55	1.14	2.48
(4)	$\|\phi_f\|$	1	0.65	0.46	0.29	1	1	1	1
	$\|\phi_b\|$	1	1	1	1	1	0.59	0.38	0.19
(5)	短軸/長軸	直線	0.21	0.37	0.55	直線	0.26	0.45	0.67
(6)	長軸方向	$\dfrac{-160+180-0°}{2}=10°$				$\dfrac{0°-160}{2}=-80°$			
(7)	ふれまわりホワール	後ろ向き				前向き			

$$k_b/k_d \equiv \mu_b \angle \theta_b = 0.2\angle -160°$$

の場合について，だ円ホワール軌跡の鋭さについて具体的数値例を**表7・2**にまとめている。同表の数値を順に説明する

(1) $\gamma p=$ ジャイロ効果×回転数で回転数相当である。

(2) 無次元固有振動数 ω/ω_d で，式 (7・33) にて計算する。

(3) $\Delta = \Omega G\omega/|k_b| = \gamma p(\omega/\omega_d)/\mu_b$ の計算。

(4) Δ をパラメータに図7・8よりモード比 h を求め，前向きと後ろ向きの固有モードを決める。

(5) だ円ホワールの短軸/長軸比 $=(1-h)/(1+h)$ を求める。

(6) だ円の長軸方向を図7・10に示す $(\varphi_f - \varphi_b)/2$ にて計算する。

　　後ろ向き ω_1 固有振動→モード比の式 (7・30) → $\varphi_f=-160+180=20°$, $\varphi_b=0°$ を代入
　　前向き ω_2 固有振動→モード比の式 (7・32) → $\varphi_f=0°$, $\varphi_b=160°$ を代入

(7) このような計算手順でだ円ホワールの概略図を得る。

対応する回転上昇中のホワール軌跡を描いたものが図7・11である。水平方向に寝た後ろ向き ω_1 だ円ホワール軌跡と，垂直 Y 方向に立った前向き ω_2 だ円ホワール軌跡

7・3 異方性支持ロータの振動特性

(a) ω_1 モード (b) ω_2 モード

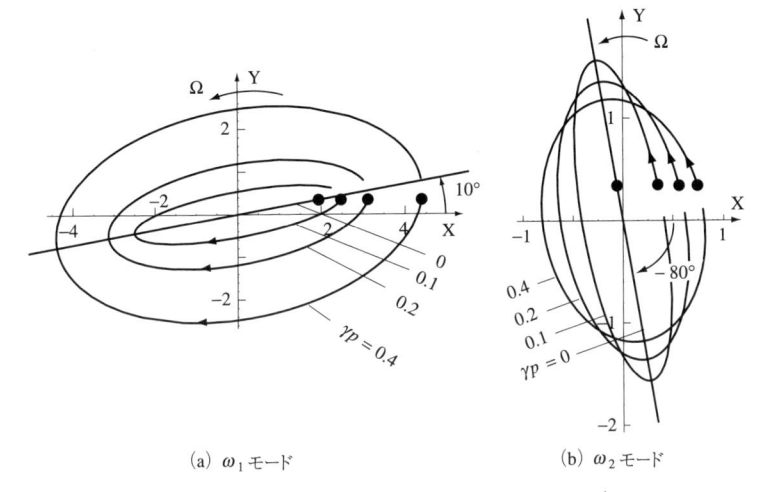

図7・11 ホワール軌跡（保存系 $k_b/k_d \equiv \mu_b \angle \theta_b = 0.2 \angle -160°$ ）

となる．非回転 $\gamma p=0$ ではホワール軌跡は直線だが，回転上昇とともにジャイロの影響でだ円から円ホワールに近くなることがわかる．

7・3・5 非保存系パラメータの影響[32~35]

非保存系パラメータ k_c, c_f, c_b の複素固有値に及ぼす影響を調べる．

記述を簡単にするために，式 (7・2) を

$$z = z_f + \bar{z}_b \rightarrow z_f = \phi_f e^{st}, \; z_b = \phi_b e^{st} \tag{7・36}$$

と前向き変位 z_f と後ろ向きの変位 z_b に分解した運動方程式

$$\begin{bmatrix} m & 0 \\ 0 & m \end{bmatrix}\begin{bmatrix} \ddot{z}_f \\ \ddot{\bar{z}}_b \end{bmatrix} - j\Omega \begin{bmatrix} G & 0 \\ 0 & -G \end{bmatrix}\begin{bmatrix} \dot{z}_f \\ \dot{\bar{z}}_b \end{bmatrix} + \begin{bmatrix} k_d & k_b \\ \bar{k}_b & k_d \end{bmatrix}\begin{bmatrix} z_f \\ \bar{z}_b \end{bmatrix}$$
$$+ \begin{bmatrix} c_f & c_b \\ \bar{c}_b & \bar{c}_f \end{bmatrix}\begin{bmatrix} \dot{z}_f \\ \dot{\bar{z}}_b \end{bmatrix} + \begin{bmatrix} -jk_c & 0 \\ 0 & jk_c \end{bmatrix}\begin{bmatrix} z_f \\ \bar{z}_b \end{bmatrix} = 0 \tag{7・37}$$

を考える．式 (7・37) 上段が保存系で基本解（一定軌跡のだ円ホワール）を与え，下段が非保存系（減衰あるいは発散するだ円ホワール）の微小パラメータを表す．

式 (7・37) 上段を付録1の式 (13) の形の固有値問題に書き換えると，B はエルミート行列で正定値，A は交代エルミートだから，固有値は純虚数 $\lambda=j\omega$ となる．それは先述の式 (7・30) の固有振動数 ω_1，あるいは式 (7・32) の固有振動数 ω_2 を指す．

そこで，固有値 $\lambda=j\omega$ が ω_1 か ω_2 振動モードのいずれかを指すとして

モード変換 $\begin{bmatrix} z_f(t) \\ z_b(t) \end{bmatrix} = \begin{bmatrix} \phi_f \\ \phi_b \end{bmatrix} \eta(t)$ (7・38)

とおき，付録1式(16)に相当する近似モード別運動方程式を求める．具体的には，式(7・38)を式(7・37)に代入して，前から固有ベクトルの共役をかける．

$$m(|\phi_f|^2 + |\phi_b|^2)\ddot{\eta} - j\Omega G(|\phi_f|^2 - |\phi_b|^2)\dot{\eta} + k_d(|\phi_f|^2 + |\phi_b|^2)\eta + 2\operatorname{Re}[\bar{\phi}_f{}^t k_b \phi_b]\eta$$
$$+ c_d(|\phi_f|^2 + |\phi_b|^2)\dot{\eta} - jc_c(|\phi_f|^2 - |\phi_b|^2)\dot{\eta} - jk_c(|\phi_f|^2 - |\phi_b|^2)\eta = 0 \quad (7・39)$$

さきと同様に別々の固有モードごとに上式を求めてみる．

（イ）水平方向の低いほうの固有振動数 $\omega=\omega_1$，モード $\begin{bmatrix} \phi_f \\ \phi_b \end{bmatrix} = \begin{bmatrix} -h_1 e^{j\theta_b} \\ 1 \end{bmatrix}$ のとき

$$\ddot{\eta} + j\Omega\gamma \frac{1-h_1^2}{1+h_1^2}\dot{\eta} + \omega_d^2\left(1 - \frac{2h_1}{1+h_1^2}\mu_b + j\mu_c \frac{1-h_1^2}{1+h_1^2}\right)\eta + 2\left(\zeta_d + j\zeta_c \frac{1-h_1^2}{1+h_1^2}\right)\omega_d\dot{\eta} = 0$$
(7・40)

（ロ）垂直方向の高いほうの固有振動数 $\omega=\omega_2$，モード $\begin{bmatrix} \phi_f \\ \phi_b \end{bmatrix} = \begin{bmatrix} 1 \\ h_2 e^{-j\theta_b} \end{bmatrix}$ のとき

$$\ddot{\eta} - j\Omega\gamma \frac{1-h_2^2}{1+h_2^2}\dot{\eta} + \omega_d^2\left(1 + \frac{2h_2}{1+h_2^2}\mu_b - j\mu_c \frac{1-h_2^2}{1+h_2^2}\right)\eta$$
$$+ 2\left(\zeta_d - j\zeta_c \frac{1-h_2^2}{1+h_2^2}\right)\omega_d\dot{\eta} = 0 \quad (7・41)$$

上式を参照して，各パラメータの影響を調べてみよう．

（イ）ジャイロ効果 $G \to \gamma$

図7・9に見るように，等方性の場合と同様に，後ろ向き固有振動数 ω_1 はより低下し，前向き固有振動数 ω_2 はより高くなり，両者はスプリットする．しかし，$h \to 1$，すなわちだ円が直線近く鋭くなればジャイロ効果は低下し，スプリット量は減る．

（ロ）ダイレクト減衰 $c_d=(c_{xx}+c_{yy})/2 \to \zeta_d$

式(7・40)(7・41)で減衰として作用しているので，通常どおり，前向き ω_2 ホワールあるいは後ろ向き ω_1 ホワールに対して，ともに安定性向上に寄与する．

（ハ）クロスばね $k_c=(k_{xy}-k_{yx})/2 \to \mu_c$

式(7・40)の μ_c は等方性の場合と同符号だから，前向き ω_2 ホワールに対しては不

安定化に作用し，一方，後ろ向き ω_1 ホワールに対しては安定化に作用する。このクロスばねの影響は $h \to 1$，すなわち，だ円が鋭くなれば小さくなる。極端な場合，$h=1$ では直線軌跡となり，この値は0となり，クロスばねの影響は消える。

この様相を理解するためには，だ円ホワールは二つの円ホワールの和であることに注目し，クロスばねの影響の内訳をホワールの向きで見てみると好都合である。式 (7・39) からクロスばねの影響は

$$\phi_f e^{j\omega t} + \overline{\phi}_b e^{-j\omega t} \to k_c \left(|\phi_f|^2 - |\phi_b|^2 \right) \tag{7・42}$$

で評価できる。振幅=ϕ_f なる前向きホワール成分は安定性を低下させる。一方，振幅=ϕ_b なる後ろ向きホワール成分は安定性を向上させる。直線軌跡では $|\phi_f|=|\phi_b|$ だから安定性の低下分と向上分が相等しく，クロスばねの影響が相殺されたわけである。

この異方性を安定化方策に利用するアイディアも可能である。例えば，遠心圧縮機ではシールホワールと呼ばれる不安定系になりやすい。その対策事例として，ティルティングパッド軸受を LOP（Load On Pad）形にしてばね異方性を大きくし安定性余裕を稼ぐ方策[32〜35] や磁気軸受台の異方性導入[36] などが報告されている。

詳しくは，安定化を例証する後述のシミュレーションを参考にされたい。

（二）　クロス減衰　$c_c=(c_{xy}-c_{yx})/2 \to \zeta_c$

等方性の場合と同様に，その影響度合いは通常小さく無視できる。

7・3・6　パラメータサーベイ

ダイレクト減衰 ζ_d およびクロスばね μ_c ならびにばね異方性 μ_b の作用による安定性を調べてみよう。式 (7・2) を質量で除して，整理すると

$$\ddot{z} - j\gamma\Omega\dot{z} + \omega_d^2\left[(1-j\mu_c)z + \mu_b e^{j\theta_b}\overline{z}\right] + 2\zeta_d\omega_d\dot{z} = 0 \tag{7・43}$$

無次元時間 $\tau=\omega_d t$ を導入して，書き換えた次式で考える。

$$z'' - j\gamma p z' + (1-j\mu_c)z + \mu_b e^{j\theta_b}\overline{z} + 2\zeta_d z' = 0 \tag{7・44}$$

パラメータとして，ζ_d=0.05 および γp=0.1 ならびに θ_b=–160° を基本として，クロスばね μ_c と異方性ばね μ_b を変化させたときの安定性解析を表7・3 に示す。

(1)　クロスばね μ_c=0，ばね異方性 μ_b=0.1 のとき：
　　ω_1 振動モードおよび ω_2 振動モードともに同程度に安定である。

(2)　クロスばね μ_c=0.15，ばね異方性 μ_b=0.1 のとき：

表7·3 異方性支持による安定化（$\zeta_d = 0.05$，$\gamma p = 0.1$，$\theta_b = -160°$）

No.	ω_1 水平ホワール	ω_2 垂直ホワール
(1) ばね異方性 $\mu_b = 0.1$ クロスばね $\mu_c = 0$	$\lambda = -0.048 + j\,0.928$	$\lambda = -0.052 + j\,1.07$
(2) ばね異方性 $\mu_b = 0.1$ クロスばね $\mu_c = 0.15$	$\lambda = -0.11 + j\,0.942$	$\lambda = 0.011 + j\,1.06$ 不安定
(3) ばね異方性 $\mu_b = 0.3$ クロスばね $\mu_c = 0.15$	$\lambda = -0.075 + j\,0.847$	$\lambda = -0.025 + j\,1.14$ 安定化

クロスばねの影響で前向き ω_2 振動モードが不安定に陥っている。逆に，後ろ向き ω_1 振動モードの安定度は向上している。

(3) クロスばね $\mu_c=0.15$，ばね異方性 $\mu_b=0.3$ のとき：

ばねの異方性を強めると，だ円軌跡の短軸/長軸比が小さくなり，より直線軌跡に近くなる。すなわち $h_2 \to 1$ に近づいているので，クロスばねの不安定力は弱まり，前向き ω_2 振動モードは安定化されている。逆に，トレードオフとして，後ろ向き ω_1 振動モードの安定度は低下している。

7・4　ジェフコットロータの振動特性

図 7・12 に示すように，円板 m が軸剛性 k_s の質量のない回転軸にとり付けられていて，両端が軸受（ばね定数 $k_d/2$，粘性減衰定数 $c_d/2$）で支えられている系をジェフコット（Jeffcott）[37] ロータという。回転軸の弾性曲げ振動を簡易的に理解するために昔からよく用いられるモデルである。

このロータの並進運動のみを扱う M-K-C 系モデルが図 7・13 で，1.5 自由度系などとも呼ばれる。この系に対しさきに示した 1 自由度系の近似解法を応用して，システムの複素固有値を同定してみよう。

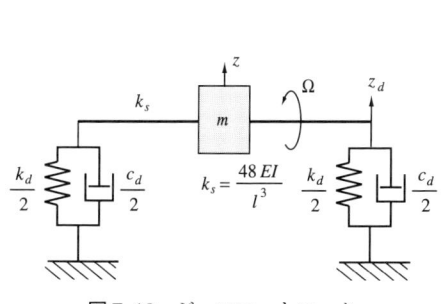

図 7・12　ジェフコットロータ

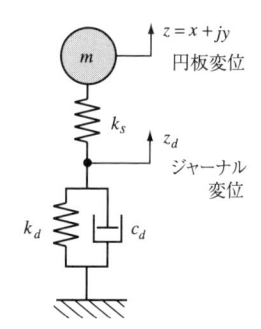

図 7・13　ジェフコットロータモデル

7・4・1　運動方程式

複素変位形式で，円板 m の変位を z，軸受部の回転軸（ジャーナルという）変位を z_d と記す。このときジェフコットロータの運動方程式は次式で表される。

$$\begin{bmatrix} m & 0 \\ 0 & 0 \end{bmatrix} \begin{bmatrix} \ddot{z} \\ \ddot{z}_d \end{bmatrix} + \begin{bmatrix} 0 & 0 \\ 0 & c_d \end{bmatrix} \begin{bmatrix} \dot{z} \\ \dot{z}_d \end{bmatrix} + \begin{bmatrix} k_s & -k_s \\ -k_s & k_s + k_d \end{bmatrix} \begin{bmatrix} z \\ z_d \end{bmatrix} = 0$$

$$\therefore\ M\ddot{Z} + C\dot{Z} + KZ = 0 \tag{7・45}$$

この系の特性方程式は

$$|Ms^2 + Cs + K| = 0 \tag{7・46}$$

で与えられる。

計算結果に一般性を持たせるために，本節ではつぎのパラメータを用意しておこう。

$$\sigma = \frac{k_d}{k_s} : 軸受／軸剛性比$$

$$\omega_s = \sqrt{\frac{k_s}{m}} : 単純支持としたときの固有振動数$$

$$\omega_0 = \sqrt{\frac{k_s}{m}\frac{k_d}{k_s + k_d}} = \omega_s\sqrt{\frac{\sigma}{1+\sigma}} : ジェフコットロータの不減衰固有振動数$$

$$\zeta_d = \frac{c_d}{2\sqrt{mk_d}} : 軸受減衰の大きさ$$

$$\alpha = \frac{k_d}{k_s + k_d} = \frac{\sigma}{1+\sigma}$$

$$\tau = \frac{c_d}{k_d} = \frac{2\zeta_d}{\sqrt{k_d/m}} = \frac{2\zeta_d}{\sqrt{\sigma}\,\omega_s} : 軸受減衰相当の時定数$$

7・4・2 振 動 特 性

ジェフコットロータの振動特性に関しては従来から多面的に多くの研究がなされている。その代表的なものの一つが最適減衰定数の存在[38,39]である。

例えば，図7・14に示すように，支持剛性比 $\sigma=\{0.1, 0.13, 1, 5\}$ とした軸受剛性の小中大に対して，軸受減衰 $\zeta_d(c_d)$ をパラメータに特性根 $\lambda=\alpha+jq$ の変化を調べてみよう。

図(a)は根軌跡で，不減衰特性根 $\lambda=j\omega_0$ から出発し，$\lambda=j\omega_s$ に向かう。途中，最大減衰比領域（「半島」の先端）を通過するが，剛性比 $\sigma\to$ 小のときには過減衰域（負の実軸）を通過する。

図(b)および図(c)には減衰比 $\zeta=-\mathrm{Re}[\lambda]/|\lambda|$ および減衰固有振動数 q の変化の様子

7·4 ジェフコットロータの振動特性

(a) 根 軌 跡

(b) 減衰比 $\zeta = -\mathrm{Re}[\lambda]/|\lambda|$

(c) 減衰固有振動数 q

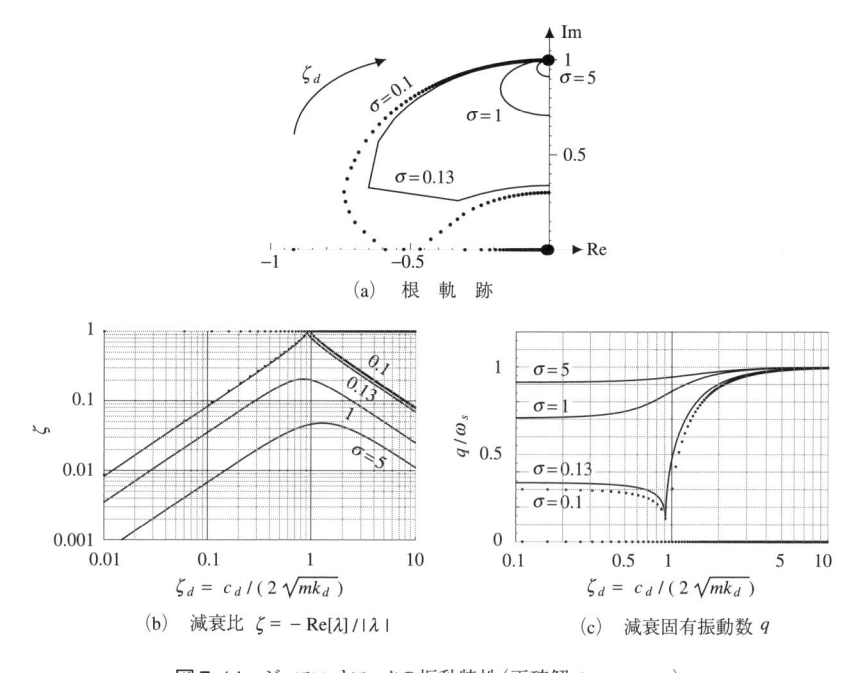

図 7·14 ジェフコットロータの振動特性(正確解 $\lambda = \alpha + jq$)

を示す。減衰比 ζ が最大となる最適条件が存在するので、設計的にはむやみに軸受減衰 c_d を増やすのは得策でないことを知る。

また見方をかえて、不釣合い共振に注目して

$$\text{危険速度} \quad \Omega_c = \frac{|\lambda|}{\sqrt{1-2\zeta^2}}, \quad \text{共振応答倍率} \quad Q = \frac{1}{2\zeta\sqrt{1-\zeta^2}} \tag{7·47}$$

が剛性比 $\sigma = k_d/k_s$ や軸受減衰相当の $c_d\Omega_c/k_d$ をパラメータとしてどのように変化するかを調べたものが図 7·15 で、バルダ (Balda) チャートと呼ばれる。横軸の左側が軟支持で、右側が剛支持である。ある剛性比 σ が決まると Q 値が最小となる最適条件の軸受減衰 c_d が存在することがわかる。ジェフコットロータの振動特性の概略を簡単に理解するうえで好適な図である。

振動特性を示す図 7·14 と図 7·15 から、一般的に「軟く支持し、最適な軸受減衰にチューニング」することが設計指針となる。

この振動特性の近似解析手法について以下に議論する。

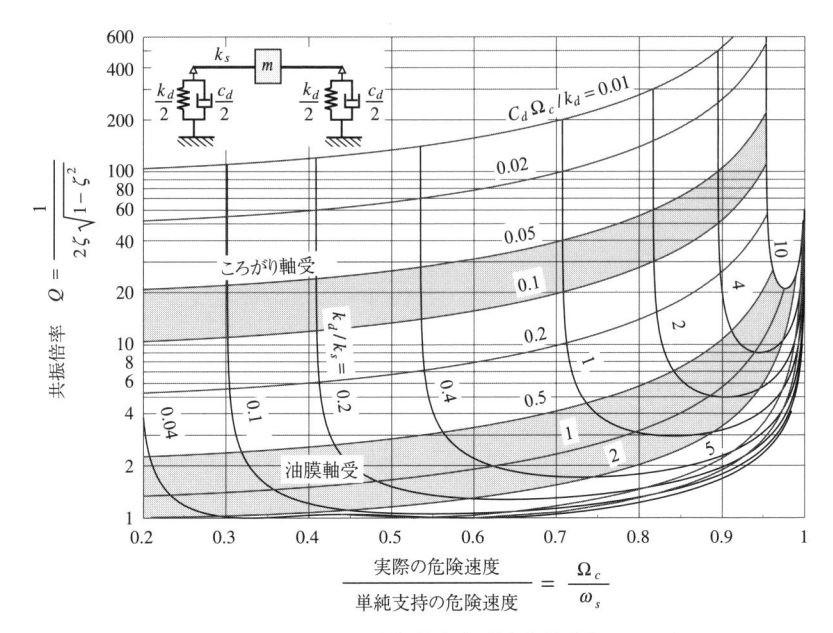

図 7・15 共振倍率（Q値）簡易計算チャート[40]

7・4・3 実モード解析

軸受減衰 $c_d=0$ とした保存系の実固有ベクトル φ は

$$\varphi = \begin{bmatrix} 1 \\ k_s/(k_s+k_d) \end{bmatrix} = \begin{bmatrix} 1 \\ 1/(1+\sigma) \end{bmatrix} \tag{7・48}$$

だから，モーダルモデルの付録1式(5)を参照して，縮小座標変換

$$\begin{bmatrix} z \\ z_d \end{bmatrix} = \varphi z \tag{7・49}$$

を式(7・45)へ代入し，前から φ^t をかけた結果，近似1自由度系

$$m\ddot{z} + c_d\left(\frac{k_s}{k_s+k_d}\right)^2 \dot{z} + \frac{k_s k_d}{(k_s+k_d)} z = 0 \tag{7・50}$$

を得る．よって，減衰固有振動数 q と減衰比 ζ の近似値は，添え字 a を付して次式で与えられる．

$$q_a \approx \omega_0$$

$$\zeta_a \approx \frac{c_d}{2m\omega_0}\left(\frac{k_s}{k_s+k_d}\right)^2 = \frac{\zeta_d}{(1+\sigma)^{3/2}} \tag{7・51}$$

7・4 ジェフコットロータの振動特性

この近似精度を正確解と比較したものが図7・16①である。減衰固有振動数 q_a，減衰比 ζ_a ともに軸受減衰 ζ_d→小の範囲でよく合っているが，減衰比が最大ピークを持つというジェフコットロータの特徴は表現されていない。これは仮定した実モード φ に，具体的には式 (7・48) の2行目要素に，軸受減衰 ζ_d→大で振れが押えられるという事実が反映されていないためである。

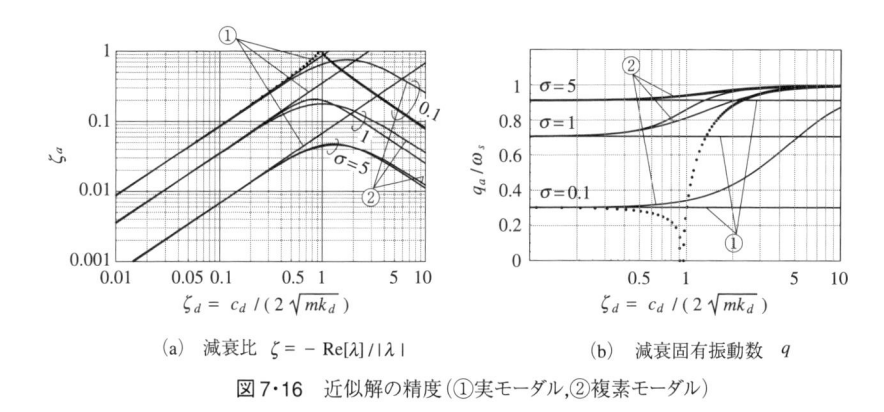

(a) 減衰比 $\zeta = -\mathrm{Re}[\lambda]/|\lambda|$

(b) 減衰固有振動数 q

図7・16 近似解の精度（①実モーダル，②複素モーダル）

7・4・4 複素モード解析

軸受減衰 c_d の作用する非保存系において，周波数 ω における複素モード φ_c を

$$\varphi_c = \begin{bmatrix} 1 \\ k_s/(k_s+k_d+j\omega c_d) \end{bmatrix} = \begin{bmatrix} 1 \\ 1/(1+\sigma+j\tau\omega\sigma) \end{bmatrix} \quad (7\cdot52)$$

とする。これを用い，複素モーダルモデルの付録1式 (11) を参照し，実モード解析と同様の手順を踏んで近似1自由度系を得る。

$$\begin{bmatrix} z \\ z_d \end{bmatrix} = \varphi_c z \quad (7\cdot53)$$

$$m\ddot{z} + C_{eq}\dot{z} + K_{eq}z = 0 \quad (7\cdot54)$$

ただし $C_{eq} = \varphi_c^t C \varphi_c = \dfrac{c_d}{(1+\sigma+j\tau\omega\sigma)^2}$, $\quad K_{eq} = \varphi_c^t K \varphi_c = \dfrac{k_s\sigma[1+(1+j\tau\omega)^2\sigma]}{(1+\sigma+j\tau\omega\sigma)^2}$

上式 (7・54) の第2項と第3項の和をとり周波数 ω に対する動剛性 G_{eq} は

$$G_{eq}(j\omega) = K_{eq} + j\omega C_{eq} = k_s\alpha\frac{1+j\tau\omega}{1+\alpha j\tau\omega} = k_s\frac{(1+\sigma)\sigma+(\tau\omega\sigma)^2+j\tau\omega\sigma}{(1+\sigma)^2+(\tau\omega\sigma)^2} \quad (7\cdot55)$$

ここで，右辺の周波数 ω を不減衰固有振動数 ω_0 として動剛性を $G_{eq}(j\omega_0)$ と定義し，減衰系の固有振動数 q および減衰比 ζ を近似する。添え字 a を付して近似式は次式となる。

$$q_a = \sqrt{\frac{\mathrm{Re}[G_{eq}(j\omega_0)]}{m}} = \omega_s \sqrt{\frac{(1+\sigma)\sigma + (\tau\omega_0\sigma)^2}{(1+\sigma)^2 + (\tau\omega_0\sigma)^2}} = \omega_s \sqrt{\frac{(1+\sigma)^2\sigma + (2\zeta_d\sigma)^2}{(1+\sigma)^3 + (2\zeta_d\sigma)^2}} \quad (7\cdot 56)$$

$$\zeta_a = \frac{\mathrm{Im}[G_{eq}(j\omega_0)]}{2m\omega_a^2} = \frac{1}{2}\frac{\omega_s^2}{\omega_a^2}\frac{\tau\omega_0\sigma}{(1+\sigma)^2 + (\tau\omega_0\sigma)^2} = \frac{\zeta_d\sigma\sqrt{1+\sigma}}{\sigma(1+\sigma)^2 + (2\zeta_d\sigma)^2} \quad (7\cdot 57)$$

式 (7・57) で，$\tau\omega_0 = \dfrac{c_d}{k_d}\omega_0 = \dfrac{2\zeta_d}{\sqrt{1+\sigma}}$ を代入した。

ここで，軸受減衰 $c_d \to$ 小 ($\tau \to$ 小) とし，上式において ζ_d の 2 次以上を省略すればその結果は先述の式 (7・51) に帰着する。

このようにして得られた減衰固有振動 $q_a = \omega_a$ と減衰比 ζ_a の近似精度を正確解と比較した結果を図 7・16 ② に同掲している。さきの実モード解析①に比べ複素モード解析②では大幅に精度は改善されている。かつ最適減衰を示す減衰比ピークの存在も再現されている。しかし，正確解に比べ精度はいま少し不十分である。

近似精度のさらなる向上に関しては次章の図 8・27 を参照されたい。

7・5 不釣合い振動の特徴分析

7・5・1 運動方程式

異方性支持ロータ系の場合，運動方程式 (7・2) の右辺に不釣合い力を付加した次式

$$m\ddot{z} - j\Omega G\dot{z} + k_f z + c_f \dot{z} + k_b \bar{z} + c_b \dot{\bar{z}} = m\varepsilon\Omega^2 e^{j\Omega t} \quad (7\cdot 58)$$

が一般形である。ここでは，クロスばね $k_c=0$ および減衰異方性 $c_b=0$ と簡略化し

$$\ddot{z} - j\Omega\gamma\dot{z} + \omega_d^2 z + 2\zeta_d\omega_d\dot{z} + \omega_d^2\mu_b e^{j\theta_b}\bar{z} = \varepsilon\Omega^2 e^{j\Omega t} \quad (7\cdot 59)$$

とする。また，等方性支持ロータ系では前式で剛性異方性 $\mu_b=0$ とした次式を考える。

$$\ddot{z} - j\Omega\gamma\dot{z} + \omega_d^2 z + 2\zeta_d\omega_d\dot{z} = \varepsilon\Omega^2 e^{j\Omega t} \quad (7\cdot 60)$$

7・5・2 等方性支持ロータ系の不釣合い振動

式 (7・60) の解を前向き円ホワール

7・5 不釣合い振動の特徴分析

$$z = Ae^{j\Omega t} \tag{7・61}$$

とおくと，複素振幅 A は次式で求まる．

$$A = [-(1-\gamma)\Omega^2 + 2\zeta_d \omega_d j\Omega + \omega_d^2]^{-1} \varepsilon \Omega^2 \tag{7・62}$$

この詳細は6・4節で述べたので，ここではその要点のみを再掲する．固有振動数曲線は図7・17に示すように，ジャイロ効果 γ によって前向き（実線 ω_f）と後ろ向き（破線 ω_b）に分かれる．この図に運搬線を併記し，不釣合い力は前向きだから前向き固有振動数曲線 ω_f との交点Fで共振し，その回転数が危険速度 Ω_c である．交点Bでは，ホワールの向きが一致していないので共振しない．よって，共振曲線は図のように一山となる．ジャイロ効果 $\gamma=0$ なら固有振動数曲線はスプリットせず一定（$=\omega_d$）で，危険速度 $\Omega_c=\omega_d$ で共振する．

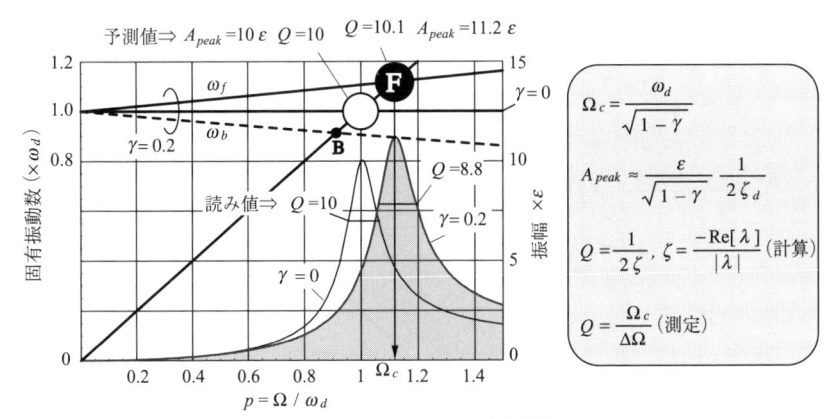

予測値⇒ $A_{peak}=10\varepsilon$ $Q=10$ $Q=10.1$ $A_{peak}=11.2\varepsilon$

読み値⇒ $Q=10$

$$\Omega_c = \frac{\omega_d}{\sqrt{1-\gamma}}$$

$$A_{peak} \approx \frac{\varepsilon}{\sqrt{1-\gamma}} \frac{1}{2\zeta_d}$$

$$Q = \frac{1}{2\zeta}, \ \zeta = \frac{-\mathrm{Re}[\lambda]}{|\lambda|} \ (\text{計算})$$

$$Q = \frac{\Omega_c}{\Delta\Omega} \ (\text{測定})$$

(注)式(6・37)から実測Q値としては $1/(2\zeta\beta) = 10.1/\sqrt{1-0.2} = 9.0$ が観測される．
このように，ジャイロ効果が効くと，共振曲線のすそ野が広くなりQ値は小さく測定される．

図7・17 等方性支持ロータ系の不釣合い共振 $\zeta_d = 0.05$ 異方性 $\mu_b = 0$

危険速度での複素固有値を計算し，Q値および共振ピーク A_{peak} も併記のように予測される．実際の共振曲線から半値法（2・4節）でQ値を読んだ値を共振曲線の傍らに併記している．予測値と読み値はこのようによく一致する．

7・5・3 異方性支持ロータ系の不釣合い振動

式(7・59)の解をだ円ホワールの

$$z = A_f e^{j\Omega t} + \overline{A_b} e^{-j\Omega t} \tag{7.63}$$

とおくと，複素振幅 A_f と A_b は次式で求まる．

$$\begin{bmatrix} -(1-\gamma)\Omega^2 + 2\zeta_d \omega_d j\Omega + \omega_d^2 & \mu_b \omega_d^2 e^{j\theta_b} \\ \mu_b \omega_d^2 e^{-j\theta_b} & -(1+\gamma)\Omega^2 + 2\zeta_d \omega_d j\Omega + \omega_d^2 \end{bmatrix} \begin{bmatrix} A_f \\ A_b \end{bmatrix} = \begin{bmatrix} 1 \\ 0 \end{bmatrix} \varepsilon \Omega^2 \tag{7.64}$$

固有振動数は図7・18に示すように $\omega_1 \fallingdotseq \omega_x$ 側と $\omega_2 \fallingdotseq \omega_y$ 側との2本にはじめから分かれている．固有振動数曲線と運搬線との交点①と②で共振し，ω_1 モードが水平方向に長軸が向くだ円ホワールで，ω_2 モードが垂直方向に長軸を持つだ円ホワールを呈する．このように二山の共振曲線となる．

式 (7・64) の不釣合い振動を解いて，前向き振幅 a_f と後ろ向き振幅 a_b を求めそれを描くと図 (b) である．あるいは，式 (6・51) の変換式を用いて，図 (a) のように水平

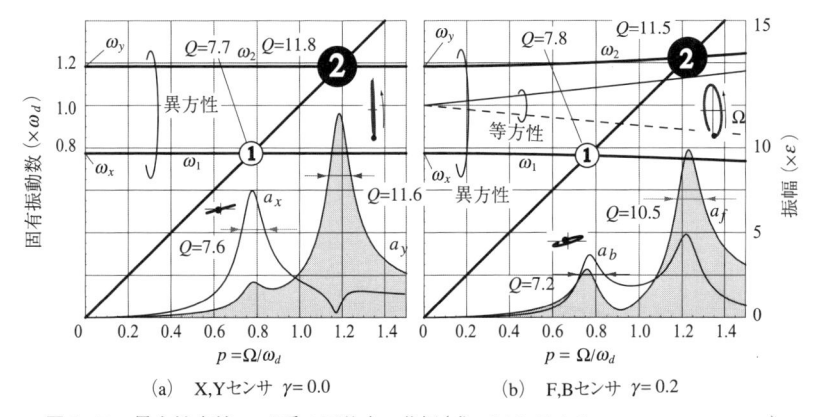

図7・18 異方性支持ロータ系の不釣合い共振（$\zeta_d = 0.05$ 異方性 $\mu_b = 0.4$ $\theta_b = -160°$）

H (X) 方向振幅 a_x ならびに垂直 V (Y) 方向振幅 a_y として描くことも可能である．

図 (b) にみるように，$a_f > a_b$ なら前向きで，その逆なら後ろ向きである．よって，危険速度②での不釣合い共振はつねに前向きホワールだが，危険速度①での不釣合い共振はつねに前向きホワールというわけではなく，後ろ向きホワールとなる場合もあることがわかる．

この場合も同様に，危険速度での複素固有値計算から，減衰比→Q値を推定した結果を交点①と②の上に示している．また，共振曲線の傍らには半値法から読んだQ値を併記している．両者はよく一致しており，計算により不釣合い振動は精度よく予測

できることがわかる。異方性が弱まると，後ろ向き振幅→0となり，交点②が主体の一山ピークの共振曲線で，前向き円形ホワールに近づく。

7・6　事例研究　真円軸受・弾性ロータの振動特性

3円板ロータを真円軸受で支持した系を扱った菊地の論文[41～43)]を引用し，すべり軸受支持弾性ロータの振動特性の基本を理解しよう。このロータの諸元を後述の図12・1に，また図12・3には計算に用いたすべり軸受の動特性などが例示されている。

このロータの不釣合い振動の共振曲線を図7・19に示す。点が実験値で，実線が計算値である。両者はよく合っている。

一般的な軸径比 $L/D = 0.6$ のもと，すきま比① $C/R = 0.001$ を中心に，すきまの大きい② $C/R = 0.003$ と，さらに大きい③ $C/R = 0.01$ （注；非現実的）を比較のために載せている。すきま比が大きくなれば，軸受動特性のXY異方性は顕著になり，共振曲線のピークは左右に分かれる。実験データの $\Omega = 90\text{Hz}$ 付近に注目すると，自励振動「オイルホイップ」の発生とその安定限界回転数を知る。

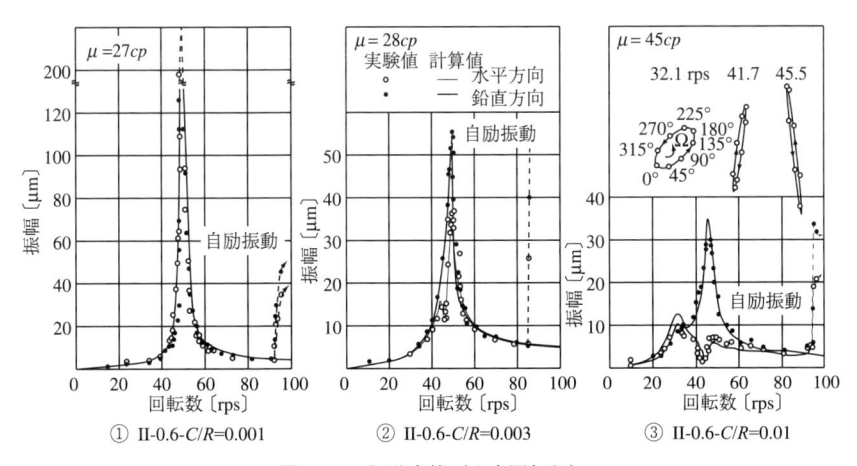

図7・19　振動応答（中央円板部）

7・6・1　危険速度マップ

軸受動特性の子細を無視し，左右軸受を等しいばね定数 k_b で代表させ，簡単化し

たモデルでの危険速度を求めた結果を図7・20に示す。左側が軟支持に，また，右側が剛支持に対応している。この図は危険速度マップと呼ばれ，軸受剛性の大きさによる危険速度の変化を示すもので，ロータ設計の大局を理解するうえで好適である。

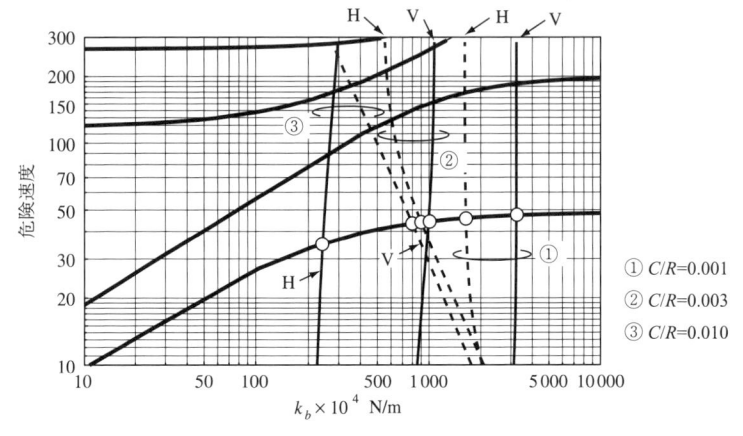

図7・20 危険速度マップ

危険速度マップ図7・20には，各すきま比 C/R における直交方向の軸受動剛性の曲線を併記している。縦軸を回転数 Ω，横軸を軸受剛性と見立てて

　　垂直V方向＝X方向の軸受剛性 $|k_{xx} + j\Omega c_{xx}|$

　　水平H方向＝Y方向の軸受剛性 $|k_{yy} + j\Omega c_{yy}|$

を描いている。

固有振動数曲線とこの水平・垂直の動剛性曲線との交点○印が実際の共振を起こす危険速度と予測される。例えば，すきまの大きい③ $C/R=0.01$ の場合には，異方性が顕著で，水平H方向の低い危険速度が35Hz，高いほうのV方向が45Hzくらいに交点が読みとれる。事実，対応する不釣合い共振曲線図7・19③のピーク回転数によく一致している。

このように危険速度マップは，軸受剛性に対応する危険速度の予測がかなりの精度で可能であり，ロータ設計の基本となる図として設計現場で多用されている。

7・6・2　複素固有値計算とQ値

各回転数ごとに軸動特性を後述の運動方程式 (12・1) に代入し，右辺 $=0$ のもと

7・6 事例研究 真円軸受・弾性ロータの振動特性

複素固有値 $\lambda=\alpha+jq$ を計算する。減衰固有振動数 q と減衰比 $\zeta=-\alpha/|\lambda|$ を回転数 Ω をパラメータに表示した結果が図7・21である。ζ 軸は 1〜0.1 は Log で，0.1 以下は Linear で表しているので留意されたい。

上段の運搬線 1X と固有振動数との交点●○印から危険速度が求まり，そのときの減衰比を下段から読みとり，Q 値を推定する。λ_3 モードと λ_4 モードに交点があるが，λ_4 モードのほうが減衰比が小さく，Q 値が大きい。λ_4 の減衰比●印より，各①②③における Q 値は 200, 25, 12 と推定される。

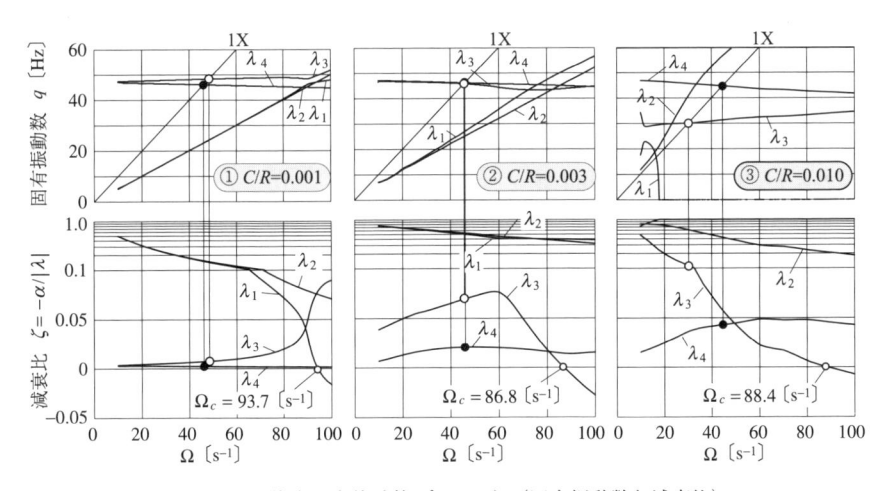

図7・21　複素固有値計算 $\lambda=\alpha+jq$ （固有振動数と減衰比）

7・6・3　根　軌　跡

回転数 Ω をパラメータに複素固有値を複素平面にて表示したものが根軌跡で，結果を図7・22に示す。複素固有値の実部が正に陥れば不安定で，オイルホイップが発生したことを意味している。

ところで，①の場合のオイルホイップは λ_1 モードで発生し「ハーフスピードモード」と呼ばれ，②③の場合には λ_3 モードで発生し「軸曲げモード」と呼ばれる。不安定振動の「出身モード」は C/R により異なるが，実際の自励振動の発生モード形状はどちらも軸曲げ振動である。

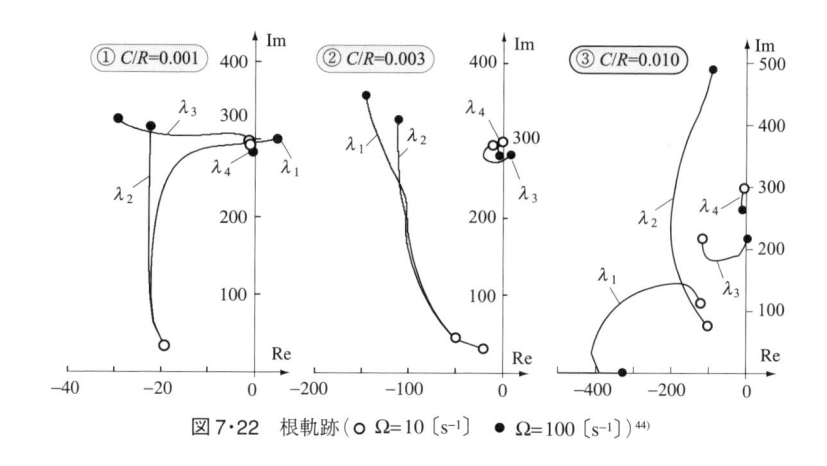

図7・22 根軌跡（○ $\Omega=10$ [s^{-1}]，● $\Omega=100$ [s^{-1}]）[44]

7・6・4 不釣合い振動共振曲線

不釣合い振動の場合の共振曲線の計算例を図7・23に示す。図③に顕著なようにすきま比が大の場合，最初のピークは水平H方向共振で，つぎのピークが垂直V方向共振である。共振点はこの二山に分かれる。また図①に示すように，すきま比が小さくなるほど一山ピークに移る。

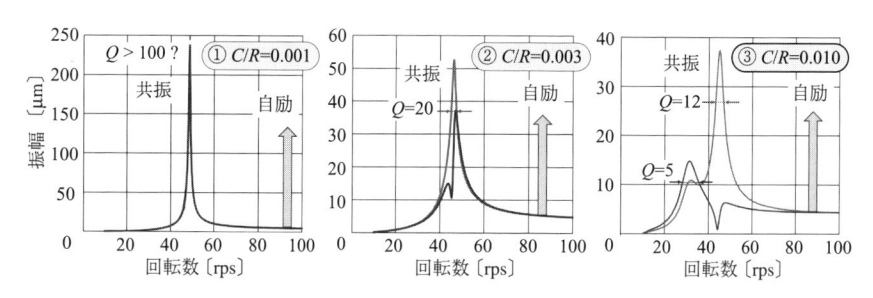

図7・23 真円軸受支持ロータの不釣合い振動共振曲線

半値法でQ値を読むと，①の場合にQ値は100以上ありよく読めず，②の場合にはQ値=20，③の場合にはQ値=12とQ値=5が読みとれる。ここでの読み値はさきのQ値推定値とよく合っている。

実験でオイルホイップが発生したオンセット回転数を上向き矢印で併記している。これは図7・21の減衰比曲線が正から負に転じる回転数とおおむね一致している。

第8章
開ループと振動特性近似評価

 ロータ系の振動特性は（減衰）固有振動数と減衰比で表される。ここまでの章において固有値方程式を解いて推定する方法，インパルス応答波形から推定する方法，あるいは正弦波加振の共振曲線から推定する方法を学んだ。そこで，見方を変えて開ループ特性を利用する方法を考える。

 開ループ特性そのものは制御工学分野の用語である。しかし，軸受ロータ系も図8・1に示すような制御系風のシステム描写と等価で，開ループ特性から系の振動特性を評価することも可能である。すなわち，開ループ特性のゲイン交差周波数とそこでの位相余裕を読みとると，前者は固有振動数の推定値であり，後者は減衰特性の指標を表す。ここでは，開ループ特性を活用した振動特性評価法を論じる。

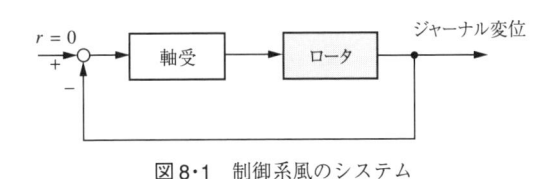

図8・1 制御系風のシステム

8・1 単振動系の開ループ特性

8・1・1 質量・ばね・減衰の単振動系と開ループ特性

図8・2に示す $m\text{-}k\text{-}c$ からなる単振動系の運動方程式は時間領域で

$$m\ddot{x}(t) = u(t)$$
$$-u(t) = kx(t) + c\dot{x}(t)$$

(8・1)

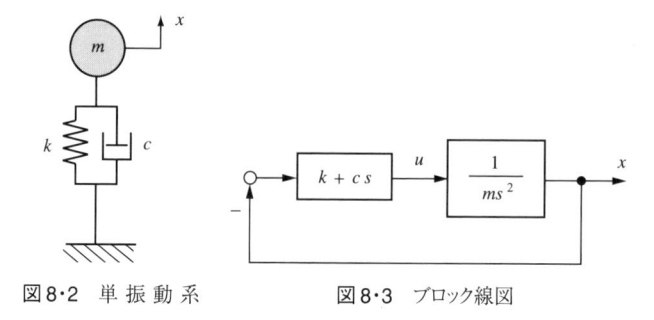

図8・2　単振動系　　図8・3　ブロック線図

で，初期値 =0 のもとラプラス変換した s 領域では

$$ms^2 x(s) = u(s)$$
$$-u(s) = (k+cs)x(s)$$
(8・2)

と書ける。これに対応するブロック線図を図8・3に示す。

この系の開ループ伝達関数とその周波数応答ボード線図の概略を図8・4に示す。

$$G_o(s) = \frac{k+cs}{ms^2} \quad \rightarrow \quad G_o(j\omega) = \frac{k+j\omega c}{-m\omega^2}$$
(8・3)

同図に示すように，ゲイン曲線が 1=0dB を横切る周波数をゲイン交差周波数 ω_g という。またそのときの位相を-180°基準で上側にみたものを位相余裕 ϕ_m という。

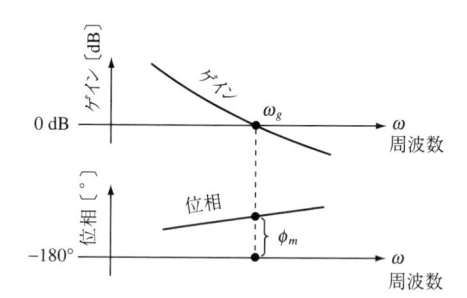

図8・4　ゲイン交差周波数 ω_g と位相余裕 ϕ_m

ゲイン交差周波数 ω_g は

$$\frac{|k+j\omega_g c|}{m\omega_g^2} = 1$$
(8・4)

8・1 単振動系の開ループ特性

$$\therefore \quad \left(\frac{\omega_g}{\omega_n}\right)^4 - 4\zeta^2\left(\frac{\omega_g}{\omega_n}\right)^2 - 1 = 0 \tag{8・5}$$

ただし $\omega_n = \sqrt{k/m}$, $2\zeta\omega_n = c/m$

これを解くと

$$\omega_g = \omega_n\sqrt{2\zeta^2 + \sqrt{1+4\zeta^4}} \quad (厳密値) \tag{8・6}$$

$$\omega_g \approx \omega_n\sqrt{1+2\zeta^2} \quad (\zeta \doteqdot 0 時の近似値) \tag{8・7}$$

となる。これらを下記の関連変数

減衰固有振動数: $q = \omega_n\sqrt{1-\zeta^2}$ (8・8)

危険速度: $\Omega_c = \omega_n / \sqrt{1-2\zeta^2}$ ($\zeta < 1/\sqrt{2} = 0.71$) (8・9)

と比較したものが図8・5である。その大きさの関係は

　　危険速度 $\Omega_c \geq$ ゲイン交差周波数 ω_g (厳密) (∵式(8・6))

　　　　　　　$\geq$ ゲイン交差周波数 ω_g (近似) (∵式(8・7))

　　　　　　　$\geq$ 不減衰固有振動数 $\omega_n \geq$ 減衰固有振動数 q

となっている。もちろん，減衰が小さい系ではこれら5個の情報は不減衰固有振動数 ω_n に近づく。

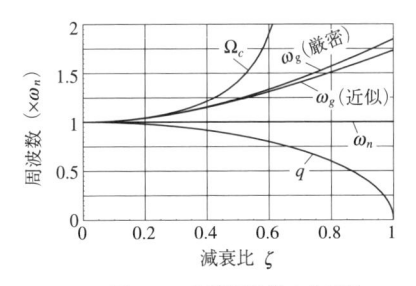

図8・5 各種振動数の比較[14]

また，実際的な範囲 $\zeta = 0 \sim 0.4$ 程度までにおいては，$\Omega_c \doteqdot \omega_g$ であり，ゲイン交差周波数 ω_g とは不釣合い振動の共振周波数（危険速度）Ω_c を指すといえる。

つぎに，位相余裕 ϕ_m と減衰比 ζ の関係を調べてみる。開ループ特性式 (8・3) の分子に注目すると，図8・6 に示すような三角形 $k+j\omega c$ の偏角が位相余裕の

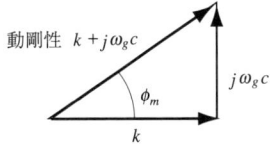

図8・6 位相進み角度 ($\omega = \omega_g$)

ことである。よって，次式が成り立つ。

$$\tan\phi_m = \frac{\omega_g c}{k} \tag{8・10}$$

いま，式 (8・10) を変形し，関係式 $\omega_n c/k = 2\zeta$ を代入すると，位相余裕 ϕ_m と減衰比 ζ の関係を得る。

$$\tan\phi_m = \frac{\omega_n c}{k}\frac{\omega_g}{\omega_n} = 2\zeta\sqrt{2\zeta^2 + \sqrt{1+4\zeta^4}} \quad \text{(厳密値)} \tag{8・11}$$

$$\tan\phi_m \approx \frac{\omega_n c}{k}\frac{\omega_g}{\omega_n} = 2\zeta\sqrt{1+2\zeta^2} \quad (\zeta \fallingdotseq 0 \text{ 時の近似値}) \tag{8・12}$$

位相余裕 ϕ_m を減衰比 ζ との関係式 (8・11) から厳密に求めたものが図 8・7 ①である。これに対し，関係式 (8・12) を用いて描いたものが同図②である。厳密解①によく合っている。式 (8・12) において，$\phi_m \approx 0$ としてさらに近似すると

$$\tan\phi_m = 2\zeta \iff \zeta = \frac{1}{2}\tan\phi_m \quad (\zeta \fallingdotseq 0 \text{ 時の簡易近似式}) \tag{8・13}$$

が得られ，それを描いたものが同図③である。減衰比 ζ の過大評価となるが，実際的な範囲 $\phi_m = 0° \sim 40°$ では遜色のない精度である。以後，この近似式を簡易的に用いることにする。

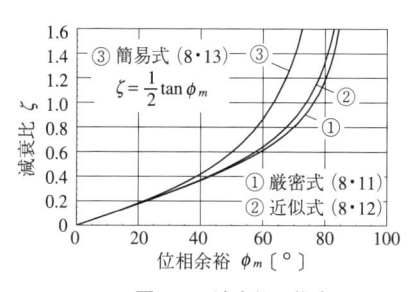

図 8・7　減衰比の推定

例題 8・1　図 8・1 の系で，$m=1$，$k=1$，$c=0.2$ のときの開ループ特性のボード線図を図 8・8 に示す。周波数軸は不減衰固有振動数 ω_n で無次元化されている。
(1)　ゲイン交差周波数 ω_g と位相余裕 ϕ_m を読みとれ。
(2)　これらの読み値から，危険速度 Ω_c，減衰比 ζ，Q 値を推定せよ。
(3)　この系の特性根 λ を直接求め，減衰比 ζ の推定値と比較せよ。

8・1 単振動系の開ループ特性

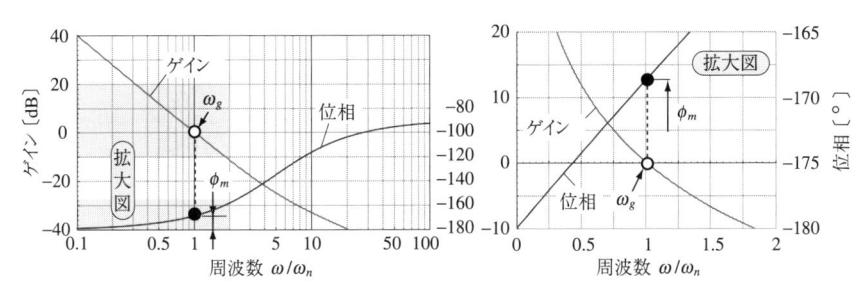

図8・8 単振動系の開ループ特性

解

(1) $\omega_g=1$, $\phi_m=11.4°$

(2) $\Omega_c=\omega_n=1$, $\zeta=$ 近似式 (8・13) $=0.1$, $Q=1/(2\zeta)=5$

(3) $\lambda^2+1+0.2\lambda=0 \to \lambda=-0.1\pm j0.995 \to \zeta=-\mathrm{Re}[\lambda]/|\lambda|=0.1 \to$ 推定値に一致

例題8・2 図8・2の系で,$m=1$,$k=1$,$c=0.8$ のときの開ループ特性のボード線図を図8・9に示す。周波数軸は不減衰固有振動数 ω_n で無次元化されている。

(1) ゲイン交差周波数 ω_g と位相余裕 ϕ_m を読みとれ。
(2) これらの読み値から,危険速度 Ω_c,減衰比 ζ,Q値を推定せよ。
(3) この系の特性根 λ を直接求め,減衰比 ζ の推定値と比較せよ。

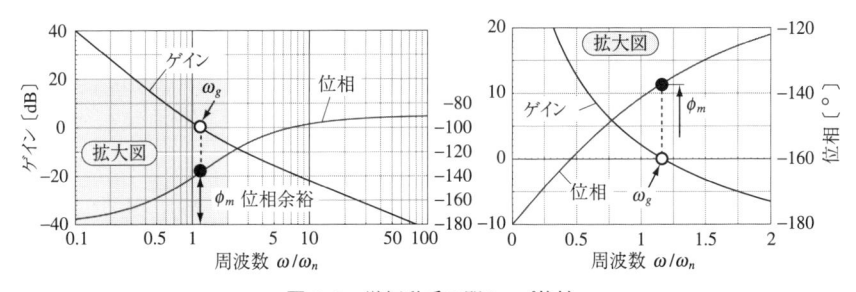

図8・9 単振動系の開ループ特性

解

(1) $\omega_g=1.17$, $\phi_m=43.4°$

(2) $\Omega_c=\omega_n=1.17$, $\zeta=$ 厳密式 (8・11) $=0.41$/近似式 (8・13) $=0.47$, $Q=1/(2\zeta\sqrt{1-\zeta^2})=1.33$

(3) $\lambda^2+1+0.8\lambda=0 \to \lambda=-0.4\pm j0.917 \to \zeta=0.4 \to$ 推定値におおむね一致

例題8・3 図8・10に示す2段軸受の単振動系に関し,下記に答えよ。

(1) 開ループ特性が次式となることを示せ。
$$G_o(s) = \frac{1}{ms^2} \frac{k_s(k+cs)}{k_s+k+cs} \quad (8\cdot14)$$

(2) $m=1$,$k_s=k=1$,$c=0.8$のときの開ループ特性を示すボード線図を図8・11に示す。周波数軸は単純支持系固有振動数 $\omega_s = \sqrt{k_s/m}$ で無次元化されている。ゲイン交差周波数 ω_g と位相余裕 ϕ_m を読みとれ。

(3) これらの読み値から,危険速度 Ω_c,減衰比 ζ,Q値を推定せよ。

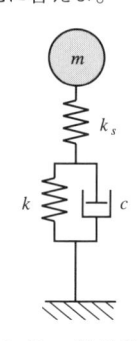

図8・10 2段軸受ジェフコットロータ

(4) この系の特性根 λ を直接求め,減衰比 ζ の推定値と比較せよ。

(5) 仮に質量 m を可変としたとき,最大の減衰比を得るために質量はいくらにすべきか。そのときの危険速度と最大減衰比はいくらか。

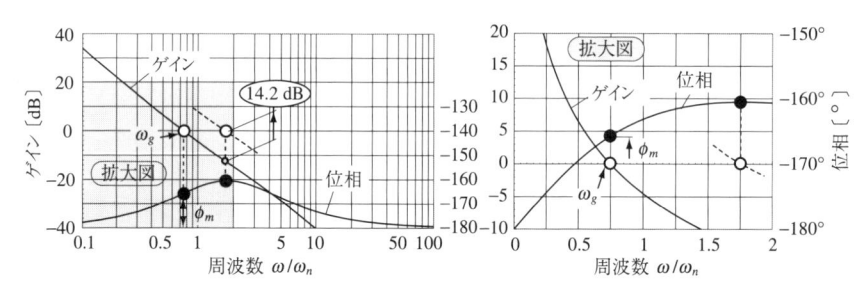

図8・11 2段軸受系開ループ特性

解

(2) $\omega_g=0.75$ $\phi_m=14.5°$

(3) $\Omega_c=\omega_n=0.75$, ζ:近似式(8・13)=0.13, $Q=1/(2\zeta\sqrt{1-\zeta^2})=3.9$

(4) 特性方程式 $1+G_o(s)=0 \to \lambda = -0.1 \pm j0.73 \to \zeta=0.13 \to$ 近似値に一致

(5) 破線にて図示のように,最大位相進みとゲイン交差周波数が一致するように,ゲイン曲線を14.2dBアップする。そのためには質量を-14.2dB=0.19倍に軽くする。その結果は,危険速度 $\omega_g=\Omega_c=1.75$,最大位相進み $\phi_m=20°$,最大減衰比 $\zeta=0.18$

例題8・4 さきの例題8・1~8・3のボード線図を比較したものが図8・12である。

8・1 単振動系の開ループ特性　　199

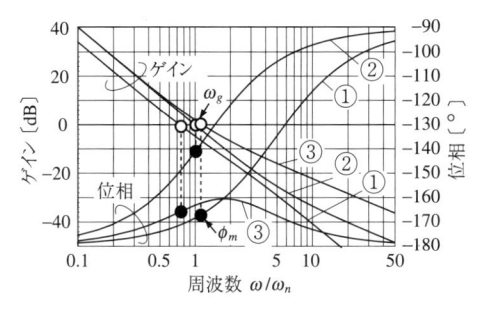

図8・12　開ループ特性の比較

(1) 再度図を読みとり振動特性をまとめるとつぎのようになる。確認せよ。

① 例題8・1　$\omega_g=1$　$\phi_m=11.4°$　$\zeta=0.1$　$Q=5$
② 例題8・2　$\omega_g=1.17$　$\phi_m=43.4°$　$\zeta=0.41$　$Q=1.33$
③ 例題8・3　$\omega_g=0.75$　$\phi_m=14.5°$　$\zeta=0.13$　$Q=3.9$

(2) ①，②，③のボード線図の違いを吟味せよ。

解

(2) ①や②の単振動系では減衰を増やせばそれに伴い減衰比も向上する。しかし，③の2段軸受の場合，位相進みの最大，すなわち到達可能な最大減衰比が存在する。

実際の軸受系は例題8・3の場合であるので，軸受パラメータを最適な値に調整せねばならない。

例題8・5　さきの例題8・1〜8・3における系の不釣合い振動の振幅Aは，①と②の場合

$$A = \frac{m\varepsilon\Omega^2}{ms^2 + k + cs} \tag{8・15}$$

③の場合

$$A = \frac{m\varepsilon\Omega^2}{ms^2 + \dfrac{k_s(k+cs)}{k_s+k+cs}} \tag{8・16}$$

に対して$s=j\Omega$を代入して計算される。その結果の共振曲線が図8・13である。半値法で共振曲線のQ値を読みとり，先の例題の推定値と比較せよ。

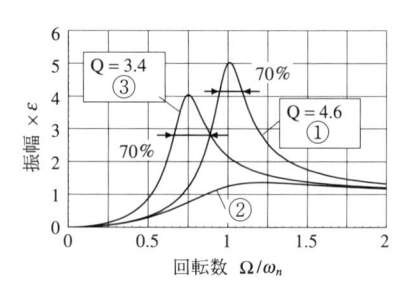

図 8・13　不釣合い振動共振曲線

解

①の場合，半値法の Q 値 =4.6 ← 推定値 Q=5 に合っている。

②の場合，半値法の Q 値 = 読みとれず ← 推定値 Q=1.33 だから当然。

③の場合，半値法の Q 値 =3.4 ← 推定値 Q=3.9 にほぼ合っている。

8・1・2　開ループ特性の測定

単振動系をブロック線図に描いた図 8・14 は閉ループ系である。このような制御系の開ループ特性を測定する方法は，図に示すように閉ループ系の一端から正弦波加振 $E = e^{j\omega t}$ を入力し，入力点前後の信号の周波数応答振幅比をとったものが開ループ伝達関数 G_o である。

$$G_o(s) = -\frac{V_1(s)}{V_2(s)} = -\frac{V_1(s)}{V_1(s)+E(s)} \tag{8・17}$$

実際，この状況では

$$ms^2 x(s) = -(k+cs)[x(s)+E(s)] \tag{8・18}$$

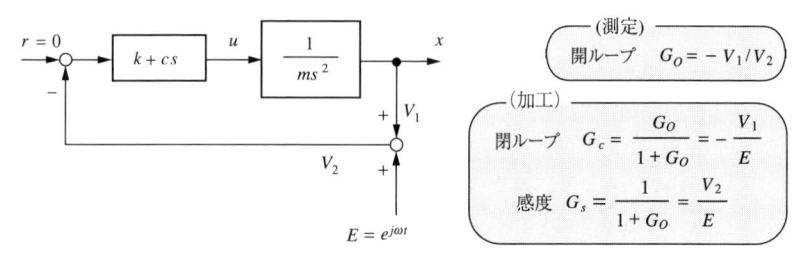

図 8・14　開ループ伝達関数の測定[45]

だから

$$V_1(s) \equiv x(s) = -\frac{k+cs}{ms^2+cs+k}E(s)$$
$$V_2(s) \equiv V_1(s) + E(s) = \frac{ms^2}{ms^2+cs+k}E(s) \tag{8・19}$$

よって

$$G_o(s) \equiv -\frac{V_1(s)}{V_2(s)} = \frac{k+cs}{ms^2} \tag{8・20}$$

となり，確かに開ループ特性が求まる。具体的には，正弦波入力に対する振幅応答 $V_1(j\omega)$ と $V_2(j\omega)$ の比をとればよい。また，図に示すような加工を行って，閉ループ特性 G_c および感度関数 G_s が求まる。

8・2　モード別の開ループ特性

8・2・1　モーダルモデル

行列形式の質量 M—剛性 K—減衰 D よりなる一般的な振動系に対する運動方程式は

$$M\ddot{X}(t) + KX(t) + D\dot{X}(t) = 0 \tag{8・21}$$

と書かれ，s 領域で表して

$$Ms^2 X(s) = U$$
$$U = -(K+Ds)X(s) \tag{8・22}$$

である。これに対応するブロック線図は図 8・15 である。

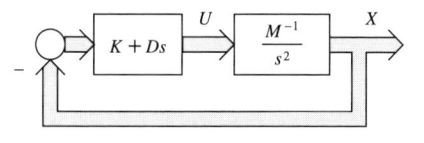

図 8・15　物理座標系

いま，保存系条件のもとに質量 M—剛性 K システムの固有値解析を行い，得られた固有ベクトルを横に並べて，モード行列を定義する。

$$\Phi = [\phi_1 \quad \phi_2 \quad \cdots \quad \phi_n] \tag{8・23}$$

物理座標からモード座標への変換
$$X(t) = \Phi\eta(t) \text{ および } X(s) = \Phi\eta(s) \tag{8・24}$$
を施す。具体的には，式 (8・24) を式 (8・22) へ代入すると次式を得る。
$$s^2 M\Phi\eta(s) = U$$
$$U = -(K + Ds)\Phi\eta(s) \tag{8・25}$$
対応するブロック線図は図 8・16 である。これが実際の物理座標 X と仮想のモード座標 η が混在した表現である。

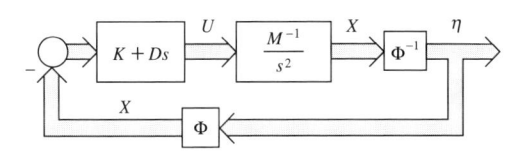

図 8・16 物理座標 X とモード座標 η

式 (8・25) に対して，モード行列の転置を前からかける合同変換を行う。
$$s^2 \Phi^t M\Phi\eta(s) = U$$
$$U = -\Phi^t(K + Ds)\Phi\eta(s) \tag{8・26}$$
ここで，モード行列 Φ は質量行列 M および剛性行列 K を介して直交しているので合同変換の結果は対角行列である。
$$\Phi^t M\Phi = \text{diagonal}[m_1^* \quad m_2^* \quad \cdots \quad m_n^*]$$
$$\Phi^t K\Phi = \text{diagonal}[k_1^* \quad k_2^* \quad \cdots \quad k_n^*] \tag{8・27}$$
これらの対角要素をそれぞれモード質量 m_i^*，モード剛性 k_i^* という。

さらに，減衰行列 D に関しては，合同変換によって一般には対角行列とはならないが，実務的には対角と考えても十分であることが知られている。
$$\Phi^t D\Phi \approx \text{diagonal}[d_1^* \quad d_2^* \quad \cdots \quad d_n^*] \quad (d_i^* = \phi_i^t D\phi_i) \tag{8・28}$$
このように，モード減衰 d_i^* を同様に対角成分のみにて定義する。

この結果，式 (8・26) のすべての係数行列は対角行列となり，対角要素ごとに各モードに分離して考えることが可能となる。対応するブロック線図は図 8・17 (a) で表され，その内の 1 本をとり出したのが図 (b) である。各モードごとに独立の単振動系のブロック線図の集合とみなせる。この段階で

8・2 モード別の開ループ特性

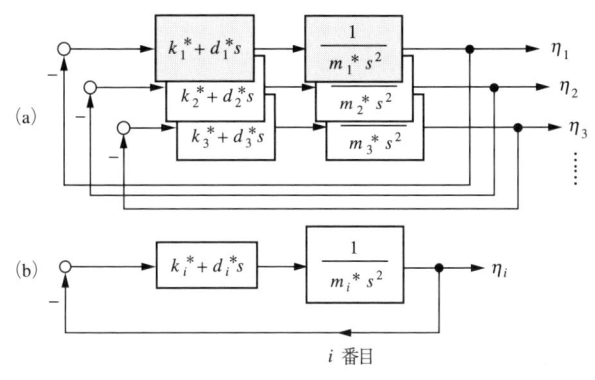

図8・17 各モード独立のブロック線図

$$固有振動数 \quad \omega_i = \sqrt{k_i^* / m_i^*}$$
$$モード減衰比 \zeta_i = d_i^* / \left(2\sqrt{m_i^* k_i^*}\right) \tag{8・29}$$

が定義される。

8・2・2 モード別開ループ特性

図8・17において第1次モード系のみをとり出したものが図8・18 (a) である。右下にはモード座標上の開ループ特性計測法が，図8・14をまねて，図示されている。具体的に1次モード ϕ_1 に注目したものである。この閉ループ回路の一端から正弦波加

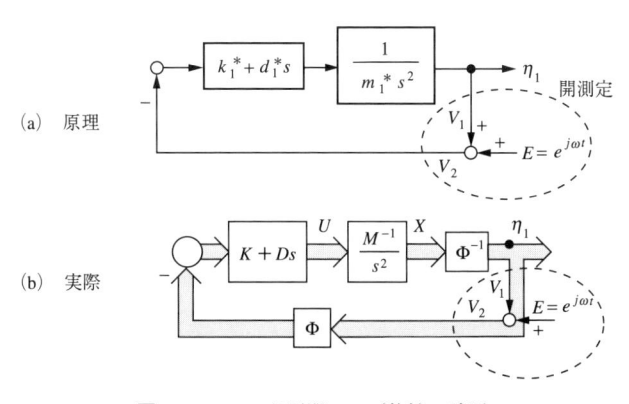

図8・18 モード別開ループ特性の計測

振 $E = e^{j\omega t}$ を入力し，入力点前後の信号の応答振幅比をとったものが開ループ伝達関数 G_o である．

$$G_o(s) = -\frac{V_1(s)}{V_2(s)} \tag{8・30}$$

このモード別開ループ特性はモード座標上のもので，仮想の世界である．これを実世界である物理座標上で実現するには，図8・18 (b) の右下に追記するような方法で計測可能である．すなわち，両図に示すようにモード座標 η_1 の一端から加振力 $E = e^{j\omega t}$ を入力した場合

$$Ms^2 X(s) = -(K + Ds)[\Phi \eta(s) + \phi_1 E(s)]$$
$$\therefore X(s) = -(Ms^2 + Ds + K)^{-1}(K + Ds)\phi_1 E(s) \tag{8・31}$$

だから，物理座標系各質点の応答振幅 $X(j\omega)$ は次式で計算される．

$$X(j\omega) = -(-M\omega^2 + K + j\omega D)^{-1}(K + j\omega D)\phi_1 \tag{8・32}$$

1次モード ϕ_1 に対応するモード座標の応答振幅 $\eta_1(j\omega)$ に換算して，式 (8・24) より

$$\eta_1(j\omega) = C\eta(j\omega) = C\Phi^{-1}X(j\omega) \tag{8・33}$$

ただし $C = [1 \ 0 \ \cdots \ 0] =$ 出力行列

と書かれる．しかし，実際にはモードの打ち切りがあるので，モード行列 Φ の列数は行数より小さいことが多い．このような事情で，モード行列 Φ が正方行列でないため逆行列がとれない場合には，近似的な逆行列で代用する．

$$\eta_1(j\omega) = C\eta(j\omega) = C(\Phi^t\Phi)^{-1}\Phi^t X(j\omega) \tag{8・34}$$

よって，1次モード座標に関する開ループ特性は，$V_1 = \eta_1$，$V_2 = V_1 + 1$ だから，次式で求まる．

$$G_{o1}(j\omega) = -\frac{\eta_1(j\omega)}{\eta_1(j\omega) + 1} \tag{8・35}$$

他の i 次モードについては，η_1 の応答を i 番目の応答 η_i に転ずることによって，モード別加振のモード別応答が計算される．

具体的手順としては，各モードの固有振動数 ω_i 付近で，固有モード ϕ_i を倍率としたモード別分布加振とモード別応答計測を，$i = 1 \cdots n$ にわたって各周波数帯域ごとに

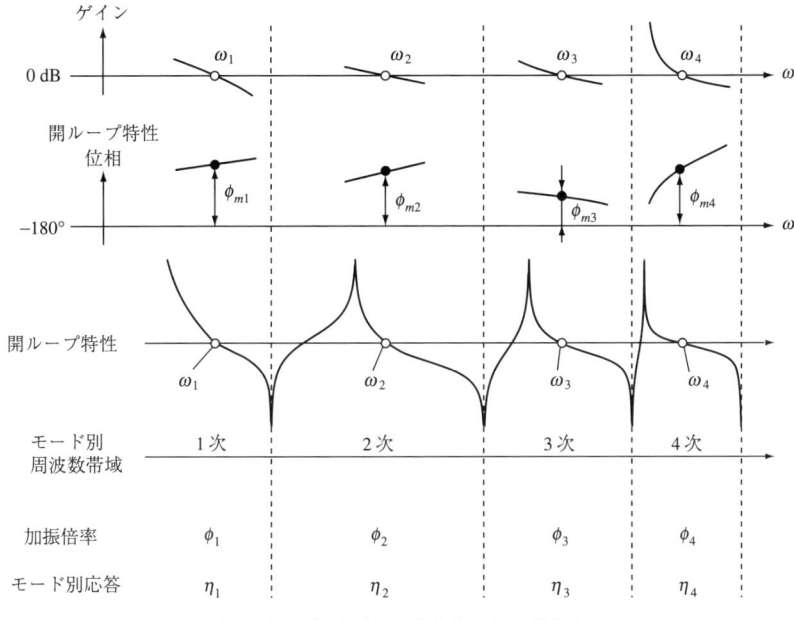

図8·19 各モード区間ごとの開ループ特性

計算すればよい．その結果，図8·19に示すように，各固有振動数帯域ごとに各モードの開ループ特性（ゲイン曲線および位相曲線）が得られる．ゲイン曲線が0dB=1を横切る周波数がゲイン交差周波数ω_gで，これは各モードの固有振動数を意味する．また，位相を-180°基準でみた進む量が位相余裕ϕ_mで，式(8·13)でモード減衰比ζに換算される．

例題8·6 図8·20に示す3自由度系について下記に答えよ．

(1) 質量行列M，剛性行列K，減衰行列Dを求めよ．
(2) 不減衰M-K系の固有振動数ω_iと固有モードϕ_iが図8·20になることを確認せよ．
(3) 減衰M-D-K系の減衰固有値を求め，各モードの正確な減衰比が図8·20に併記の値となることを確認せよ．
(4) モード別開ループ伝達関数が図8·21となることを確認せよ．
(5) モード別開ループ伝達関数のゲイン交差周波数ω_gと位相余裕ϕ_mを図8·21から読みとり，減衰比の近似値を求め，(3)の正確値と比較せよ．

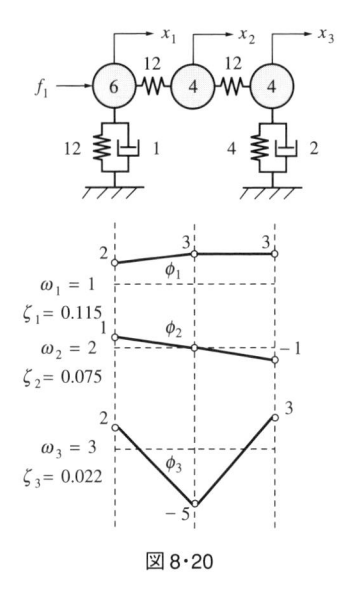

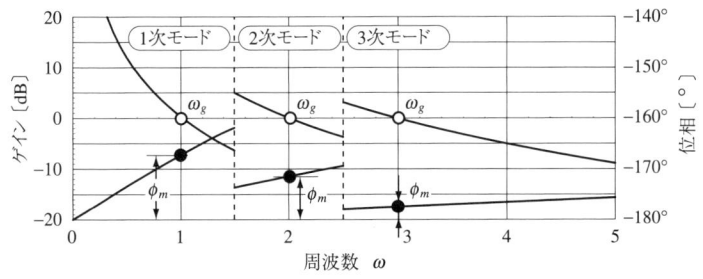

206   第8章　開ループと振動特性近似評価

図8・20

図8・21　モード別開ループ伝達関数

解

(1) $M = \begin{bmatrix} 6 & 0 & 0 \\ 0 & 4 & 0 \\ 0 & 0 & 4 \end{bmatrix}$, $K = \begin{bmatrix} 24 & -12 & 0 \\ -12 & 24 & -12 \\ 0 & -12 & 16 \end{bmatrix}$,

$D = \begin{bmatrix} 1 & 0 & 0 \\ 0 & 0 & 0 \\ 0 & 0 & 2 \end{bmatrix}$

(2) 不減衰固有値問題 $\omega_n^2 M\phi = K\phi$ を解く

固有値　$\omega_n^2 = \{1\ \ 4\ \ 9\}$

→固有振動数 $\omega_n = \{1\ \ 2\ \ 3\}$

モード行列 $\Phi = \begin{bmatrix} 2 & 1 & 2 \\ 3 & 0 & -5 \\ 3 & -1 & 3 \end{bmatrix}$ → 図8・20のモード形状

(3) 特性方程式 $|Ms^2 + Ds + K| = 0$ を解いて

減衰固有値　$s = \{-0.116 \pm j0.998\ \ -0.15 \pm j1.99\ \ -0.067 \pm j2.99\}$

モード減衰比の正確値 $\zeta_e = -\mathrm{Re}(s)/|s| = \{0.115\ \ 0.0754\ \ 0.0225\}$

(4) モード座標の応答 $\eta(s) = -\Phi^{-1}(Ms^2 + Ds + K)^{-1}(Ds + K)\Phi$　（3行×3列）

モード別開ループ伝達関数

1次モード　$G_o(j\omega) = -\eta(1,1)/[\eta(1,1)+1]$　　$0 < \omega < 1.5$

2次モード　$G_o(j\omega) = -\eta(2,2)/[\eta(2,2)+1]$　　$1.5 < \omega < 2.5$

3次モード　$G_o(j\omega) = -\eta(3,3)/[\eta(3,3)+1]$　　$2.5 < \omega$

を定義して，それをボード線図として図示 → 図8・21

(5) 図8・21からゲイン交差周波数 ω_g と位相余裕 ϕ_m を読みとる。

$\omega_g = \{1\ \ 2\ \ 3\}$

$\phi_m = \{13°\ \ 8.8°\ \ 2.8°\}$ → $\zeta_a = 0.5\tan\phi_m = \{0.116\ \ 0.077\ \ 0.0244\}$

これは (3) の ζ_e に一致している。

8・3　ジェフコットロータの開ループ特性

7・4節と同様に，本節では下記の変数および無次元パラメータを用いる。

$\sigma = k_d/k_s$：軸受/軸剛性比

$\omega_s = \sqrt{k_s/m}$：単純支持としたときの固有振動数

$\omega_0 = \sqrt{k_s k_d/(k_s + k_d)/m} = \omega_s\sqrt{\sigma/(1+\sigma)}$：不減衰固有振動数

$\zeta_d = \dfrac{c_d}{2\sqrt{mk_d}} = $ 軸受減衰の大きさ

8・3・1　「2段軸受」と位相進み回路

ジェフコットロータ（図8・22(a)）を等方性のダイレクトばね k_d および粘性減衰 c_d

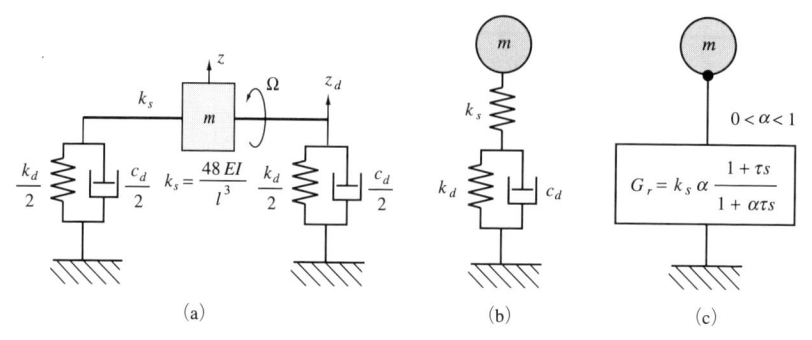

図8・22 ジェフコットロータモデル

で支持したモデル(図(b))において,軸剛性 k_s と軸受動剛性 $k_d+c_d s$ は「2段軸受」の直列結合とみて,その伝達関数 G_r は

$$G_r = \cfrac{1}{\cfrac{1}{k_s} + \cfrac{1}{k_d + c_d s}} = \frac{k_s(k_d + c_d s)}{k_s + k_d + c_d s} = \frac{k_s k_d}{k_s + k_d} \cfrac{1 + \cfrac{c_d s}{k_d}}{1 + \cfrac{k_d}{k_s + k_d} \cfrac{c_d s}{k_d}} \quad (8 \cdot 36)$$

$$\therefore \quad G_r(s) = k_s \alpha \frac{1 + \tau s}{1 + \alpha \tau s} \quad (8 \cdot 37)$$

ただし $\alpha = \dfrac{\sigma}{1+\sigma}$, $\tau \equiv \dfrac{c_d}{k_d} = \dfrac{2\zeta_d}{\sqrt{k_d/m}} = \dfrac{2\zeta_d}{\sqrt{\sigma}\,\omega_s}$:軸受減衰相当の時定数

と表される。よって,図(c)に模擬するように伝達関数 G_r で支えられた振動系と理解される。ここで,$0 < \alpha < 1$ であるから,式(8・37)に示す「2段軸受」の伝達関数 G_r は電子制御回路の位相進み回路に相当する。

8・3・2 開ループ特性

ジェフコットロータ系を制御系風にブロック線図で表したものが図8・23である。開ループ特性は

$$G_o(s) = \frac{G_r(s)}{ms^2} = \frac{k_s}{ms^2} \frac{k_d + c_d s}{k_s + k_d + c_d s} = \frac{\omega_s^2}{s^2} \alpha \frac{g_1(s)}{g_2(s)} \quad (8 \cdot 38)$$

ただし $g_1(s) = 1 + \tau s = 1 + 2\zeta_d \dfrac{1}{\sqrt{\sigma}} \dfrac{s}{\omega_s}$, $g_2(s) = 1 + \alpha\tau s = 1 + \alpha 2\zeta_d \dfrac{1}{\sqrt{\sigma}} \dfrac{s}{\omega_s}$

8·3 ジェフコットロータの開ループ特性

$$G_r(s) = \frac{k_s(k_d + c_d)s}{k_s + k_d + c_d s} = k_s \alpha \frac{1 + \tau s}{1 + \alpha \tau s} \longrightarrow \boxed{\frac{1}{ms^2}} \longrightarrow z$$

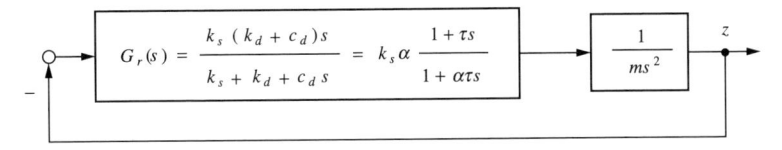

図8·23 ジェフコットロータ系のブロック線図

で，特性方程式は次式で与えられる．

$$1 + G_o(s) = 0 \tag{8·39}$$

8·3·3 ゲイン交差周波数と位相余裕

「2段軸受」=位相進み回路の伝達関数式(8·36)をボード線図で描いた例を図8·24に示す．剛性ロータ $k_s = \infty$ の場合には，軸受動特性は $k_d + c_d s$ で，ゲイン g は k_d から右上がりで，位相進みも $0° \sim 90°$ まで進む．しかし，軸弾性を模擬する軸剛性 k_s = 有限を考慮する場合には，ゲイン g は剛性 k_s に向かって飽和し，位相進みの量も頭打ちとなり，位相進み領域も限られた周波数範囲となる．

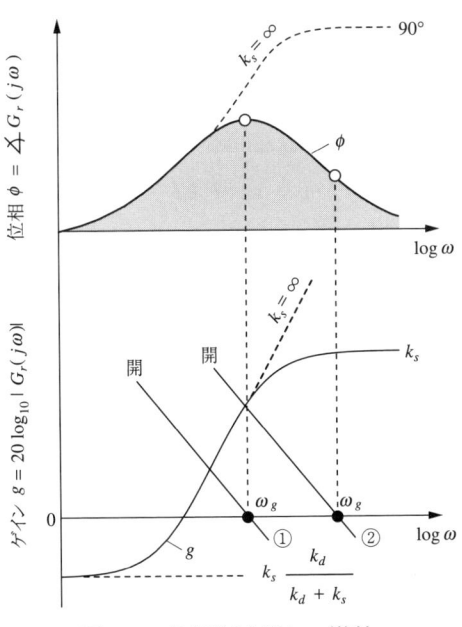

図8·24 位相進みと開ループ特性

一方,式 (8・38) に示す開ループ特性のボード線図を描くと,位相曲線は位相進み回路のものと同一である。開ループ特性のゲイン曲線を併記するように,0dB を横切るゲイン交差周波数 ω_g が固有振動数と考えられるので,この周波数で最大の減衰,すなわち最大位相進みが欲しいということになる。つまり,良い例①と悪い例②に示すように,可能なら位相余裕が位相曲線の最大と一致するように設計するのがベストである。磁気軸受のような制御形軸受の場合には,このような最適設計も比較的容易に実現できるが,油軸受の場合にはかなり難しい設計となる。

このように「2段軸受」動特性の位相進み曲線が,単調増加ではなく,山なりの最大値を持つ曲線となることを説明するのが図 8・25 である。上段は式 (8・36) の分子が示す位相進み量 $\theta_1 = \angle k_d + j\omega c_d$ である。一方,下段は分母が示す位相遅れ量 $\theta_2 = \angle k_s + k_d + j\omega c_d$ である。幾何学的に $\theta_1 > \theta_2$ であるので,結局,両者の差 $\theta_1 - \theta_2$ が系に作用する実際の位相進み量(減衰力)である。$\omega \to$ 小なら $\theta_1 - \theta_2 \to 0$ で,また $\omega \to$ 大でも $\theta_1 - \theta_2 \to 0$ であり,その途中に最大位相進み領域が存在することになる。

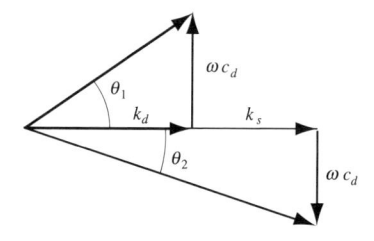

図 8・25 実際の位相進み量 $\theta_1 - \theta_2$

$k_s \to$ 小かつ $k_d \to$ 大なら,位相進み $\to 0$ となり,減衰は効かない。逆に $k_s \to$ 大かつ $k_d \to$ 小なら位相進み $\to$ 大となり,減衰の効きはよくなる。高減衰ロータの設計のために,軸剛性のアップと軟支持が望まれるゆえんである。

計算例で確認しよう。剛性比 $\sigma=1$ として,$\zeta_d=\{0.1, 0.8, 5\}$ の3通りの場合における,開ループ伝達関数式 (8・38) の計算例を図 8・26 に示す。

ゲインが 0dB を横切る周波数がゲイン交差周波数 ω_g で,○印から $\omega_g/\omega_s=\{0.7, 0.83, 0.98\}$ が読みとれる。これを固有振動数とみてよい。

一方,位相余裕 ϕ_m は●印から $\phi_m=\{4.4°, 19.4°, 5.7°\}$ と読める。これを減衰比 ζ に換算して,$\zeta=0.5\tan\phi_m=\{0.035, 0.18, 0.05\}$ である。この換算値は正確解 $\{0.035, 0.206, 0.05\}$ によく一致している。

この例に示すように,軸受減衰 ζ_d を変化させると,ゲイン曲線はほぼ同一だが,位相曲線のピーク位置がシフトする。位相余裕 ϕ_m は軸受減衰 $\zeta_d=0.8$ の場合には位相曲線のピークだが,$\zeta_d=0.1$ や $\zeta_d=5$ の場合ではすそ野を指している。よって,$\zeta_d=0.8$ が

図8・26 開ループ特性

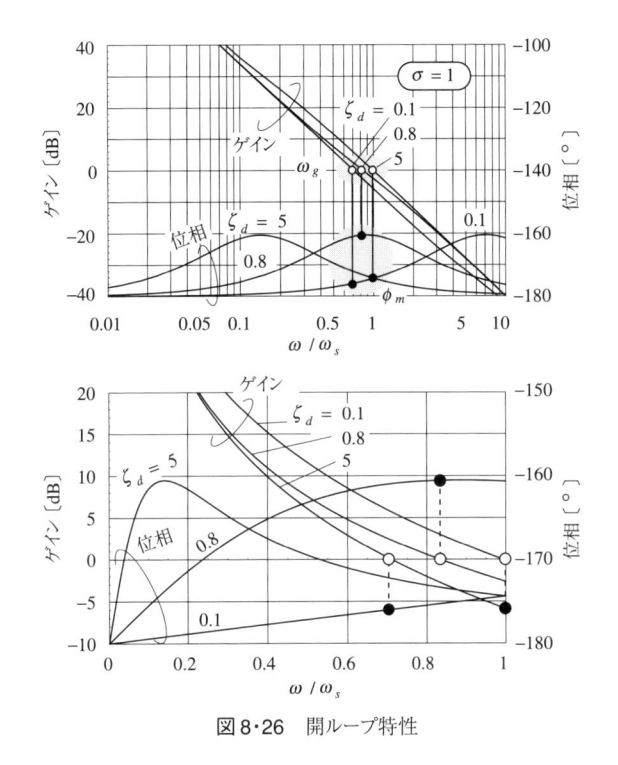

最適な軸受減衰で，これより多くても少なくても不適当ということである。

8・3・4 近似解の精度

「2段軸受」=位相進み回路の伝達関数 $G_r(j\omega)$ は，式 (7・55) に示した複素モード解析の動剛性 $K_{eq}+j\omega C_{eq}$ に一致している。よって，図7・16②で示した，複素モード解析より求めた近似解の精度は保証されている。問題はどの周波数における動剛性を用いるかである。

そこで，ここでは周波数としてゲイン交差周波数 ω_g を当ててみよう。ゲイン交差周波数 ω_g は

$$|G_o(j\omega_g)| = 1 \tag{8・40}$$

より決定されるべきだから，式 (8・38) から

$$\left(\frac{\omega_g}{\omega_s}\right)^2 = \alpha \left|\frac{g_1(j\omega_g)}{g_2(j\omega_g)}\right|$$

$$\therefore \left(\frac{\omega_g}{\omega_s}\right)^4 = \frac{\sigma^2 + (\tau\omega_g\sigma)^2}{(1+\sigma)^2 + (\tau\omega_g\sigma)^2} = \frac{\sigma^2 + (2\zeta_d)^2(\omega_g/\omega_s)^2\sigma}{(1+\sigma)^2 + (2\zeta_d)^2(\omega_g/\omega_s)^2\sigma} \tag{8・41}$$

となり，これを解いて ω_g を知る．この計算結果の例が，図 8・27 (b) に示す近似解③である．非振動根 $q \to 0$ となる過減衰域を除いて正確解によく一致している．

(a) 減衰比 $\zeta = -\alpha/|\lambda|$

(b) 減衰固有値 $q = \lambda_j$
ゲイン交差周波数 ω_g

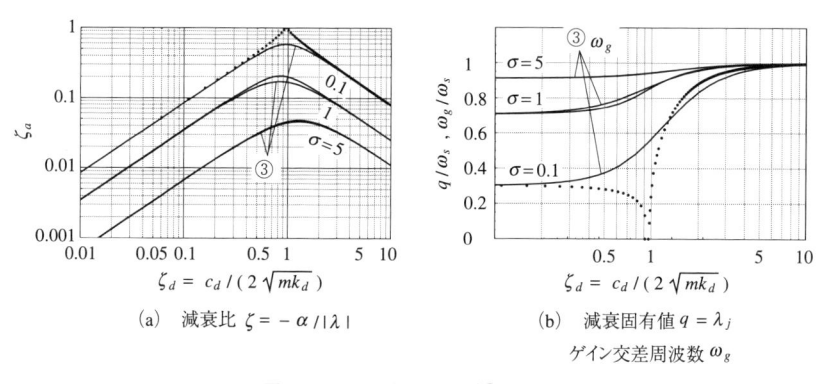

図 8・27　近似解の精度（③開ループ）

一方，位相余裕 ϕ_m はさきの複素数 g_1 と g_2 の偏角の差で

$$\phi_m = \angle g_1(j\omega_g) - \angle g_2(j\omega_g) = \angle \frac{1+\tau j\omega_g}{1+\alpha\tau j\omega_g} = \frac{(1-\alpha)\tau\omega_g}{1+\alpha(\tau\omega_g)^2} \tag{8・42}$$

である．軸受減衰パラメータ ζ_d に対して，ゲイン交差周波数 ω_g を求め，つぎに上式に代入して位相余裕 ϕ_m を求め，続いて推定減衰比 ζ_a

$$\zeta_a = \frac{1}{2}\tan\phi_m = \frac{1}{2}\frac{\tau\omega_g\sigma}{\sigma(1+\sigma)+(\tau\omega_g\sigma)^2} = \frac{\zeta_d\omega_g/\omega_s\sqrt{\sigma}}{\sigma(1+\sigma)+(2\zeta_d)^2(\omega_g/\omega_s)^2\sigma} \tag{8・43}$$

に換算する手順となる．式 (8・42) の位相余裕の計算をとばして，式 (8・43) でじかに減衰比を求めてもよい．

この減衰比推定の計算例が図 8・27 (a) に示す近似解③である．パラメータ ζ_d の全域にわたってほぼ正確解に重なるように一致しており，十分な精度を有する．さきの 7・4 節の図 7・16 の①，②に比べ大幅に近似精度は改善されている．精度改善の要因は，式 (8・40) からゲイン交差周波数 ω_g を精確に求め，この周波数の位相余裕を用い

て減衰比を計算したためである。開ループ特性による方法の有効性が認められる。

ここで得られた知見をもとに，さきの7・4節の図7・15に示した低Q値設計方法についていま少し説明を加える。危険速度Ω_cはゲイン交差周波数ω_gで近似される。よって，$\tau\omega_g = \tau\Omega_c \fallingdotseq \tau\omega_0 = c_d\omega_0/k_d$をパラメータにして，式（8・41）より危険速度$\Omega_c$を次式で近似する。

$$\frac{\Omega_c}{\omega_s} = \left(\alpha^2 \frac{1+(c_d\omega_0/k_d)^2}{1+\alpha^2(c_d\omega_0/k_d)^2}\right)^{1/4} \tag{8・44}$$

一方，減衰比ζを式（8・42）から求め，Q値に換算する。

$$\zeta = \frac{1}{2}\frac{(1-\alpha)(c_d\omega_0/k_d)}{1+\alpha(c_d\omega_0/k_d)^2} \tag{8・45}$$

$$Q = \frac{1}{2\zeta\sqrt{1-\zeta^2}} \quad (0 < \zeta < 0.7) \tag{8・46}$$

このような手順で，横軸にΩ_c/ω_sをとり，縦軸をQ値で整理したものは図7・15に一致する。よって，式（8・44）〜（8・46）はロータ設計の最適減衰，すなわち低Q値設計のガイドラインに供することができる。

例題8・7 ティルティングパッド軸受で支持された遠心圧縮機を想定したジェフコットロータにおいて，m=148kg，k_s=43.4MN/m，k_d=53.7MN/m，c_d=48.7kN・s/mの場合を考える。

(1) 危険速度Ω_cとQ値を予測せよ。
(2) 複素固有値λ=−32.56±j408.2を求め，予測値の精度をチェックせよ。

解 (1) 予測値　ω_s=86.3Hz，σ=1.24，α=0.55，ω_0=64.2Hz，$\tau\omega_g=c_d\omega_0/k_d$=0.365，$\tau\omega_g \to \tau\Omega_c$，式（8・44）より$\Omega_c$=65.4Hz，式（8・45）より$\zeta$=0.076，式（8・46）より$Q$=6.58。

(2) 厳密値　$\Omega_c=|\lambda|/(2\pi)$=65.2Hz，$\zeta=-\text{Re}[\lambda]/|\lambda|$=0.08，$Q=1/(2\zeta)$=6.3，予測値の精度は良好である。

8・3・5 最適減衰

つぎに最適減衰へのチューニング方法について述べる。位相進み回路の一般式

において、

$$G(s) = \frac{1+\tau s}{1+\alpha\tau s} \quad (0 < a < 1) \tag{8・47}$$

において、最大位相進みを与える最適条件[46)]は次式で与えられる。

$$\tan\phi_{max} = \frac{1}{2}\left(\frac{1}{\sqrt{\alpha}} - \sqrt{\alpha}\right), \ \text{ゲイン} = \frac{1}{\sqrt{\alpha}} \quad \left(\tau\omega_{opt} = \frac{1}{\sqrt{\alpha}}\right) \tag{8・48}$$

よって、最大位相進み ϕ_{max} は $\alpha = \sigma/(1+\sigma)$ のみの関数であり、剛性比 $\sigma = k_d/k_s$ が決まると自動的に決まる。よって実現可能な最大減衰比 ζ_{max} も剛性比 σ のみに依存するということになる。例えば、$\sigma=1$ なら $\alpha=0.5$ だから

$$\zeta_{max} = \frac{1}{2}\tan\phi_{max} = \frac{1}{4}\left(\frac{1}{\sqrt{\alpha}} - \sqrt{\alpha}\right) = 0.18 \tag{8・49}$$

となり図 8・27 に示すように、到達可能な最大減衰比 ζ のピーク値に一致する。また、そのときの危険速度 Ω_c と必要とされる軸受減衰 c_d は ζ_d 換算で

$$\Omega_c^2 = \omega_g^2 = \frac{k_s k_d}{m(k_s+k_d)}\frac{1}{\sqrt{\alpha}} = \omega_s^2\sqrt{\alpha} \rightarrow \frac{\Omega_c}{\omega_s} = \alpha^{1/4} = 0.84 \tag{8・50}$$

$$\tau\omega_g = \frac{c_d}{k_d}\omega_g = \frac{1}{\sqrt{\alpha}} \rightarrow \zeta_d = \frac{1}{2}\frac{\sqrt{1+\sigma}}{\omega_g/\omega_s} = \frac{(1+\sigma)^{3/4}}{2\sigma^{1/4}} = 0.84 \tag{8・51}$$

となる。図 8・27 (a) の横軸からわかるように、確かに $\zeta_d=0.8$ 付近に減衰比のピークが存在することからもうなずける。また、図 (b) から推されるように、対応する危険速度は $\omega_g=0.82$ 程度と読める。

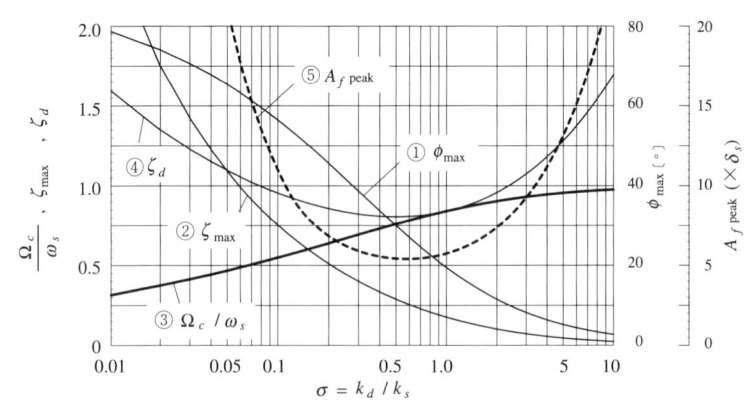

図 8・28 ジェフコットロータの最適条件

8・3 ジェフコットロータの開ループ特性

剛性比 σ を横軸にとって，これら最適条件式 (8・48)～(8・51) の値を図示したものが図 8・28 の①②③④である．最適チューニングに本図が役立つ．

例題 8・8 さきに説明した $\sigma=1$ も含め，$\sigma=\{0.1, 1, 5\}$ としたときのそれぞれのケースにおける最適条件を求め，図 8・27 に示す各ケースの減衰比ピーク条件と比較せよ．

解 最適条件は図 8・28 から**表 8・1** となる．これらの値は，図 8・27 の減衰比ピークの条件によく一致している．

表 8・1

σ	$\alpha=\sigma/(\sigma+1)$	ϕ_{max}	ζ_{max}	Ω_c/ω_s	ζ_d
0.1	0.11	56°	0.75	0.55	0.96
1	0.5	20°	0.177	0.84	0.84
5	0.83	5°	0.046	0.96	1.28

例題 8・9 軸/軸受剛性比 σ および減衰 ζ_d ならびにクロスばね定数 $k_c=\mu_c k_d$ をパラメータとした 3 ケース

① $\{\sigma=1, \zeta_d=0.1, \mu_c=0\}$　粘性減衰のみ‥‥安定
② $\{\sigma=1, \zeta_d=0.1, \mu_c=0.4\}$　クロスばね追加‥‥不安定発生
③ $\{\sigma=1, \zeta_d=0.886, \mu_c=0.4\}$　最適条件に粘性減衰をチューニングし安定化

の開ループ伝達関数の計算例を図 8・29 に示す．ゲイン交差周波数ならびに位相余裕を読み，複素固有値を推定し，表 8・2 上段に示す正確値 λ と比較せよ．

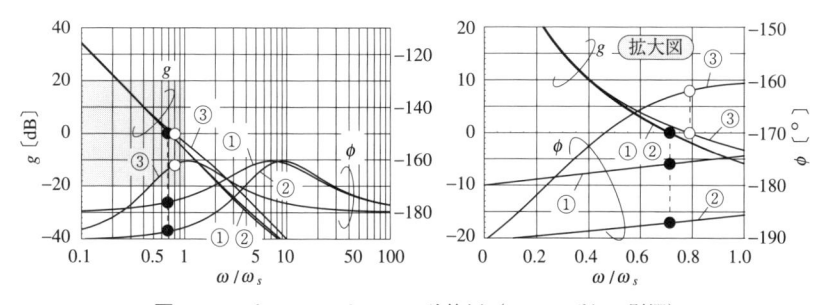

図 8・29　ジェフコットロータ計算例（クロスばねの影響）

表8・2　開ループ特性の読み値と複素固有値推定

case	① 減衰のみ	② クロスばね	③ 最適条件
正確値 λ_f	$-0.025+j0.708$	$0.044+j0.716$	$-0.151+j0.75$（前向き）
正確値 λ_b	$-0.025-j0.708$	$-0.088-j0.734$	$-0.166-j0.872$（後ろ向き）
	安定	不安定	安定
読み値 ω_g	0.706	0.706	0.788
読み値 ϕ_m	$4°$	$-7.14°$	$18°$
$\zeta=0.5\tan\phi_m$	0.035	-0.063	0.162
$\alpha=-\zeta\omega_g$	-0.025	0.044	-0.128
推定値 λ	$-0.025+j0.706$	$0.044+j0.706$	$-0.128+j0.788$（前向き）

解　クロスばねを考慮すると開ループ特性は次式となる。

$$G_o(s)=\frac{k_s}{ms^2}\frac{k_d(1-j\mu_c)+c_d s}{k_s+k_d(1-j\mu_c)+c_d s}=\frac{\omega_s^2}{s^2}\alpha\frac{1+\tau s-j\mu_c}{1+\alpha(\tau s-j\mu_c)} \qquad (8\cdot52)$$

表8・2下段に示すように，読み値から前向き複素固有値 λ_f が精度よく推定される。$\omega>0$ の伝達関数を調べているので，後ろ向きの情報は得られない。

8・3・6　周波数応答

さきの高減衰・低Q値化のための最適条件によると，軟支持は推奨された。しかし，軟支持になるほど外力に対して振れやすくなるのも事実で，このようなトレードオフの状況として周波数応答を検討する。

図8・30に示す不釣合い振動の応答は，回転速度を Ω として

$$A_u=\left[\frac{m\varepsilon\Omega^2}{ms^2+G_r(s)}\right]_{s=j\Omega}=\frac{\varepsilon(\Omega/\omega_s)^2}{-\left(\frac{\Omega}{\omega_s}\right)^2+\alpha\frac{1+j\tau\omega_s(\Omega/\omega_s)}{1+\alpha j\tau\omega_s(\Omega/\omega_s)}} \qquad (8\cdot53)$$

である。この場合の計算例を図8・31と図8・32に示す。

図8・31の不釣合い応答は，$\sigma=1$ に固定して，$\zeta_d=\{0.1, 0.8, 5\}$ をパラメータにしている。この場合の開ループ特性は図8・26で，$\zeta_d=0.8$ のときに最も位相進みは大きい。確かに，最大位相進み条件に近い $\zeta_d=0.8$ のとき危険速度での共振ピークが最も

8・3 ジェフコットロータの開ループ特性

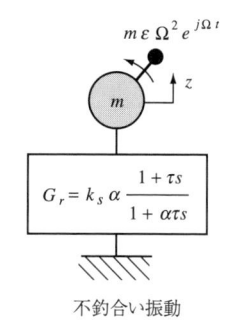

図8・30 周波数応答モデル

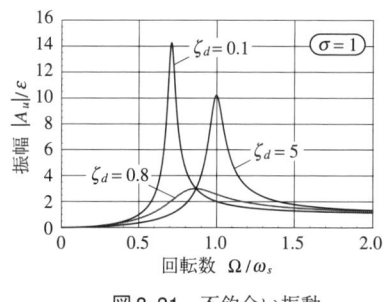

図8・31 不釣合い振動

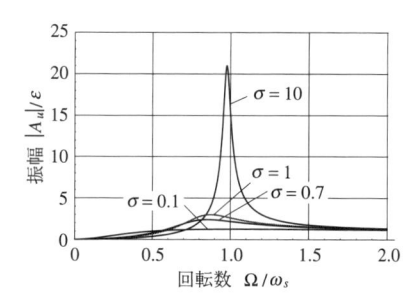

図8・32 不釣合い振動
（最適条件同士の比較）

低く抑えられている。

図8・32は $\sigma=\{0.1, 0.7, 1, 10\}$ をパラメータにして，軸受減衰 ζ_d は各 σ に対応した最適条件の値（図8・28の ζ_d）に設定したときの共振曲線である。$\sigma \to$ 小，すなわち軟支持になるほど共振ピークは小さくなることがわかる。

同様の計算を図8・33 (a) に示すような，外力を想定した力加振応答について検討する。加振周波数を ω として応答は次式である。

$$A_f = \left[\frac{f_0}{ms^2 + G_r(s)}\right]_{s=j\omega} = \frac{\delta_s}{-\left(\frac{\omega}{\omega_s}\right)^2 + \alpha \frac{1 + j\tau\omega_s(\omega/\omega_s)}{1 + \alpha j\tau\omega_s(\omega/\omega_s)}} \quad (8\cdot54)$$

ただし $\delta_s = f_0/k_s$
このときの共振ピークは次式の静たわみ×Q値で評価される。

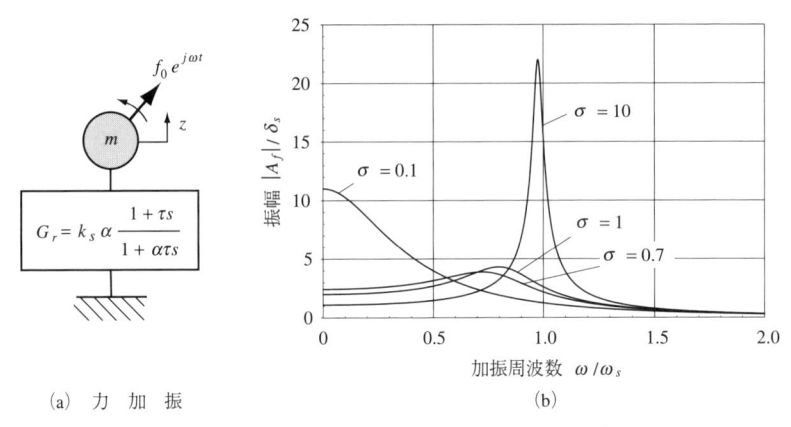

図8·33　力加振共振曲線（最適条件同士の比較）

$$A_{f\,peak} = \frac{\delta_s}{\alpha} Q = \delta_s \frac{1+\sigma}{\sigma} \frac{1}{2\zeta_{max}\sqrt{1-\zeta_{max}^2}} \tag{8·55}$$

そこで，横軸を剛性比 σ に，縦軸を最大振幅 A_{fpeak}/δ_s で無次元グラフに整理したものが図8·28⑤の曲線である。この曲線の最小値から判断して，低Q値でかつ外力に対しても振れにくくするには，剛性比を約 σ=0.7 前後にとり，軸受減衰 ζ_d を位相進み回路の最適条件でチューニングするのがベストな設計といえる。

図8·33 (b) は σ={ 0.1, 0.7, 1, 10 } をパラメータにして，軸受減衰 ζ_δ は最適条件の値に設定したときの力加振共振曲線である。σ→小のとき軟支持で振れやすいため低周波数域の振幅が大きく，また，σ→大のとき剛支持で減衰比不足のため共振振幅が大きく現れている。この例では，σ=0.7 のときが最も振動振幅が小さいことがわかる。すなわち，外力対策のためには適度に剛な軸受剛性が必要であることを示唆している。

第9章
慣性座標系から回転座標系へ

前章までに説明したロータ振動の運動方程式は，慣性（静止）座標系から計った絶対変位 z にて定式化したものである．よって振動計測としては変位センサ（ギャップセンサ，変位計）によって観察される振動を論じていたことに相当する．しかし，回転軸の振動は歪みゲージで計測することも可能で，それは回転座標系†からみたときのロータ振動変位 z_r に相当する．
　両者には

$$z = z_r e^{j\Omega t} \quad (\Omega = 回転数)$$

の関係がある．よって，慣性座標系の固有値が λ で，回転座標系のそれが λ_r のとき，両者はつぎの関係にある．

$$\lambda = \lambda_r + j\Omega$$

両座標系の相違に注目し，振動観察の視点を z から z_r へ徐々に移行する．

9・1　振動波形（変位と歪み応力）

　回転軸の振動はロータダイナミクスと呼ばれ，それは慣性座標系からの表現であり，慣性座標系からみた固有振動数や，共振振動を扱ってきた．ロータ振動は変位センサ（慣性座標系）以外にも，歪みゲージ（回転座標系）でも測定できる．このとき，両者の関係は，図9・1に示すように

　　$z = x + jy$：慣性座標系での振動変位，変位（ギャップ）センサ

　　$z_r = x_r + jy_r$：回転座標系での振動変位，歪みゲージ（軸応力 σ に比例）

---

† ロータに固定した物体座標系で，ここでは回転座標系という．

第9章 慣性座標系から回転座標系へ

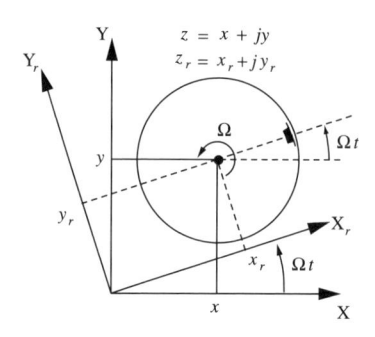

図9・1 慣性座標系と回転座標系

$$z = z_r e^{j\Omega t} \tag{9・1}$$

である。

不釣合い振動についてみてみると，両者の関係は

円形ふれまわり：$z = Ae^{j\Omega t} \rightarrow z_r = A \propto \sigma$ (9・2)

だ円ふれまわり：$z = A_f e^{j\Omega t} + \overline{A}_b e^{-j\Omega t} \rightarrow z_r = A_f + \overline{A}_b e^{-2j\Omega t} \propto \sigma$ (9・3)

である。

等方性支持の立形ロータでは，式 (9・2) に示す不釣合い振動は円形ふれまわりとなるので，軸は静的に変形した状態にある。このとき，軸応力は変動することなく一定なので，疲労破壊に至ることはない。このときの運転では，ロータの静止側との接触破損のみに留意すればよく，強度的な心配はほとんどない。

異方性支持（すべり軸受）の横形ロータでは，式 (9・3) に示すように，変位センサで計測する不釣合い振動はだ円ふれまわり運動である。一方，回転軸には静的な変形に加えて周波数 2Ω の繰返し応力が生じ，繰返し応力による疲労破損の要因となり得る。よって，歪みゲージで計測した軸応力は直流成分のうえに周波数 2Ω の後退伝播波となって現れる。

重力による静的なたわみについて，両者の関係は

$$z = z_g = \frac{mg}{k} \rightarrow z_r = z_g e^{-j\Omega t} \propto \sigma \tag{9・4}$$

であり，変位センサで一定にみえる静的なたわみは，歪みゲージでは周波数 Ω の後退伝播波となって現れる。

固有振動数 ω_n の自励振動が発生した場合には，両者の関係は

$$z = ae^{\pm j\omega_n t} \rightarrow z_r = ae^{j(\pm\omega_n - \Omega)t} \propto \sigma \tag{9・5}$$

となり，回転軸にとっては繰返し応力になり，簡単に疲労破損に至る。回転運転中におけるこのような自励振動の発生は大振幅のリミットサイクルまで成長し，大きな繰返し応力となるので，安全性の面で絶対に避けなければならない。安全運転のためには自励振動防止は鉄則である。

9・2　固　有　振　動　数

さきの両座標系の関係は固有振動数についても成り立つ。

$$z = ae^{j\omega t}, \quad z_r = ae^{j\omega_r t}, \quad \omega = \omega_r + \Omega \tag{9・6}$$

ただし ω：慣性座標系からみた固有振動数

　　　（$\omega>0$　前向きふれまわり，$\omega<0$　後ろ向きふれまわり）

　　ω_r：回転場からみた固有振動数

　　　（$\omega_r>0$　前進伝播波，$\omega_r<0$　後退伝播波）

ジャイロ効果 γ を加味した1自由度ロータ系の固有振動数 ω は式 (6・21) (6・22) で説明したように次式で表され，それを対回転数で図示したものが図9・2である。

$$\frac{\omega}{\omega_n} = \pm\sqrt{1+\left(\frac{\gamma}{2}\frac{\Omega}{\omega_n}\right)^2} + \frac{\gamma}{2}\frac{\Omega}{\omega_n} \tag{9・7}$$

ただし $\omega>0$：前向きふれまわり

　　　$\omega<0$：後ろ向きふれまわり

　　　ω_n：静止・非回転時の固有振動数

回転座標系からみた対応する固有振動数 ω_r は次式で，それを描いたのが図9・3である。

$$\frac{\omega_r}{\omega_n} = \pm\sqrt{1+\left(\frac{\gamma}{2}\frac{\Omega}{\omega_n}\right)^2} + \left(\frac{\gamma}{2}-1\right)\frac{\Omega}{\omega_n} \tag{9・8}$$

ただし $\omega_r>0$：前進波

　　　$\omega_r<0$：後退波

図9・2の慣性座標系の固有振動数から回転数分だけを引いたものが，図9・3の回転

図9・2 慣性（静止）座標系

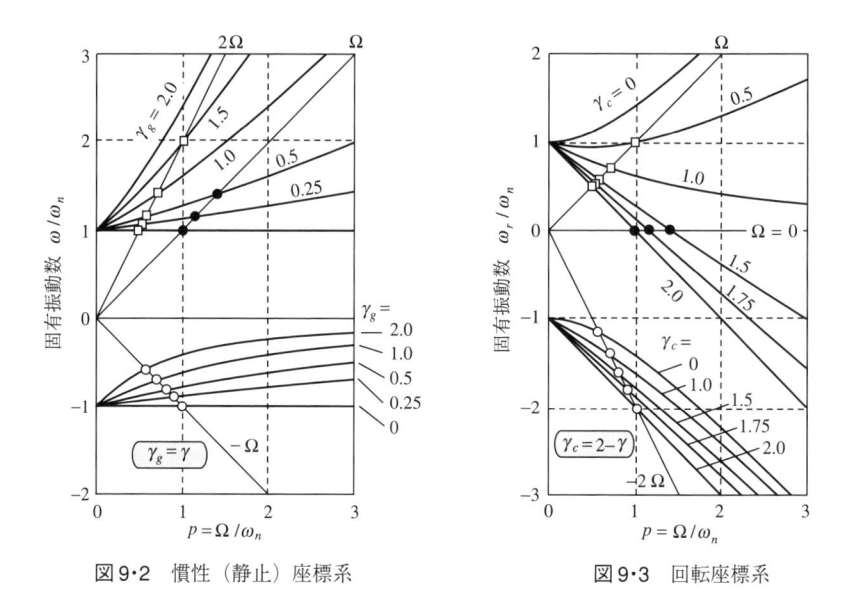

図9・3 回転座標系

座標系の固有振動数になっている。すなわち，両図の関係としては，図9・2の固有振動数曲線群を（0，±1）を中心に約45°だけ時計回りに回転させたものが図9・3の固有振動数曲線である。

薄肉円板付きロータにおいて，円板の面外振動モード（節直径1本）の静止時固有振動数 ω_n は，便覧などの公式により求まる。回転時固有振動数 ω_r は式 (9・8) に $\gamma=2$ を代入して

$$\frac{\omega_r}{\omega_n} = \pm\sqrt{1+\left(\frac{\Omega}{\omega_n}\right)^2} \rightarrow \omega_r^2 = \omega_n^2 + \Omega^2 \tag{9・9}$$

である。このように，静止時の固有振動数 ω_n に対して，回転時の固有振動数 ω_r は回転上昇とともに高くなり，この上昇分 Ω^2 を遠心力効果と呼んでいる。

9・3 共 振 条 件

以上の理解を踏まえ，共振条件をジャイロファクタとの関係でまとめたものを図9・2と図9・3に●□○印にて併記している。固有振動数曲線と外力の加振周波数と

の関係を慣性座標系でみたものが図9・2,これと同じ現象を回転座標系からみると図9・3となる。

両系の固有振動数は式(9・6)で結ばれている。慣性座標系からみた強制力として図9・2では,不釣合い力$+\Omega$の●印,すべり軸受のように支持剛性に異方性がある場合には後ろ向きふれまわりでも共振するので$-\Omega$の○印,重力と軸剛性の異方性に起因した2次的共振の場合の強制力$+2\Omega$の□印を載せている。これらの強制力周波数と静止場固有振動数曲線との交点が共振点である。

この強制力を回転座標系からみると,図9・3に示すように,横軸,-2Ω,$+\Omega$の直線がそれぞれ対応するので,これらの直線と回転場固有振動数曲線との交点が共振点である。同じ共振現象でも,静止場で計測(変位センサ)か,回転場で計測(歪みゲージ)かによって,振動信号の周波数分析結果が異なるので要注意である。

つぎに,回転場から計測される応力伝播波をいま少し詳しくみてみよう。ロータ軸あるいは回転円板に貼った歪みゲージで計測される応力σの伝播波形は図9・4のように観察される。応力波形のハイスポット(波形の極大あるいは極小)が回転方向に走れば前進波で,その逆の場合は後退波である。

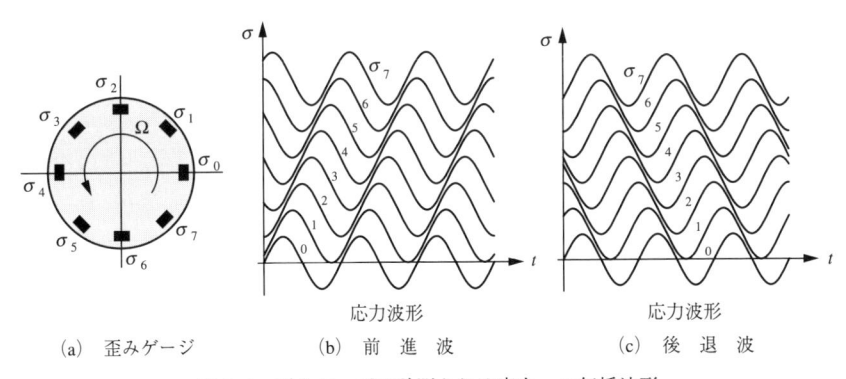

(a) 歪みゲージ　　(b) 前進波　　(c) 後退波

図9・4　歪みゲージで計測される応力σの伝播波形

9・4　運動方程式の表現

9・4・1　ジャイロモーメントとコリオリ力

運動方程式の座標変換を考える。いま,慣性座標系で等方性支持の場合の1自由度

系運動方程式の一般形はつぎのように与えられる[47,48)]。

$$m\ddot{z} - j\Omega\gamma_g m\dot{z} + kz + d\dot{z} = 0 \tag{9・10}$$

ただし $\gamma_g = \gamma$：ジャイロファクタ（$0 < \gamma_g < 2$）[†]

ここで，質量体では振動変位 z は並進運動を指し，ジャイロファクタ $\gamma_g = 0$ である。また，薄い円版では振動変位 z は傾き運動を指し，ジャイロファクタ $\gamma_g = 2$ である。

つぎに，上式の静止場表現を回転場表現に変換する。そのために

$$\begin{aligned} z &= z_r e^{j\Omega t} \\ \dot{z} &= \dot{z}_r e^{j\Omega t} + j\Omega z_r e^{j\Omega t} \\ \ddot{z} &= \ddot{z}_r e^{j\Omega t} + 2j\Omega\dot{z}_r e^{j\Omega t} - \Omega^2 z_r e^{j\Omega t} \end{aligned} \tag{9・11}$$

を上式に代入すると

$$m\ddot{z}_r + j\Omega(2 - \gamma_g)m\dot{z}_r + (k - m\Omega^2 + m\Omega^2\gamma_g)z_r + d(\dot{z}_r + j\Omega z_r) = 0 \tag{9・12}$$

である。慣性座標系でのジャイロ効果は回転座標系ではコリオリ効果と呼ばれる。よって，コリオリファクタ γ_c を導入して上式は次式におき換わる。

$$m\ddot{z}_r + j\Omega\gamma_c m\dot{z}_r + [k + m\Omega^2(1 - \gamma_c)]z_r + d(\dot{z}_r + j\Omega z_r) = 0 \tag{9・13}$$

ただし γ_c：コリオリファクタ（$0 < \gamma_c < 2$）

ジャイロファクタ γ_g とコリオリファクタ γ_c とはつぎの関係で結ばれている。

$$\gamma_g + \gamma_c = 2 \tag{9・14}$$

不減衰系として具体的に運動方程式を確認しておこう。

(A) 慣性座標系　　$m\ddot{z} + kz = 0$　　　　　　　　　ジャイロ効果 $=0$　　(9・15)

　　　回転座標系　　$m\ddot{z}_r + 2j\Omega m\dot{z}_r + (k - m\Omega^2)z_r = 0$　　コリオリ効果 $=2$　　(9・16)

(B) 慣性座標系　　$m\ddot{z} - 2j\Omega m\dot{z} + kz = 0$　　　　　ジャイロ効果 $=2$　　(9・17)

　　　回転座標系　　$m\ddot{z}_r + (k + m\Omega^2)z_r = 0$　　　　　コリオリ効果 $=0$　　(9・18)

式 (9・16) の意味しているところは，「質量体の並進運動では半径方向の振動変位が主で，このときコリオリファクタ $\gamma_c = 2$」であり，式 (9・18) が意味しているのは，「薄い円版の傾き運動では半径方向の振動変位が存在しないのでコリオリ力はなく，

[†] 本節では，コリオリ効果との対比でジャイロファクタ γ を改めて γ_g と記す。

コリオリファクタ $\gamma_c=0$」である。このようにジャイロ効果の大小とコリオリ効果の大小は反転することに留意されたい。

　静止場の運動方程式として式 (9・10) の等方性支持を考えた。これは，簡単化のために等方性を仮定したのではない。異方性支持として例えば $k_b\bar{z}$ のように共役項を含む場合には，式 (9・11) の座標変換によって得られる回転場の運動方程式は，係数が定数にはならず時変数となるためである。また，逆に回転場から静止場に変換する際も，もとの系は等方性でなくてはならない。

例題9・1　図9・5に示す回転構造物系のコリオリ効果の概略を評価せよ。

図 (a)　タービンのような軸流翼
図 (b)　シロッコファンのような円筒形翼
図 (c)　斜流ポンプのような羽根車

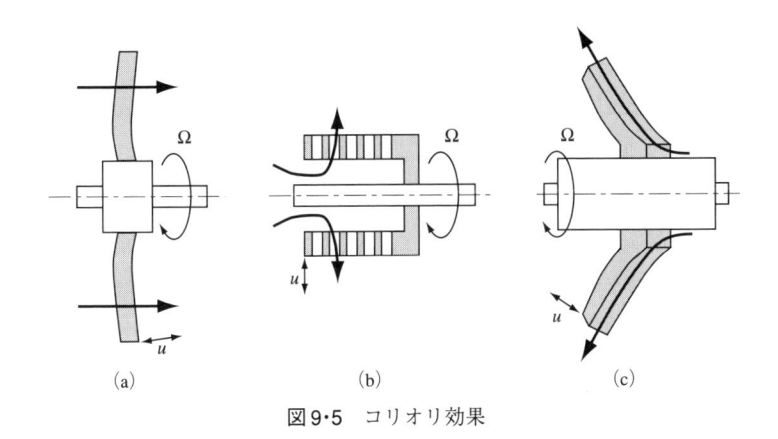

図9・5　コリオリ効果

解

図 (a)　面外には振動するが半径方向には振動変位 =0 だから，コリオリ効果 =0
図 (b)　2重ロータの外側羽根部が半径方向にも振動するので，コリオリ効果 = 大
図 (c)　羽根車振動変位の半径方向成分も若干存在するので，コリオリ効果 = 多少あり

9・4・2　事例研究　多翼ファン（シロッコファン）[49],VB55

萩原の研究を引用しよう。図9・6に示すような

図9・6　多翼ファン（上面図）

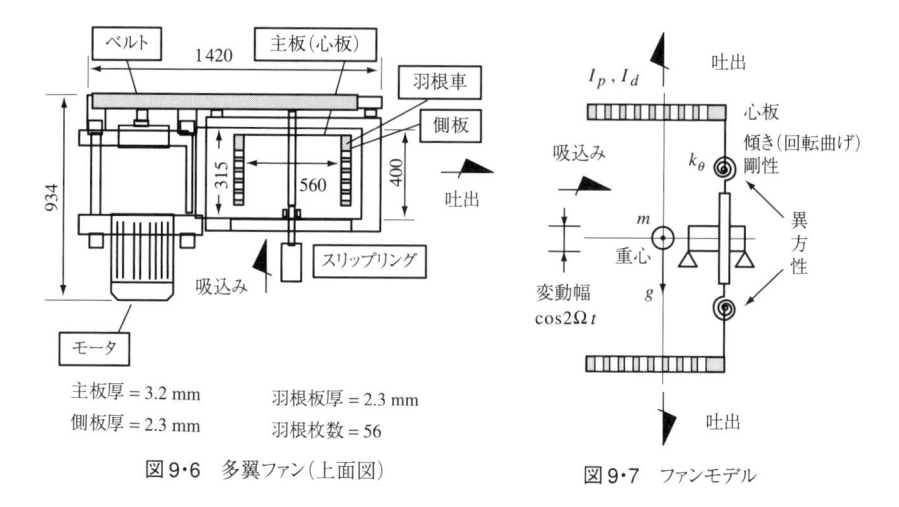

主板厚 = 3.2 mm
側板厚 = 2.3 mm
羽根板厚 = 2.3 mm
羽根枚数 = 56

図9・7　ファンモデル

- モータ駆動でベルトを介してファンを回転させる（定格回転数 15rps = 900rpm）
- ファンの構造はシロッコファン（図9・7）
- シロッコファンの中心回転軸は両端玉軸受支持

の多翼ファン送風機において大きな振動が発生し，羽根車主板に亀裂痕が発見された。大振動発生の共振時振動を計測したところ

(1)　静止側の加速度計で計測したとき，回転数の2倍成分が卓越していた。

(2)　羽根車の心板に歪みゲージをはり，スリップリングを介して静止側にとり出し，次数比分析した結果，図9・8に示すように回転数成分が卓越していた。

この原因解明のために，はじめに固有振動数の同定実験を実施した。そのために，

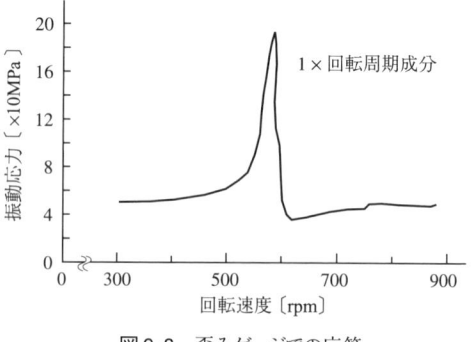

図9・8　歪みゲージでの応答

9・4 運動方程式の表現

静止中および回転中にインパルス加振を行い，振動応力の周波数分析を行い，図9・9のような結果を得た。

図 (a)　静止中のFFT結果：ピーク = {15.6 , 68.6 , 94.4} Hz

図 (b)　200rpm回転時のFFT結果：ピーク={13.2 , 18.0 , 37.2 , 69.0 , 71.0 , 94.6} Hz

図 (c)　400rpm回転時のFFT結果：ピーク={11.2 , 20.6 , 37.2 , 66.8 , 73.4 , 95.8} Hz

このようにして得られたインパルス試験の結果を，低周波数成分に注目して対回転数で固有振動数を整理したものが図9・10である。

この共振原因は，いくつかの調査の結果，つぎのように理解され対策が打たれた。

(1) 心板を周方向に叩いていき，固有振動数のばらつきを調べた。ファンモデル図9・7に示すように，ファンの傾きモード（心板の節直径 $\kappa=1$ のモード）の固有振動数はX方向とY方向で若干異なり，心板の傾き（回転曲げ）剛性に異方性があることがわかった。

(2) よって，1回転中に2回の割合でファン重心がわずかに上下動する。その加速度が加振力となる。

$$z = \cos 2\Omega t \rightarrow$$
$$\ddot{z} \propto \cos 2\Omega t \propto e^{2j\Omega t} + e^{-2j\Omega t}$$
$$(9 \cdot 19)$$

これを回転場の加振力に変換する。

$$\ddot{z} e^{-j\Omega t} \propto e^{+j\Omega t} + e^{-3j\Omega t} \quad (9 \cdot 20)$$

(3) 図9・10の回転場の固有振動数曲線の上に，$+\Omega$ と -3Ω の加振力の直線を記入する。+は実線で，−は破線とする。

(4) 固有振動数曲線と直線との交点丸印がこの共振現象を物語っている。

　　固有振動数 → 前進波

　　強制力 → 前向き $+\Omega$

(5) 同図下に，歪みゲージで計った振動

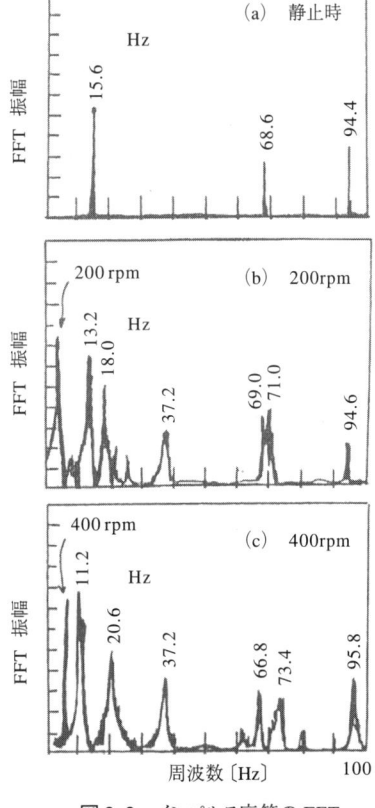

図9・9　インパルス応答のFFT

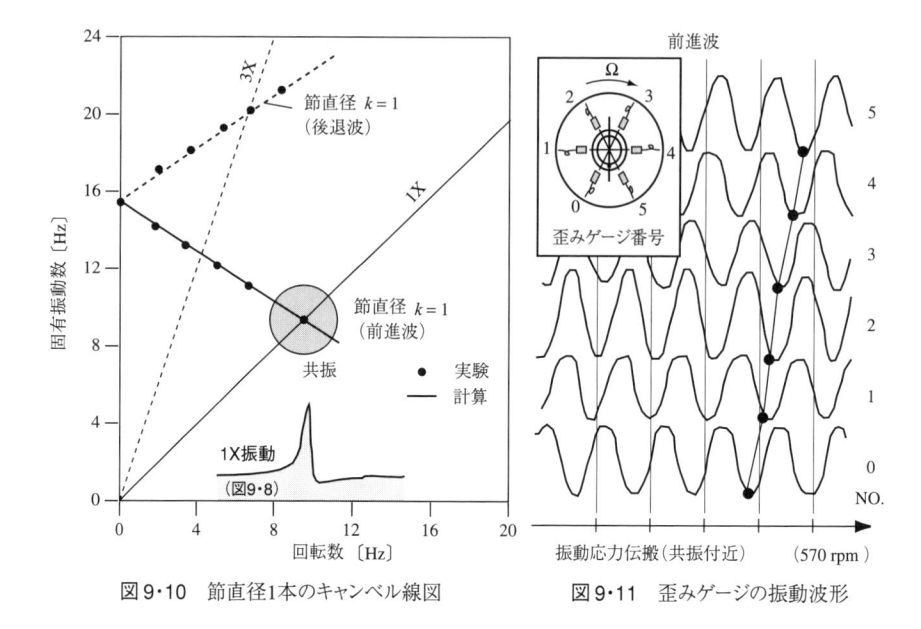

図9・10　節直径1本のキャンベル線図　　図9・11　歪みゲージの振動波形

応答図9・8を再掲している．交点に下のピーク（1Xの前進波共振）が対応する．周方向に多点に貼った歪みゲージの振動波形でその応答をみると，図9・11に示すように前進伝播波が観察される．

(6) 以上は回転場からみた $+\Omega$ 共振である．これを静止場に直すと $+2\Omega$ だから，加速度センサで計ったケーシング振動としては2X前向き共振として観察される．

(7) 対策として，心板の厚みを増し，運転回転数域での共振を避ける．あるいは，機械加工で心板の厚みをそろえ，剛性の異方性を解消する．

第10章
翼・羽根車系の振動解析

　本章では，ポンプ・圧縮機の羽根車やタービン翼などの回転構造物の振動を論じる。この振動解析では3Dの有限要素法を用いて計算し，節直径や節円と呼ばれるモードの固有振動数が対象となる。この解析結果は回転座標系上のものである。

　これらのモードの共振条件に関し，静止側の慣性座標系とロータに固定した回転座標系の相違に留意して
(1)　羽根車・翼に対向する静止側周方向分布静荷重による共振
(2)　羽根車・翼に対向する静止側1点における交番的加振による共振
の場合を明らかにする。

10・1　回転構造物系の固有振動数

10・1・1　薄い円板の固有振動数

　薄肉円板振動に関して，表10・1に示すような内周固定，外周自由の境界条件での静止時の固有円振動数 ω_n は，λ を用いて次式で与えられる。

$$\omega_n = \lambda^2 \frac{h}{a^2} \sqrt{\frac{E}{12(1-\nu^2)\rho}} \quad [\text{rad/s}] \tag{10・1}$$

この表をグラフ化したものが図10・1で，係数 λ のおおよその値は半径比 b/a によることがわかる。

　式 (10・1) は円板が回転していないときの値で，Ω [rad/s]で回転中の固有振動数 ω_r は，つぎのサウスウェル (Southwell) の式で補正される。

$$\frac{\omega_r}{\omega_n} = \sqrt{1 + C\left(\frac{\Omega}{\omega_n}\right)^2} \tag{10・2}$$

表10・1　内周固定円半径がλにおよぼす影響（ポアソン比 $\nu=0.3$）[7]

	節直径なし		節直径 1		節直径 2		節直径 3	
	b/a	λ	b/a	λ	b/a	λ	b/a	λ
	0.276	2.50	0.060	1.68	0.186	2.50	0.43	4.0
	0.642	5.00	0.397	3.00	0.349	3.00	0.59	5.0
	0.840	9.00	0.603	4.60	0.522	4.00	0.71	7.0
	–	–	0.634	5.00	0.769	8.00	0.82	10.0
	–	–	0.771	8.00	0.81	10.00	–	–
	–	–	0.827	11.00	–	–	–	–

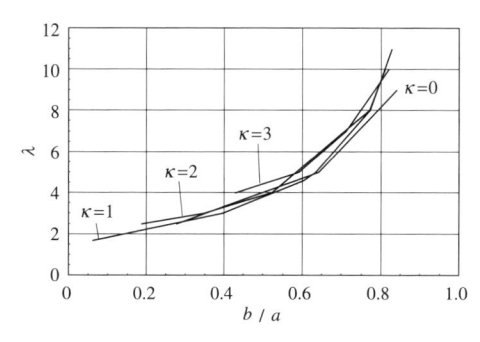

図10・1　内周固定・外周自由の円板

ただし $C = (\kappa + 2s)(\kappa + 2 + 2s)\dfrac{3+\nu}{8} - \kappa^2 \dfrac{1+3\nu}{8}$　（おおよそ，表10・3に等しい）

$\kappa =$ 節直径数，　$s =$ 節円数

補正係数 C を遠心力係数といい，回転効果（遠心力による張力発生）を補正するものである。例えば，節直径1本（$\kappa=1, s=0$）の固有モードに関しては遠心力係数 $C=1$ となる。静止時の固有振動数に比べ，回転座標系でみた固有振動数 ω_r が回転とともに遠心力係数で高くなる様子を図10・2に描いている。

補遺　節直径1本の固有振動数　　節直径1本の固有振動とは回転座標系からみれば円板の面外振動である。同時に，それは慣性座標系からみたロータ軸系の傾き振動である。この傾き振動の回転効果はジャイロファクタ γ で表され，薄い円盤 なので $\gamma=2$ である。よって，慣性座標系での前向きと後ろ向き固有振動数は式 (6・21)(6・22) から

10・1 回転構造物系の固有振動数

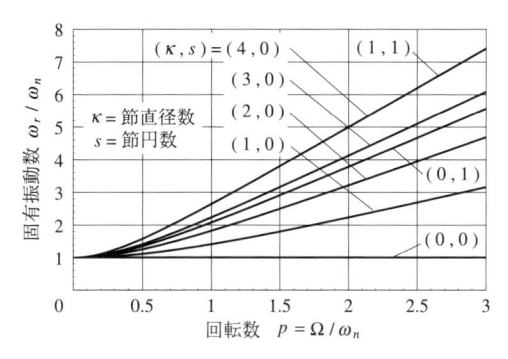

図10・2 遠心力効果（円板）

$$\left\{\begin{array}{c}\omega_f/\omega_n \\ -\omega_b/\omega_n\end{array}\right\} = \pm\sqrt{1+\left(\frac{\Omega}{\omega_n}\right)^2} + \frac{\Omega}{\omega_n} \quad (10\cdot3)$$

で表される。これから回転数を引いたものが回転座標系での前進波および後退波の固有振動数だから，すでに式 (9・9) で導いたように

$$\frac{\omega_r}{\omega_n} = \left\{\begin{array}{c}\omega_f/\omega_n \\ -\omega_b/\omega_n\end{array}\right\} - \frac{\Omega}{\omega_n} = \pm\sqrt{1+\left(\frac{\Omega}{\omega_n}\right)^2} \quad (10\cdot4)$$

となる。これを式 (10・2) のような遠心力係数とみれば $C=1$ に相当する。

よって，薄肉円板ロータに関し，慣性座標系で定式化したジャイロファクタ $\gamma=2$ とは，回転座標系での遠心力係数 $C=1$ と物理的には同じ現象を指すといえる。

例題10・1 14インチ磁気ディスクの節直径1本の円板固有振動数について，静止時 $\Omega=0$ および定格回転時 $\Omega=60$rps の値を求めよ。仕様は下記のとおりである。

　　$b=84$mm, $a=178$mm, $t=1.91$mm,
　　アルミ材（$\rho=2\,670$Kg/m^3, $E=68.6$GPa, $\nu=0.33$）

対応する実験データである図6・27の1次固有振動数曲線 ω_1 と比較せよ。

解 $b/a = 84/178 = 0.47$ だから，表10・1より $\lambda=3.35$ である。

$$\text{静止時固有振動数} \quad \omega_n = \frac{1}{2\pi}3.35^2\frac{1.91}{178^2\times10^{-3}}\sqrt{\frac{68.6\times10^9}{12(1-0.33^2)2670}} = 167 \; [\text{Hz}]$$

よって，静止場から計測する変位センサではディスクの傾き固有振動数としてこの値が観察される。定格回転数 $\Omega=60$rps では，静止場からみた値として $\gamma=2$ だから式 (6・21)(6・22) より

前向き固有振動数　　$\omega_f = 167\sqrt{1+\left(\dfrac{60}{167}\right)^2}+60 = 237$ 〔Hz〕

後ろ向き固有振動数　　$-\omega_b = -167\sqrt{1+\left(\dfrac{60}{167}\right)^2}+60 = -117$ 〔Hz〕

事実，図6・27に示すように，回転数とともに固有振動数曲線は約167Hzから変化する．そして，定格回転数 Ω =60rps では，実線は約237Hzまで上昇し，破線は約117Hzまで下降している．

つぎに，この値を回転座標系の固有振動数として換算しておこう．それは，歪みゲージでディスク振動を計測したことに相当し，式 (9・6) より

$$\omega_r = \begin{cases} \omega_f - \Omega = 237 - 60 = 177 \\ -\omega_b - \Omega = -117 - 60 = -177 \end{cases} \text{〔Hz〕}(\Omega\text{=60rps})$$

これが歪みゲージで観察されるディスクの面外振動の固有振動数である．一方，遠心力係数 C=1 を用いる補正式 (10・2) から求めると

$$\omega_r = \pm 167\sqrt{1+\left(\dfrac{60}{167}\right)^2} = \pm 177 \text{〔Hz〕}(\Omega\text{=60rps})$$

よって，節直径1本のモードに関しては，遠心力係数 C=1（回転座標系）もジャイロ効果 γ=2（慣性座標系）も同じ現象を指していることがわかる．

例題10・2　前問の14インチ磁気ディスクについて，節直径1本以上の各モードの円板固有振動数曲線を対回転数で描け．

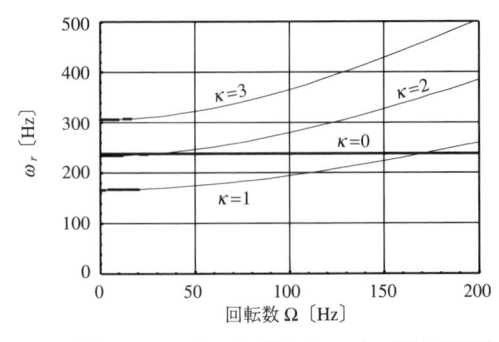

図10・3　14インチ磁気ディスクの固有振動数

解 図10·3 これは歪みゲージで計測したときの回転座標系上の固有振動数で，その上昇分が遠心力効果である。

中心固定条件における薄い円盤の固有振動数については，**表10·2**で静止時固有振動数 ω_n が計算される。その遠心力係数は**表10·3**で予測される。

表10·2 中心を固定された円板の μ [7)]

節円数 \ 節直径数	0	1	2	3
0	5.16	1.05	10.61	56.87
1	160.2	154.3	443.9	1040
2	1349	1222	2624	4285
3	5250	5266	8574	13287

$$\omega_n = \frac{\sqrt{\mu}}{2} \frac{h}{a^2} \sqrt{\frac{E}{\rho}} \quad [\text{rad/s}]$$

表10·3 中心を固定された円板の遠心力係数 C [7)]

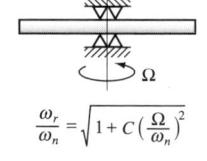

節円数 \ 節直径数	0	1	2	3
0	0< C <0.5	1	2.35	4.05
1	3.3	5.95	8.95	12.3
2	9.0	14.2	18.85	28.85
3	19.8	25.75	32.05	38.7

$$\frac{\omega_r}{\omega_n} = \sqrt{1 + C\left(\frac{\Omega}{\omega_n}\right)^2}$$

10·1·2 翼の固有振動数

図10·4に示す一様な板翼の静止時の固有振動数は，表3·1に示す片持ばりの公式

$$\omega_n = \frac{\lambda^2}{l^2} \sqrt{\frac{EI}{\rho A}} \quad [\text{rad/s}] \qquad (10 \cdot 5)$$

ただし $\lambda = \{1.875, 4.694, 7.855\}$ で求まる。

回転中の板翼の固有振動数は先述の式（10·2）（サウスウェルの式）で同様に定義され，遠心力係数 C で補正される。

$$\frac{\omega_r}{\omega_n} = \sqrt{1 + C\left(\frac{\Omega}{\omega_n}\right)^2} \qquad (10 \cdot 6)$$

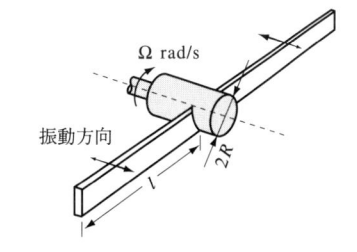

図10·4 回転する片持ばり

ただし 1次モード　$C=1+1.45R/l$　　($R/l=0 \sim 10$)

2次モード　$C=6.06+7.64R/l$　　($R/l=0 \sim 3.92$)

3次モード　$C=15.03+18.91R/l$　　($R/l=0 \sim 1.11$)

補正のための遠心力係数 C の値をグラフにしたものが図 10・5 である。

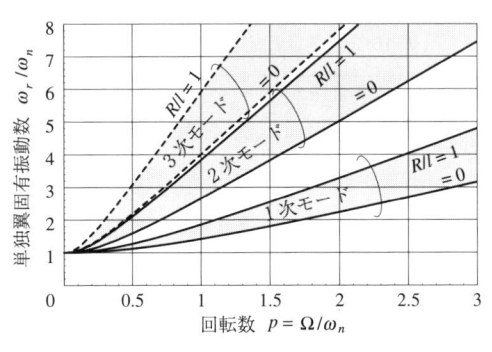

図 10・5　遠心力効果（翼）

また，翼が軸方向に傾いてとり付けられている場合，図 10・6 に示す角度 θ をスタガー角（stagger angle）という。この場合の遠心力係数 C^* は次式による。

$$C^* = C - \cos^2 \theta \tag{10・7}$$

さきの図 10・4 の翼は $\theta = 90°$ の場合である。

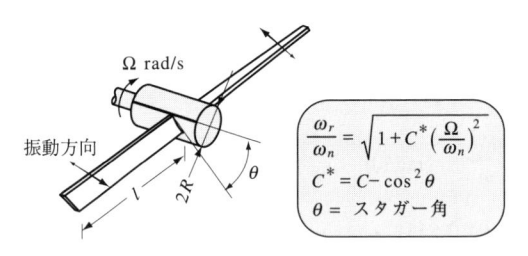

図 10・6　傾いた翼

$$\frac{\omega_r}{\omega_n} = \sqrt{1 + C^* \left(\frac{\Omega}{\omega_n}\right)^2}$$
$$C^* = C - \cos^2 \theta$$
$$\theta = スタガー角$$

補遺　遠心力係数　式 (10・2) あるいは式 (10・6) に示すところの遠心力係数 C で補正される回転中の固有振動数とは，回転座標系からみたもので，歪みゲージで計測したときに観察される固有振動数であることに重ねて留意されたい。

10・1・3 周期対称構造物系の振動解析

翼や羽根車などもろもろの回転構造物系は，図10・7に示すように中心に対し点対称で，かつ周期構造をなしている。回転構造物系の振動は，有限要素法や伝達マトリックス法を用い，構造物の周期対称条件[50,51]を巧みに導入し，解析されている。ここでは有限要素法の立場から固有値問題を考える。

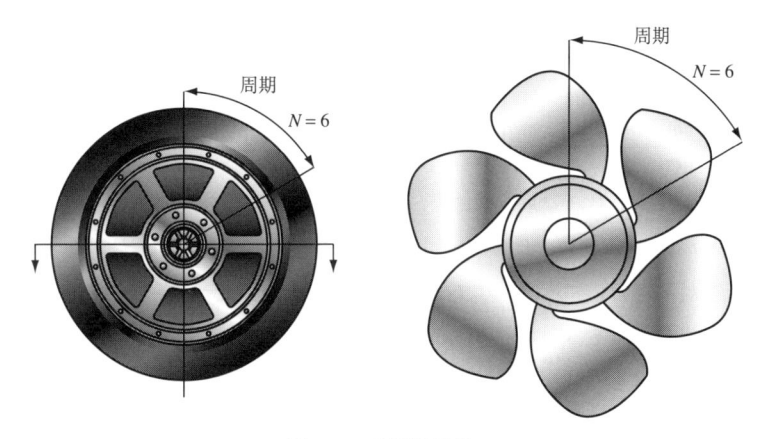

図10・7 周期構造物

周期対称構造物の振動解析の基本を理解するために，図10・8のようなばね質量系で非回転の場合を考える。周方向に4個の翼相当の質量が分布し，周方向振動変位を θ_i ($i=0$ ～3)とする。周期構造物の数 $N=4$ の場合である。この系の運動方程式は，各質点の周方向変位 θ_i，周方向連結ばね定数 k_c および中心からの周方向ばね定数 k_d を考慮して次式である。

$$M\ddot{\theta} + K\theta = 0 \qquad (10\cdot8)$$

ただし $\theta = [\theta_0 \quad \theta_1 \quad \theta_2 \quad \theta_3]^t$

$$M = \begin{bmatrix} m & 0 & 0 & 0 \\ 0 & m & 0 & 0 \\ 0 & 0 & m & 0 \\ 0 & 0 & 0 & m \end{bmatrix},$$

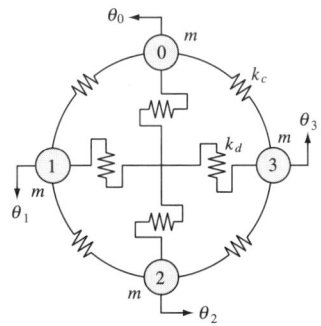

図10・8 4翼モデル

$$K = \begin{bmatrix} k_d + 2k_c & -k_c & 0 & -k_c \\ -k_c & k_d + 2k_c & -k_c & 0 \\ 0 & -k_c & k_d + 2k_c & -k_c \\ -k_c & 0 & -k_c & k_d + 2k_c \end{bmatrix}$$

式 (10・8) より一般的に，一つ飛びの連結要素を含むとした場合なども考えると，周期構造物系の質量行列 M と剛性行列 K はつぎの形

$$M = \begin{bmatrix} m_0 & m_1 & m_2 & m_3 \\ m_3 & m_0 & m_1 & m_2 \\ m_2 & m_3 & m_0 & m_1 \\ m_1 & m_2 & m_3 & m_0 \end{bmatrix}, \quad K = \begin{bmatrix} k_0 & k_1 & k_2 & k_3 \\ k_3 & k_0 & k_1 & k_2 \\ k_2 & k_3 & k_0 & k_1 \\ k_1 & k_2 & k_3 & k_0 \end{bmatrix} \quad (10・9)$$

の巡回行列で定義され，いまの場合は

$$m_0 = m, \; m_1 = m_2 = m_3 = 0,$$

$$k_0 = k_d + 2k_c, \; k_1 = -k_c, \; k_2 = 0, \; k_3 = k_1$$

なる特別な条件下にあると考えられる。

巡回行列の構造をみてみる。1行目の要素は2行目に一つずれて同様に並んでいる。1行目の最後の要素が2行目の先頭にくるずれ方である。このような1行目から2行目へのおき換えを巡回という。2行目は3行目に巡回配置されている。全体としてこのような巡回配置の行列構造をなす。

このように，周期構造物の運動方程式の一般形は巡回行列の形で記述される。以下，汎用性を持たせるために，質量 m_i や k_i は周期構造物1ブロック分の次元をもつ行列と考えよう。

その振動解 $\theta = \phi e^{j\omega t}$ を仮定して固有値方程式を求めると

$$K\phi = \omega^2 M\phi \quad (10・10)$$

を得る。ここで下記のような座標変換 W を行い，ϕ ベクトルから y ベクトルへ変換する。

$$\phi \equiv Wy \quad (10・11)$$

ただし $W \equiv \begin{bmatrix} \varepsilon_0^0 & \varepsilon_1^0 & \varepsilon_2^0 & \varepsilon_3^0 \\ \varepsilon_0^1 & \varepsilon_1^1 & \varepsilon_2^1 & \varepsilon_3^1 \\ \varepsilon_0^2 & \varepsilon_1^2 & \varepsilon_2^2 & \varepsilon_3^2 \\ \varepsilon_0^3 & \varepsilon_1^3 & \varepsilon_2^3 & \varepsilon_3^3 \end{bmatrix} \equiv \begin{bmatrix} 1 & 1 & 1 & 1 \\ 1 & j & -1 & -j \\ 1 & -1 & 1 & -1 \\ 1 & -j & -1 & j \end{bmatrix}, \quad y \equiv \begin{bmatrix} y_0 \\ y_1 \\ y_2 \\ y_3 \end{bmatrix}$

$$\varepsilon_k = e^{j\frac{2\pi}{N}k} = e^{j\frac{2\pi}{4}k} = \cos k90° + j\sin k90° \quad (k = 0 \sim 3)$$

ここで，M と K は巡回行列であると同時に対称行列である。また，W は周方向固有モードを複素数（実部が実際の振れ）で表し，それを縦に並べたモード行列として定義し，対称行列である。これらの性質から，式 (10・10) の係数行列が次式のような変換でブロック対角化可能である。すなわち

$$\overline{W}^t MW = \overline{W}MW = \tilde{M} \quad (\tilde{M} = \text{ブロック対角実行列})$$
$$\overline{W}^t KW = \overline{W}KW = \tilde{K} \quad (\tilde{K} = \text{ブロック対角実行列}) \tag{10・12}$$

よって，式 (10・10) の全構造物の4次元の固有値問題は，上式を用い周期構造物1ブロック分の次元をもつ固有値問題の4個の集合におき換わる。

$$\tilde{M} \equiv \text{diagonal}[\tilde{m}_0 \quad \tilde{m}_1 \quad \tilde{m}_2 \quad \tilde{m}_3]$$
$$\tilde{K} \equiv \text{diagonal}[\tilde{k}_0 \quad \tilde{k}_1 \quad \tilde{k}_2 \quad \tilde{k}_3] \tag{10・13}$$

最終的に，1ブロック次元の固有値問題

$$\omega^2 \tilde{m}_i y_i = \tilde{k}_i y_i \quad (i=0 \sim 3) \tag{10・14}$$

に置換されたことになる。いまの場合，$N=4$, $m_1=m_2=m_3=k_2=0$, $k_1=k_3$ だから

$$\tilde{m}_k = N\sum_{l=0}^{N-1} \varepsilon_k{}^l m_l = 4m$$

$$\tilde{k}_k = N\sum_{l=0}^{N-1} \varepsilon_k{}^l k_l = 4\sum_{l=0}^{3} e^{j\frac{2\pi}{4}kl} k_l = 4(k_0 + 2k_1 \cos k90°)$$

よって，各固有値は順に N 個求まる。

$$\left.\begin{array}{l}\omega_0{}^2 = \tilde{k}_0/\tilde{m}_0 = k_d/m, \quad \phi_0 = \{1 \quad 1 \quad 1 \quad 1\}^t \quad (\text{節直径0本})\\ \omega_1{}^2 = \tilde{k}_1/\tilde{m}_1 = (k_d + 2k_c)/m, \quad \phi_1 = \{1 \quad 0 \quad -1 \quad 0\}^t \quad (\text{節直径1本})\\ \omega_2{}^2 = \tilde{k}_2/\tilde{m}_2 = (k_d + 4k_c)/m, \quad \phi_2 = \{1 \quad -1 \quad 1 \quad -1\}^t \quad (\text{節直径2本})\\ \omega_3{}^2 = \tilde{k}_3/\tilde{m}_3 = \tilde{k}_1/\tilde{m}_1 = \omega_1{}^2, \quad \phi_3 = \phi_1 \quad (\text{節直径1本})\end{array}\right\} \tag{10・15}$$

このように数学的には自由度の数だけ求まるが，振動学的には，N が偶数の場合には $N/2$ まで，N が奇数の場合には $(N-1)/2$ までの節直径数のものが有効である。

対応するモードを図 10・9 に示す。節直径数 κ に注目すると $\kappa=0$，$\kappa=1$（$=3$），$\kappa=2$ はそれぞれ節直径 0, 1, 2 本となる。このように周期対称構造物の特徴である巡回行列

$\kappa = 0$
$\omega_0^2 = k_d / m$

$\kappa = 1, 3$
$\omega_1^2 = (k_d + 2k_c)/m$

$\kappa = 2$
$\omega_2^2 = (k_d + 4k_c)/m$

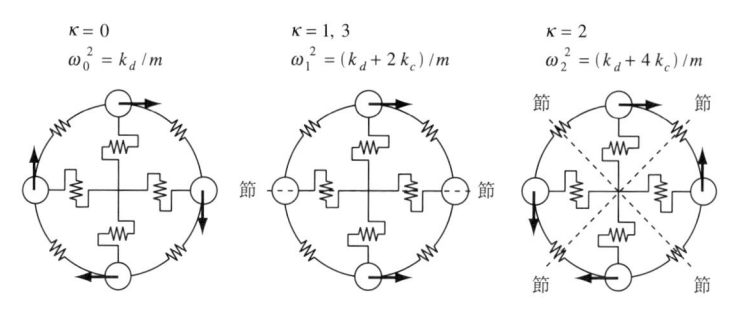

図10・9　固有振動数とモード

の性質を利用することにより，翼1ブロック規模の質量行列と剛性行列のみで，あたかも翼全体を考慮したに等しいすべての振動特性が求まる．

例題10・3　図10・10に示す $N=8$ の周期構造系で，各質点の質量を1として，振動特性を求めよ．

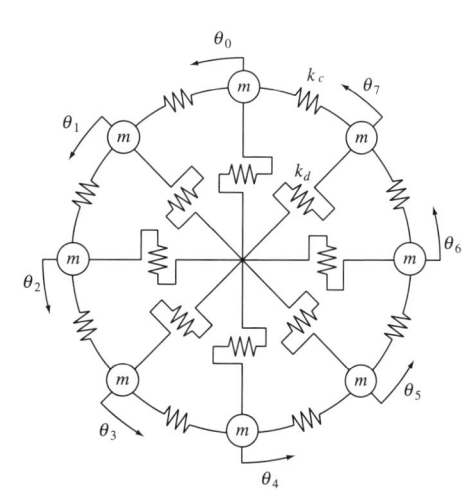

図10・10　8本翼モデル

解　質量行列　$M_8 = mE_8$　（E_8=8次元単位行列） (10・16)

剛性行列　$K_8 = \begin{bmatrix} k_d^* & -k_c & 0 & 0 & 0 & 0 & 0 & -k_c \\ -k_c & k_d^* & -k_c & 0 & 0 & 0 & 0 & 0 \\ 0 & -k_c & k_d^* & -k_c & 0 & 0 & 0 & 0 \\ 0 & 0 & -k_c & k_d^* & -k_c & 0 & 0 & 0 \\ 0 & 0 & 0 & -k_c & k_d^* & -k_c & 0 & 0 \\ 0 & 0 & 0 & 0 & -k_c & k_d^* & -k_c & 0 \\ 0 & 0 & 0 & 0 & 0 & -k_c & k_d^* & -k_c \\ -k_c & 0 & 0 & 0 & 0 & 0 & -k_c & k_d^* \end{bmatrix}$ (10・17)

$$k_d^* \equiv k_d + 2k_c$$

固有値　$\omega_n^2 M_8 \phi = K_8 \phi$ を解いて，振動特性は下記のごとく得られる．対応する固有モードを図 10・11 に示す．

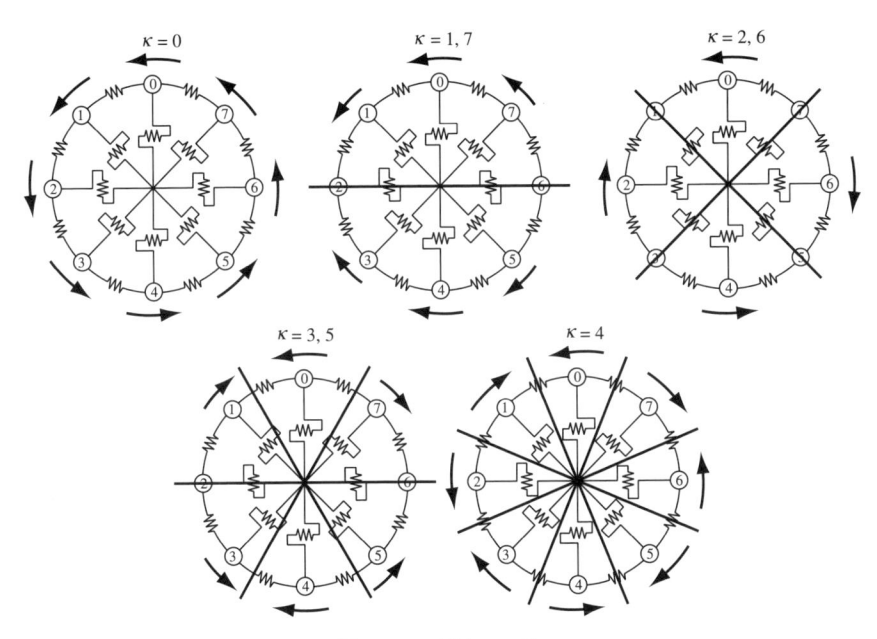

図 10・11　固有モード

節直径 0 本： $\omega_0^2 = \tilde{k}_0 / \tilde{m}_0 = k_d$

$$\phi_0 = \{1 \quad 1 \quad 1 \quad 1 \quad 1 \quad 1 \quad 1 \quad 1\}^t$$

節直径 1 本： $\omega_{1,7}^2 = \tilde{k}_1 / \tilde{m}_1 = k_d + (2-\sqrt{2})k_c$

$$\phi_1 = \{1 \quad 1/\sqrt{2} \quad 0 \quad -1/\sqrt{2} \quad -1 \quad -1/\sqrt{2} \quad 0 \quad 1/\sqrt{2}\}^t$$

節直径 2 本： $\omega_{2,6}^2 = \tilde{k}_2 / \tilde{m}_2 = k_d + 2k_c$

$$\phi_2 = \{1 \quad 0 \quad -1 \quad 0 \quad 1 \quad 0 \quad -1 \quad 0\}^t$$

節直径 3 本： $\omega_{3,5}^2 = \tilde{k}_3 / \tilde{m}_3 = k_d + (2+\sqrt{2})k_c$

$$\phi_3 = \{1 \quad -1/\sqrt{2} \quad 0 \quad 1/\sqrt{2} \quad -1 \quad 1/\sqrt{2} \quad 0 \quad -1/\sqrt{2}\}^t$$

節直径 4 本： $\omega_4^2 = \tilde{k}_4 / \tilde{m}_4 = k_d + 4k_c$

$$\phi_4 = \{1 \quad -1 \quad 1 \quad -1 \quad 1 \quad -1 \quad 1 \quad -1\}^t$$

例題10・4 図10・10に示す8本翼に対して，2本を1組とみて，計$N=4$組の周期構造系として固有値問題を解き，さきの例題10・3の解と一致することを確認せよ．

解 質量行列式（10・16）と剛性行列式（10・17）を，式（10・9）に示すような4ブロックの周期構造物とみるので

$$m_0 = m\begin{bmatrix} 1 & 0 \\ 0 & 1 \end{bmatrix}, \quad m_1 = m_2 = m_3 = 0 \tag{10・18}$$

$$k_0 = \begin{bmatrix} k_d + 2k_c & -k_c \\ -k_c & k_d + 2k_c \end{bmatrix}, \quad k_1 = \begin{bmatrix} 0 & 0 \\ -k_c & 0 \end{bmatrix} = k_3{}^t, \quad k_2 = 0 \tag{10・19}$$

である．式（10・11）の変換行列W（4×4）で座標変換を行うと，式（10・13）では2行2列の行列が対角に並ぶ．各対角行列を4で割って示すと

$$\frac{\tilde{m}_i}{4} = m\begin{bmatrix} 1 & 0 \\ 0 & 1 \end{bmatrix} \quad (i=0 \sim 3)$$

$$\frac{\tilde{k}_0}{4} = (k_0 + k_1 + k_3) = \begin{bmatrix} k_d + 2k_c & -2k_c \\ -2k_c & k_d + 2k_c \end{bmatrix} \Rightarrow \omega_0^2 = \frac{k_d}{m}, \quad \omega_4^2 = \frac{k_d + 4k_c}{m}$$

$$\frac{\tilde{k}_1}{4} = [k_0 + j(k_1 - k_3)] = \begin{bmatrix} k_d + 2k_c & (-1+j)k_c \\ (-1-j)k_c & k_d + 2k_c \end{bmatrix} \Rightarrow \omega_1^2 = \frac{k_d + (2-\sqrt{2})k_c}{m}, \quad \omega_5^2 = \omega_3^2$$

$$\frac{\tilde{k}_2}{4} = (k_0 - k_1 - k_3) = \begin{bmatrix} k_d + 2k_c & 0 \\ 0 & k_d + 2k_c \end{bmatrix} \Rightarrow \omega_2^2 = \frac{k_d + 2k_c}{m}, \quad \omega_6^2 = \omega_2^2$$

$$\frac{\tilde{k}_3}{4} = [k_0 - j(k_1 - k_3)] = \begin{bmatrix} k_d + 2k_c & (-1-j)k_c \\ (-1+j)k_c & k_d + 2k_c \end{bmatrix} \Rightarrow \omega_3^2 = \frac{k_d + (2+\sqrt{2})k_c}{m}, \quad \omega_7^2 = \omega_1^2$$

つぎに，各ブロックの2行2列の固有値問題$\omega_i^2 \tilde{m}_i y_i = \tilde{k}_i y_i$を解いて，上記の⇒で示すような固有値が求まり，さきの例題10・3の結果に一致する．

また，固有ベクトルも求めることができる．例えば

$$\text{固有値} \quad \omega_0^2, \quad \omega_1^2, \quad \omega_2^2, \quad \omega_3^2, \quad \omega_4^2 \tag{10・20}$$

に対して対角化された系での

$$\text{固有ベクトル} \quad y_0 = \begin{bmatrix} 1 \\ 1 \end{bmatrix}, \quad y_1 = \begin{bmatrix} 1 \\ e^{j45°} \end{bmatrix}, \quad y_2 = \begin{bmatrix} 1 \\ 0 \end{bmatrix}, \quad y_3 = \begin{bmatrix} 1 \\ -e^{-j45°} \end{bmatrix}, \quad y_4 = \begin{bmatrix} 1 \\ -1 \end{bmatrix} \tag{10・21}$$

である．これをもとの物理座標に次式で戻して実部をとると，さきと同様の固有ベク

トルが得られる。

$$\text{実部}\left\{\begin{bmatrix} 1 & 1 & 1 & 1 \\ 1 & j & -1 & -j \\ 1 & -1 & 1 & -1 \\ 1 & -j & -1 & j \end{bmatrix}\begin{bmatrix} y_0 & 0 & 0 & 0 & y_4 \\ 0 & y_1 & 0 & 0 & 0 \\ 0 & 0 & y_2 & 0 & 0 \\ 0 & 0 & 0 & y_3 & 0 \end{bmatrix}\right\} = \text{実部}\left\{\begin{bmatrix} y_0 & y_1 & y_2 & y_3 & y_4 \\ y_0 & jy_1 & -y_2 & -jy_3 & y_4 \\ y_0 & -y_1 & y_2 & -y_3 & y_4 \\ y_0 & -jy_1 & -y_2 & jy_3 & y_4 \end{bmatrix}\right\}$$

$$\rightarrow [\phi_0 \quad \phi_1 \quad \phi_2 \quad \phi_3 \quad \phi_4] \quad (10\cdot22)$$

10・1・4 回転座標系での翼・羽根車の一般的振動解析

回転構造物系の振動解析では，図10・12に示すように各節点にたわみやねじり，傾きの自由度がとられる。連続的に変化するスタガー角を考慮し回転に伴う遠心力係数を考慮したFE法を用い，回転座標系で次式の運動方程式の一般形が定式化される。

$$M\ddot{x} + 2\Omega M_c \dot{x} + (K + K_E - \Omega^2 M_E)x = f \quad (10\cdot23)$$

x：節点変位ベクトル（たわみや傾き，ねじりなど）
M：質量行列
K：剛性行列
M_c：コリオリ力の影響を表すコリオリ行列
K_E：遠心力の影響による幾何学的剛性行列
M_E：遠心力の影響による幾何学的質量行列

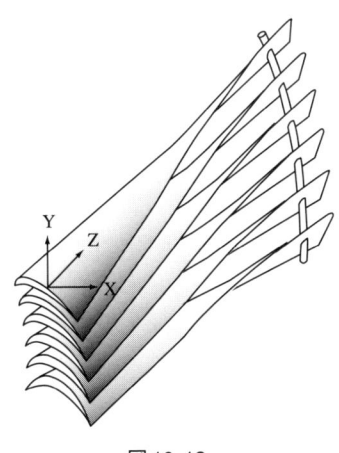

図10・12

f: 外力の等価節点力ベクトル

構造全体として周期対称構造物であるから，これらの係数行列は巡回行列となり，先述の座標変換によってブロック対角化が可能で

$$\tilde{M}_i \ddot{y}_i + 2\Omega \tilde{M}_{ci} \dot{y}_i + (\tilde{K}_i + \tilde{K}_{Ei} - \Omega^2 \tilde{M}_{Ei}) y_i = \tilde{f}_i \quad (i = 0 \sim N-1) \tag{10・24}$$

となる。

このように翼・羽根車などの周期対称構造物は，一つの基本ブロック系としての振動解析に帰着する。この固有値問題は回転場で計測する不減衰固有振動数を与える。

このような回転構造物系の振動解析の汎用ソフトとして ANSYS などの名前が挙げられる。

10・2 翼・羽根車振動と共振

10・2・1 翼軸連成振動条件

通常のロータ軸系設計では，翼・羽根車は剛体と考え，回転円板としてモデル化され，翼・羽根車の弾性振動は無視される。一方，翼・羽根車の設計では，その根元の回転軸系のボス部は固定と考え，回転軸の動きは無視される。式 (10・24) に示すような回転構造物系単独の弾性振動計算が行われる。

しかし，翼・羽根車などの回転構造物系の固有モードのうち，節直径 0 本および 1 本のモードはロータのスラスト振動やねじり振動ならびに軸曲げ振動と連成する可能性がある。そのような可能性を表 10・4 の①〜④に示す。

表 10・4　回転軸と翼との連成

ロータ軸振動		翼・円板振動（κ = 節直径数）		
		$\kappa = 0$	$\kappa = 1$	$\kappa = 2$
曲げ	並進	—	③	—
	傾き	—	④	—
ねじり		①	—	—
スラスト		②	—	—

① 翼面内, 軸ねじり
② 翼面外, 軸スラスト
③ 翼面内, 軸並進
④ 翼面外, 軸傾き

同掲のスケッチ図にみるように
① 軸のねじり振動により，翼は周方向に一様な周方向モードで振動する。
② 軸のスラスト方向振動により，翼はアンブレラのようなモードで振動する。
③ 軸を水平に並進振動させれば，翼に節直径 $\kappa=1$ の面内振動を惹起する。
④ 軸の傾き振動は，翼における節直径 $\kappa=1$ の面外振動を励起する。

以上は，軸振動が入力で翼振動が応答のように説明した。しかし，翼が図のように振動（入力）すれば，それに伴い軸も対応する方向に振動（応答）する。

このように，節直径 $\kappa=0$ と $\kappa=1$ の翼・羽根車系の固有モードは軸振動と連成するので，最終的には連成振動として両者一体の解析が必要である。一方，$\kappa=2$ 以上の翼固有振動モードは軸振動とは連成しないので，回転構造物単独系の解析で十分である。

10・2・2 翼・羽根車の固有振動モード

翼固有振動として，節直径 κ 本の固有モードを考える。ここでは $N=8$ 本翼を想定して，図 10・13 に $\kappa=0, 1, 2$ の例を示す。周方向あるいは軸方向など翼の面外振動のみに注目すると，回転座標系上の位相を θ_r とおいて，振動モードは

$$\phi(\theta_r) = \cos\kappa\theta_r \quad (\kappa = 0, 1, 2, \cdots, N/2) \tag{10・25}$$

で，固有振動数を $\omega_r>0$ とすると翼の各位相での面外振動変位を δ として

$$\delta(\theta_r, t) = \cos\kappa\theta_r \cos\omega_r t \tag{10・26}$$

で表される。

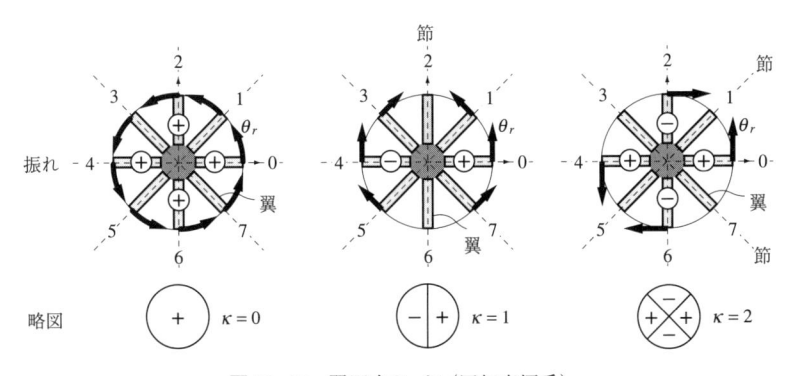

図 10・13 翼固有モード（回転座標系）

これは定在波で，前進波固有振動と後退波固有振動が等しく内在している状態である。よって，発生する共振振動は外力の様相によって決まる。

図 10·14 の内側には節直径 $\kappa=2$ の振動モードの例を載せている。

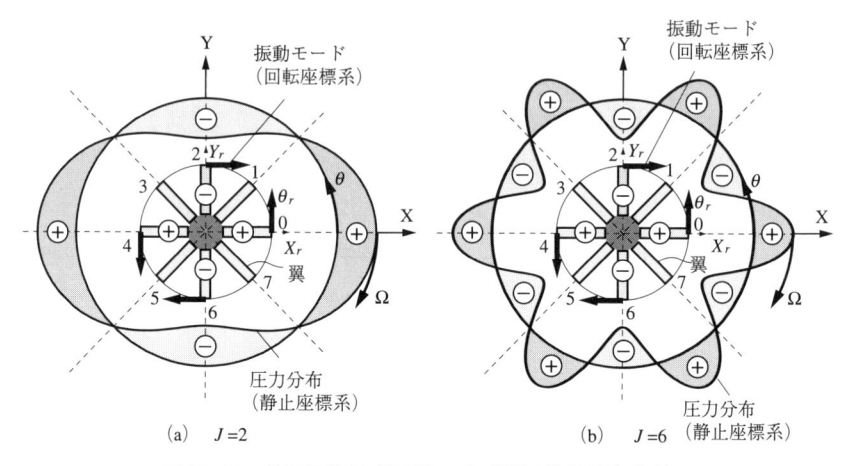

(a) $J=2$ (b) $J=6$

図 10·14　共振条件(内側は翼モード，外側は静的圧力分布)

10·2·3　翼・羽根車に作用する強制力

また，図 10·14 の外側には，流れの不均一性で静翼側に発生している静的圧力分布(時間的に変化しない)状況を描いている。いま，周方向に J 次の空間的モードの静的圧力分布をなす励振力 p を考える。図は $J=2$ と $J=6$ の例で，通常 $J=$ 静翼枚数などが考えられる。慣性座標系でみて位相を θ とすると，励振力 p は

$$p(\theta) = \cos J\theta \qquad (10\cdot 27)$$

これを回転座標系からみたとき，静止側の圧力分布の空間モードは反回転方向(時計方向)に走るので，図に Ω の矢印で示している。よって，励振力は回転座標系で，$\theta=\theta_r+\Omega t$ を上式に代入して，次式である。

$$p(\theta_r) = \cos J(\theta_r + \Omega t) = \cos(J\theta_r + J\Omega t) \qquad (10\cdot 28)$$

10·2·4　翼共振条件

はじめに連続体の共振条件について，身近な例である不釣合い振動で復習しておこう。簡単な例として図 10·15 に示すように，この系の固有振動 δ は固有振動数 ω_k で

10・2 翼・羽根車振動と共振

$\phi_1(\xi)$	$\phi_2(\xi)$	$\phi_3(\xi)$
モード励振力 ≠ 0	モード励振力 = 0	モード励振力 ≠ 0

図 10・15 ロータの共振（不釣合いと固有モード）

モード ϕ_k として

$$\delta(\xi,t) \equiv \phi_k(\xi)\cos\omega_k t \equiv \sin k\pi\xi \cos\omega_k t \quad (k=1,2,3,\cdots) \tag{10・29}$$

とする。この系に作用する一様分布 p の不釣合い力 F

$$F(\xi,t) \equiv p(\xi)e^{j\Omega t} \equiv U\Omega^2 e^{j\Omega t} \tag{10・30}$$

とする。このときの共振条件は

[Ⅰ] 強制力周波数 = 固有振動数 → $\omega_k = \Omega$

[Ⅱ] モード励振力 = 固有モードと外力分布の内積 ≠ 0 →

$$\int_0^1 p\phi_k d\xi = U\Omega^2 \int_0^1 \sin k\pi\xi d\xi = \frac{U\Omega^2}{\pi}\{2 \quad 0 \quad 2/3 \quad 0 \quad \cdots\} \quad (k=1,2,3,\cdots) \tag{10・31}$$

である。よって，回転数が固有振動数に一致したときで，かつ，奇数次モードは共振するが，偶数次モードは共振しないことがわかる。

同様の考えで，回転座標系から翼振動の共振条件を考えよう。翼固有振動モードの式（10・26）と励振力の式（10・28）を見比べて，周波数に関する共振条件Ⅰ

[Ⅰ] $J\Omega = \omega_r$ \tag{10・32}

が得られる。

つぎに，この図10・14の状態で翼が受けるモード励振力 = 固有モード×分布励振力

[Ⅱ] $\phi(\theta_r)p(\theta_r) = \cos\kappa\theta_r \cos(J\theta_r + J\Omega t)$

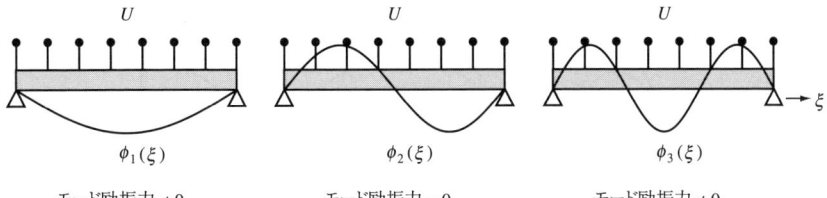

$$= \frac{1}{2}\cos\left[(J+\kappa)\theta_r + J\Omega t\right] + \frac{1}{2}\cos\left[(-J+\kappa)\theta_r - J\Omega t\right] \tag{10・33}$$

を周方向積分で見積もり，積分値 ≠ 0 が共振条件Ⅱである。しかし，翼が存在する位相は離散数なので，具体的には，各翼に作用する上式の値の総和をとる。翼本数 $N=8$ の場合を考えると，各翼位置に作用する励振力の分布は，$\Omega t=0$ の時刻において，図10・16のような棒グラフになる。

(a) $\kappa=2, J=2$　　　　　　　　(b) $\kappa=2, J=6$

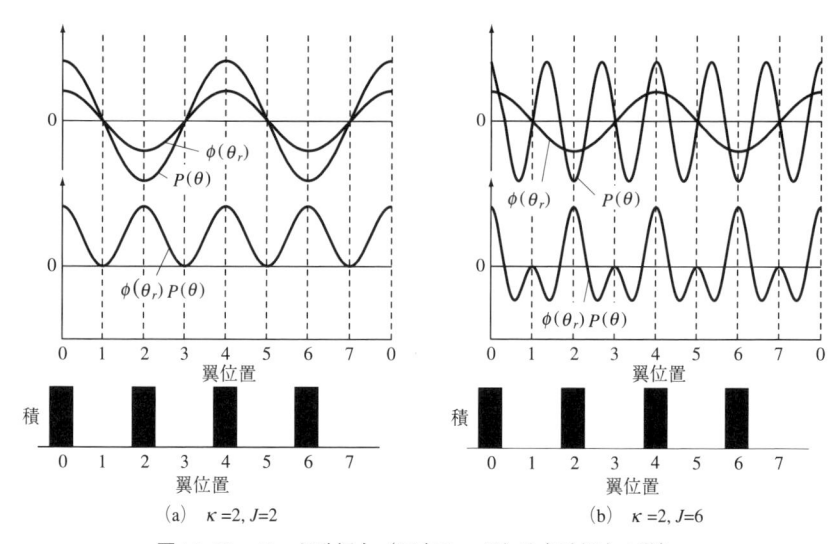

図10・16　モード励振力（固有モードと分布励振力の積）

図 (a)：固有モード節直径数 $\kappa=2$，励振モード次数 $J=2$ の場合

　　固有モードと励振力モードの極性が合致しているのでモード励振力は大きいことがただちにわかる．棒グラフに示すように，各翼位置での励振力とモードの積は，翼番号 0,2,4,6 に存在し，翼番号 1,3,5,7 は節であるので 0 である．この積の総和がモード励振力である．

図 (b)：固有モード節直径数 $\kappa=2$，励振モード次数 $J=6$ の場合

　　この場合も積の総和が存在するので共振する．

また，ロータが 1 回転する間に各翼が受ける励振力の時間波形を式 (10・33) に従い描いたものが図10・17である．

図 (a)：固有モード節直径数 $\kappa=2$，励振モード次数 $J=2$ の場合

　　後退波の加振となっている．

図 (b)：固有モード節直径数 $\kappa=2$，励振モード次数 $J=6$ の場合

　　前進波の加振となっている．

よって，$\kappa=2$，$J=2$ では後退波の共振，$\kappa=2$，$J=6$ では前進波の共振が発生する．

図10・18には，固有モードの節直径数 $\kappa=2$，励振モード次数 $J=4$ の例が示されている．各翼位置で励振力とモードの積は，翼番号 0 と 4 のみに存在するが，逆相で総

(a) $\kappa=2, J=2$ (b) $\kappa=2, J=6$

図 10・17　励振力の時間波形

$\kappa=2, J=4$

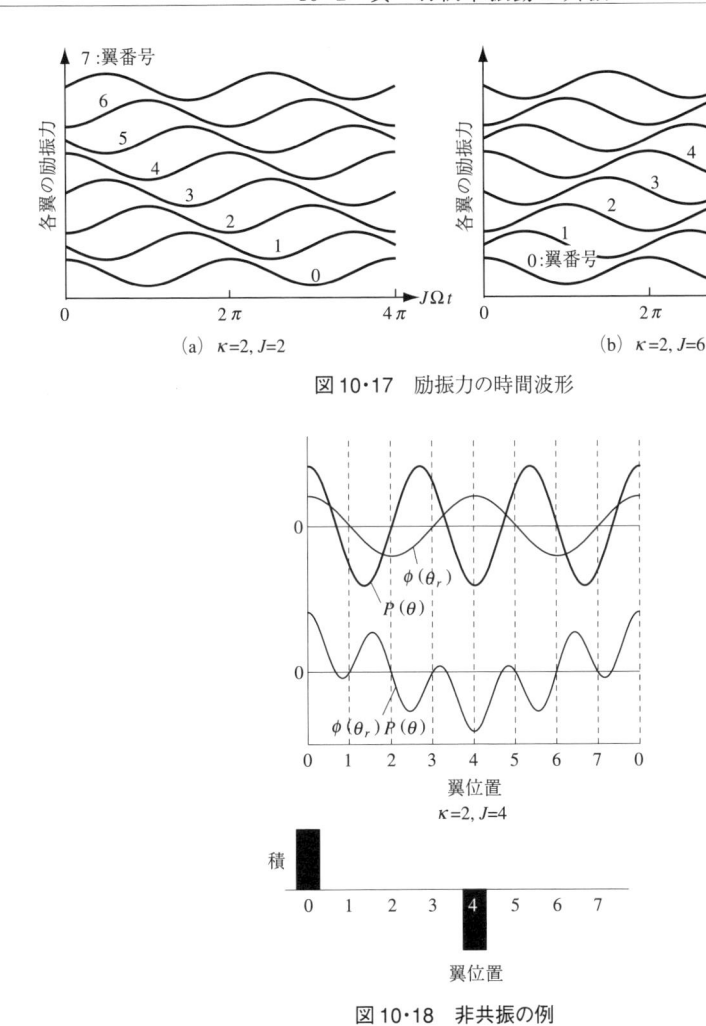

図 10・18　非共振の例

和は0なので，この条件に関して共振は起こらない．

10・2・5　翼共振判定図表：キャンベル線図

固有モード節直径数κと励振モード次数Jの組合せでモード励振力の共振条件の存在をレビューしたものが図 10・19 である．図中の記号で0は固有モードと励振力モードの内積=0となるために非共振となる条件である．内積≠0は共振条件に対応し，左

J/κ	20	19	18	17	16	15	14	13	12	11	10	9	8	7	6	5	4	3	2	1	0
4	S	0	0	0	0	0	0	0	S	0	0	0	0	0	0	0	S	0	0	0	0
3	0	B	0	0	0	0	0	F	0	B	0	0	0	0	0	F	0	B	0	0	0
2	0	0	B	0	0	0	F	0	0	0	B	0	0	0	F	0	0	0	B	0	0
1	0	0	0	B	0	F	0	0	0	0	0	B	0	F	0	0	0	0	0	B	0
0	0	0	0	0	S	0	0	0	0	0	0	0	S	0	0	0	0	0	0	0	S

図10・19 共振モード積の判定表 ($N=8$)

上がりの B は後退波共振，左下がりの F は前進波共振，S は定在波共振をそれぞれ意味している．

さきの例題 10・3 の系で，$k_d=10$，$k_c=35$ としたとき，静止時固有振動数の並びは節直径数 κ でカウントして

$$\omega_\kappa = \{3.2,\ 5.5,\ 8.9,\ 11.4,\ 12.2\} \quad (\kappa = 0 \cdots N/2 = 4) \tag{10・34}$$

である．この固有振動数値を左端として，図10・20 に示すように，横軸の回転数に

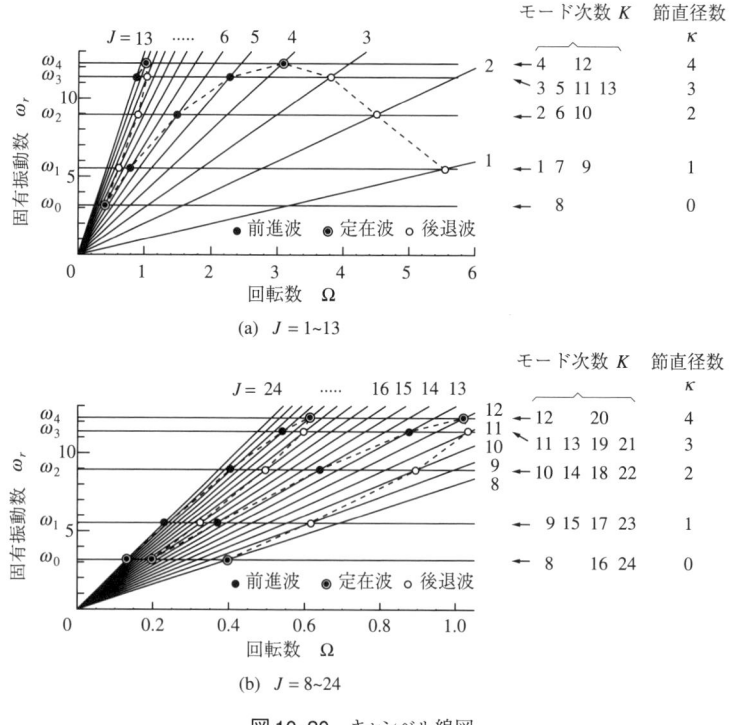

図10・20 キャンベル線図

対する固有振動数曲線を描く。ここでは，遠心力係数を無視しているので，回転数に対して水平な直線となっている。しかし，実際には遠心力係数の影響で少し右上がりの曲線となる。

図 (a) には励振モード次数として $J=1$ 次から 13 次までの直線を斜めに引いている。同図 (b) はさらに高次の励振次数を斜めに描いている。式 (10·32) から，固有振動数と励振力のすべての交点が共振の「候補」である。しかし，その中でモード励振力の存在条件である図 10·19 の非零の組合せのみが実際に共振を起こす。よって，共振条件は丸印を付す交点である。〇印が後退波共振 B，●が前進波共振 F，その境が定在波 S による共振である。

キャンベル線図[52]とは，図 10·20 のように，固有振動数曲線と強制力振動数を対回転数にて併記した図において，その交点が共振か非共振かを峻別するものである。どのような共振がどの回転数で発生するかが一目瞭然で，大変便利な図である。実機では，定格運転回転数域がこのような共振発生の交点とならないように，共振条件回避のために翼固有振動数のチューニングが行われる。

補遺　モード励振力に関する共振条件　周方向に関する励振モード次数 J と節直径 κ 本の固有モードとの内積をとり，モード励振力の共振条件を図 10·19 にまとめた。しかし，つぎのように考えれば理解は早い。式 (10·11) の ε_k が示唆するように，節直径数 κ を実際に存在する節直径数 $N/2$ より多くとっても差し支えない。$N/2$ を越えたぶんは，図 10·20 の右端に示すように折り返して考えればよい。そこで，この「拡大」したモード次数を K とする。拡大モード次数 K による固有振動数の並びは，式 (10·34) に示した節直径固有振動数を用いて

$$\omega_K = \{\omega_0, \omega_1, \omega_2, \omega_3, \omega_4, \omega_3, \omega_2, \omega_1, \omega_0, \omega_1, \omega_2, \omega_3, \omega_4 \cdots\} \quad (10\cdot35)$$

となる。よって，式 (10·33) で θ_r に関して翼 1 周分を積分したときに値の残るモード励振力に関する共振条件 II は簡単に次式となる。

[II]　$K=J$ 　　　　　　　　　　　　　　　　　　　　　　　　　　$(10\cdot36)$

すなわち，式 (10·32) と上式 (10·36) が共振条件である。

具体的には，図 10·20 のようなキャンベル線図を描いて，励振モード次数 J と右端に記載の拡大モード次数 K とが一致する点が共振点である。その共振点における実際の節直径数はさらに右端の κ の値が対応する。

例題10・5　ターボ羽根車振動共振条件

動翼数 Z_r，静翼数 Z_g（ガイドベーン，ディフュザーベーンなど）としたときの共振条件を求めよ．

解　周期対称構造物の個数 N とは動翼数のことだから，$N=Z_r$ である．静止側の周方向圧力分布の卓越成分は，静翼数倍の高調波関数である．これは周方向に定在した励振力モードで，時間的には変動しないとする．羽根車の一点から観察すれば，静翼通過のたびに圧力変動を受けるから励振次数は $J=Z_g$ で励振周波数は $Z_g\Omega$ ゆえ，式 (10·32) に対応する周波数共振条件は，節直径数 κ として次式である．

$$Z_g\Omega = \omega_\kappa \quad (\kappa = 0\cdots Z_r/2) \tag{10·37}$$

つぎに，モード励振力の共振条件を，図10·19を書き換えた図10·21で考える．この図では $N=Z_r=8$ だから，非零の項は $J=Z_g$ に注目すると

				J				
S	0	0	0	20	0	0	0	0
0	B	0	0	19	0	0	0	0
0	0	B	0	18	0	0	0	0
0	0	0	B	17	0	0	0	0
0	0	0	0	S	0	0	0	0
0	0	0	0	15	F	0	0	0
0	0	0	0	14	0	F	0	0
0	0	0	0	13	0	0	F	0
S	0	0	0	12	0	0	0	S
0	B	0	0	11	0	0	0	0
0	0	B	0	10	0	0	0	0
0	0	0	B	9	0	0	0	0
0	0	0	0	S	0	0	0	0
0	0	0	0	7	F	0	0	0
0	0	0	0	6	0	F	0	0
0	0	0	0	5	0	0	F	0
S	0	0	0	4	0	0	0	S
0	B	0	0	3	0	0	0	0
0	0	B	0	2	0	0	0	0
0	0	0	B	1	0	0	0	0
−4	−3	−2	−1	$S0$	+1	+2	+3	+4　⟶ κ

図10·21

10・2 翼・羽根車振動と共振

$$Z_g = Z_r \mp \kappa \quad \rightarrow \quad Z_g \pm \kappa = Z_r \quad (F/B \text{ 複号同順}) \tag{10・38}$$

である。上式で，F は前進波共振，B は後退波共振を意味する。

この条件をさらに一般化しよう。節直径数 κ に正負の意味を持たせて，正なら前進波共振，負なら後退波共振，0 あるいは $\pm N/2$ なら定在波モードを対応させる。さらに励振周波数は $Z_g\Omega$ の整数倍も含めると，周波数共振条件式 (10・37) は次式

$$[\text{I}] \quad nZ_g\Omega = \omega_\kappa \quad (\kappa = 0 \cdots Z_r/2,\ n = 1, 2, 3 \cdots) \tag{10・39}$$

に書き換わる。そしてモード励振共振条件は[53,54]つぎのように一般化される。

$$[\text{II}] \quad nZ_g + \kappa = hZ_r \tag{10・40}$$

ただし $h=0, 1, 2, 3, \cdots$，$\kappa = \pm 0, \pm 1, \pm 2, \pm 3, \cdots, \pm N/2$

例題 10・6 動翼数 $Z_r=11$，静翼数 $Z_g=16$ の遠心圧縮機の羽根車の共振条件を説明せよ。

解 固有振動数曲線を描いて図 10・22 としよう。励振周波数は回転数×静翼数およびその整数倍だから，励振次数 $J=\{Z_g=16, 2Z_g=32, 3Z_g=48\}$ などが候補となるので，斜めの直線を記入する。つぎに，右端に示すように，モード次数 K を折返しで記入し，励振次数 J に等しい節直径数 κ を探すと

$$\{J=K, \kappa\} = \{16, 5=S\},\ \{32, 1=F\},\ \{48, 4=B\}, \cdots$$

だから，共振点は ● ○ ◉ 印である。羽根車で計測されるであろう振動応力の振幅曲線を下部に模擬している。

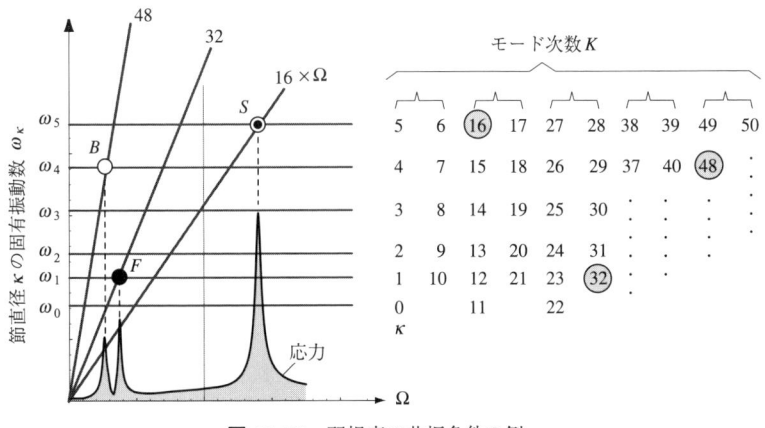

図 10・22 羽根車の共振条件の例

別解 判定式 (10・40) に照らして，16−5=11, 2 × 16+1=3 × 11, 3 × 16−4=4 × 11 だから

$$\{n, \kappa, h\} = \{1, -5=定在波, 1\}, \{2, +1=前進波, 3\}, \{3, -4=後退波, 4\}, \cdots$$

事例研究　遠心圧縮機羽根車の共振　　福島の論文[55]を引用し，動翼数 Z_r =11，静翼数 Z_g =27 の遠心圧縮機羽根車の共振例を考える。図 10・23 は固有振動数曲線の計算値と実験値を示している。これに，励振周波数の次数 $J=Z_g$ =27 の直線を併記している。また，右端にはモード次数 K を折り返しで示している。$K=J$ なる共振点は定在波 S と記す交点で，回転数でみて 242.6rps，共振周波数 242.6 × 27=6 550Hz である。羽根車の振動応力を計測した場合に予測される共振曲線を下部に模擬している。

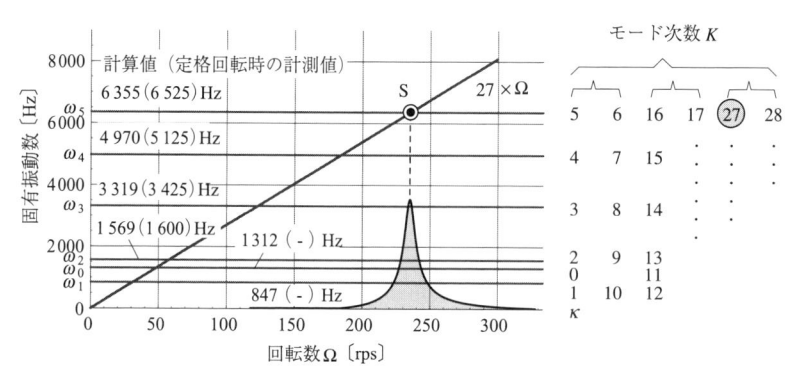

図 10・23　試験羽根車のキャンベル線図

この回転試験で，回転中に歪みゲージで計測した振動応力波形の約 243rps と 248rps における FFT 結果を図 10・24 に示す。同図 (b) は共振中ゆえ，回転数の J=27 倍に相当する 6 550Hz の大応力のスペクトルが観察される。しかし，少し回転数がずれた同図 (a) ではこのピークスペクトルは消え非共振となり，小さなスペクトルの並びになる。このように，翼・羽根車振動では Q 値が大きいため，狭い範囲で高いピーク振幅が観察される。

同図 (c) と (d) は吐出脈動圧力波形の FFT 結果を示している。このように，回転数 Ω ×動翼数 Z_r およびその整数倍の周波成分を持つ脈動圧力が発生するので，243 × 11≈2 670 Hz やその 2 倍の 5 340 Hz 付近にピークスペクトルが観察される。この圧力

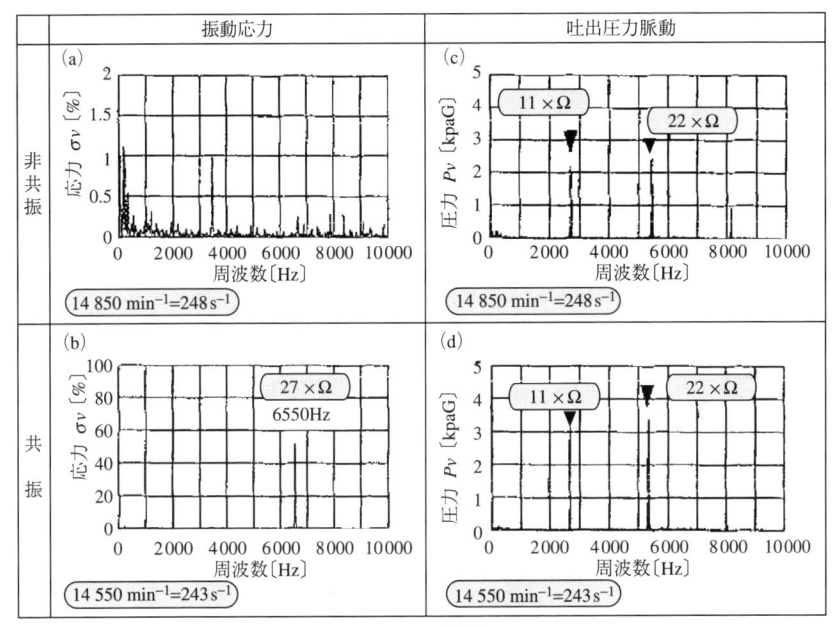

10・2 翼・羽根車振動と共振

図10・24 共振・非共振での振動応力と圧力脈動

動翼数 $Z_r = 11$，静翼数 $Z_g = 27$

脈動は，羽根車の共振・非共振にかかわらずつねに発生している。軸受台などの静止側構造物はこの圧力脈動で共振しないような配慮が望まれる。

この回転試験で，ロータ降速中に羽根車の振動応力を計測して，そのFFT結果をピークホールドにて記録したものが図10・25である。さきに述べたように

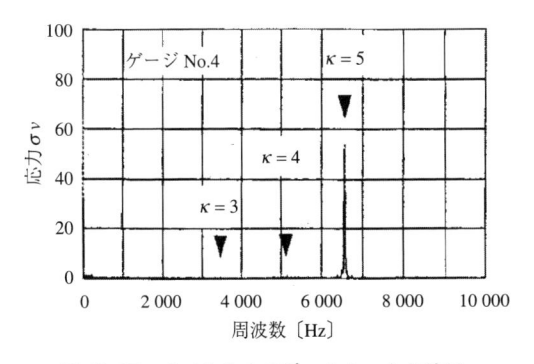

図10・25 スペクトルのピークホールド結果

$\{J=K, \kappa\} = \{27, 5=S\}$

なる共振条件を通過中のピークスペクトルが確かに確認される。また，図10・26に問題の節直径数 $\kappa=5$ の固有モードを載せた。

図10・26　羽根車固有振動数解析結果
　　　　　節直径数 $\kappa=5$ のモード（6 550Hz）

例題10・7　図10・27に示すような3枚羽根の回転軸系がある。節直径 $\kappa=0$ の固有振動数を ω_0，$\kappa=1$ の固有振動数を ω_1 とする。この羽根車周上の2か所にノズルから空気が噴射されている。$\omega_0 > \omega_1$ として，共振条件をキャンベル線図で示せ。

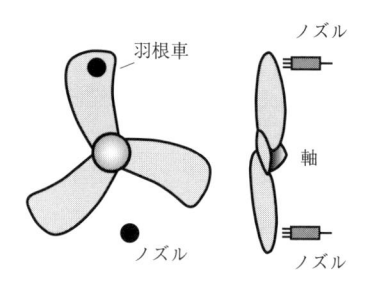

図10・27　3枚羽根を持つ回転軸系

解　ノズル噴射が2か所だから，静圧分布は図10・28に示すように周方向に2次が基本で，$z_g=2$ に相当し，その倍数が励振周波数である。しかるに，励振モード次数 $J=nZ_g=2, 4, 6, 8, \cdots$ である。よって，共振条件は図10・29のキャンベル線図となる。

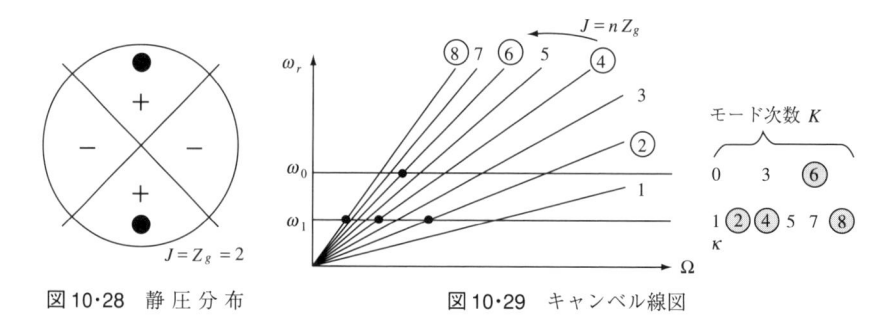

図10・28　静圧分布

図10・29　キャンベル線図

10・3 翼・羽根車の静止側からの加振

10・3・1 加振方法および共振条件の違いについて

前節は静止側の周方向静圧（時間的に変動しない圧力）分布によって励振される翼・羽根車の共振条件を論じた。

今度は，静止側の1か所から，例えば電磁石などで，回転する翼を正弦波加振した場合の共振条件を述べる。加振状況が異なるので，混同しないように節を改めた。翼固有振動数が静止側から観察するとどのような周波数にみえるかについてはじめに導き，その周波数で静止側から加振すれば共振することを説明する。

10・3・2 翼・羽根車振動の慣性座標系での表現

図 10・30 の状況で，翼・羽根車の面外固有振動変位（歪み）は応力 σ_b に比例しその一般形は，節直径数 κ で固有振動数を ω_κ とし，半径方向モードを $A(r)$，翼位相角を θ とすると

$$\delta_b = 2A(r)\cos\kappa\theta \cos\omega_\kappa t$$
$$= A(r)[\cos(\omega_\kappa t + \kappa\theta) + \cos(\omega_\kappa t - \kappa\theta)] \tag{10・41}$$

の形で書ける。ここで，上式の第1式が定在波，第2式第1項が後退波，同第2項が前進波を表す。表10・5上段に示す i 番目の翼の応力 σ_i は，上式に i 番目の翼位相角 θ_i を代入したものである。

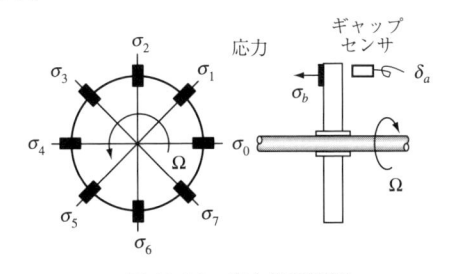

図 10・30　応力波形観測

また，下段は翼面外振動を静止場に設けたギャップセンサ（図 10・30）で計測した波形を表す。それは，前式の翼位相角に $\theta = -\Omega t$ を代入したもので

表 10・5　翼振動の観察

翼振動 σ_i 周波数	前進波 $\cos(\omega_\kappa t - \kappa\theta_i)$ ω_κ	後退波 $\cos(\omega_\kappa t + \kappa\theta_i)$ ω_κ	定在波 $\cos\kappa\theta_i \cos\omega_\kappa t$ ω_κ
静止場観察 周波数	$\cos(\omega_\kappa t + \kappa\Omega t)$ $\omega_\kappa + \kappa\Omega$	$\cos(\omega_\kappa t - \kappa\Omega t)$ $\omega_\kappa - \kappa\Omega$	$\cos\kappa\Omega t \cos\omega_\kappa t$ $\omega_\kappa - \kappa\Omega, \ \omega_\kappa + \kappa\Omega$

$$\begin{aligned}\delta_a &= 2A(r)\cos\kappa\Omega t \ \cos\omega_\kappa t \\ &= A(r)\left[\cos(\omega_\kappa t + \kappa\Omega t) + \cos(\omega_\kappa t - \kappa\Omega t)\right]\end{aligned} \quad (10\cdot42)$$

と書ける.よって,翼振動の各成分を静止側からみてみると,すなわち,慣性座標系からみた翼振動波形の振動数 ω_s は

$$\omega_s = \omega_\kappa \pm \kappa\Omega \quad (10\cdot43)$$

となり,これは図10・31のように表される.実際には遠心力係数が入るので,回転数とともに少し右上がりに反った曲線となる.

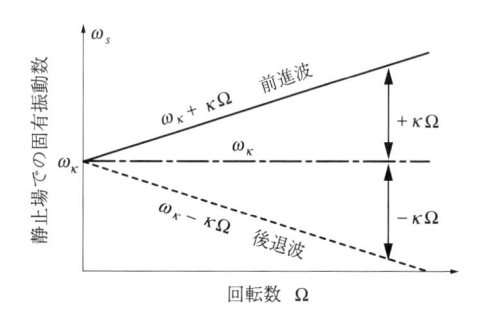

図10・31　翼振動の静止場での観察

例題10・8　翼固有振動数 ω_κ=3Hz,回転速度 Ω=1Hz,節直径 κ=1, κ=2, κ=3 の各場合の翼振動応力 σ_i(45°ピッチに貼った歪みゲージの応力,3Hz)波形と対応する静止場から計ったギャップセンサ振動波形 δ_a の観察例を示す.δ_a 波形の周波数が表10・6となっていることを確認せよ.

解　①δ_a振動波形の周波数={4, 2, 4 と 2}Hz (κ=1),②{5, 1, 5 と 1}Hz (κ=2),③{6, 0, 6 と 0}Hz (κ=3)となり,表10・6に一致する.

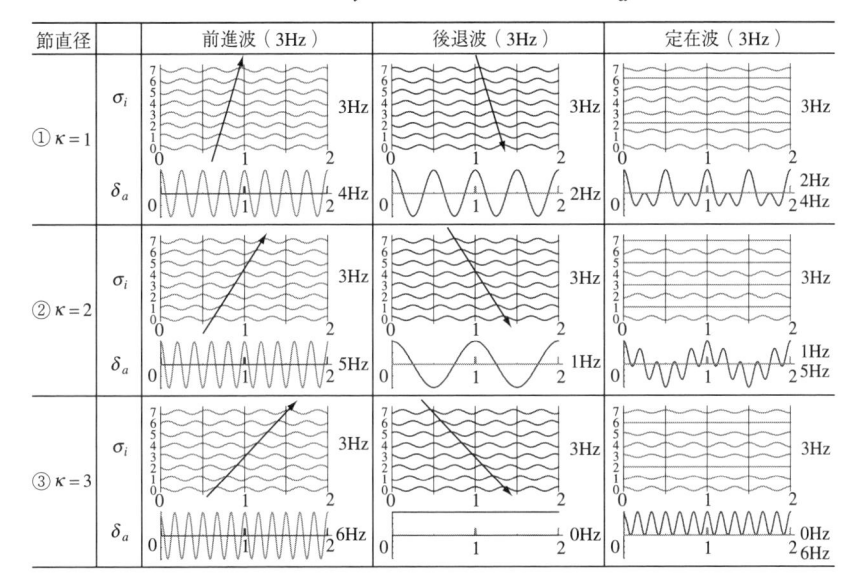

表10·6 応力波形 σ_i とギャップセンサ振動波形 δ_a の観測例

節直径		前進波（3Hz）	後退波（3Hz）	定在波（3Hz）
① $\kappa=1$	σ_i	3Hz	3Hz	3Hz
	δ_a	4Hz	2Hz	2Hz / 4Hz
② $\kappa=2$	σ_i	3Hz	3Hz	3Hz
	δ_a	5Hz	1Hz	1Hz / 5Hz
③ $\kappa=3$	σ_i	3Hz	3Hz	3Hz
	δ_a	6Hz	0Hz	0Hz / 6Hz

10·3·3 共振条件 1

静止側から加振周波数 ν で一点加振して円板の面外振動を共振させる場合には，共振条件は

$$\nu = \omega_\kappa \pm \kappa \, \Omega \tag{10·44}$$

である。ここで，+は前進波，−は後退波の翼共振振動の発生をそれぞれ意味する。

ある回転数に固定して正弦波加振を行うと，図10・32に示すように，同じ節直径

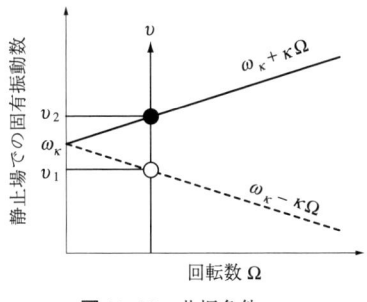

図10·32 共振条件 1

モードに関して2回の共振が現れる。

$$v_1 = \omega_\kappa - \kappa\Omega$$
$$v_2 = \omega_\kappa + \kappa\Omega \tag{10・45}$$

よって，次式から固有振動数と節直径の数を知る。

$$\omega_\kappa = (v_1 + v_2)/2$$
$$\kappa = (v_2 - v_1)/(2\Omega) \tag{10・46}$$

このように任意の回転数において加振周波数νを変えていけば，いずれの節直径数モードの共振も引き起こすことが可能である。すなわち，節直径モードの固有振動数の探索に利用される加振方法である。

10・3・4 共振条件2

加振周波数 v が回転数 Ω に比例し $v = p\Omega$ の場合，共振条件は

$$p\Omega = \omega_\kappa \pm \kappa\Omega \tag{10・47}$$

ただし p = 比例定数

である。ここで，+は前進波，-は後退波の翼共振の発生をそれぞれ意味する。この状況は図10・33に表され，二つの回転数で翼が共振する。Ω_1 に後退波共振が，Ω_2 に前進波共振が対応する。

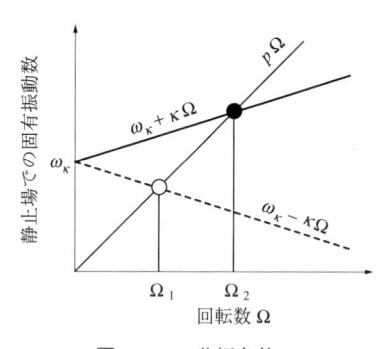

図10・33 共振条件2

第11章
ロータ系の安定性問題

　ロータを十分に低振動で，かつ安定に回転させねばならない回転試験において遭遇する不具合いの大部分は不釣合い振動で，対策はバランシングである場合が多い．

　しかし，バランシングでは解決できない，安定性に関連したいくつかの問題も実務では大切である．あってはならないことではあるが，比較的経験しやすい下記の3現象について，その発生メカニズムの原理と解決への考え方を学ぶ．

(1) 内部減衰の影響

　　回転軸の嵌合部が緩いとすべり摩擦減衰がロータ内部に発生する．一見，減衰だから増えると好都合のようであるが，高速回転域では不安定要因となる．

(2) 非対称断面のロータ

　　回転軸のキー溝などのように軸剛性が対称でない場合には，いろいろな不都合な振動が発生しやすいので，その問題点を述べる．

(3) 接触熱曲がり振動

　　ロータの不釣合い振動ベクトルをナイキスト線図でモニタしながら運転する場合がある．定常一定回転では，このベクトル点は不動でふらつかないのが正常である．しかし，ラビングなどで熱変形が起こると，このベクトルは動きはじめる．この異常な現象のメカニズムを解説する．

　　以上の複雑現象の本質を，1自由度系モデルにて簡潔に解き明かす．

11・1 ロータの内部減衰による不安定振動

11・1・1 運動方程式

図11・1に示すように，ロータのカップリングにゴム材を用いたときには，静止時のインパルステストで減衰波形を求めると非常に減衰が効いたデータを得る。回転軸と羽根車の嵌合部が摩耗し緩いと摩擦減衰が作用する。また，ギヤカップリング歯面の摩耗や潤滑不足によりすべり摩擦減衰が発生する。回転部材に繊維強化プラスティック（FRP）などを用いると材料減衰が作用する。このように回転するロータ自体の持つ減衰を総称して内部減衰 c_r と呼ぶ。同図に示すように，回転場での内部減衰 c_r に対して，軸受のように静止場から回転体に作用する通常の減衰を外部減衰 c_e という。

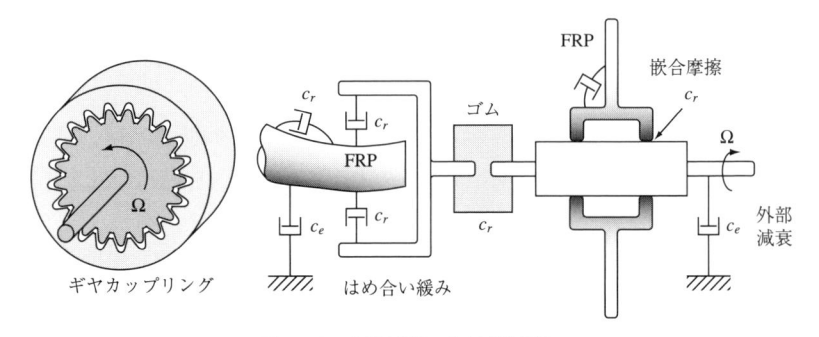

図11・1 内部減衰 c_r と外部減衰 c_e

ロータの内部減衰 c_r は回転座標系で定義され，その反力 F_r は複素数形式で

$$-F_r = c_r \dot{x}_r + jc_r \dot{y}_r = c_r \dot{z}_r \tag{11・1}$$

ただし $z_r \equiv x_r + jy_r$：回転座標系で測った複素変位

と表わされる。これをつぎのように，慣性座標系の反力 F に変換する。

$$\begin{aligned}-F &= -F_r e^{j\Omega t} = c_r \dot{z}_r e^{j\Omega t} = c_r \frac{d}{dt}\left(ze^{-j\Omega t}\right)e^{j\Omega t} \\ &= (c_r \dot{z} - j\Omega c_r z)\end{aligned} \tag{11・2}$$

ただし $z = z_r e^{j\Omega t}$：慣性座標系で測った複素変位

11・1 ロータの内部減衰による不安定振動

よってロータとして考察すべき1自由度系の運動方程式は，内部および外部減衰を加味して

$$m\ddot{z} - j\Omega G\dot{z} + kz + c_e\dot{z} + c_r\dot{z} - j\Omega c_r z = 0 \qquad (11\cdot3)$$

11・1・2 安定条件

非回転 $\Omega = 0$ のときには，減衰は内部と外部からの総和 ($c_e + c_r$) であり，減衰比は大きい。しかし，回転がはじまると内部減衰 Ωc_r はクロスばね k_c と同じ働きを呈し，前向きホワール振動の減衰比を減じ，後ろ向きホワール振動の減衰比を増す。内部減衰 $k_c = \Omega c_r$ の量は回転数に比例して大きくなるので，回転とともに安定性が徐々に低下し，ついには高速回転において前向きホワールの不安定振動を引き起こす。

付録2の式(5)の第1式で，ジャイロ効果を無視，k_c の代わりに Ωc_r を，また c_d の代わりに $c_e + c_r$ を代入すると

$$\frac{da}{dt} = -\frac{1}{2m}\left(c_e + c_r - \frac{\Omega c_r}{\omega_n}\right)a \qquad (11\cdot4)$$

となり，安定条件は

$$\frac{\Omega}{\omega_n} < 1 + \frac{c_e}{c_r} \qquad (11\cdot5)$$

で示され，図11・2に描くように安定な運転が可能な回転数の上限を知る。

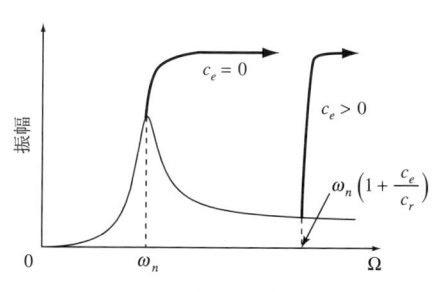

図11・2 不安定発生回転数

特に，ゴムカップリング (c_r は大) で結合されたロータが玉軸受 (c_e は小) で支持されたような系では，回転数が固有振動数(危険速度)を越えた直後から不安定振動が発生しやすい。

11・1・3 安定性解析

この内部減衰による不安定性は図11・3によって図式的に説明される。減衰力は

$$F = -(c_e \dot{z} + c_r \dot{z} - j\Omega c_r z)$$
$$\approx -(c_e + c_r)j\omega a e^{j\omega t} + j\Omega c_r a e^{j\omega t} \qquad (11\cdot6)$$

ただし $z = ae^{j\omega t}$：円ホワール固有振動

図(a)に示す前向きホワール ($\omega = \omega_f$) 軌跡において，減衰 ($c_e + c_r$) は下方向にホワールのブレーキとして作用し，上方向には Ωc_r がアクセルとして作用する。総和ではブレーキとして作用が発揮される

$$(c_e + c_r)\omega_f > \Omega c_r \qquad (11\cdot7)$$

の範囲が安定領域で式 (11・5) に一致する。

一方，図(b)に示す後ろ向きホワール ($\omega = -\omega_b$) 軌跡においては，減衰 ($c_e + c_r$) および Ωc_r ともにブレーキとして作用するので高速回転においても安定である。このような内部減衰に対する考察から

「ロータはしっかりした材料でしっかり固定せよ」

「減衰は外部から与えよ」

「嵌合部の摩耗摩擦には留意せよ」

などの教訓を得る。

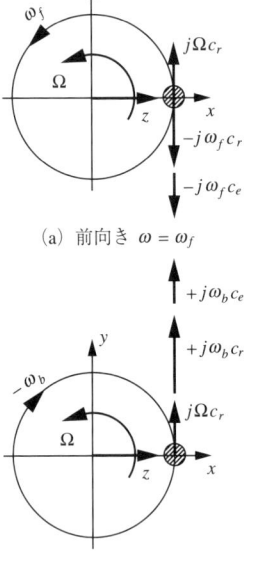

(a) 前向き $\omega = \omega_f$

(b) 後ろ向き $\omega = -\omega_b$

図11・3 内部減衰による不安定

〔1〕 事例研究1 ギヤカップリングの歯面摩耗[56), VB38]

増速機/ギヤカップリングを介したモータ駆動の遠心圧縮機 (図11・4) において，

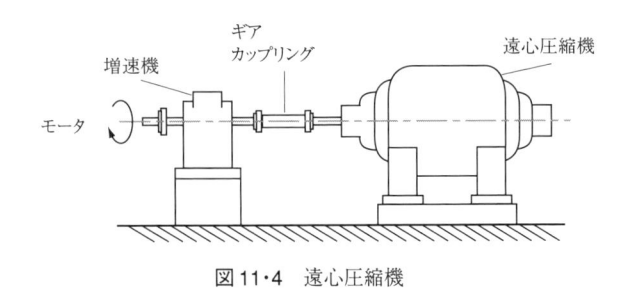

図11・4 遠心圧縮機

11・1 ロータの内部減衰による不安定振動

過大な振動が発生しその波形をFFT分析した結果を図11・5に示す。72Hz成分が卓越していた。この卓越周波数は遠心圧縮機回転数の1/3に近く，また，モータ回転数の2倍にも近い値であった。そのために，なんらかの非線形性のために，回転数の整数倍あるいは分数倍の強制振動が発生しているのか，あるいは自励振動かの区別が判然としなかった。

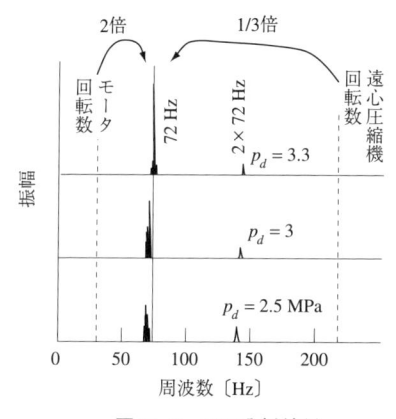

図11・5　FFT分析結果

そこで，遠心圧縮機の回転数を固定して，吐出圧力P_dをパラメータとした回転試験を行い，卓越振動数を詳しく調べた。その結果，図11・5のように回転数が等しいにもかかわらずわずかに卓越周波数が変化することを発見したので，自励振動と判断した。

不安定化の要因として，調査の結果，摩耗したギヤカップリングの歯面すべり摩擦減衰に起因していることがわかった。本節で説明した内部減衰に相当する。軸受減衰を増やす方策に代わって，ここでは少し高価だがすべりのないダイヤフラム形カップリング（図11・6）に変更し，安定化を達成した。

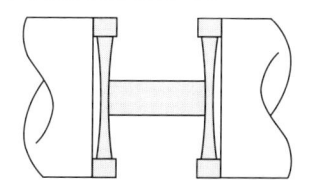

高価,高速軽荷重用
図11・6　ダイヤフラム形カップリング

機器の長寿命運転化の傾向とともに,歯車がかなり摩耗した状態でも運転している場合が多々あり,この種の自励振動問題を現場ではよく見聞する。

〔2〕 **事例研究2　単結晶引き上げ装置**[57], VB268 など　　図11・7のシリコン単結晶引き上げ装置では,湯の中から結晶の成長とともにウェーハを回転させながら引き上げるものである。従来は,図 (a) のように長い釣り棒を回転させながら引き上げていた。装置のコンパクト化のため,釣りワイヤに設計変更し運転したら,目視でも確認できるようなゆっくりとした前向きのふれまわり運動が発生した。

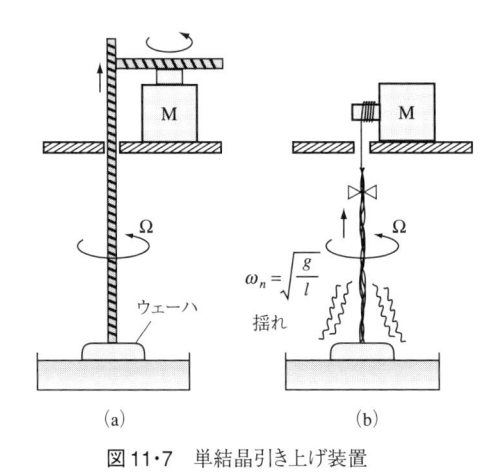

図11・7　単結晶引き上げ装置

ここでは振り子の固有振動数でゆっくりとふれまわり,徐々に振幅が成長する自励振動であった。従来型との比較から,不安定化の要因は撚り線で造られた釣りワイヤの摩擦による内部減衰であると判断された。撚り線数の少ないワイヤに変更し,安定化を図った。

例題11・1　ロータ振動低減のために,磁石をアルミ板に挟む構造の磁気ダンパを用いることとした。図11・8で,使い方として正しいのは①,②どちらか。また,その理由も述べよ。

解　①　理由:渦電流がアルミ板に発生し減衰作用が発生するので,アルミ板は静止側に設け,磁石は回転側におく。

図11・8　磁気ダンパ

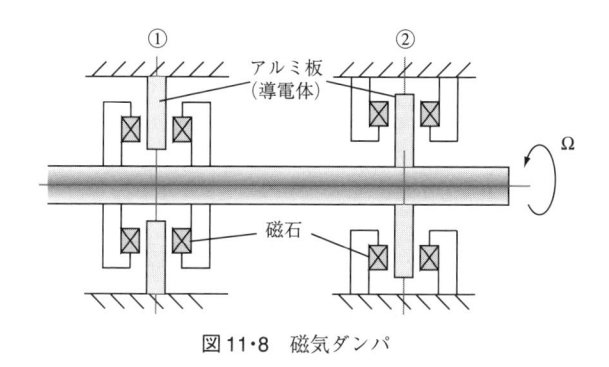

11・2　非対称回転軸系の不安定振動

11・2・1　運動方程式

回転軸は真円でなくてはならない。しかし，ときとして図11・9 (a)に示すようにキー溝の存在のために軸の曲げ剛性が周方向に一様ではなく，非対称となる場合がある。そのような場合には図 (b)に示すようにダミー溝を設け，軸剛性の対称化を図る。また，図11・10に示す2極発電機軸における回転子のスロットのように，構造的に非対称軸にならざるを得ない場合がある。本節ではこのような非対称曲げ剛性を有するロータの振動特性を議論[16,58,59]する。

図11・11に示す非対称軸の例において，回転座標系 X_r, Y_r からみて，回転軸の曲げ剛性は X_r 方向に強く， Y_r 方向に弱いとする。これは回転座標系での見方で，この

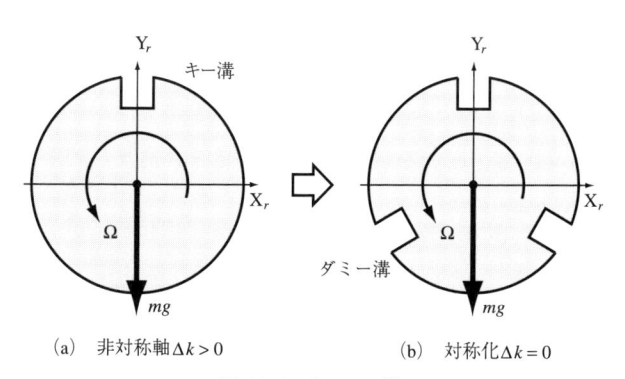

(a)　非対称軸 $\Delta k > 0$　　　(b)　対称化 $\Delta k = 0$

図11・9　キ　ー　溝

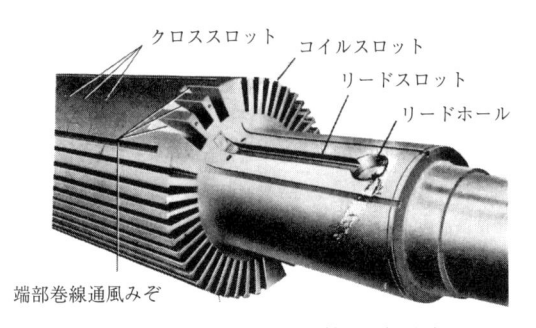

図11・10　2極発電機軸の回転子[16]

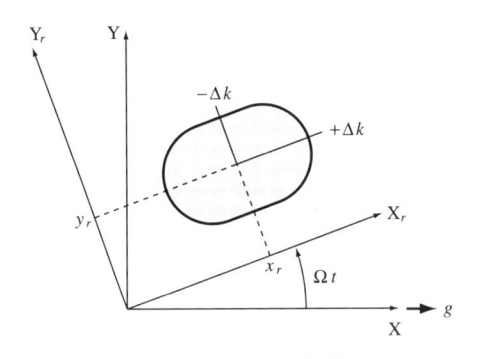

図11・11　非対称軸

変位 z_r と反力 F_r の関係を複素形式で書くと

$$-F_{xr} = (k + \Delta k) x_r$$
$$-F_{yr} = (k - \Delta k) y_r$$

だから

$$-F_r \equiv -\left(F_{xr} + jF_{yr}\right)$$
$$= (k + \Delta k) x_r + j(k - \Delta k) y_r = kz_r + \Delta k \bar{z}_r \tag{11・8}$$

と定義される。これを静止側の慣性座標系の変位 z および反力 F の関係に戻す。

$$F = F_r e^{j\Omega t}, \quad z = z_r e^{j\Omega t} \tag{11・9}$$

だから

$$-F = -F_r e^{j\Omega t} = kz_r e^{j\Omega t} + \Delta k \bar{z}_r e^{j\Omega t} = kz + \Delta k e^{2j\Omega t} \bar{z} \tag{11・10}$$

よってロータ系として考察すべき1自由度系モデルの運動方程式は，不釣合い $m\varepsilon$ および重力 g を加えてつぎのように表わす。

$$m\ddot{z} - j\Omega c_g \dot{z} + c\dot{z} + kz + \Delta k e^{2j\Omega t}\bar{z} = m\varepsilon\Omega^2 e^{j\Omega t} + mg \tag{11・11}$$

ここで，説明を簡単化するためにつぎのような変数

$$\gamma = \frac{c_g}{m}, \quad 2\zeta\omega_n = \frac{c}{m}, \quad \omega_n^2 = \frac{k}{m}, \quad 2\mu = \frac{\Delta k}{k} = \Delta \tag{11・12}$$

を導入した次式が考察の対象となる。

$$\ddot{z} - j\gamma\Omega\dot{z} + 2\zeta\omega_n\dot{z} + \omega_n^2 z + 2\mu\omega_n^2 e^{2j\Omega t}\bar{z} = \varepsilon\Omega^2 e^{j\Omega t} + g \tag{11・13}$$

11・2・2 非対称回転軸の振動概観

このような回転軸の非対称性は，ロータを各回転位相ごとに設置し，インパルステストを繰り返し，どの位相からみても固有振動数が一様であるか否かの調査によって検出することができる。いまの場合，計測値を用い次式で見積る。

$$\mu = \frac{\omega_x - \omega_y}{2\omega_n} \Leftrightarrow \{\omega_x, \omega_y\} = \omega_n(1 \pm \mu) \quad (\text{複号同順}) \tag{11・14}$$

ただし ω_x：高いほうの固有振動数，　　ω_y：低いほうの固有振動数

　　　$\omega_n = (\omega_y + \omega_y)/2$：平均の固有振動数

直角2方向に剛性差がある非対称弾性軸の振動には，図 11・12 に示すような特異な振動現象が現れる。ここでは軸剛性の非対称性で説明するが，ロータの慣性モーメント I_x, I_y に差があっても同様の特異現象を呈する。本項では，図に記載の[A], [B], [C]の三つの特異現象について順に説明する。

　　[A]　2次的危険速度の共振　　$\Omega = \omega_n/2$
　　[B]　共振モードの安定性　　$\Omega \approx \omega_n$
　　[C]　共振モード間の安定性　　$\Omega = (\omega_1 + \omega_2)/2$

　　[A]　2次的危険速度：$\Omega \approx \omega_n/2$　　重力による平均の静たわみ量 z_g からの振動変位を w とし

$$z = w + z_g \tag{11・15}$$

ただし $z_g = g/\omega_n^2$
とおく。完全バランス状態にあって不釣合い $\varepsilon=0$ としても，ジャイロ項を無視した式(11・13)は

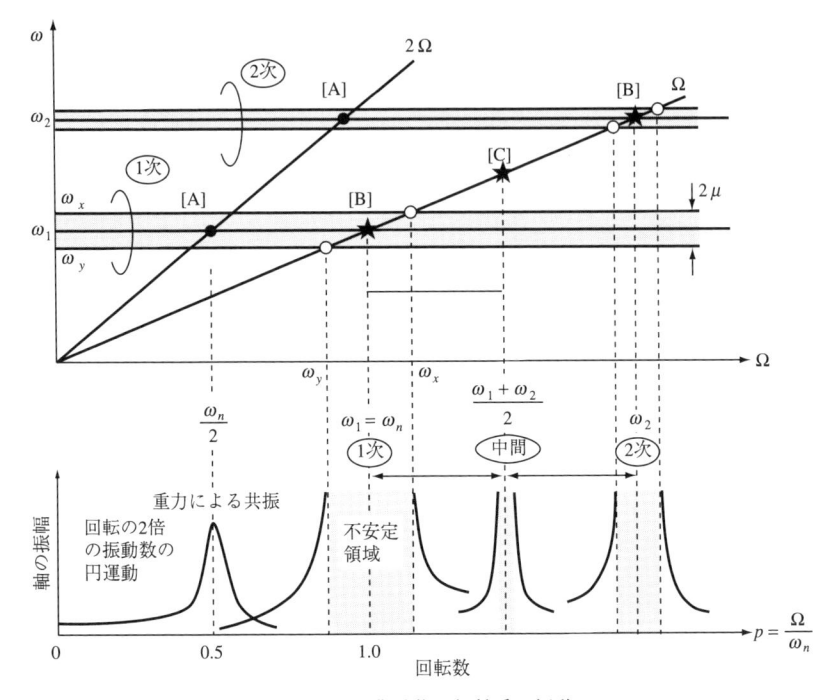

図11・12 非対称回転軸系の振動

$$\ddot{w}+2\zeta\omega_n\dot{w}+\omega_n^2 w = -2\mu\omega_n^2\left(\overline{w}+\overline{z}_g\right)e^{2j\Omega t} \approx -2\mu g e^{2j\Omega t} \quad (11\cdot 16)$$

と近似的に表されるので，右辺には回転数の2倍の前向き強制力が作用している．重力による回転軸の「たわみ」線が，図11・13 (a) に示すように，軸剛性の強弱によっ

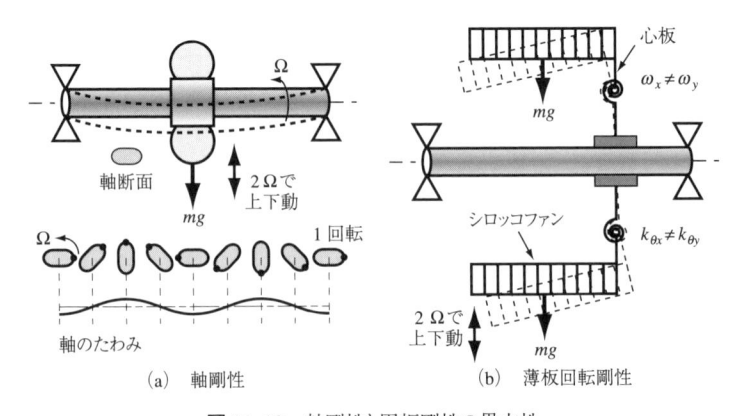

(a) 軸剛性

(b) 薄板回転剛性

図11・13 軸剛性と円板剛性の異方性

11·2 非対称回転軸系の不安定振動

て一回転中に2回わずかに上下動するために生じる強制力である。

ジャイロを無視した系においては，図11・12上部のキャンベル線図に示すように，固有振動数 ω_n の半分

$$\Omega \approx \omega_n / 2 \tag{11·17}$$

の回転数に達したときに，回転数の2倍に同期した前向きホワール振動の副次的な共振が現れる。これを非対称軸の2次的危険速度という。その共振倍率は $Q=1/(2\zeta)$ である。よって，2次的危険速度のピーク振幅は次式で推定される。

$$a_{peak} = \left(\frac{2\mu g}{\omega_n^2}\right)\frac{1}{2\zeta} = \frac{\mu}{\zeta}\frac{g}{\omega_n^2} \tag{11·18}$$

さきの図11・13において，(a)は回転軸の「たわみ」振動で，回転軸剛性の異方性と重力(水平ロータ)の組合せによって生じる2次共振であった。

図(b)のシロッコファンのように薄い心板円板を有するロータでは，周方向板厚の不均一に起因して，一様な回転剛性とならない場合が多い。このような状況では，シロッコファンに重力 g が作用し心板は傾いた状態にあり，その傾きは一回転に2回微小に上下動する。よって，回転剛性の異方性に起因して，「傾き」振動(節直径1本の円板振動モード)でも2次的共振が起こる。詳細は9・4・2項で述べたとおりである。

この「傾き」モードではジャイロ効果がよく効くので，図11・14に示すように実線の前向き固有振動数 ω_f と加振力 $+2\Omega$ の前向き直線との交点●が2次的危険速度になる。破線で示す後ろ向き固有振動数 ω_b との交点☆では何事も起こらない。

また，図11・15に示すように，薄い羽根車も周方向板厚の不均一に起因して，一様な回転ばね剛性でない場合が多い。かつ，羽根車にかかる流体力として静圧 Δp が

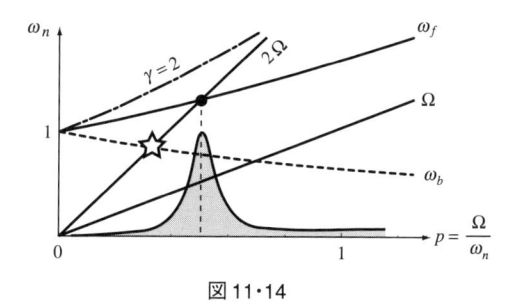

図11・14

(a) 羽根車　　　(b) 傾きモード　　　(c) 不均一な静圧分布

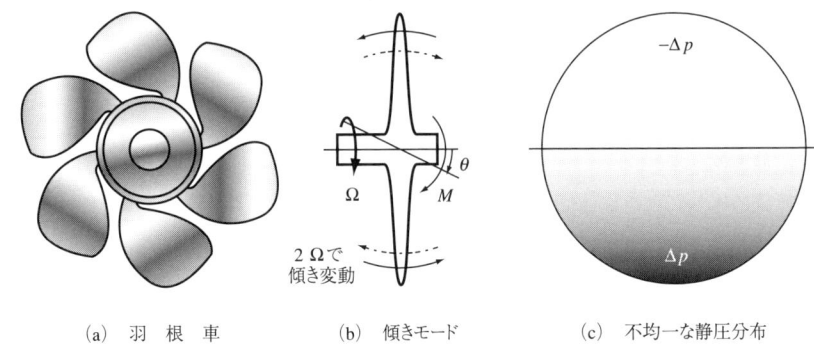

図 11・15　羽根車の傾き運動(節直径 $\kappa = 1$)

不均一な場合には，羽根車は一定のモーメントの作用下にあり，一回転に 2 回の割合で羽根車の傾きが変動する。よって，さきの図 11・14 で説明したような 2 次的共振が現れる。

式 (6・23) に示したようにジャイロ効果 γ に対して前向き固有振動数 ω_f の漸近線は $\gamma \Omega$ である。よって，「傾き」振動モードではジャイロ効果 $\gamma > 1$ のために不釣合い共振が現れない条件でも，高速回転で 2 次的共振が起こる可能性は残る。しかし，極端な $\gamma = 2$ の場合には 2Ω との交点●が存在しないため 2 次的共振も起こらない。

[B] 共振モードの安定性 (不安定区間):

$$\omega_y \equiv \sqrt{\frac{k - \Delta k}{m}} < \Omega < \omega_x \equiv \sqrt{\frac{k + \Delta k}{m}} \tag{11・19}$$

不釣合いおよび重力が無視できる状態でも，式 (11・13) は

$$\ddot{z} + 2\zeta \omega_n \dot{z} + \omega_n^2 z + 2\mu \omega_n^2 e^{2j\Omega t} \bar{z} = 0 \tag{11・20}$$

となる。不安定区間が式 (11・19) である。

ただし，簡単化のためにジャイロ項を無視している。この系は周波数 2Ω で変動する係数を内蔵するので係数励振線形系である。よって，固有振動数 ω_n が，係数の変動周波数 2Ω の $1/2$ のとき，すなわち回転数 $\Omega = \omega_n$ 付近において，パラメトリック共鳴となる。その状況で回転同期振動

$$z = Ae^{j\Omega t} \tag{11・21}$$

が発生したとする。このとき式 (11・20) の中で

$$2\mu\omega^2 e^{2j\Omega t}\bar{z} = 2\mu\omega^2 e^{2j\Omega t}\bar{A}e^{-j\Omega t} \approx 2\mu\omega^2 e^{j\Omega t}\bar{A}$$

なる新たな不釣合い相当の回転同期強制力が発生し、それが固有振動数 ω_n に近いため共振し、その振動は助長増幅されるので不安定振動になると理解される。

このパラメトリック共鳴の安定性を調べてみよう。振動解式 (11・21) の複素振幅 $A(t)$ が時間とともに徐々に変化する関数とし、振幅徐変化の手法を適用する。このとき、減衰比 ζ、異方性 μ を微小量 ε として

$$\text{Order}\left[\dot{A}\right] = \varepsilon, \quad \text{Order}\left[\ddot{A}\right] = \varepsilon^2, \quad \text{Order}\left[\omega_n^2 - \Omega^2\right] = \varepsilon \tag{11・22}$$

の状況にあるので

$$\begin{aligned}\dot{z} &= Aj\Omega e^{j\Omega t} + \dot{A}e^{j\Omega t} \\ \ddot{z} &= -A\Omega^2 e^{j\Omega t} + 2\dot{A}j\Omega e^{j\Omega t} + \ddot{A}e^{j\Omega t} \approx -A\Omega^2 e^{j\Omega t} + 2\dot{A}j\Omega e^{j\Omega t}\end{aligned} \tag{11・23}$$

とおける。よって、ε の 1 次のオーダーで式 (11・20) は次式におき換わる。

$$\left(\omega_n^2 - \Omega^2 + 2\zeta\omega_n j\Omega\right)A + 2\dot{A}j\Omega + 2\mu\omega_n^2 \overline{A} = 0 \tag{11・24}$$

この解を

$$A = A_1 e^{st} + \overline{A}_2 e^{\bar{s}t} \tag{11・25}$$

とおくと、特性式は次式となる。

$$\begin{bmatrix} \omega_n^2 - \Omega^2 + 2\zeta\omega_n j\Omega + 2j\Omega s & 2\mu\omega_n^2 \\ 2\mu\omega_n^2 & \omega_n^2 - \Omega^2 - 2\zeta\omega_n j\Omega - 2j\Omega s \end{bmatrix}\begin{bmatrix} A_1 \\ A_2 \end{bmatrix} = 0 \tag{11・26}$$

ここで、不減衰 (減衰比 $\zeta=0$) の場合の特性方程式は、式 (11・26) から次式となる。

$$4\Omega^2 s^2 + \left(\omega_n^2 - \Omega^2\right)^2 - 4\mu^2\omega_n^4 = 0 \tag{11・27}$$

実質的に安定であるためには、特性根 s が純虚根となることが必要であるから

$$\left(\omega_n^2 - \Omega^2\right)^2 > 4\mu^2\omega_n^4 \rightarrow \sigma > \mu \tag{11・28}$$

ただし $\sigma = \dfrac{|\Omega - \omega_n|}{\omega_n} = \left|1 - \dfrac{\Omega}{\omega_n}\right|$:離調度

これが安定な離調の範囲を示し、式 (11・19) が成り立つ。

つぎに、安定化に必要な減衰比の値を求めてみよう。この場合、最悪状態 $\Omega=\omega_n$ を仮定し、特性方程式は式 (11・26) から次式となり、特性根 s が求まる。

$$\begin{aligned}&4\Omega^2(s+\zeta\omega_n)^2 - 4\mu^2\omega_n^4 = 0 \\ &\therefore \quad s^2 + 2\zeta\omega_n s + \left(\zeta^2 - \mu^2\right)\omega_n^2 = 0\end{aligned} \tag{11・29}$$

よって、安定化に必要な減衰比が求まる。

$$\zeta > \mu \tag{11·30}$$

[C] 共振モード間の安定性（不安定域）：

$$\Omega \approx \frac{\omega_1 + \omega_2}{2} \tag{11·31}$$

図11·12に示すように，多自由度系では回転数 Ω が1次固有振動数 ω_1，あるいは2次固有振動数 ω_2 に接近すると，それぞれにおいてさきに説明した共振モードの不安定[B]が発生する．加えて，両固有振動数 ω_1 と ω_2 の中間の回転数に達したときにも不安定が発生する可能性がある．これが，ここで論じる両モード間に発生する連成不安定問題[C]である．

多自由度系の場合，質量行列と非対称を有する剛性行列からなる系の運動方程式（ジャイロ，減衰を無視）は式（11·11）をまねて次式で書かれる．

$$[M]\ddot{Z} + [K]Z + [\Delta K]\bar{Z}e^{2j\Omega t} = 0 \tag{11·32}$$

ここでは，平均の軸剛性が $[K]$ で，微小な非対称性を $[\Delta K]$ で表現している．

1次モード ϕ_1 および2次モード ϕ_2 に関してモード解析を適用して，モード座標 η_1 および η_2 についての運動方程式に書き換える．

$$\begin{bmatrix} m_1^* & 0 \\ 0 & m_2^* \end{bmatrix}\begin{bmatrix} \ddot{\eta}_1 \\ \ddot{\eta}_2 \end{bmatrix} + \begin{bmatrix} k_1^* & 0 \\ 0 & k_2^* \end{bmatrix}\begin{bmatrix} \eta_1 \\ \eta_2 \end{bmatrix} + \begin{bmatrix} \Delta_{11}k_1^* & \Delta_{12}k_1^* \\ \Delta_{21}k_2^* & \Delta_{22}k_2^* \end{bmatrix}\begin{bmatrix} \bar{\eta}_1 \\ \bar{\eta}_2 \end{bmatrix} e^{2j\Omega t} = 0 \tag{11·33}$$

ただし $m_i^* \equiv \phi_i^t[K]\phi_i$：モード質量，$k_i^* \equiv \phi_i^t[K]\phi_i$：モード剛性　$(i=1,2)$

$\Delta_{ij}k_i^* \equiv \phi_i^t[\Delta K]\phi_j$：モード剛性の異方性　$(i,j=1,2)$

式（11·33）で，Δ_{11} と Δ_{22} はモード剛性の直交成分である．この影響はすでに[B]で検討したので，ここでは連成成分 Δ_{12} と Δ_{21} に注目し，それをモーダルパラメータ μ_{12} と μ_{21} に書き換え，減衰を付与した次式を考察する．

$$\begin{aligned}\ddot{\eta}_1 + 2\zeta_1\omega_1\dot{\eta}_1 + \omega_1^2\eta_1 + 2\mu_{12}\omega_1^2\bar{\eta}_2 e^{2j\Omega t} = 0 \\ \ddot{\eta}_2 + 2\zeta_2\omega_2\dot{\eta}_2 + \omega_2^2\eta_2 + 2\mu_{21}\omega_2^2\bar{\eta}_1 e^{2j\Omega t} = 0\end{aligned} \tag{11·34}$$

いま仮に，1次モードの振動 $\eta_1 = Ae^{j\omega_1 t}$ がなんらかの原因で発生したとすると，式（11·34）第2式の2次モード座標 η_2 に対し

$$2\mu_{21}\omega_2^2\bar{\eta}_1 e^{2j\Omega t} = 2\mu_{21}\omega_2^2\bar{A}e^{j(2\Omega-\omega_1)t} \approx 2\mu_{21}\omega_2^2\bar{A}e^{j\omega_2 t}$$

なる新たな強制力が2次モード座標を共振させる．また逆に，2次モードの振動が1

次モードの共振を引き起こす.このように,両モード間で交互に連成共振に陥り,両モード振動は助長増幅され不安定振動になると理解される.

このような状況の安定性を考察しよう.両モード座標の振動解を次式におく.

$$\begin{aligned}\eta_1 &= Ae^{j\omega_1 t}\\ \eta_2 &= \overline{B}e^{j(2\Omega-\omega_1)t}\end{aligned} \quad (11\cdot 35)$$

振幅は時間とともに徐々に変化する関数とする.このとき,式(11・23)と同様の考えで

$$\begin{aligned}\dot{\eta}_1 &= Aj\omega_1 e^{j\omega_1 t} + \dot{A}e^{j\omega_1 t}\\ \dot{\eta}_2 &= \overline{B}j(2\Omega-\omega_1)e^{j(2\Omega-\omega_1)t} + \dot{\overline{B}}e^{j(2\Omega-\omega_1)t}\\ \ddot{\eta}_1 &= -A\omega_1^2 e^{j\omega_1 t} + 2\dot{A}j\omega_1 e^{j\omega_1 t} + \ddot{A}e^{j\omega_1 t} \approx -A\omega_1^2 e^{j\omega_1 t} + 2\dot{A}j\omega_1 e^{j\omega_1 t}\\ \ddot{\eta}_2 &\approx -\overline{B}(2\Omega-\omega_1)^2 e^{j(2\Omega-\omega_1)t} + 2\dot{\overline{B}}j(2\Omega-\omega_1)e^{j(2\Omega-\omega_1)t}\end{aligned} \quad (11\cdot 36)$$

と近似しこれらを式(11・34)に代入し微小項を無視すると

$$\begin{aligned}&2j\omega_1(\dot{A}+\zeta_1\omega_1 A) + 2\mu_{12}\omega_1^2 B = 0\\ &[\omega_2^2-(2\Omega-\omega_1)^2]B - 2j(2\Omega-\omega_1)(\dot{B}+\zeta_2\omega_2 B) + 2\mu_{21}\omega_2^2 A = 0\end{aligned} \quad (11\cdot 37)$$

となり,s領域で表して特性式は次式となる.

$$\begin{bmatrix}2j\omega_1(s+\zeta_1\omega_1) & 2\mu_{12}\omega_1^2\\ 2\mu_{21}\omega_2^2 & \omega_2^2-(2\Omega-\omega_1)^2-2j(2\Omega-\omega_1)(s+\zeta_2\omega_2)\end{bmatrix}\begin{bmatrix}A\\ B\end{bmatrix}=0 \quad (11\cdot 38)$$

ここで,不減衰(減衰比 $\zeta=0$)の場合,式(11・31)の状況を想定し,特性行列の2行2列を

$$\omega_2^2-(2\Omega-\omega_1)^2-2j(2\Omega-\omega_1)s = -4\left(\Omega-\frac{\omega_1+\omega_2}{2}\right)\omega_2 - 2j\omega_2 s$$

と近似すると,特性方程式および特性根は次式となる.

$$\begin{aligned}&s^2 - 2j[\Omega-(\omega_1+\omega_2)/2]s - \mu_{12}\mu_{21}\omega_1\omega_2 = 0\\ &\therefore\quad s = j\left[\Omega-(\omega_1+\omega_2)/2\right] \pm \sqrt{\mu_{12}\mu_{21}\omega_1\omega_2 - \left[\Omega-(\omega_1+\omega_2)/2\right]^2}\end{aligned} \quad (11\cdot 39)$$

よって,実質的な安定根は根号内<0のときである.すなわち,安定離調は

$$\left|\Omega-\frac{\omega_1+\omega_2}{2}\right| > \sqrt{\mu_{12}\mu_{21}\omega_1\omega_2} \quad (11\cdot 40)$$

となり,図11・12に示すように不安定域[C]が存在することがわかる.

つぎに，安定化に必要な減衰比の値を求めてみよう．この場合，最悪状態 $2\Omega=\omega_1+\omega_2$ を仮定すると，式 (11・38) から特性方程式は次式となり，特性根 s が求まる．

$$(s+\zeta_1\omega_1)(s+\zeta_2\omega_2)-\mu_{12}\mu_{21}\omega_1\omega_2 = 0 \tag{11・41}$$

よって，安定化に必要な減衰比が求まる．

$$\zeta_1\zeta_2 > \mu_{12}\mu_{21} \tag{11・42}$$

本節では，図 11・12 に示す 2 次的共振や不安定域などの特異な振動現象の発生条件を評価してきた．このように，回転軸剛性の非対称性はロータの安定回転を非常に困難にする．軸曲げ剛性や円板回転剛性（節直径 $\kappa=1$）を周方向に一様にしなければならない．結論としてつぎのような教訓を得る．

「ロータは真円に作れ」

「円板板厚は均一にせよ」

「特に減衰の小さい場合には厳密にやること」

11・2・3　非対称回転軸の振動シミュレーション

前項の各現象をシミュレーション波形にて確認しておこう．ここでの計算モデルは図 11・16 の 2 質点系の下記運動方程式を対象とする．

$$M\ddot{Z} + D\dot{Z} + KZ + \Delta K\bar{Z}e^{2j\Omega t} = U\Omega^2 e^{j\Omega t} + F_g \tag{11・43}$$

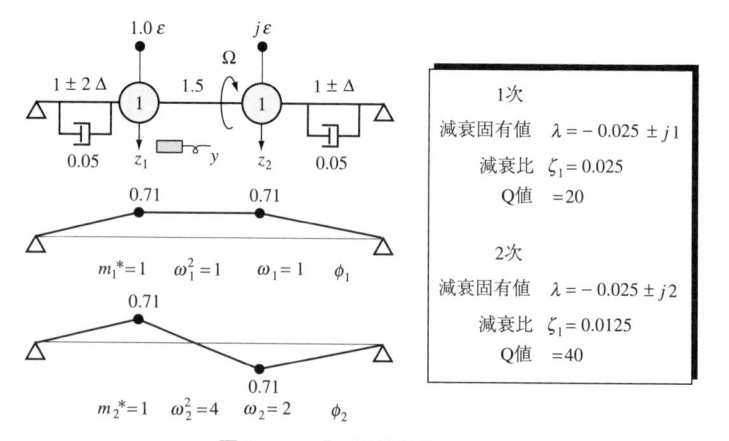

図 11・16　非対称性計算モデル

11・2 非対称回転軸系の不安定振動

ただし複素変位：$Z = \begin{bmatrix} z_1 \\ z_2 \end{bmatrix}$，質量行列：$M = \begin{bmatrix} 1 & 0 \\ 0 & 1 \end{bmatrix}$，剛性行列：$K = \begin{bmatrix} 2.5 & -1.5 \\ -1.5 & 2.5 \end{bmatrix}$，

不釣合い：$U = \begin{bmatrix} 1 \\ j \end{bmatrix}\varepsilon$，非対称剛性行列：$\Delta K = \begin{bmatrix} 2\Delta & 0 \\ 0 & \Delta \end{bmatrix}$，重力：$F_g = Mg\begin{bmatrix} 1 \\ 1 \end{bmatrix}$

M-K系の実固有値計算から，固有振動数と対応する固有モードを同図のごとく得る．このモードは質量行列で規格化されている．また同掲のように，M-D-K系の複素固有値計算から減衰比とQ値が求まる．

非対称剛性，重力成分，不釣合いのモーダル量は，モード行列 $\Phi = [\phi_1, \phi_2]$ を用い

$$\Phi^t \Delta K \Phi = \Delta \begin{bmatrix} 1.5 & 0.5 \\ 0.5 & 1.5 \end{bmatrix} \equiv \begin{bmatrix} 2\omega_1^2 \mu_{11} & 2\omega_1^2 \mu_{12} \\ 2\omega_2^2 \mu_{21} & 2\omega_2^2 \mu_{22} \end{bmatrix}$$

$$\Phi^t F_g = \begin{bmatrix} \sqrt{2} & 0 \end{bmatrix}^t g \tag{11・44}$$

$$\Phi^t U = \begin{bmatrix} e^{j45°} & e^{-j45°} \end{bmatrix}^t \varepsilon$$

だから，モード座標 η_i 上の運動方程式は次式に帰着する．

$$\ddot{\eta}_1 + 2\zeta_1 \omega_1 \dot{\eta}_1 + \omega_1^2 \eta_1 + 2\omega_1^2 (\mu_{11}\overline{\eta}_1 + \mu_{12}\overline{\eta}_2)e^{2j\Omega t} = \varepsilon e^{j45°}\Omega^2 e^{j\Omega t} + \sqrt{2}g$$

$$\ddot{\eta}_2 + 2\zeta_2 \omega_2 \dot{\eta}_2 + \omega_2^2 \eta_2 + 2\omega_2^2 (\mu_{21}\overline{\eta}_1 + \mu_{22}\overline{\eta}_2)e^{2j\Omega t} = \varepsilon e^{-j45°}\Omega^2 e^{j\Omega t}$$

ただし $\begin{bmatrix} \mu_{11} & \mu_{12} \\ \mu_{21} & \mu_{22} \end{bmatrix} = \Delta \begin{bmatrix} 0.75 & 0.25 \\ 0.0625 & 0.1875 \end{bmatrix}$ (11・45)

変位センサは左側質点にあるとして，はじめに，非対称性が存在しない通常の場合の不釣合い振動応答

$$A(s) = [1 \quad 0](Ms^2 + Ds + K)^{-1} U\Omega^2 \tag{11・46}$$

から振幅 $|A(j\Omega)|$ を求め，共振曲線を図 11・17 に描いた．この条件での共振ピーク推定手順を同図に載せている．

つぎに，さきに説明した[A], [B], [C]の各ケースについて式（11・45）の時刻歴波形とその FFT スペクトルを図 11・18 に示す．

[A]　2次的危険速度 $\Omega = 0.5$

時刻歴応答波形の例を[A]に示す．ここで $\Delta = 0.1$ とし $\mu = \mu_{11} = 0.75\Delta$，また g/ω_n^2

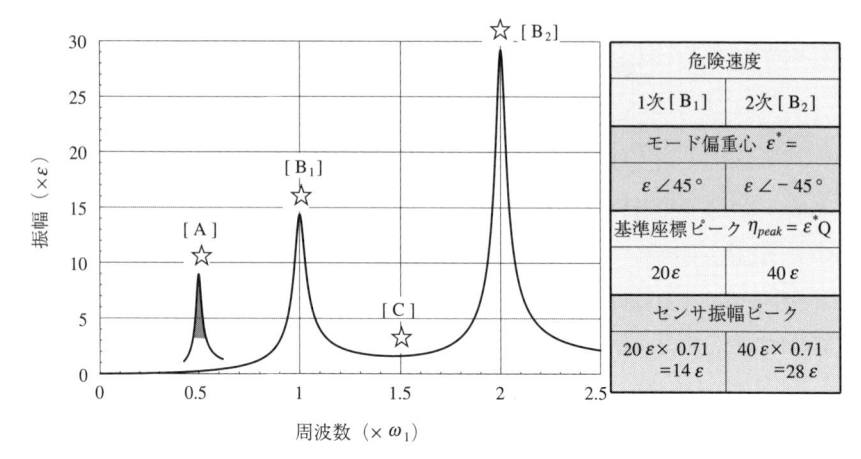

276   第11章　ロータ系の安定性問題

危険速度	
1次 [B_1]	2次 [B_2]
モード偏重心 $\varepsilon^* =$	
$\varepsilon \angle 45°$	$\varepsilon \angle -45°$
基準座標ピーク $\eta_{peak} = \varepsilon^* Q$	
20ε	40ε
センサ振幅ピーク	
$20\varepsilon \times 0.71$ $=14\varepsilon$	$40\varepsilon \times 0.71$ $=28\varepsilon$

図11・17　不釣合い振動共振曲線

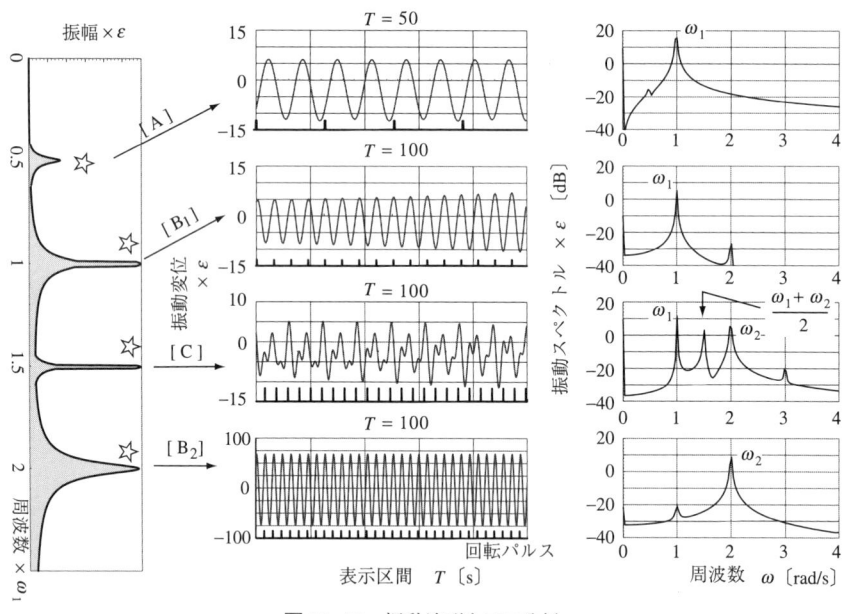

図11・18　振動波形とFFT分析

$=g/\omega_1^2=3\varepsilon$ に設定する。ピーク振幅は，式 (11・18) より振幅 $2 \times 0.75 \times 0.1 \times 3\varepsilon \times Q_1\} \times \sqrt{2}$（出力係数 $1/\sqrt{2}$）$=9\varepsilon$ が観察されている。スペクトル $\omega_1=1$ が卓越する。

[B_1] 1次危険速度 $\Omega=1.0$

時刻歴応答波形の例を[B_1]に示す。ここでは，$\Delta=0.04$ とした計算なので，$\mu_{11}=0.75\times 0.04=0.03 > \zeta_1=0.025$ となり不安定だから，波形の振幅は徐々に大きくなっている。スペクトルは $\omega_1=1$ が卓越する。

[C] 1次と2次固有振動数の中間回転数のとき　$\Omega=1.5$

時刻歴応答波形の例を[C]に示す。ここでは，$\Delta=0.15$ とした計算なので

$$\mu_{12}\mu_{21} = 0.25\times 0.0625\Delta^2 = 0.00035 > \zeta_1\zeta_2 = 0.025\times 0.0125 = 0.000314$$

となり不安定で，振動波形の振幅は徐々に大きくなっている。不釣合い振動 $\Omega=1.5$ のスペクトルのほかに，卓越スペクトルは $\omega_1=1$ と $\omega_2=2$ に観察される。

[B_2] 2次危険速度 $\Omega=2.0$

時刻歴応答波形の例を[B_2]に示す。ここでは，$\Delta=0.04$ とした計算なので，$\mu_{22}=0.1875\times 0.04=0.0075 < \zeta_2=0.0125$ となり安定で，卓越スペクトル $\omega_2=2$ の定常振幅となる。

11・3　接触摩擦による熱曲がり振動

11・3・1　熱　曲　が　り

円形ホワール軌跡で不釣合い振動をしている回転軸のたわみは，静止側から観察する変位計出力としては振動的波形にみえる，しかし，回転座標上でみると静的な軸曲げであり，軸応力として回転座標上で計れば一定値である。よって，一定回転数なら，ロータ断面の外側はつねに外側を向く。その外側が静止側と接触すれば，その部分に摩擦熱が発生し，軸が部分的に変形し，新たな偏心不釣合いを引き起こす。この発熱点をホットスポット（hot spot）といい，この発熱に起因する新たな不釣合い振動を熱曲がり振動という。もちろん，好ましい振動ではなく，対策を打たねばならない。

この接触などにより回転軸がホットスポットの起点となる熱曲がり振動をニューカーク（Newkirk）効果[60,61]という。また，油軸受内の偏心した位置を平衡点としてふれまわるジャーナル軸表面は，油膜が平均的に厚い側と平均的に薄い側に分かれる。そのために，油膜のせん断流れの熱を受け，ジャーナル表面の周方向に温度差を生じる。このジャーナルをホットスポットの起点とするような熱曲がり振動をモートン

(Morton) 効果[62,63] といっている。ここでは，前者の効果を想定して説明する。

図 11・19 上段に静止側と回転軸との接触を，同下段に接触摩擦熱の発生するホットスポット HS 位置をロータ断面に示す。ホットスポットに起因する熱曲がり不釣合いの発生位相には 2 種類が考えられる。

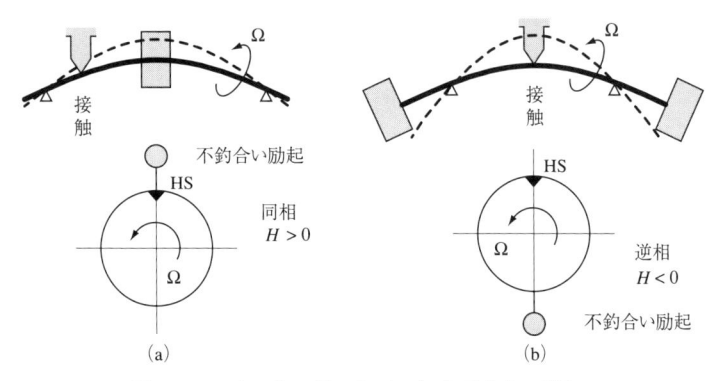

図 11・19　ホットスポット（HS）と不釣合い励起

図 (a) のように，軸受内に円盤を有する両端軸受ロータでは，熱曲がりで軸はさらに膨らむように曲がり，この曲がりによる不釣合いはホットスポットと同相に発生する。また，図 (b) のようなオーバハングロータでは，熱曲がりで軸端は反るように曲がり，この曲がりによる不釣合いはホットスポットと逆相に発生する。同相に発生するか，逆相に発生するかはもちろんモードにもよる。

熱曲がり不釣合い発生係数を H として，正なら同相不釣合いが，負ならば逆相不釣合いが発生するとしよう。この発生ダイナミクスを一次遅れブロック線図を導入し簡潔に説明する。

11・3・2　熱曲がりモデル

ロータが，ある固有モードの不釣合い振動で弾性壁に接触しながら回転しているさまを模擬した，図 11・20 の状況に対応する 1 自由度系の運動方程式を考える。

$$m\ddot{z} + c\dot{z} + kz + j\mu k_a z = m\varepsilon\Omega^2 e^{j\Omega t} \qquad (11\cdot47)$$

ここで，m：モード質量，

c：モード減衰，

11・3 接触摩擦による熱曲がり振動

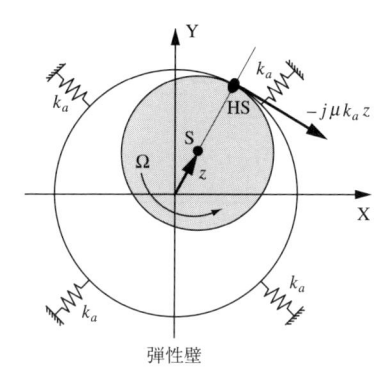

図11・20 ロータの接触モデル

k：モード剛性 + 弾性壁の剛性，
k_a：弾性壁の剛性（ガタを無視），
μ：摩擦係数，
ε：偏重心

この不釣合い振動解を

$$z = Ae^{j\Omega t} = ae^{-j\varphi}e^{j\Omega t} \tag{11・48}$$

として，式 (11・47) に代入する。

$$(k + j\Omega c + j\mu k_a - m\Omega^2)A = m\varepsilon\Omega^2 \tag{11・49}$$

この関係式をブロック線図に表したものが図11・21右上部である。これを回転座標系上でみた力の静的な釣合い式

$$-(k + j\Omega c + j\mu k_a - m\Omega^2)A + m\varepsilon\Omega^2 = 0 \tag{11・50}$$

に書き改め，ロータ断面に作用する各力成分を図11・22に示す。振動変位 A は不釣合いに対して位相 φ だけ遅れている。軸心 S に対しては，不釣合い力 $m\varepsilon\Omega^2$，ばね反力 $-kA$，慣性力 $-m\ddot{z} \rightarrow +mA\Omega^2$，減衰力 $-j\Omega cA$ および接触摩擦力 $-j\mu k_a A$ が作用している。

この状態では接触点がホットスポット HS となる。よって，接触摩擦力 $\mu k_a A$ に比例する量の不釣合い力が熱曲がりによって発生すると考える。その熱曲がりを一次遅れ系でモデル化したとき，新たに励起される熱曲がり不釣合い力 f_h は

$$f_h = \frac{H}{\tau s + 1}\mu k_a A \tag{11・51}$$

で，係数 H は比例定数で無次元である。これを式 (11・49) の右辺に追記する。

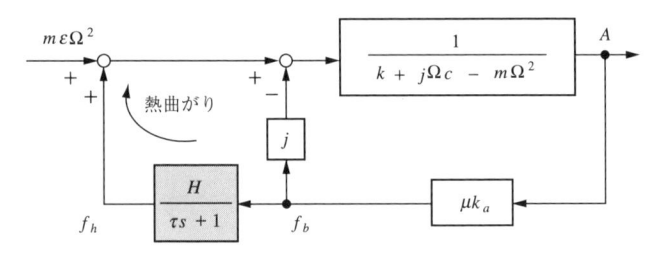

図 11・21 接触摩擦熱曲がりモデル

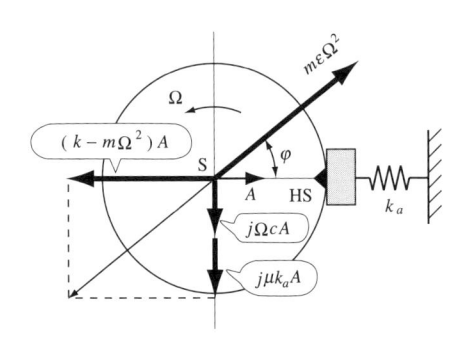

図 11・22 力の釣合いとホットスポット HS

$$(k + j\Omega c + j\mu k_a - m\Omega^2)A = m\varepsilon\Omega^2 + \frac{H}{\tau s + 1}\mu k_a A \tag{11・52}$$

これに対応して，ブロック線図 11・21 には熱曲がり成分が加わる。

11・3・3　安 定 性 解 析

式 (11・52) から特性方程式は次式となる。

$$(\tau s + 1)(k + j\Omega c + j\mu k_a - m\Omega^2) - H\mu k_a = 0 \tag{11・53}$$

上式は複素係数を含む特性方程式に，ラウス・フルビッツの判別式を適用するため $s = j\eta$ におき換え，つぎの形の η に関する特性方程式に変更する。

$$(A_0 + jB_0)\eta + (A_1 + jB_1) = 0 \tag{11・54}$$

安定条件は次式である。

$$\begin{vmatrix} A_0 & A_1 \\ B_0 & B_1 \end{vmatrix} < 0 \rightarrow \begin{vmatrix} -\tau(\mu k_a + c\Omega) & (k - m\Omega^2 - H\mu k_a) \\ \tau(k - m\Omega^2) & (\mu k_a + c\Omega) \end{vmatrix} < 0 \tag{11・55}$$

11・3 接触摩擦による熱曲がり振動

簡単化のために無次元パラメータ

$$\frac{k}{m} = \omega_n^2, \quad \frac{c}{m} = 2\zeta\omega_n, \quad \frac{k_a}{k} = \alpha_a, \quad p = \frac{\Omega}{\omega_n} \quad (無次元回転数)$$

を導入すると，前式 (11・55) の安定条件は次式におき換わる．

$$\begin{vmatrix} \tau(\mu\alpha_a + 2\zeta p) & -(1 - p^2 - H\mu\alpha_a) \\ -\tau(1-p^2) & -(\mu\alpha_a + 2\zeta p) \end{vmatrix} < 0 \tag{11・56}$$

この安定条件は次式で，計算例を図11・23に示す．

$$H < \frac{(1-p^2)^2 + (\mu\alpha_a + 2\zeta p)^2}{\mu\alpha_a(1-p^2)} \quad (p<1)$$

$$H > -\frac{(1-p^2)^2 + (\mu\alpha_a + 2\zeta p)^2}{\mu\alpha_a(p^2-1)} \quad (p>1) \tag{11・57}$$

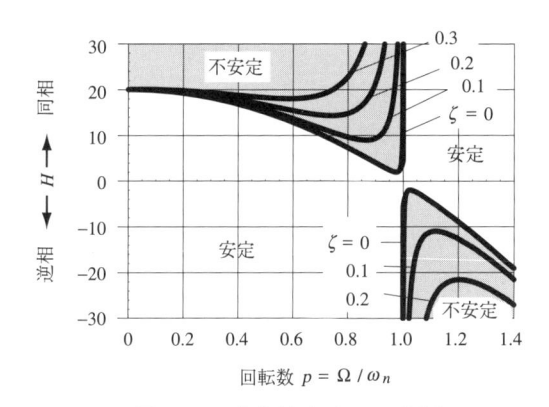

図11・23 安定判別 ($\mu\alpha_a = 0.5$)

危険速度前 ($p<1$) の回転においては，$H<0$ の逆相不釣合い側に安定範囲が広い．危険速度後 ($p>1$) においては逆の傾向である．危険速度付近では特に安定範囲は狭く接触摩擦不安定になりやすい．また，減衰 ζ を付与すると，安定範囲は広くなる．

回転数全域で安定にするには，ある程度の減衰を付与し，かつ H (=熱入力/熱放熱) →小とし，熱曲がりの感度をより鈍くする対策が必要である．

11・3・4 安定性の分析

図11・24を用い，安定性を物理的に解釈してみよう．図で，右方向へのロータ

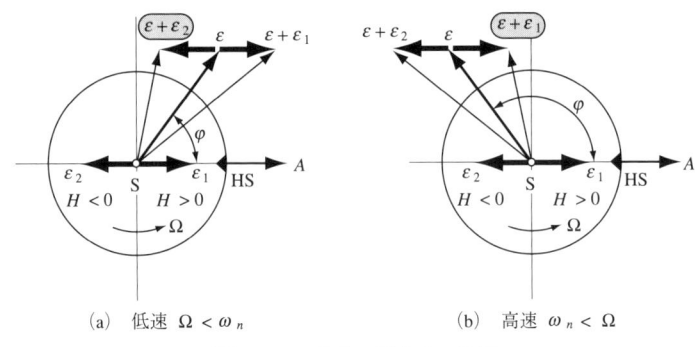

(a) 低速 $\Omega < \omega_n$　　　　(b) 高速 $\omega_n < \Omega$

図 11・24　安定・不安定の分析

変位 A に対して，ロータの偏重心 ε 方向は φ だけ進んだ位相（回転と同方向）にある。よって，図 (a) のように危険速度前ではその進みは 90°以下だが，危険速度を超えると図 (b) のようにその位相差は 90°より大きくなる。

この状態で，ホットスポット（HS）はロータ断面の右端の 0°位相である。よって，熱曲がりによる同相不釣合い ε_1 は右側に，逆相不釣合い ε_2 は左側に生じる。その後，熱曲がり現象はつぎのようになると理解される。✗は不安定，◯は安定を表す。

(A)　危険速度前の回転（図 (a)）

　　✗同相不釣合い $H>0$ の場合：$\varepsilon \to \varepsilon+\varepsilon_1$（不釣合い増加）→ 不安定になりやすい → 不安定になれば，不釣合いは反回転方向へ移動 → ポーラ線図は遅れ方向へ渦巻き発散

　　◯逆相不釣合い $H<0$ の場合：$\varepsilon \to \varepsilon+\varepsilon_2$（不釣合い減少）→ 全条件で安定 → 不釣合いは回転方向へ移動 → ポーラ線図は進み方向のある点に落ち着く

(B)　危険速度を越えた回転（図 (b)）

　　◯同相不釣合い $H>0$ の場合：$\varepsilon \to \varepsilon+\varepsilon_1$（不釣合い減少）→ 全条件で安定 → 不釣合いは反回転方向へ移動→ポーラ線図は遅れ方向のある点に落ち着く

　　✗逆相不釣合い $H<0$ の場合：$\varepsilon \to \varepsilon+\varepsilon_2$（不釣合い増加）→ 不安定になり易い → 不安定になれば，不釣合いは回転方向へ移動 → ポーラ線図は進み方向へ渦巻き発散

これらの分析結果は，さきの安定判別の図 11・23 の結果に対応している。

11・3・5 熱曲がり振動シミュレーション

ブロック線図 11・21 はラプラス変換の s 領域表現で，これに対応した時間領域の微分方程式に移し，無次元パラメータを用いると次式となる．

$$\tau \frac{df_h^*}{dt} + f_h^* = H f_b^* \tag{11・58}$$

$$f_b^* \equiv \frac{f_b}{k} = \mu \frac{k_a}{k} A = \mu \alpha_a A, \quad f_h^* \equiv \frac{f_h}{k}$$

ただし $A = \dfrac{\varepsilon p^2 + f_h^* - j f_b^*}{1 - p^2 + 2j\zeta p}$

表 11・1 の各ケースについて，複素振幅 $A(t) = A_x(t) + jA_y(t)$ のシミュレーション結果を図 11・25 および図 11・26 に示す．

表11・1 シミュレーションパラメータ

図 番	回転数 $p = \Omega/\omega_n$	熱曲がり $\mu\alpha_a$	安定限界 H	選択値 H	安定性
① 図11・25	0.9	0.05	9.37	10	不安定
② 図11・25	0.9	0.05	9.37	7	安定
③ 図11・26	1.1	0.05	−11.14	−8	安定
④ 図11・26	1.1	0.05	−11.14	−12	不安定

注 減衰 $\zeta = 0.1$，$\varepsilon = 1$，$\tau = 10$

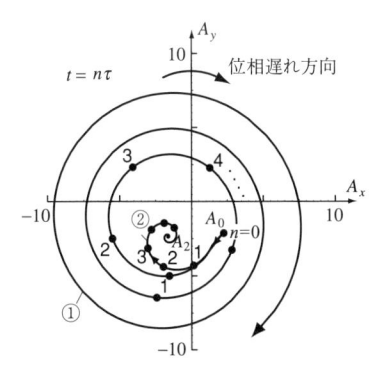

$p = \Omega/\omega_n = 0.9 \quad \mu\alpha_a = 0.05 \quad \zeta = 0.1$

図 11・25 シミュレーション

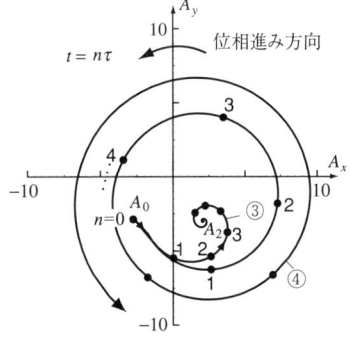

$p = \Omega/\omega_n = 1.1 \quad \mu\alpha_a = 0.05 \quad \zeta = 0.1$

図 11・26 シミュレーション

(A) 危険速度前（p=0.9）の計算が図 11・25 である。同相不釣合い H>0 の安定限界は正確には同表に示すように H=9.37 である。よって，つぎのようになる。

❌H=10 のとき不安定で，不釣合い位相は反回転方向に移動するので，対応してポーラ線図のスパイラル軌跡①は時計方向に発散する。

⭕H=7 のときは安定で，ポーラ線図のスパイラル軌跡②はある点に落ち着く。

(B) 危険速度後（p=1.1）の計算が図 11・26 である。逆相不釣合い H<0 の安定限界は正確には同表に示すように H=−11.14 である。よって，つぎのようになる。

⭕H=−8 のとき安定で，ポーラ線図のスパイラル軌跡③はある点に落ち着く。

❌H=−12 のときは不安定で，不釣合い位相は回転方向に移動するので，対応してポーラ線図は反時計方向にスパイラル軌跡④を描き発散する。

ところで，ポーラ線図における接触前の正常なときの振幅は $f_h^*=f_b^*=0$ だから

$$\text{熱曲がり直前}\quad A_0 = \frac{\varepsilon p^2}{1+2j\zeta p - p^2} \tag{11・59}$$

である。接触が開始し，安定なパラメータのときポーラ線図のある点に落ち着く。そのときの最終値は，$f_h^*=Hf_b^*$ だから次式で求まる。

$$\text{熱曲がり時の平衡点}\quad A_2 = A(\infty) = \frac{\varepsilon p^2}{1+j(2\zeta p+\mu\alpha_a)-p^2-H\mu\alpha_a} \tag{11・60}$$

例題11・2 表11・1に示すパラメータで，安定な②と③の場合の熱曲がり平衡点を求め，シミュレーション図に一致するか，確認せよ。

解 表11・1のパラメータを式 (11・59) と式 (11・60) に代入する。

② $\{A_0, A_2\}=\{3.1 \angle -43°,\ 2.9 \angle -124°\}$

③ $\{A_0, A_2\}=\{4 \angle -137°,\ 3.7 \angle -55°\}$

11・4 磁気軸受ロータの熱曲がり振動

11・4・1 熱曲がりモデル

高橋の論文[64]を引用し，本問題の力学を紹介する。

ある固有モードに対応する1自由度系モーダルモデル m-k において，モード偏重心 ε の不釣合い力と磁気軸受（AMB）による力 F_b が作用しているときの運動方程式を次

11・4 磁気軸受ロータの熱曲がり振動

式とする。

$$m\ddot{z} + kz + \phi F_b = m\varepsilon\,\Omega^2 e^{j\Omega t} \tag{11・61}$$

係数 ϕ は磁気軸受力の寄与を示す定数で，通常は固有モードの軸受部分の振れで決まる。いま，AMB 制御力 F_b としてばねおよび粘性減衰力相当の PD 制御を想定しよう。

$$F_b = c\dot{z} + k_d z + jk_c z \tag{11・62}$$

ただし k_d : ストレートばね定数，k_c : クロスばね定数， c : 粘性減衰定数

この系の不釣合い振動に注目し

$$z = Ae^{j\Omega t},\ F_b = f_b e^{j\Omega t}$$

と定義される回転座標系上の変数で状態を書くと

$$(k - m\,\Omega^2)A + \phi\,(j\,\Omega\,c + k_d + jk_c)A = m\varepsilon\,\Omega^2 \tag{11・63}$$

で，これをブロック線図に描いて図 11・27 右上である。上式は回転座標系上でみた力の静的な釣合いで，各ベクトル成分を図 11・28 のロータ断面に載せている。

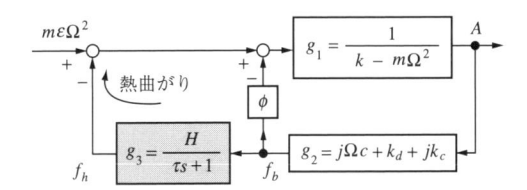

図11・27 ブロック線図と開ループ特性

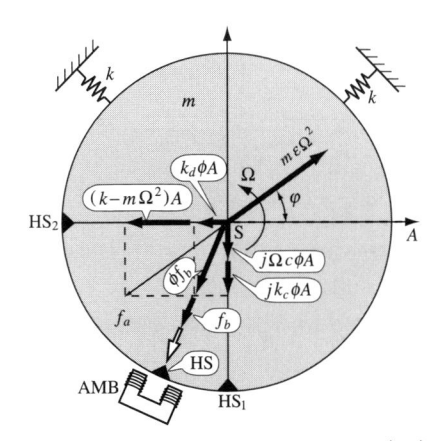

図11・28 力の釣合いとホットスポット(HS)

磁気軸受反力f_bは電磁石の吸引力で発生するので，対面するロータ表面は渦電流損で発熱する。よって，軸受反力f_b方向がホットスポット（HS）となる。磁気軸受に特別の制御を施した場合，例えばクロスばね制御時（$k_c>0$, $k_d=c=0$）のホットスポットはHS$_1$に移り，ストレートばね制御時（$k_d>0$, $k_c=c=0$）のホットスポットはHS$_2$になる。

ここで，磁気軸受反力f_bに比例した大きさの熱曲がり不釣合いf_hが一次遅れ系

$$f_h = \frac{H}{\tau s+1} f_b = \frac{H}{\tau s+1}(j\Omega c + k_d + jk_c)A \tag{11・64}$$

ただし τ：時定数，
　　　H：熱曲がりの感度を示す定数

として励起されると仮定する。この熱曲がり不釣合い力f_hが式（11・63）の右辺に，軸受反力と同じように負で加わる。それをさきのブロック線図11・27に追記し，熱曲がり振動の異常状態が表現される。

11・4・2　安 定 性 解 析

図11・27の系で，熱曲がりシステムの開ループ特性は次式である。

$$G_o(s) = \frac{g_1}{1+\phi g_1 g_2} g_2 g_3(s) \tag{11・65}$$

よって，特性方程式は$1+G_o(s)=0$からつぎのように求まる。

$$(k-m\Omega^2)(1+\tau s) + [\phi(1+\tau s)+H](k_d + jk_c + j\Omega c) = 0 \tag{11・66}$$

前節と同様な手順で特性方程式を求め，簡単化のためにつぎの無次元パラメータ

$$\frac{k}{m} = \omega_n^2, \quad \frac{c}{m} = 2\zeta\omega_n, \quad \frac{k_d}{k} = \alpha_d, \quad \frac{k_c}{k} = \alpha_c, \quad p = \frac{\Omega}{\omega_n}（無次元回転数）$$

を導入し，式を整理すると安定条件が次式で求まる。

$$\begin{vmatrix} \tau(1+\phi\alpha_d - p^2) & (H+\phi)(\alpha_c + 2\zeta p) \\ \phi\tau(\alpha_c + 2\zeta p) & -(1-p^2) - (H+\phi)\alpha_d \end{vmatrix} < 0 \tag{11・67}$$

〔1〕　クロスばね制御の場合　　減衰力cは残し，$k_d=0$とおくと，安定条件は式（11・67）からつぎのように求まる。

$$H > -\frac{(1-p^2)^2 + \phi^2(\alpha_c + 2\zeta p)^2}{\phi(\alpha_c + 2\zeta p)^2} \tag{11・68}$$

よって，図11・29(a)に示すように，同相不釣合いH>0なら無条件に安定である．逆相不釣合いH<0なら曲線より上が安定である．減衰ζが大きくなると，その力の向きはクロスばねα_cと同じ接線方向だから，安定域はかえって狭くなる．すなわち，減衰をかけても効果がなく，かえって事態の悪化を招くことを意味している．

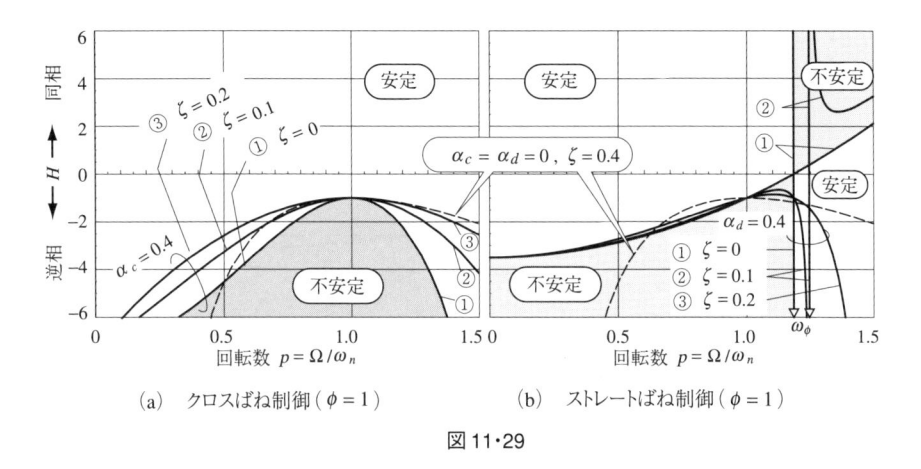

(a) クロスばね制御($\phi=1$)　　(b) ストレートばね制御($\phi=1$)

図 11・29

クロスばね制御は危険速度付近で使われるので，この場合の安定域は

$$H > -\phi \quad (p \fallingdotseq 1) \tag{11・69}$$

で近似される．安定性の改善はつぎの三つの場合に分けて考える．

$H > 0$　（同相不釣合いモード）

$H < 0$　（$|H| \to$ 小　すなわち，熱曲がりの感度を鈍くする）

$\phi \to$ 大　（磁気軸受を固有モードの大きく振れる箇所に設ける）

〔2〕 ストレートばね制御の場合　　減衰力cは残し，$k_c=0$とおき安定条件を求める．その計算例を図(b)に示す．ストレートばねα_dの追加によって新しい固有振動数は$\omega_\phi = \omega_n\sqrt{1+\phi\alpha_d}$に変わるので，この値を境に右左で安定域の様相が異なる．前節の図11・23と比べ，ホットスポットが逆なので安定域も上下逆転している．

11・4・3 安定性の分析

以上の安定性を物理的に，簡単にまとめたものが表11・2である．

クロスばね制御の場合，右方向へのロータ変位Aに対して，ホットスポットは下側

表 11・2 安定と不安定の解釈

	① 低速 $\Omega < \omega_n$	② 高速 $\omega_n < \Omega$
クロスばね制御	k_c のみ	k_c のみ
ストレートばね制御	k_d のみ	k_d のみ

に現れる．よって，同相不釣合い $H>0$ は下側に，また逆相不釣合い $H<0$ は上側に発生する．この状況では $\varepsilon+\varepsilon_1$ 側が本質的に安定と解釈される．

一方，ストレートばね制御の場合，右方向へのロータ変位 A に対して，ホットスポットは左側に現れる．よって，同相不釣合い $H>0$ は左側に，また逆相不釣合い $H<0$ は右側に発生する．同様に，$\varepsilon+\varepsilon_1$ 側が本質的に安定と解釈される．

11・4・4 熱曲がり振動シミュレーション

ブロック線図 11・27 を s 領域から時間領域表現に移す．その無次元表示は

$$\tau \frac{df_h^*}{dt} + f_h^* = H f_b^* \tag{11・70}$$

ただし $f_b^* \equiv f_b/k = (2j\zeta p + \alpha_d + j\alpha_c)A$, $f_h^* \equiv f_h/k$

$$A = (\varepsilon p^2 - f_h^*)/[1 - p^2 + \phi(2j\zeta p + \alpha_d + j\alpha_c)]$$

表 11・3 の各ケースについて複素振幅 $A(t) = A_x + jA_y$ を図 11・30 のポーラ線図に描いた．

11・4 磁気軸受ロータの熱曲がり振動

表11・3 AMBロータの熱曲がりシミュレーションパラメータ

図　番	回転数 $p=\Omega/\omega_n$	制御方法 α_c/α_d	安定限界	選択値 H	安定性
図11・30①/②	0.9	クロスばね　0.4/0	−1.22	−1.1/−1.3	安定/不安定
図11・30③/④	1.3	クロスばね　0.4/0	−3.97	−3/−4.5	安定/不安定
図11・30⑤/⑥	0.9	ストレートばね　0/0.4	−1.475	0.1/−1.5	安定/不安定
図11・30⑦/⑧	1.3	ストレートばね　0/0.4	0.725	0.8/0.5	不安定/安定

注 不減衰　$\zeta=0$, $\phi=1$, $\varepsilon=1$, $\tau=1$

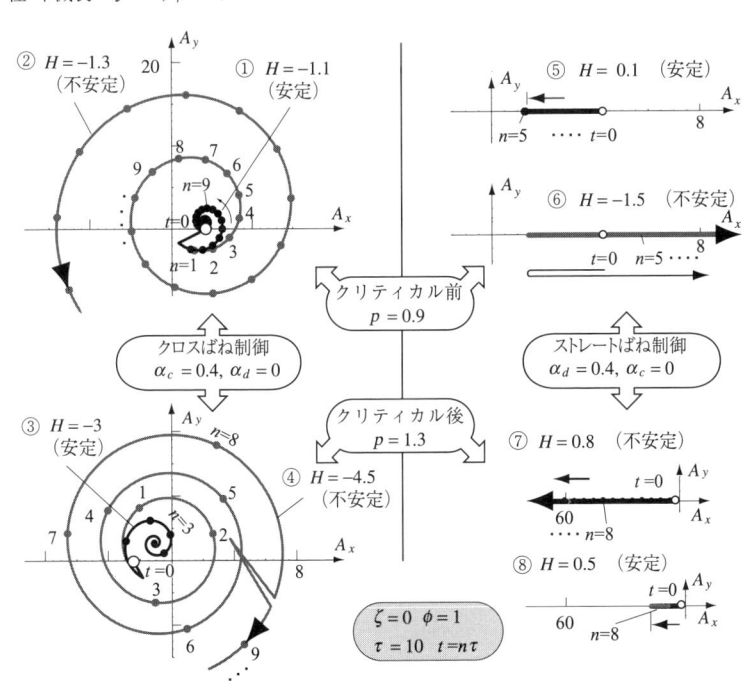

図11・30　クロスばね制御・ストレートばね制御

〔1〕 **クロスばね制御の場合**　ポーラ線図はスパイラル軌跡を描いた。

〔2〕 **ストレートばね制御の場合**　軸受力としてはばね力のみだから，不釣合いと振動ベクトルの位相差は同相か逆相である。よって，ホットスポットで新たに生じる不釣合いも既存のものと同じ相である。よって，熱曲がり時のポーラ線図は半径方向のみに動き，落ち着くか，あるいは発散するかで，スパイラル軌跡とはならない。

第12章
軸振動解析ソフト MyROT

　一般の回転機械のロータ振動を解析するための汎用ソフト MyROT（マイロット）を紹介する。本ソフトは，有限要素法のうち最も簡単なはり要素を用いている。実際の回転軸の形状に沿って離散化を行い，質量や剛性などの行列が組み立てられる。それらの定式化に基づき，固有振動数や固有モード，安定性解析，不釣合い振動計算などが行われる。

　本章では，定式化の理論背景と代表的なロータダイナミクスの解析例を示す。いろいろなジョブを実行させたとき，その背景としてどのような計算が行われているかの概略を説明するものである。

　なお，本ソフト MyROT は，2022年3月現在，ニュートンワークス社（NWC）から NewtonSuite MyROT という名称で市販されている。

　　　　https://www.newtonworks.co.jp/product/newtongravity/myrot.html
　ご希望の方は上記の URL から同社にアクセスされたい。

12・1　回転軸系データ

12・1・1　ロータ図面とメッシュ分割

　軸系データを作成するに際して回転軸と円板よりなるロータ図面を広げ，はじめに大まかに，回転軸の剛性寄与部と，円板の質量寄与部に色分けする。その一例を図12・1に示すように，剛性に寄与する回転軸（白丸番号）と，節点に対する付加質量としてのみ寄与すると考えられる円板（網がけ番号）に色分けしている。そして，回転軸の変断面に注目して，左から右に向かってはり要素の節点番号を打つ。回転軸をはり要素に分割し，軸長さや直径の情報をまとめたものが同図の表上段である。表中段

12·1 回転軸系データ

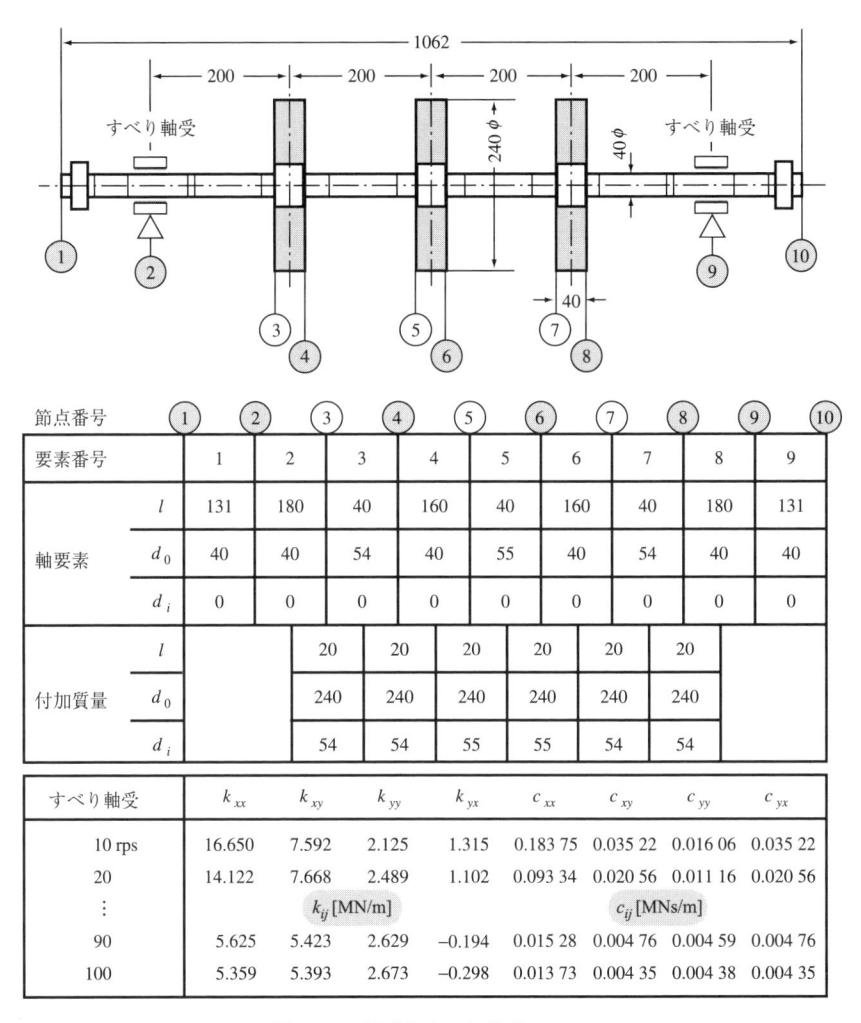

節点番号		①	②	③	④	⑤	⑥	⑦	⑧	⑨	⑩
要素番号		1	2	3	4	5	6	7	8	9	
軸要素	l	131	180	40	160	40	160	40	180	131	
	d_0	40	40	54	40	55	40	54	40	40	
	d_i	0	0	0	0	0	0	0	0	0	
付加質量	l			20	20	20	20	20	20		
	d_0			240	240	240	240	240	240		
	d_i			54	54	55	55	54	54		

すべり軸受	k_{xx}	k_{xy}	k_{yy}	k_{yx}	c_{xx}	c_{xy}	c_{yy}	c_{yx}
10 rps	16.650	7.592	2.125	1.315	0.183 75	0.035 22	0.016 06	0.035 22
20	14.122	7.668	2.489	1.102	0.093 34	0.020 56	0.011 16	0.020 56
⋮		k_{ij} [MN/m]				c_{ij} [MNs/m]		
90	5.625	5.423	2.629	−0.194	0.015 28	0.004 76	0.004 59	0.004 76
100	5.359	5.393	2.673	−0.298	0.013 73	0.004 35	0.004 38	0.004 35

図 12·1　軸系とすべり軸受データ

には付加質量円板の厚さと直径などが載っている。各節点間の回転軸情報や付加質量情報をこのようなきちっとした表にしておくことを強く奨める。

また，節点②と節点⑨はすべり軸受位置で，それは回転数依存形のばね定数と粘性減衰係数にモデル化される。図の下部のように必要定数も丁寧に書き出しておく。

この例のように，入力情報を表にまとめておくことは，一見面倒で無駄な作業のよ

うにみえるが，このような周到な準備が正確なデータを作るこつで，結果的にゴールには速く到達する．多くの反例をよく見聞するので特に留意されたい．

回転軸には，直径より軸長さが長いことを前提としたはりの曲げ変形理論が適用されるので，一様軸部分をむやみにさらに細かく分割する必要はない．また，細かい変断面分割を模擬する短いはり要素にも耐え得るようにせん断変形理論も加味されている．理論は万全だが，節点が多くなるほど行列が大規模になり，計算負荷が飛躍的に増大する問題が発生する．

MyROT プログラムの行列は帯行列になることを想定して組み立てられているので，バンド（帯）幅が広がらないように軸要素の左右の節点番号は近いほど望ましい．図 12・2 の 2 軸ロータに示すように，交互に節点番号を打ち各要素左右の節点番号が離れ過ぎないように工夫する．

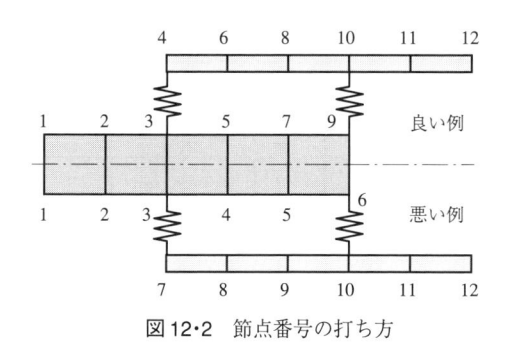

図 12・2　節点番号の打ち方

12・1・2　ロータ系のデータ構成

MyROT の入力データはつぎの順序で構成される．

(1)　総数カード　　　　下記の (2) 〜 (8) にわたる各項目の総数など
(2)　材料カード　　　　使用材料の諸元，密度 ρ，ヤング率 E，横弾性係数 G など
(3)　軸要素カード　　　軸要素の諸元で，長さ，内径，外径など
(4)　境界条件カード　　単純支持，ローラ端，固定などの条件指定
(5)　節点座標カード　　各節点の座標を指定．無指定なら，自動設定
(6)　付加慣性カード　　円板などの付加慣性の形状（厚さや直径など）を指定
(7)　ばね要素カード　　回転数によらず一定の軸受ばね定数 k_b

12・1 回転軸系データ

```
                                                              タイトル
KIKUCHI MODEL 2-0.6-0.010  35.4HZ 88.0RPS  1.5GR*80MM NOPE4&8      c
KIKUCHI 2-0.6-0.010 35.4HZ 88.0RPS 1.5GR*80MM NOPE4&8 L=1062,W=51.87
    1      9      0     10       6    2      2    2
 6  4      5                           (1)総数カード  70    80
    1             7.850D+03   206.0   79.2
 1 1 1 1   1      2    131.0    40.0          (2)材料カード
 2 1 1 1   2      3    180.0    40.0               ρ [kg/m³]
 3 1 1 1   3      4     40.0    54.0             E, G [GPa]
 4 1 1 1   4      5    160.0    40.0
 5 1 1 1   5      6     40.0    55.0          (3)軸要素カード        注
 6 1 1 1   6      7    160.0    40.0                              [mm]
 7 1 1 1   7      8     40.0    54.0                              [kg]
 8 1 1 1   8      9    180.0    40.0                            [kg mm²]
 9 1 1 1   9     10    131.0    40.0
 D  10     1     20     30      40       (4)境界条件カード          BRG
 D         2                              (0のとき省略)              BRG
 D 4       3                                                      E1
 D         4                                                      E1
           5                                                      E2
 D         6          (5)節点座標カード                              E2
           7                                                      E3
 D         8                                                      E3
 D         9                                                      BRG
 D 8      10                                                      BRG
 1 1 1     3     20.0  240.0   54.0                                71
 2 1 1     4     20.0  240.0   54.0
 3 1 1     5     20.0  240.0   55.0
 4 1 1     6     20.0  240.0   55.0         (6)付加慣性カード
 5 1 1     7     20.0  240.0   54.0
 6 1 1     8     20.0  240.0   54.0                65
 1   1     2      0.0    0.0    0.0     0.0   2    (7)ばね
 2   1     9      0.0    0.0    0.0     0.0   9
 1   1     2      0.0    0.0    0.0     0.0   2    (8)減衰
 2   1     9      0.0    0.0    0.0     0.0   9
 1   1     2                                  2     k_b [kN/mm]
 2   1     9     30     40     50      60     9     c_b [kNs/mm]
 1  10    15          (9)すべり軸受     注 k_b [MN/m]  c_b [MNs/m]
 2                                                                  E
 3  10.0  16.650  7.592  2.125   1.315  0.18375  0.03522 0.01606 0.03522
    20.0  14.122  7.668  2.489   1.102  0.09334  0.02056 0.01116 0.02056
    30.0  10.310  6.538  2.402   0.713  0.05344  0.01319 0.00836 0.01319
    40.0   8.934  6.248  2.470   0.514  0.03852  0.01014 0.00710 0.01014
    50.0   7.870  6.033  2.544   0.323  0.02887  0.00804 0.00616 0.00804
    60.0   6.677  5.641  2.534   0.106  0.02172  0.00638 0.00539 0.00638
    70.0   6.406  5.576  2.551   0.040  0.01999  0.00596 0.00519 0.00596
    80.0   5.864  5.414  2.563  -0.091  0.01707  0.00523 0.00483 0.00523
    90.0   5.625  5.423  2.629  -0.194  0.01528  0.00476 0.00459 0.00476
   100.0   5.359  5.393  2.673  -0.298  0.01373  0.00435 0.00438 0.00435    E
    10     18     26    34       42      50      58     66      74    80
```

図 12・3　入力データ

付記：回転ばね〔N·m / rad〕で入力

(8) 減衰要素カード　回転数によらず一定の軸受粘性減衰定数 c_b

(9) すべり軸受カード　軸受動特性定数 k_{ij}, c_{ij} $(i,j = x,y)$ を回転数の関数で定義

ロータ図 12・1 に対応する入力データの例を図 12・3 に示す。上から順に (1) 総数カード〜(9) すべり軸受カードのデータが書かれている。ただし，この軸系ではどの節点も拘束を受けないので (4) 境界条件カードは存在していない。各カードの入力書式は本ソフトの HELP を参照されたい。

総数カードでは，行列のバンド幅を事前に指定しなければならないが，軸要素の左右節点 N1，N2 のうち最も離れた組合せを探して，次式で予測する。

$$\text{バンド幅} = [\text{Abs}(N1-N2) + 1] \times 2$$

あるいは，はじめに適当に大きな値をセットしておき，入力データ読み込みジョブを一度実行させる。すると，バンド幅の自動計算結果が印字されるので，以後はこの値を入力データとして流用すればよい。

軸受のモデル化は，図 12・4 に示すように，ばね・ダンパ系におき換わる。①の玉軸受は，通常は (7) の一定ばね定数として扱われる。②のすべり（油膜）軸受は，厳密には (9) 回転数依存形のばね定数・減衰定数として入力する。③の磁気軸受は，各 AMB 関連ジョブの実行直前に伝達関数 $G(s)$ として入力する。②③の軸受に対して，おおよその近似値を用いてロータ振動の概略を予測する場合には，(7) 一定ばね定数

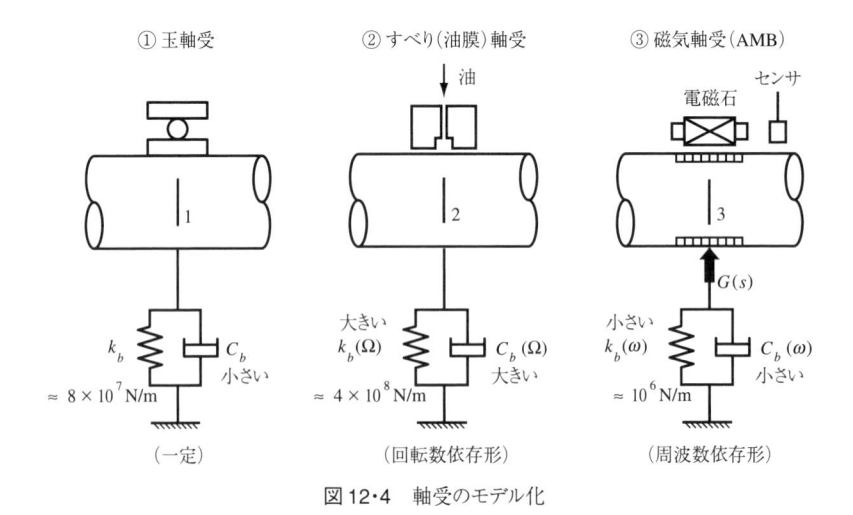

図 12・4　軸受のモデル化

と (8) 一定減衰定数として近似値を入力する。

12・2 行　　　列

グヤン法とモード合成法は本ソフトで多用する大切な縮小モデル化法であるので，4章の続きとして行列操作に基づき理解を深める。

12・2・1 オリジナル系の行列

軸系諸元や境界条件などの入力データに基づいて下記の行列[65]が作成される。

質量行列　集中型質量行列：M

剛性行列　軸剛性行列：K_s，　軸受ばね行列：K_{ij} $(i,j = x,y)$

減衰行列　非回転軸の材料減衰行列：D_s，　回転軸の材料減衰行列：D_r

軸受減衰行列：D_{ij} $(i,j = x,y)$

ジャイロ行列：G

これらの行列はすべて，質量行列のような対角行列あるいは軸剛性行列のような帯行列で表される。

運動方程式は XY 方向変位ベクトル x,y としてつぎのように表される。

$$M\ddot{x} + \Omega G\dot{y} + D\dot{x} + \Omega D_r y + K_s x + K_{xx} x + K_{xy} y + D_{xx}\dot{x} + D_{xy}\dot{y} = 0$$
$$M\ddot{y} - \Omega G\dot{x} + D\dot{y} - \Omega D_r x + K_s y + K_{yx} x + K_{yy} y + D_{yx}\dot{x} + D_{yy}\dot{y} = 0 \quad (12\cdot1)$$

ただし $D = D_s + D_r$

さきの7・1節で説明したように，軸受動特性を前向き・後ろ向きに表現を換えて，複素変位ベクトル $z=x+jy$ を用いた運動方程式は次式となる。

$$M\ddot{z} - j\Omega G\dot{z} + D\dot{z} - j\Omega D_r z + K_s z + K_f z + K_b \bar{z} + D_f \dot{z} + D_b \dot{\bar{z}} = 0 \quad (12\cdot2)$$

ただし $K_f = (K_{xx} + K_{yy})/2 - j(K_{xy} - K_{yx})/2$，　$K_b = (K_{xx} - K_{yy})/2 + j(K_{xy} + K_{yx})/2$

D_f，D_b も同様に定義する

12・2・2 グヤン (Guyan) 法の縮小行列

有限要素法では一般に，形状を精確に定義するために分割は細かくなる。しかし，分割の細かさに比べ求める固有値の数は少ない場合が多く，求める固有ベクトルの

モード形状と節点の分布を見比べたとき，節点が多すぎる傾向にある．そこで，節点をいくらか間引きして少ない節点で解析する工夫が考えられる．その一つがグヤン縮小法である．

MyROTでは全節点のうち重要な節点にD/A/Bの記号を付して（5）節点座標カードで指定する．その意味は，各節点の状態変数として

　　D：その節点の変位（Displacement）

　　A：その節点の傾き（Angle）

　　B：その節点の並進変位と傾きの両方（Both）

を重要座標，すなわち，マスター座標とする．多くの場合，節点の変位情報のみで十分なことが多く，上記Dは頻繁に使われ，A，Bは特別なモデルに用いられる．

図12・5は軸形状に従って細かく分割され全36節点（72次元）である．軸受部や円板とり付け部などに相当する節点番号を薄く塗りつぶし重要節点（D：変位）に指定，総数13次元への縮小を指定している．図12・1の例では，薄く塗りつぶした節点の変位がマスター座標に選ばれ，総数5次元である．

MyROTでは，このように軸受ジャーナル点を必ずマスター座標に指定する．

この重要と非重要の指定はマスター座標z_1とスレーブ座標z_2の選別に対応し，この区別に基づき4・1・2項で説明した手順が踏襲される．すなわち，次式

$$K_s \begin{bmatrix} z_1 \\ z_2 \end{bmatrix} \equiv \begin{bmatrix} K_{s11} & K_{s12} \\ K_{s12}^t & K_{s22} \end{bmatrix} \begin{bmatrix} z_1 \\ z_2 \end{bmatrix} = \begin{bmatrix} K_{eq} \\ 0 \end{bmatrix} [z_1] \qquad (12 \cdot 3)$$

に従いスレーブ座標の動きはマスター座標の動きで補間する．

$$z_2 = -K_{s22}^{-1} K_{s12}^t z_1 \equiv [\delta_1 \quad \delta_2 \quad \cdots] z_1 \equiv [\delta] z_1 \qquad (12 \cdot 4)$$

この変換行列を用いて全系からマスター座標への変換は次式で定義される．

$$\begin{bmatrix} z_1 \\ z_2 \end{bmatrix} = \begin{bmatrix} E \\ \delta \end{bmatrix} [z_1] \equiv T_g [z_1] \qquad (12 \cdot 5)$$

よって，グヤン縮小系の各行列は次式で求まる．

$$T_g^t M T_g \to M_g$$
$$T_g^t K_s T_g = K_{s11} - K_{s12} K_{s22}^{-1} K_{s12}^t \equiv K_{eq} \to K_g \qquad (12 \cdot 6)$$
$$T_g^t G T_g \to G_g$$

図12・6に示すように，変換前に対角行列あるいは帯行列であった各行列は，変換

12・2 行　　　列

節点	軸要素		
	L	D_O	D_I
①	3	φ8	φ0
②	7.5	φ59.5	φ0
③	7.5	φ59.5	φ0
④	32.5	φ59.5	φ0
⑤	32.5	φ59.5	φ0
⑥	20.5	φ59.5	φ0
⑦	5	φ65	φ0
⑧	36.5	φ59.5	φ0
⑨	20	φ120	φ0
⑩	100	φ37	φ0
⑪	38	φ37	φ0
⑫	25	φ37.5	φ0
⑬	25	φ37.5	φ0
⑭	100	φ37	φ0
⑮	100	φ37	φ0
⑯	70	φ37	φ0
⑰	25	φ38	φ0
⑱	25	φ38	φ0
⑲	100	φ37	φ0
⑳	100	φ37	φ0
㉑	70	φ37	φ0
㉒	25	φ37.5	φ0
㉓	25	φ37.5	φ0
㉔	100	φ37	φ0
㉕	38	φ37	φ0
㉖	20	φ120	φ0
㉗	36.5	φ59.5	φ0
㉘	5	φ65	φ0
㉙	20.5	φ59.5	φ0
㉚	32.5	φ59.5	φ0
㉛	32.5	φ59.5	φ0
㉜	7.5	φ59.5	φ0
㉝	7.5	φ59.5	φ0
㉞	17	φ38	φ0
㉟	4	φ38	φ0

AMB → 1

L	D_O	D_I
3	110	16

← 13

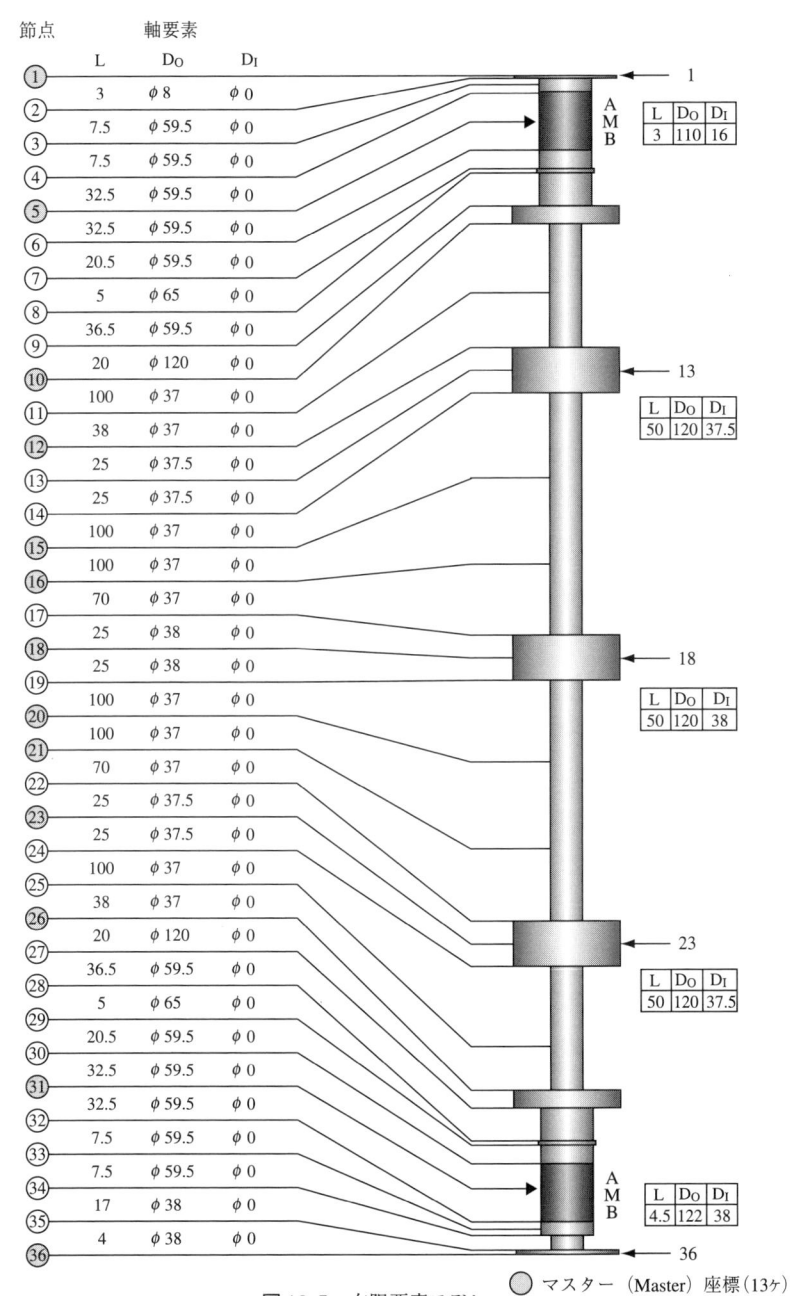

L	D_O	D_I
50	120	37.5

← 18

L	D_O	D_I
50	120	38

← 23

L	D_O	D_I
50	120	37.5

AMB

L	D_O	D_I
4.5	122	38

← 36

● マスター（Master）座標（13ヶ）

図12・5　有限要素モデル

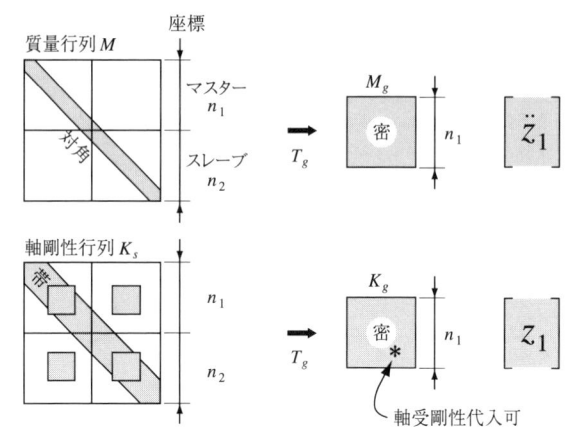

図12・6 グヤン縮小モデル

後には，行列規模はマスター座標の長さまで小さくなっているが，密行列になっているのが特徴である．MyROTでは，計算負荷などを考慮して，必要に応じてこのグヤン縮小系で解析する場合がある．

軸受節点はマスター座標に選ばれ，変換後も残っているので，軸受剛性や減衰定数は合同変換後の行列の中にじかに重畳可能である．

12・2・3 モード合成法モデルの行列

さらに効率的な縮小モデルの作り方として，MyROTではモード合成法モデルが多用されている．モード合成法は，4・1・3項で紹介したが，ここでは行列を用いてより一般的に説明する．本方法は，基本的には構造振動解析の分野で部分構造法などとも呼ばれるものと軌を一にするが，ロータ系の結合対象システムが軸受なので実際にはさらに簡単化され，変位結合のみが対象となる．

マスター座標 z_1 に軸受部のロータ変位，すなわち軸受ジャーナル変位を必ず指定しておく．それ以外に，厳選されたいくつかの最重要点をマスター座標 z_1 に含めることも可能である．通常は軸受点のみがマスター座標 z_1 に指定されるので，グヤン法に比べマスター座標の数は極端に少ないのが特徴である．いま，ロータ軸のジャーナル以外の変位をすべてスレーブ座標 z_2 としよう．このような変位の種別に基づき下記のよ

うに，ジャイロを無視した保存系 M-K システムの運動方程式を考えよう．

$$\begin{bmatrix} M_1 & 0 \\ 0 & M_2 \end{bmatrix}\begin{bmatrix} \ddot{z}_1 \\ \ddot{z}_2 \end{bmatrix} + \left(\begin{bmatrix} K_{s11} & K_{s12} \\ K_{s12}^t & K_{s22} \end{bmatrix} + \begin{bmatrix} K_{brg} & 0 \\ 0 & 0 \end{bmatrix}\right)\begin{bmatrix} z_1 \\ z_2 \end{bmatrix} = 0 \quad (12\cdot7)$$

ただし K_{brg}= 軸受剛性要素

モード合成変換用モードは，変形モード δ と内部系固有モード ϕ である．変形モードとは，さきのグヤン法の場合と同義で，マスター座標の数，すなわち，軸受の個数 m 本だけ変形モード δ が得られる．

$$\delta = -K_{s22}^{-1}K_{s12}^t$$
$$K_{eq} = K_{s11} - K_{s12}K_{s22}^{-1}K_{s12}^t \quad (12\cdot8)$$

通常は $m=2$ で，剛体モードを表す2本の直線で，$K_{eq}=0$ である．一方，軸受ジャーナルを拘束したときのスレーブ系の固有値問題を解き内部系固有モード ϕ が求まる．

$$\omega_q^2 M_2 \phi = K_{s22}\phi \quad (12\cdot9)$$

ただし $M_2^* = [\phi]^t M_2 [\phi] = \text{diagonal}[\ddots m_i^* = \phi_i^t M_2 \phi_i \ddots]$
$K_2^* = [\phi]^t K_{s22} [\phi] = \text{diagonal}[\ddots m_i^* \omega_{qi}^2 \ddots]$

低次より n 個の固有モードを選ぶ．

これら2種類の，総数 $m+n$ 個のモードを用いて座標変換を行う．

$$\begin{bmatrix} z_1 \\ z_2 \end{bmatrix} = \begin{bmatrix} E & 0 \\ \delta & \phi \end{bmatrix}\begin{bmatrix} z_1 \\ \eta \end{bmatrix} \equiv T_q \begin{bmatrix} z_1 \\ \eta \end{bmatrix} \quad (12\cdot10)$$

この変換行列 T_q を適用した縮小モデルがモード合成法モデルで，その変位ベクトルは軸受ジャーナル変位 z_1 とモード座標 η よりなる．モード合成法モデルの各行列はオリジナル系で定義した各行列に対し変換行列 T_q で合同変換を施したものである．

$$T_q^t M T_q \to M_q = \begin{bmatrix} M_1 + \delta^t M_2 \delta & \delta^t M_2 \phi \\ \text{sym.} & M_2^* \end{bmatrix} = 縁付き対角行列$$

$$T_q^t K_s T_q \to K_q = \begin{bmatrix} K_{eq} & 0 \\ 0 & K_2^* \end{bmatrix} = 対角行列またはそれに似たもの \quad (12\cdot11)$$

$$T_q^t G T_q \to G_q$$
$$T_q^t D T_q \to D_q$$

ここで，図 12・7 に示すように，マスター座標の軸受ジャーナル変位 z_1 は変換後も物理座標のまま残るので，軸受情報はじかに重畳可能である．

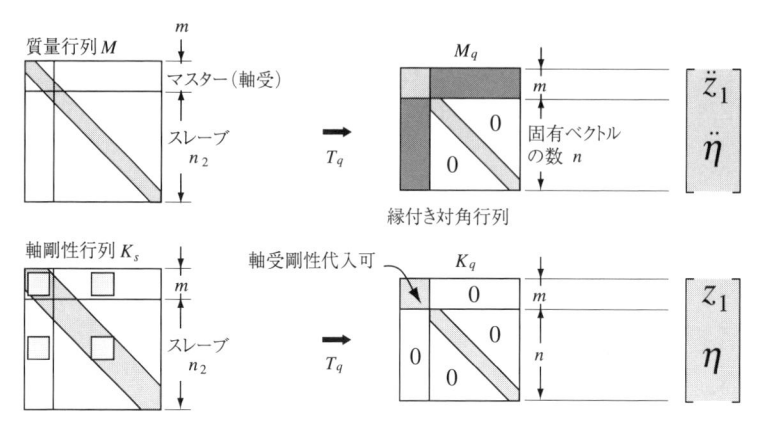

図 12・7 モード合成後の縮小モデル

12・2・4 はり要素の離散化[65]

弾性丸軸要素（図 12・8）に関して，節点の変位は，たわみ δ_1 と δ_2 ならびに傾き θ_1 と θ_2 で，計 4 個ある。これを複素変位として，はり要素の横振動の離散化された運動方程式は次式で表される。

$$M \begin{bmatrix} \ddot{\delta}_1 \\ \ddot{\theta}_1 \\ \ddot{\delta}_2 \\ \ddot{\theta}_2 \end{bmatrix} - j\Omega G \begin{bmatrix} \dot{\delta}_1 \\ \dot{\theta}_1 \\ \dot{\delta}_2 \\ \dot{\theta}_2 \end{bmatrix} + K \begin{bmatrix} \delta_1 \\ \theta_1 \\ \delta_2 \\ \theta_2 \end{bmatrix} = \begin{bmatrix} -V_1 \\ M_1 \\ V_2 \\ -M_2 \end{bmatrix} \quad (12 \cdot 12)$$

ただし $M = \text{diagonal} \begin{bmatrix} \Delta m/2 & \Delta I_d/2 & \Delta m/2 & \Delta I_d/2 \end{bmatrix}$

$G = \text{diagonal} \begin{bmatrix} 0 & \Delta I_p/2 & 0 & \Delta I_p/2 \end{bmatrix}$

$$K = \frac{EI}{l^3} \begin{bmatrix} 12 & 6l & -12 & 6l \\ 6l & 4l^2 & -6l & 2l^2 \\ -12 & -6l & 12 & -6l \\ 6l & 2l^2 & -6l & 4l^2 \end{bmatrix}$$

$\Delta m = \rho A l = \rho \dfrac{\pi}{4} d^2 l$

$\Delta I_p = \dfrac{\Delta m}{8} d^2$

$\Delta I_d = \Delta m \left(\dfrac{d^2}{16} + \dfrac{l^2}{12} \right)$

図 12・8 弾性丸軸要素

12・3 解析処理(ジョブコマンド)

12・3・1 解析処理メニュー

入力データをもとに MyROT では種々の軸振動解析がなされる。解析メニューは希望の解析内容をそのつど指定し処理するバッチ方式である。解析メニュー窓について,MS-DOS 版を図 12・9 に,Windows/Visual Basic 版を図 12・10 に示す。

よく使われるおもな解析ジョブコマンドを下記に紹介する。

(1) RWDATA(Read & Write DATA の略)

ロータ系のデータおよび解析処理情報などを読み込む。有限要素法(はり)モデル,グヤンモデル,モード合成法縮小モデルなどの各行列を準備する。他のすべての処理コマンドに先立ち,まずはじめに実行されねばならない。

(2) ROTPLT(ROTor configuration PLot の略)

入力データから概略ロータ図面を再構成したプロット図。

(3) FREVIB1(FREe VIBration analysis, type=1 の略)

非回転(ジャイロ効果なし)・対称軸受系の固有振動数解析

$$\omega_n^2 M\phi = (K_s + K_{xx})\phi$$

(4) FREVIB6(FREe VIBration analysis, type=6 の略)

入力データ(1)~(9)で定義される全系において,指定されたある回転数でのグヤンモデルを用いた複素固有値解析で,ジャイロや軸受8定数など全パラメータを考慮。

(5) CRTMAP(CRiTical speed MAP「危険速度線図」の略)

軸受ばね定数をパラメータとしたときの危険速度変化の様相。

(6) DFLCTG(DeFLeCTion generated by Gravity の略)

軸受部を基準とした自重によるたわみ曲線。

(7) BRGEIG(Bearing dynamics+EIGenvalue analysys の略)

入力データに AMB データを加えた全系で,ある回転数範囲にわたる複素固有値を連続解析する。モード合成法モデルを適用し複素固有値を Tracking 解法で追跡。

(8) UNBLNCa(UNBaLaNCe response Analysis の略)

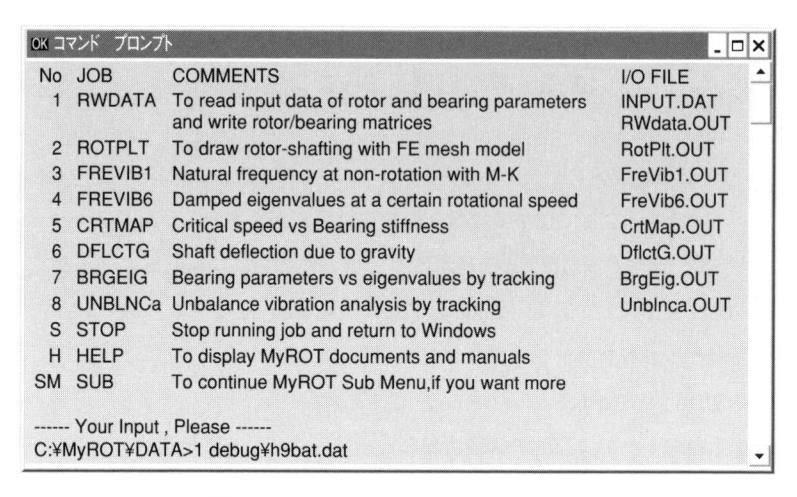

図 12・9　DOS上でのMyROTのMENU画面

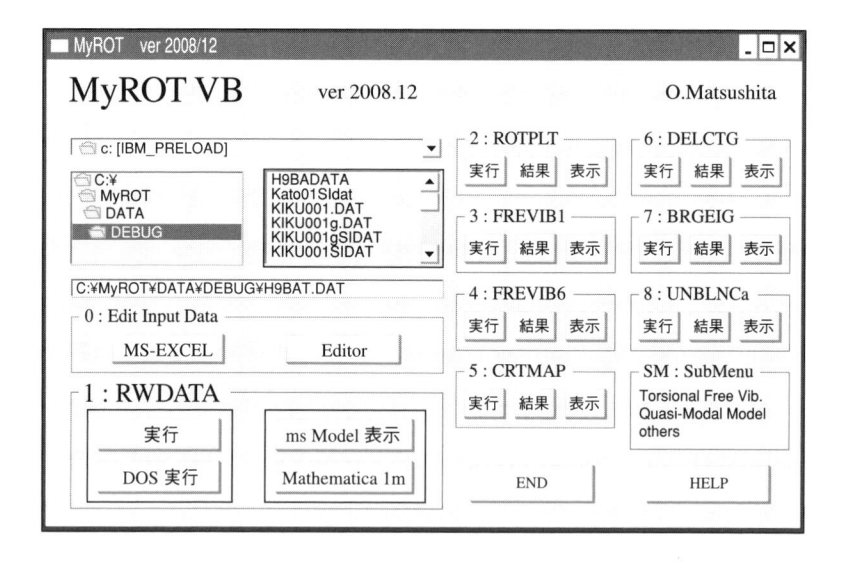

図 12・10　Menu-Windows 画面

不釣合い分布を指定して，不釣合い振動共振曲線を Tracking 解法で描画する．この他にも各種の解析が準備されているが，詳細は HELP を参照されたい．

12・3・2 解　析　例

以下，よく使われる代表的な解析結果を示す各「窓」を紹介する。

(1)　ロータ図面　　コマンド：ROTPLT（図 12・11）

入力データのチェックを兼ねて，インプットデータにてロータ図面を描く。同時に，データはテキストファイルで出力されているので，エクセルなどの表計算ソフトに読んで，独自のプロット図を描くことも可能である。

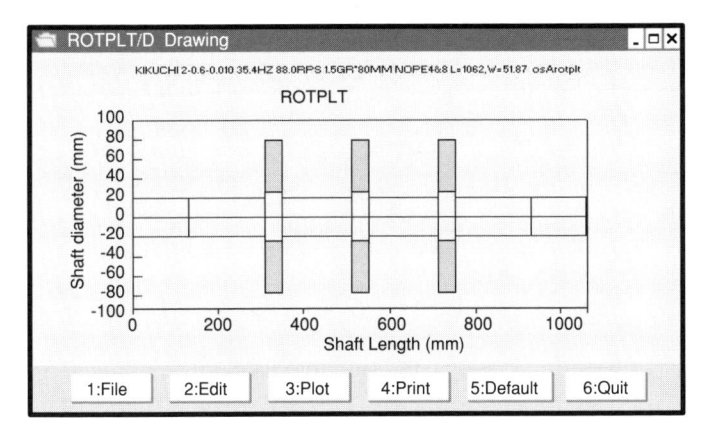

図 12・11　ROTPLTの画面

(2)　不減衰固有振動数と固有モード　　コマンド：FREVIB1（図 12・12）

非回転（0rpm）における固有振動数と固有モードを描き，ロータ基本特性を確認。

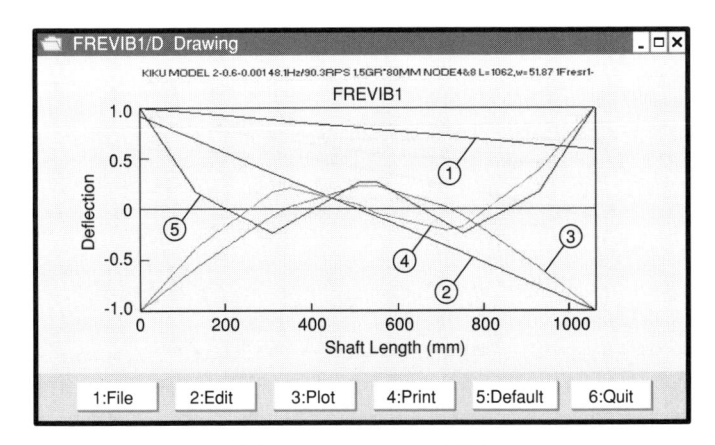

図 12・12　FREVIB1の画面

(3) 減衰系の複素固有値と固有モード　　コマンド：FREVIB6（図12・13）

指定された一回転数におけるロータ・軸受系の複素固有値を調べ，系の安定性や安定余裕を推定する。軸受動特性などすべての条件を考慮する一般解法だが，磁気軸受には対応していない。3Dモードアニメーションが可能。

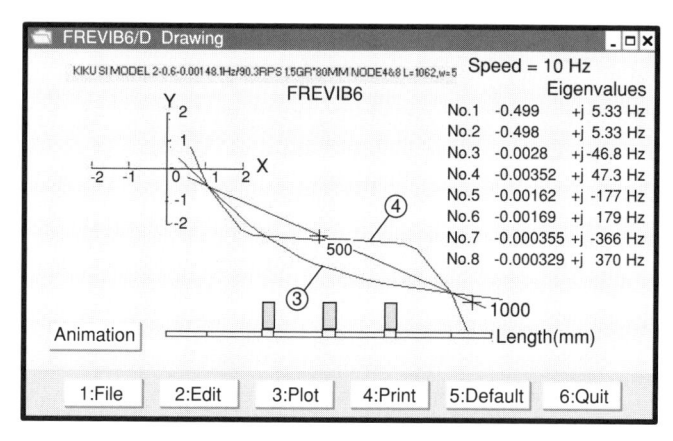

図12・13　FREVIB6の画面

(4) 不減衰系の危険速度マップ　　コマンド：CRTMAP（図12・14）

ロータ設計の基本情報を与えるもので，この危険速度マップ上に軸受剛性の大きさを併記して，危険速度のおおよその値が予測される。

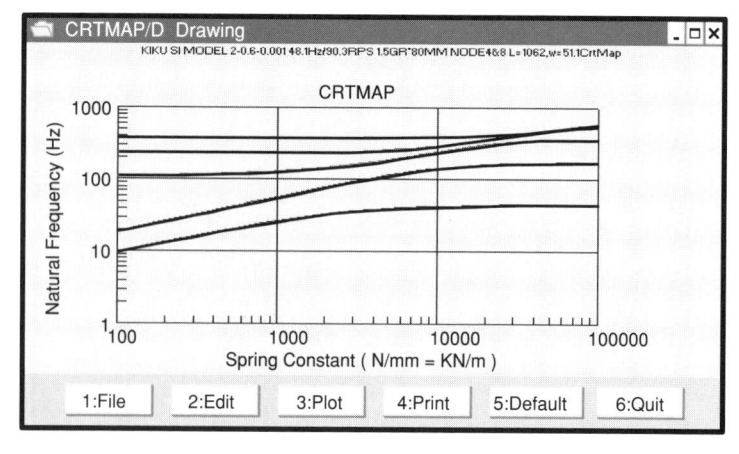

図12・14　CRTMAPの画面

(5) 不釣合い応答　　コマンド：UNBLNCa

与えられた不釣合いのもとで不釣合い振動のボード線図（共振曲線，図12・15）とナイキスト線図（ポーラ円，図12・16）を描く。両図のいずれを描くかはエディット画面で選択可能である。

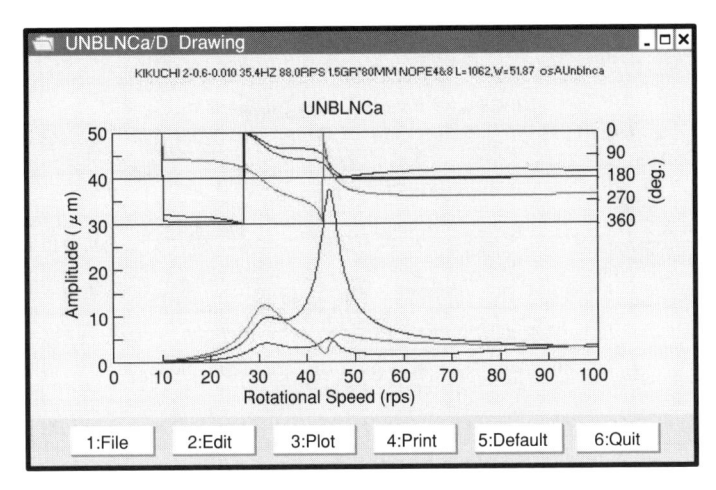

図12・15　UNBLNCa の Bode 線図画面

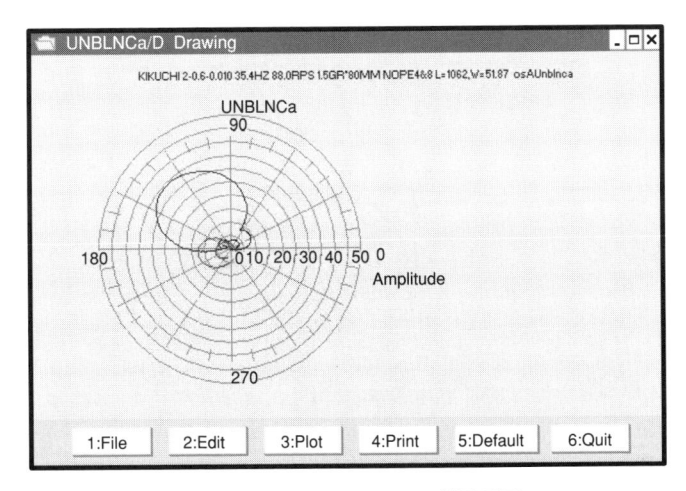

図12・16　UNBLNCa の Polar 線図画面

(6) 複素固有値計算　コマンド：BRGEIG

すべり軸受の動特性や磁気軸受の伝達関数なども含めて，すべての軸受要素を加味して複素固有値を指定の回転数範囲で求める．複素固有値を対回転数で描いたものが図 12・17 で，根軌跡が図 12・18 である．

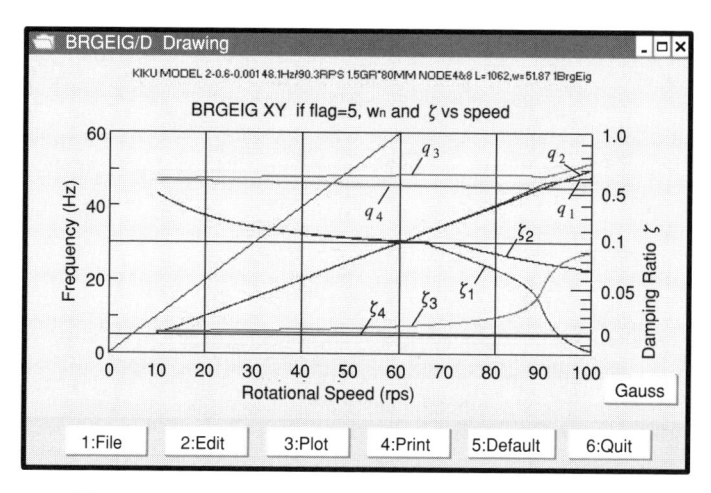

図 12・17　BRGEIG の画面（対回転数での減衰比と固有振動数）

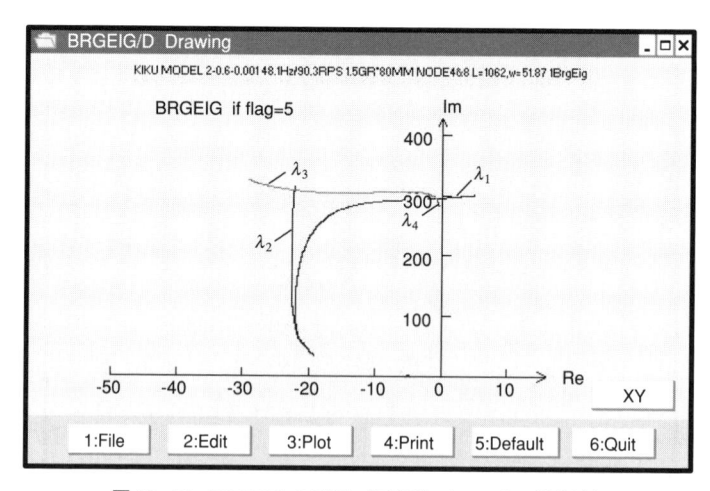

図 12・18　BRGEIG の画面（回転数パラメータの根軌跡）

(7) 自重による静的変形　　コマンド：DFLCTG（図 12・19）
自重によるロータのたわみ曲線をロータ図面とともに描画する。

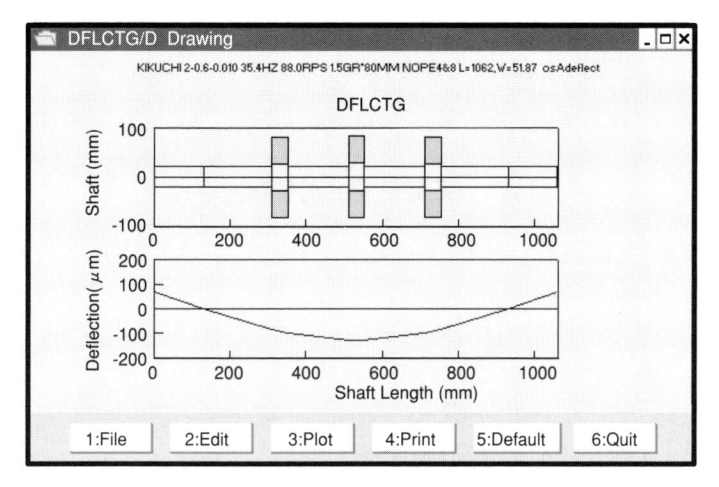

図 12・19　DFLCTGの画面

12・3・3　エディット画面

ここで紹介した各解析処理画面の縦軸や横軸は可変である。図 12・20 に示すようなエディット画面を通じて希望の形の寸法諸元に変更することができる。

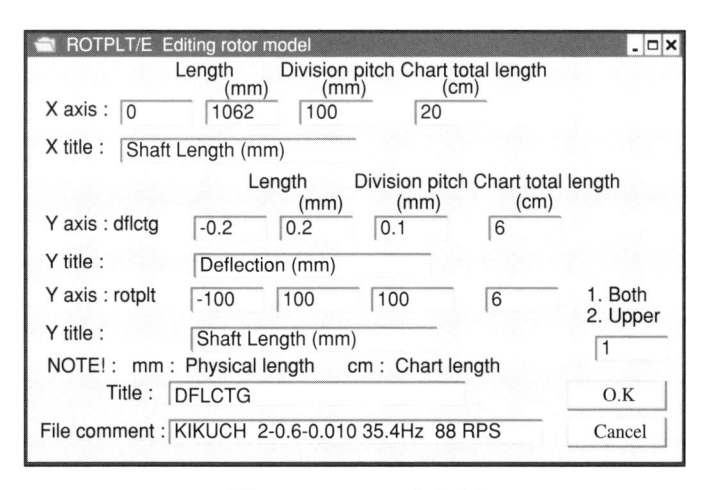

図 12・20　EDITの画面の例

付　　　録

付録1　近似モード別運動方程式

多自由度ロータ系の運動方程式の一般形は下記のような行列形式で表される。

$$M\ddot{Z} - j\Omega G\dot{Z} + D\dot{Z} + KZ + \varepsilon F(Z, \dot{Z}) = 0 \tag{1}$$

ただし M：質量行列，D：減衰行列，K：剛性行列，G：ジャイロ行列，Ω：回転速度，

εF：非線形項などの微小項，Z：変位ベクトル

付録1・1　非回転 $\Omega G=0$，減衰 D は微小のとき

M-K 保存系システムを基本系とみて，固有値問題

$$\omega_n^2 M\phi = K\phi \tag{2}$$

を考える。いま，係数行列 M と K は正定値で，実対称行列だから，解は

　　　固有値　　　　　$\omega_n^2 \rightarrow \omega_1^2 \quad \omega_2^2 \quad \cdots$　（正の実数）

　　　固有ベクトル　$\phi \rightarrow \phi_1 \quad \phi_2 \quad \cdots$　（実数ベクトル）

と書け，かつ，固有ベクトルは係数行列を介して下記形式にて直交する。

$$\Phi^t M\Phi \rightarrow 対角行列，\quad \Phi^t K\Phi \rightarrow 対角行列 \tag{3}$$

ただし $\Phi \equiv [\phi_1 \quad \phi_2 \quad \cdots]$：モード行列

よって，ある固有振動数 ω_n と固有モード ϕ に対応するモード座標 η への変換を

$$Z = \phi\eta \tag{4}$$

とおくと，式 (4) を式 (1) へ代入して，前から ϕ^t をかける。その結果，縮小された近似モード別運動方程式は次式となる。

$$\phi^t M\phi\ddot{\eta} + \phi^t D\phi\dot{\eta} + \phi^t K\phi\eta + \phi^t \varepsilon F(\phi\eta, j\omega_n\phi\eta) = 0 \tag{5}$$

付録1・2　非回転 $\Omega G=0$，減衰 D は微小でないとき

変位 $Z_d = Z$ と速度 $Z_v = dZ/dt$ を状態変数にとって，式 (1) を状態方程式に書き改める。

$$\begin{bmatrix} -M & 0 \\ 0 & K \end{bmatrix} \begin{bmatrix} \dot{Z}_v \\ \dot{Z}_d \end{bmatrix} = \begin{bmatrix} D & K \\ K & 0 \end{bmatrix} \begin{bmatrix} Z_v \\ Z_d \end{bmatrix} + \begin{bmatrix} \varepsilon F(Z_d, Z_v) \\ 0 \end{bmatrix} \tag{6}$$

このときの基本系を M-D-K システムとみて、固有値問題は

$$\lambda \begin{bmatrix} -M & 0 \\ 0 & K \end{bmatrix} \begin{bmatrix} \phi_v \\ \phi_d \end{bmatrix} = \begin{bmatrix} D & K \\ K & 0 \end{bmatrix} \begin{bmatrix} \phi_v \\ \phi_d \end{bmatrix} \quad (7)$$

　　　　　　B　　　　　　A　　：係数行列

となり、その解はつぎのようになる。

　　固有値　　　　　$\lambda \to \lambda_1 \quad \lambda_2 \quad \cdots$ 　（複素数）

　　固有ベクトル　$\begin{bmatrix} \phi_v \\ \phi_d \end{bmatrix} \to \begin{Bmatrix} \lambda_1 \phi_1 \\ \phi_1 \end{Bmatrix} \quad \begin{Bmatrix} \lambda_2 \phi_2 \\ \phi_2 \end{Bmatrix} \cdots$ 　（複素数ベクトル）

このとき、係数行列 B と A は実対称行列だから、固有ベクトルは係数行列を介して下記形式にて直交する。

$$\Phi^t B \Phi \to 対角行列, \quad \Phi^t A \Phi \to 対角行列 \quad (8)$$

ただし $\Phi \equiv \left[\begin{Bmatrix} \lambda_1 \phi_1 \\ \phi_1 \end{Bmatrix} \begin{Bmatrix} \lambda_2 \phi_2 \\ \phi_2 \end{Bmatrix} \cdots \right]$：モード行列

よって、ある固有振動数 λ と固有モード変位 ϕ に対応するモード座標 η への変換を

$$\begin{bmatrix} Z_v \\ Z_d \end{bmatrix} = \begin{bmatrix} \lambda \phi \\ \phi \end{bmatrix} \eta \quad (9)$$

とおくと、式 (9) を式 (6) へ代入して、前から $[\lambda \phi^t, \phi^t]$ をかける。

$$-\lambda^2 \phi^t M \phi \dot{\eta} + \phi^t K \phi \dot{\eta} = \lambda^2 \phi^t D \phi \eta + 2\lambda \phi^t K \phi \eta + \lambda \phi^t \varepsilon F(\phi \eta, \lambda \phi \eta)$$

いまの場合

$$\dot{\eta} = \lambda \eta \quad (10)$$

だから、式 (10) から縮小された近似モード別運動方程式は次式となる。

$$\phi^t M \phi \ddot{\eta} + \phi^t D \phi \dot{\eta} + \phi^t K \phi \eta + \phi^t \varepsilon F(\phi \eta, \lambda \phi \eta) = 0 \quad (11)$$

このように、減衰の大小にかかわらず、モード座標上の運動方程式 (5) と式 (11) は同じ形式となる。しかし、モードパラメータ｛モード質量、モード減衰、モード剛性｝の値そのものは、前者では実数だが、後者では複素数となることに留意されたい。

付録1・3　回転系で、減衰 D は微小のとき

式 (6) と同様に、式 (1) を状態方程式に書き改める。不減衰回転系 M-G-K からなる保存系システムを基本として

$$\begin{bmatrix} M & 0 \\ 0 & K \end{bmatrix} \begin{bmatrix} \dot{Z}_v \\ \dot{Z}_d \end{bmatrix} = \begin{bmatrix} j\Omega G & -K \\ K & 0 \end{bmatrix} \begin{bmatrix} Z_v \\ Z_d \end{bmatrix} - \begin{bmatrix} DZ_v + \varepsilon F(Z_d, Z_v) \\ 0 \end{bmatrix} \quad (12)$$

とおき、基本系の固有値問題は次式となる。

$$\lambda \begin{bmatrix} M & 0 \\ 0 & K \end{bmatrix} \begin{bmatrix} \phi_v \\ \phi_d \end{bmatrix} = \begin{bmatrix} j\Omega G & -K \\ K & 0 \end{bmatrix} \begin{bmatrix} \phi_v \\ \phi_d \end{bmatrix} \quad (13)$$

$B = B^t$ $A = -A^t$ ：係数行列

B は実対称で正定値，A は交代エルミートだから，固有値解は

固有値 $\lambda = j\omega \rightarrow j\omega_1, j\omega_2, \cdots$ （純虚数）

固有ベクトル $\begin{Bmatrix} \phi_v \\ \phi_d \end{Bmatrix} \rightarrow \begin{Bmatrix} j\omega_1\phi_1 \\ \phi_1 \end{Bmatrix}, \begin{Bmatrix} j\omega_2\phi_2 \\ \phi_2 \end{Bmatrix} \cdots$ （複素数ベクトル）

となり，固有ベクトルは係数行列を介して下記形式にて直交する。

$$\overline{\Phi}^t B \Phi \rightarrow \text{対角行列}, \quad \overline{\Phi}^t A \Phi \rightarrow \text{対角行列} \tag{14}$$

ただし $\Phi \equiv \left[\begin{Bmatrix} j\omega_1\phi_1 \\ \phi_1 \end{Bmatrix} \begin{Bmatrix} j\omega_2\phi_2 \\ \phi_2 \end{Bmatrix} \cdots \right]$ ：モード行列

よって，ある固有振動数 $j\omega_n$ と固有モード変位 ϕ に対応するモード座標 η への変換を

$$\begin{bmatrix} Z_v \\ Z_d \end{bmatrix} = \begin{bmatrix} j\omega_n \phi \\ \phi \end{bmatrix} \eta \tag{15}$$

とおくと，式(15)を式(12)へ代入して，前から $[-j\omega_n \overline{\phi}^t \quad \overline{\phi}^t]$ をかけ，式(10)と同様な整理を行うと，縮小された近似モード別運動方程式は次式となる。

$$\overline{\phi}^t M \phi \ddot{\eta} - j\Omega \overline{\phi}^t G \phi \dot{\eta} + \overline{\phi}^t D \phi \dot{\eta} + \overline{\phi}^t K \phi \eta + \overline{\phi}^t \varepsilon F(\eta, j\omega_n \phi \eta) = 0 \tag{16}$$

付録2　非保存系パラメータの影響

非保存系パラメータ k_c, c_d, c_c の振動特性に及ぼす影響を，漸近展開法による近似解法で求める。

運動方程式を保存系と非保存系に分けて

$$m\ddot{z} - j\Omega G \dot{z} + k_d z = -(c_d - jc_c)\dot{z} + jk_c z \tag{1}$$

と書く。右辺を微小パラメータ ε と想定し，保存系の基本解をもとに漸近解を次式のようにおき，右辺のパラメータの影響を求めてみる。

$$z = ae^{j\varphi} \tag{2}$$

ここで

$$\frac{da}{dt} = \varepsilon A(a), \quad \frac{d\varphi}{dt} = \omega + \varepsilon B(a)$$

ただし $\dfrac{\omega}{\omega_d} = \pm \left(1 \pm \dfrac{\gamma p}{2} \right)$

とおき，εA および εB を求める。このように，基本固有振動数 ω には式(7・8)で求めた前向きおよび後ろ向き固有振動数が充当される。変位を微分し，速度と加速度を求め微小量 ε の1次の量まで保持すると

$$\dot{z} = j\omega a e^{j\varphi} + (\varepsilon A + j\varepsilon Ba)e^{j\varphi} \tag{3}$$

$$\ddot{z} = -\omega^2 a e^{j\varphi} + 2j\omega(\varepsilon A + j\varepsilon Ba)e^{j\varphi} \tag{4}$$

式 (2) 〜 (4) を式 (1) に代入し，$e^{j\varphi}$ の係数について右辺と左辺の実部および虚部をそれぞれ等置する。と同時に，式 (7·5) の無次元パラメータで整理すると

$$\dot{a} = \varepsilon A = \frac{\omega}{2m\omega - G\Omega}\left(-c_d + \frac{k_c}{\omega}\right)a = \frac{\omega_d}{1 - \gamma p/2(\omega_d/\omega)}\left(-\zeta_d + \frac{\mu_c}{2}\frac{\omega_d}{\omega}\right)a$$

$$= \omega_d\left(1 + \frac{\gamma p}{2}\frac{\omega_d}{\omega}\right)\left(-\zeta_d + \frac{\mu_c}{2}\frac{\omega_d}{\omega}\right)a \tag{5}$$

$$\dot{\varphi} = \omega + \varepsilon B = \omega + \frac{\omega c_c}{2m\omega - G\Omega} = \omega + \frac{\omega_d}{1 - \gamma p/2(\omega_d/\omega)}\zeta_c$$

ここで，$\omega=\omega_f \fallingdotseq \omega_d > 0$ なら前向きホワールで，$\omega=-\omega_b \fallingdotseq -\omega_d < 0$ なら後ろ向きホワールである。また，複素固有値 $\lambda=\alpha+jq$ との関係で整理すると次式を得る。

$$\alpha \equiv \frac{\dot{a}}{a} \equiv \frac{\varepsilon A}{a} \approx -\omega_d\zeta_d\left(1 + \frac{\gamma p}{2}\frac{\omega_d}{\omega}\right) + \omega_d\frac{\mu_c}{2}\frac{\omega_d}{\omega}$$

$$q \equiv \dot{\varphi} \equiv \omega + \varepsilon B = \omega + \omega_d\zeta_c \tag{6}$$

さらに無次元複素固有値 λ/ω_d にて整理すると，式 (7·10) を利用して次式となる。

実部 $\quad \dfrac{\alpha}{\omega_d} \approx -\zeta_d\left(1+\dfrac{\gamma p}{2}\dfrac{\omega_d}{\omega}\right)+\dfrac{\mu_c}{2}\dfrac{\omega_d}{\omega} \approx -\zeta_d\left(1\pm\dfrac{\gamma p}{2}\right)\pm\dfrac{\mu_c}{2}$

虚部 $\quad \dfrac{q}{\omega_d} = \dfrac{\omega}{\omega_d} + \dfrac{c_c}{2m} \approx \pm\left(1\pm\dfrac{\gamma p}{2}\right)+\zeta_c \tag{7}$

$$\therefore \quad \frac{\lambda}{\omega_d} = -\zeta_d\left(1\pm\frac{\gamma p}{2}\right)\pm\frac{\mu_c}{2}\pm j\left(1\pm\frac{\gamma p}{2}\right)+j\zeta_c \tag{8}$$

式 (8) はさきに求めた近似式 (7·15) に一致する。

補遺　ロータ・軸受系（異方性支持非保存系）の複素固定値 s の求め方

運動方程式 $\quad M\ddot{z} - j\Omega G\dot{z} + K_f z + C_f \dot{z} + K_b \bar{z} + C_b \dot{\bar{z}} = 0 \tag{9}$

振動解 $\quad z(t) = \phi_f e^{st} + \bar{\phi}_b e^{\bar{s}t} \tag{10}$

特性方程式 $\quad \begin{bmatrix} Ms^2 - j\Omega Gs + K_f + C_f s & K_b + C_b s \\ \bar{K}_b + \bar{C}_b s & Ms^2 + j\Omega Gs + \bar{K}_f + \bar{C}_f s \end{bmatrix}\begin{bmatrix} \phi_f \\ \phi_b \end{bmatrix} = 0 \tag{11}$

引用・参考文献

以下の引用・参考文献リストでは，つぎの略称を用いる．

機誌＝日本機械学会誌
機論＝日本機械学会論文集
機講論＝日本機械学会講演論文集
機習教＝日本機械学会講習会教材

【引用文献】

第1章

1) 伊藤裕道，沖田信雄，宮池潔："電力の安全供給を担う火力発電用蒸気タービンと発電機"，東芝レビュー，Vol. 60，No. 7，p. 58 〜 62（2005）
2) 金光陽一編，我妻隆夫，高橋直彦，福島康雄，松下修己：回転機械設計者のための磁気軸受ガイドブック，日本工業出版（2004）
3) 白木万博："現場において経験せる振動問題とその対策"，機械学会誌，Vol. 75，No. 639，pp. 507 〜 524（1972）
4) 白木万博："最近のターボ機械の振動・騒音対策"，機習教 453，p.89 〜 100（1977）
5) 日本機械学会振動工学研究会 編："v_BASE データブック"，初版本（1994），第 2 版 CD（2002） 注）本書では「VB データ番号」にて，引用先を示している．
6) 馬場祥孝："遠心圧縮機における振動対策事例"，ターボ機械，Vol. 34，No. 11，pp. 649 〜 654（2006）

第2章

7) 日本機械学会編：機械工学便覧，A3 力学・機械力学，丸善（2001）
   日本機械学会編：機械工学便覧基礎編 α 2 機械工学，丸善（2004）
8) ISO10814/JIS B 0911："機械振動 - 不釣合い変化の起きやすさ及び不釣合い感度"

第3章

9) 背戸一登，松本幸人：パソコンで解く 振動の制御，丸善（1999）
   背戸一登：産業制御シリーズ 11 構造物の振動制御，コロナ社（2006）
10) 雨宮綾夫，田口武夫：数値解析と FORTRAN，p. 211，丸善（1969）
11) 松下修己，吉本堅一，藤原浩幸：速習 Mathematica と機械系の力学，p.174，理工学社（2007）

第4章

12) 長松昭男，大熊政明：部分構造合成法，培風館（1991）

13) 松下修己:"境界条件フリーのモデル化技法:弾性ロータのモデル化と制御を例として", 精密工学会誌, Vol. 54, No. 5, pp. 848～852 (1988)
14) 井上順吉, 松下修己:機械力学 1―線形実践振動論―, p. 149, 209, 理工学社 (2002)

第5章

15) ISO1940/JIS B0905:"回転機械 - 剛性ロータの釣合い良さ" (2003)
16) 神吉博:"多軸受弾性ロータ系の振動とつりあわせに関する研究", 学位論文 (1976)
17) W.Kellenberger:"Should a Flexible Rotor Be Balanced in N or (N+2) Planes ?", Trans. ASME, J. of Eng .for Ind., Vol.94, No.2, pp. 548～559 (1972)
18) 三輪修三:"弾性ロータのつりあわせ(第3報 軸受剛性に無関係な,ロータの普遍的つりあわせ)", 機論 (1), Vol. 39, No. 318, pp. 631～642 (1973)
19) 島田清, 三輪修三, 中井宗文:"弾性ロータのつりあわせ(第5報 両軸受部に弾性および粘性減衰を持つ場合)", 機論 (1), Vol. 43, No. 369, pp. 1678～1686 (1977)
20) 小林正生:"非線形軸受で支持された回転軸系における振動解析法の研究", 学位論文 (1992)
21) 小林正生, 斉藤忍:"伝達係数法による不釣合い応答解析", 機論 C, Vol. 56, No. 531, pp. 2899～2906 (1990)
22) 松下修己, 関口浩一, 須藤正庸, 芹沢幸男:"マルチバランス圧縮機の静粛化", 機論 C, Vol. 58, No. 550, pp. 1848～1853 (1992)
23) Y.Kanemitsu, M.Ohsawa, K.Watanabe:"Real time balancing of a flexible rotor supported by magnetic bearing", IFToMM, pp. 263～268 (1990)
24) 松下修己, 高橋直彦, 米山光穂, 福島康雄, 広島実, 坂梨尚文:"磁気軸受弾性ロータの不釣合い共振制御とバランス", 機講論 [No910-62], Vol. C, pp. 11～13 (1991)
25) R. L. Eshleman:"ROTOR DYNAMICS AND BALANCING", Vibration Institute (2005)

第6章

26) 亘理厚:機械振動, p. 248, 丸善 (1966)
27) 村上力:コマから衛星まで―回転体の運動と制御―, 日本ロケット協会 (1996)
28) 古池治孝:回転機械ロータの振動設計と診断に関する研究", 学位論文 (1998)
29) 松下修己, 高木亨之, 菊地勝昭:"回転軸系の 地震波応答解析", 機論 C, Vol. 49, No. 442, pp. 971～981 (1983)
30) 松下修己, 園田太郎, 太田啓, 成瀬淳, 井上陽一, 衣目川勲:"磁気ディスクスピンドル系の玉通過振動解析", 機論 C, Vol. 52, No. 474, pp. 439～447 (1986)

第7章

31) 染谷常雄, 斉藤忍 編:すべり軸受の静特性および動特性資料集, 日本工業出版 (1984)
32) 黒橋道也:"すべり軸受で支持された回転軸系の安定性に関する研究", 学位論文 (1981)

33) 黒橋道也,岩壺卓三,川井良次,藤川猛："エネルギによる各要素ごとの減衰率を用いた回転軸系の安定性の評価",機論C,Vol. 48, No. 430, pp. 825～834（1982）
34) 黒橋道也,岩壺卓三,川井良次,藤川猛："すべり軸受で支持された回転軸系の安定性の研究：第1報,軸受の異方性が安定性におよぼす影響",機論C,Vol. 47, No. 422, pp.1269～1276（1981）
35) 黒橋道也,岩壺卓三,川井良次,藤川猛："すべり軸受で支持された回転軸系の安定性の研究：第2報,軸受に連成項が存在する場合",機論C,Vol. 47, No. 422, pp. 1277～1285（1981）
36) 土屋和雄,秋下貞夫,井上正夫,中島厚,狼嘉彰,村上力："磁気軸受の受動安定軸の安定性について",機論C,Vol. 55, No. 510, pp. 286～292（1989）
37) H. Jeffcott："The lateral vibration of loaded shafts in the neighborhood of a whirling speed-the effect of want of balance", Phil. Mag., Vol. 37, No. 6, pp.304～314（1919）
38) 斉藤忍："多軸受・多円板軸系の「減衰危険速度」に関する研究",学位論文（1978）
39) 斉藤忍,染谷常雄："軸受の減衰を考慮した回転軸の危険速度に関する研究 第1報,減衰の大きさおよび軸受と軸の剛性比が減衰比に及ぼす影響",機論（1）, Vol. 43, No. 376, pp. 4474～4484（1977）
40) M. Balda："Dynamic Properties of Turboset Rotors", IUTAM, Dynamics of Rotors, Springer-Verlag, p. 30（1974）
41) 菊地勝昭："多軸受多円板軸系の振動に関する研究",学位論文（1977）
42) 菊地勝昭："多軸受多円板回転軸系の不つりあい振動の解析",機誌,Vol. 72, No. 610, pp. 1556～1563（1969）
43) 菊地勝昭,小林暁峯："多軸受多円板回転軸系の安定性解析",機論（1）, Vol. 43, No. 368, pp.1338～1347（1977）
44) 松下修己,藤原浩幸,伊藤誠："ロータ軸受系固有値問題のためのスライディングモード制御を用いた連続的捕捉解法",機論C,Vol. 71, No. 701, pp.43～50（2005）

第8章

45) 小野測器："PORTABLE DUAL CHANNEL FFT ANALYZER CF-350/360 INSTRUCTION MANUAL"（1993）
46) 鈴木隆：自動制御の基礎と演習, p. 89, 学献社（2002）

第9章

47) 萩原憲明："羽根車および羽根車を持つ回転軸系の振動特性に関する研究",学位論文（1982）
48) 萩原憲明,小野保夫,飯島弘："翼群の前向き・後向きふれまわり固有振動数（第1報,軸系振動特性と回転効果の影響に関する理論解析）",機論C,Vol. 51, No. 463, pp. 555～564（1985）

49) 萩原憲明, 菊地勝昭, 森靖, 椎木和明:"羽根車の前後ふれまわりモードの共振現象（ジャイロ効果の影響と重力などによる共振現象の解明)", 機論C, Vol. 47, No. 423, pp. 1457～1465（1981）

第10章

50) 道村晴一, 長松昭男:"羽根車の振動, 第4報, 車盤と翼の連成振動の解析・その2", 機論C, Vol. 45, No. 399, pp. 1206～1216（1979）

51) 道村晴一, 長松昭男, 萩原憲明, 菊地勝昭:"羽根車の振動　第7報, 羽根車と共に運動する座標系においての振動解析―その2", 機論C, Vol. 50, No. 449, pp. 81～89（1984）

52) W. Campbell : "Protection of steam turbine disk wheels from axial vibration", Trans. of ASME, Vol. 46, pp. 31～160（1924）

53) 久保田裕二, 鈴木健彦, 富田久雄, 長藤友建, 岡村長生:"静止側の分布励振源による羽根付回転円板の振動", 機論C, Vol. 49, No. 439, pp. 307～313（1983）

54) 松本貴與志:"水車, ポンプ水車の流体関連振動事例とその対策", ターボ機械, Vol. 36, No. 1, pp. 46～52（2008）

55) 福島康雄, 広島実, 小林博美, 藤原浩幸:"遠心圧縮機用羽根車に及ぼす変動応力の実験的検証", ターボ機械, Vol. 35, No. 12, pp. 745～752（2007）

第11章

56) 藤川猛:"トラブルシューティング（振動学とその周辺〈特集〉)―(How to Make it)", 機械の研究, Vol. 36, No. 1, pp. 143～149（1984）

57) 太田博, 水谷一樹, 藤田敬:"ワイヤロープ式シリコン単結晶引上げ装置の自励振動：第1報, 自励振動の発生原因についての実験的考察", 機論C, Vol. 54, No.507, pp. 2544～2549（1988）

58) 山本敏男, 太田博:"非対称回転体の振動について", 機論（1）, Vol. 28, No. 188, pp. 475～485（1962）

59) 岩壼卓三, 川井良次:"非対称回転軸の振動", 機論（1）, Vol. 37, No.300, pp. 1503-1512（1971）

60) B. L.Newkirk : "Shaft Rubbing, Mechanical Engineering", Vol.48, No.8, p.830（1926）

61) W. Kellenberger : "Spiral Vibrations Due to the Seal Rings in Turbogenerators Thermally Induced Interaction Between Rotor and Stator", Journal of Mechanical Design, Vol.102, p.177～184（1980）

62) P. S. Keogh and P. G. Morton : "Jounal Bearing Differential Heating Evaluation with Influence on Rotor Dynamic Behavior", Proc. Royal Society London, Ser.A, Vol. 441, p.527（1993）

63) P. S. Keogh and P. G. Morton : "The dynamic nature of rotor thermal bending due to unsteady lubricant shearing within bearing", Proc. Royal Soc.London, Ser.A, Vol. 445, pp. 273～290（1994）

64) 高橋直彦, 三浦治雄, 福島康雄："磁気軸受で支持された弾性ロータの熱曲がり振動", 機論 C, Vol. 72, No. 723, pp.3486～3493（2006）

第12章

65) 松下修己, 菊地勝昭, 小林暁峰, 古殿益夫："回転軸系の固有値解析（第1報 等方支持軸受系の不減衰固有振動）", 機論 C, Vol.46, No.403, pp.245～252（1980）

【参考文献】

第1章

66) 金光陽一："回転機械の振動現象", エバラ時報, No. 134, pp. 17～22（1986）
67) 藤澤二三夫："大形回転機械軸系の振動診断法", 機論 C, Vol. 59, No. 568, pp. 3607～3612（1993）
68) 田中正人："回転機械の振動診断・運転支援システム（振動小特集号）", 日本舶用機関学会誌, Vol. 29, No. 10, pp.729～735（1994）
69) 神吉博："回転機械の振動理論と問題", 機械の研究, Vol. 56, No.6, pp.630～636（2004）
70) 古池治孝："回転機械の振動とトラブルへの対応—振動による状態監視と診断—（特集欄 振動—古くて新しい技術フロンティア）", 機械の研究, Vol. 61, No. 1, pp.154～163（2009）
71) 江口真人："ポンプの流体関連振動事例", ターボ機械, Vol. 36, No. 1, pp.35～45（2008）

第2章

72) 富沢正雄, 松尾義博, 柵山正樹："回転軸系の不つりあい感度に関する検討", 機論 C, Vol. 50, No. 452, pp.618～625（1984）
73) 野波健蔵："任意の分布質量を有する弾性ロータの危険速度通過応答：第2報, ジャイロ効果を考慮した場合", 機論 C, Vol.48, No. 435, pp. 1678～1686（1982）

第3章

74) F.F. Ehrich：Handbook of Rotordynamics, p. 2. 57, McGraw Hill（1991）
75) 日本機械学会編：振動工学におけるコンピュータアナリシス, 6章 回転軸・軸受系の振動, コロナ社（1987）

第4章

76) 松下修己, 高木亨之, 高橋陸部："擬規準座標変換法による回転軸系の振動解析：複素固有値および時刻歴応答解析", 機論 C, Vol. 48, No. 431, pp. 925～934（1982）
77) H. D. Nelson, et al.："Nonlinear Analysis of Rotor-Bearing Systems Using Component Mode Synthesis", Trans. ASME, J. of Eng. for Power, Vol. 105, No.3, pp. 606～614（1983）
78) 小林正生, 青山茂一："実数拘束モード合成法による高速回転軸系の過渡応答解析", 機論 C, Vol. 75, No. 749, pp.33～41（2009）

79) 大熊政明, 長松昭男, 矢鍋重夫: "区分モード合成法による振動解析: 第6報, 横形連続遠心分離機への適用", 機論A, Vol.50, No.450, pp.260〜267 (1984)
80) 岩壺卓三, 河村庄造, 勝田健: "区分モード合成法を用いた階層的最適設計手法の開発: 固有振動数指定問題への適用", 機論C, Vol.60, No.575, pp.2241〜2247 (1994)

第5章

81) ISO11342: "機械の振動－柔軟ロータの機械的バランスの方法と基準 第二版" (1998)
82) 塩幡宏規: "ターボ機械のバランシング―基礎から応用まで―: その8: 新しい釣合せ法の紹介と今後の展望", ターボ機械, Vol.30, No.12, pp.747〜753 (2002)
83) 藤澤二三夫, 中川卓哉, 塩幡宏規, 河野敬, 堀康郎, 横田肇: "初期不釣合い振動に誤差を含む場合の剛体ロータの釣合せ: 数値シミュレーションによる最小二乗法と影響係数法の釣合せ精度の比較", 機論C, Vol.59, No.565, pp.2643〜2648 (1993)
84) 我妻隆夫, 斉藤忍: "複素モード法による弾性ロータのバランシング: 第2報, 実験", 機論C, Vol.46, No.412, pp.1473〜1480 (1980)
85) 神吉博, 川西通裕, 小野耕司: "LMI最適化を用いたロータバランシング法", 機論C, Vol.65, No.634, pp.2218〜2225 (1999)
86) 久永義孝, 松下修己, 斉藤忍: "磁気軸受形弾性ロータの不釣合い振動および軸受反力の解析と評価", 機論C, Vol.62, No.602, pp.3922〜3928 (1996)
87) 範啓富, 野波健蔵, 上山拓知: "外乱周波数推定形適応アルゴリズムによる磁気軸受系の不釣合い振動制御", 機論C, Vol.63, No.609, pp.1448〜1454 (1997)
88) 小野京右: "トルク励振による弾性ロータのつりあわせ: 理論的研究", 機論C, Vol.50, No.458, pp.1790〜1798 (1984)

第6章

89) 田村章義, 金井俊一郎, 佐藤勇一: "基礎励振を受ける弾性支持ロータの定常応答", 機論C, Vol.47, No.424, pp.1586〜1592 (1981)
90) 矢鍋重夫, Bernard Epassaka Dieudonne, 金子覚: "モータ加速時振れ止めに接触する鉛直回転軸のふれまわり: 第2報, ふれまわりパターンと力の釣合い", 機論C, Vol.65, No.634, pp.2211〜2217 (1999)
91) 吉本堅一, 松下修己: Mathematicaで学ぶ振動とダイナミクスの理論, p.22, 演習問題7.3, 森北出版 (2004)

第7章

92) J.W. Lund: "Self Excited, Stationary Whirl Orbit of a Journal in Sleeve Bearings", PhD Dissertation, RPI (1966)

第8章

93) 堀井武夫: 制御工学概論, コロナ社 (1981)

第9章

94) 藤井澄二：機械力学，共立出版（1959）

第10章

95) D. R. Chivens, H.D.Nelson："The Natural Frequencies and Critical Speeds of a Rotating, Flexible Shaft-Disk System", Trans. ASME, J. of Eng for Ind., Vol. 97, pp.881 〜 886（1975）

96) 金子康智："ガスタービンの翼振動強度設計（〈特集〉振動・ロータダイナミクス）", 日本ガスタービン学会誌，Vol. 33, No. 1, pp. 4 〜 11（2005）

第11章

97) 川本広行，菊地勝昭："磁気軸受と組み合わせたうず電流式ダンパの基礎的検討：第1報 内部減衰の発生機構について", 機論 C, Vol. 47, No. 419, pp. 849 〜 856（1981）

98) 大輪武司："回転体用非接触磁気ダンパの研究", 機講論, Vol. 770, No. 12, pp. 7 〜 9（1977）

99) Y. Kligerman, A. Grushkevich and M. S. Darlow："analytical and experimental evaluation of instability in rotordynamics system with electromagnetic eddy-current damper", Trans. ASME, J, of Vib. Acoust, Vol. 120, No. 1, pp. 272 〜 278（1998）

100) 石田幸男，井上剛志，野村昌司，賀川泰史："磁気ダンパによる回転軸系の制振効果", 機講論 D&D, p. 199（2001）

101) 高山佳久，末岡淳男，近藤孝広，長井直之："磁気ダンピング力に起因した回転体の不安定振動", 機論 C, Vol. 68, No. 665, pp. 16 〜 23（2002）

102) 岩壺卓三，神吉博，川井良次："有限駆動力をもつ非対称回転軸の危険速度通過に関する研究 第2報，回転軸の偏心の位相角の影響", 機論（1），Vol. 40, No. 335, pp.1908 〜 1916（1974）

103) 岩田佳雄，田村章義，佐藤秀紀："非等方弾性支持された弾性ロータの振動", 機論 C, Vol. 51, No. 469, pp. 2269 〜 2275（1985）

104) 太田博，水谷一樹："非対称回転体をもつ偏平軸の軸端トルクと不安定振動の発生", 機論 C, Vol. 48, No. 426, pp. 155 〜 165（1982）

105) 池田隆，中川紀壽："弾性支持された偏平回転軸系の主危険速度付近における不安定振動", 機論 C, Vol. 59, No. 566, pp. 3058 〜 3064（1993）

106) A. D. Dimarogonas："Newkirk Effect：Thermally Induced Dynamic Instability of High-Speed Rotors", ASME paper 73-GT-26（1973）

107) R. Liebich and R. Gasch："Spiral Vibrations-Modal Treatment of a Rotor-Rub Problem Based on Coupled Structural/Thermal Equations", IMech E, C500/042, pp. 405 〜 413（1996）

108) A. C. Balbahadur and R. G. Kirk："Part1-Teoretical Model for a Synchronous Thermal Instability Operating in Overhung Rotors", International Journal of Rotating Machinery, Vol. 10, Issue 2, pp. 469 〜 475（2004）

109) 山口和幸，石井博，高木亨之："熱曲りロータの振動予測手法（FEM ソフトを用いた

計算手法と要素実験)",機論 C, Vol. 68, No. 675, pp. 3151 ~ 3156 (2002)

第12章

110) 松下修己,井田道秋:"弾性ロータの回転次数比応答解析",機論 C, Vol. 50, No. 452, pp. 626 ~ 634 (1984)
111) 一文字正幸,山川宏:"回転軸系の動的応答問題の一般的な解析方法",機論 C, Vol. 49, No. 448, pp. 2101 ~ 2109 (1983)
112) 檜佐彰一,平野俊夫,山下達雄,榊田均:"単純振動物理モデルによる多自由度軸振動解析",機論 C, Vol. 67, No. 654, pp. 291 ~ 299 (2001)
113) 片山圭一,森井茂樹,川嶋正夫:"制御系を含む回転軸系振動解析システムの開発",三菱重工技報,Vol. 26, No.3, pp. 253 ~ 256 (1989)

【参考図書】

114) 日本機械学会 編(長松昭男,大熊政明):モード解析の基礎と応用,丸善 (1986)
115) R.ガッシュ,H.ビュッツナー(三輪修三 訳):回転体の力学,森北出版 (2004)
116) 豊田利夫:回転機械診断の進め方,日本プラントメンテナンス協会 (1991)
117) J.S.シェムニスキー(山田嘉昭,川井忠彦 訳):マトリックス構造解析の基礎理論,培風館 (1971)
118) 谷口修 編:振動工学ハンドブック,養賢堂 (1976)
119) 野波健蔵,西村秀和:MATLABによる制御理論の基礎,東京電機大学出版局 (1998)
120) 藤川英司,森泰親,鈴木勝正,富田久雄,重政隆:制御理論の基礎と応用,産業図書 (1995)
121) 山本敏男,石田幸男:回転機械の力学,コロナ社 (2001)
122) Ales Tondl(前澤成一郎 訳):回転軸の力学,コロナ社 (1971)
123) エヌ・エヌ・ボゴリューボフ,ユー・ア・ミトロポリスキー(益子正教 訳):非線形振動論―漸近的方法―,共立出版 (1961)
124) 日本機械学会(末岡淳男,片山圭一,佐藤勇一):実学の入口―振動現象を足場として―,丸善 (2006)
125) J. M.Vance:Rotordynamics of Turbo Machinery, Wiley (1988)
126) C. W. Lee:Vibration Analysis of Rotors, Kluwer Academic Publishers (1993)
127) R.Gasch and R.Nordmann and H.Pfutzner:Rotordynamik, Springer (2002)
128) D. E.Bently and C. T. Hatch:Fundamentals of Rotating Machinery Diagnostics, Bently Pressurized Bearing Press (2002)
129) G. Genta:Dynamics of Rotating Systems, Springer (2005)
130) A. Muszynska:Rotordynamics, Taylor &Francis (2005)

索　　引

【あ】

圧縮器ロータ	113
安　定	18
安定性	168,170,261,270,281,287
安定性解析	290

【い】

位相差（遅れ角度）	24,26,97
位相遅れ	21,22
位相進み	21,22
位相進み回路	208
位相余裕	194,210
一様はり	48,75
一様棒	112
異方性	164,168,271
異方性支持ロータ	171,172,175,187
インパルス応答	17,45,53

【う】

後ろ向き固有振動数	144
後ろ向きふれまわり（ホワール）	138,143,167,168,221,262
渦電流	264
運動方程式	24,165
運搬曲線	148

【え】

エアコン	3
影響係数	100,103,114,115
影響係数行列	59,68,104
影響係数法バランス	103
エネルギ	14
エルミート行列	177
円形ふれまわり	220
遠心圧縮器	252
遠心力	5
遠心力係数	230,231,233,234
遠心力効果	222,231
円　板	290
円ホワール	262

【お】

オイルホイップ	10,189,192
応　力	255
遅れ角度	→位相差
オーバハングロータ	141,278
帯行列	295
オービット	24

【か】

回転機械	1
回転座標系	161,219,230,245,260
回転子	265
回転軸	290
回転同期フィルタ	104
回転パルス	97,128
回転マーク	98
外部減衰	260
外　力	9
外力ベクトル	39
外　輪	159
開ループ伝達関数	194
開ループ特性	197,201,216
可観測	44
拡大モード次数	→モード次数
加減速	33
荷　重	→軸受荷重
加振力	7
可制御	44
仮想絶対座標	80
加速レイト	33,34
ガタ系	158
傾き（回転曲げ）剛性	227
傾き振動	243,269
片持ばり	73
慣性（静止）座標系	219,260
慣性主軸	93
感度関数	201

【き】

ギヤカップリング	260,262
規格化	55
危険速度	9,26,99,148
危険速度通過	36
危険速度マップ（線図）	85,116,190,301,304
技術課題	6
規準関数	48,49
基礎加振	151
擬モーダルモデル	79,86
逆相不釣合い	278,282
逆相T成分	133

索引

【き】

ギャップセンサ→変位センサ
キャンベル線図
　　　　　12,162,228,247,252,269
急加速　　　　　　　　　　33
境界座標　　　　　　　　　72
境界条件　　　　　49,66,294
境界ばね定数　　　　　　　77
教　訓　　　　　　　262,274
共　振　　　　　　　　8,37
　――回避　　　　　　　　9
　――曲線　　　　　　　26
　――周波数　　　　　13,37
　――条件　　　　　245,257
　――振幅　　　　　　8,26
　――点　　　　　　　223
　――倍率　　　　　→Q値
　――モード間の安定性 272
強制振動　　　　　　　　　9
極慣性能率　　　　　　　139
極周波数　　　　　　　　 88
許容残留比不釣合い　　　 95
許容不釣合い　　　　　　 95
近似モード別運動方程式
　　　　　　　　　　178,308

【く】

空間モード　　　　　　　244
空調用圧縮器　　　　　　113
偶不釣合い　　　　　　　 93
グヤン（の縮小）法　72,295
繰返し応力　　　　　　　220
クロス減衰　　　　166,169,179
クロスばね
　　　　　166,168,178,286,289

【け】

係数励振　　　　　　　　 10
ゲイン交差周波数　　194,210
計測センサ数　　　　　　103
減衰行列　　　　　　　　 39

減衰固有角振動数　　　　 18
減衰自由振動　　　　　　　9
減衰振動　　　　　　　　22
減衰比　　　　17,19,22,167,170

【こ】

効果ベクトル　　　　101,127
剛性行列　　　　　　　39,63
剛性行列法　　　　　　63,66
構造力学　　　　　　　 136
高速回転　　　　　　　　 99
交代エルミート　146,177,310
後退伝播波　　　　　220,221
後退波　　　　　　　　　246
後退波共振　　　　　　　251
剛体ロータ　　　　　　　 94
公　転　　　　→ふれまわり運動
公転回転数　　　　　　　160
公転直径　　　　　　　　160
合同変換　　　　　　 63,298
こ　ま　　　　　　　　138
ゴ　ム　　　　　　　　　260
固有角（円）振動数　　　 13
固有振動数　　　　　9,167,290
固有振動数解析　　　　　301
固有振動数マップ　　　　 78
固有値
　　　　41,58,61,62,65,66,310
固有値問題　　　　　　　237
固有ペア　　　　　　　41,50
固有ベクトル　　　　　　 41
固有モード
　　　　41,48,75,107,290,303
　――の規格化　　　　　 55
コリオリ行列　　　　　　241
コリオリファクタ　　　　224
転がり軸受　　　　　　　　5
根軌跡　　　　　　　191,306

【さ】

最大位相進み　　　　198,210
最適減衰定数　　　　　　182
最適減衰　　　　　　186,213
最適チューニング　　　　215
材料減衰　　　　　　　　260
材料減衰行列　　　　　　295
サウスウェルの式
　　　　　　　　→Southwellの式

【し】

ジェフコットロータ　181,207
磁気軸受　　　　　　5,284,294
磁気軸受型遠心圧縮器　　126
磁気軸受ロータ　　　　　121
磁気ダンパ　　　　　　　264
磁気ディスク　　　　　　231
軸　受
　――荷重（荷重）　　　 34
　――減衰行列　　　　　295
　――動特性　　　　165,169
　――ばね行列　　　　　295
　――反力　　　28,115,165
軸剛性行列　　　　　　　295
軸振動解析　　　　　　　301
軸曲げ剛性　　　　　　　 38
時刻歴応答波形　　　　　275
磁　石　　　　　　　　　264
自重たわみ（曲）線
　　　　　　　　→たわみ（曲）線
実対称行列　　　　　　　308
実モード解析　　　　　　184
質量感応法　　　　　　　 56
質量行列　　　　　　　　 39
質量偏心　　　　　　　26,28
自動洗濯機　　　　　　　　3
ジャーナル　　　　　4,165,181
ジャーナル振動　　　　　 34
ジャイロ行列　　　　　　295

ジャイロ効果		すきま比	189	【そ】	
136,167,169,174,175,178		スタガー角	→ stagger angle	相対座標	80
232,269		ストレートばね	287,289	ソフトタイプ	94
ジャイロファクタ		スパイラル軌跡	284,289		
142,166,224,230		スプリット	144,167	【た】	
ジャイロモーメント	138	すべり軸受	5,164,294		
斜流ポンプ	225	すべり軸受データ	291	対角行列	295
周期対称構造物	235	すべり摩擦減衰	260	対称行列	146
周期対称条件	235	スラスト振動	242	耐震評価	157
重　心	23	スレーブ座標	64,71,296	対数減衰率	19
自由振動系	8,9	スロット	265	ダイナミックバランサー	94
修正おもり	101			ダイヤフラム形カップリング	
修正面	95,103,118	【せ】			263
集中型質量行列	295	静圧分布	254	ダイレクト減衰	166,168,178
周波数応答	216	正規モード	42	だ円ふれまわり	220
重　力	220,268,275	正減衰	9,22	だ円ホワール	173,175
縮小モーダルモデル		静的平衡点	165	卓越周波数	263
42,50,54		静的変形モード	73	卓越振動数	263
出力行列	39	静不釣合い	92	多自由度系	39
出力係数	43,51	静翼枚数	244	立型ロータ	165
巡回行列	236,242	節	238	縦振動	8
初期振動	100	節円数	230,231,233	タービン	2,225
自励振動	9	接触角	159	ターボ機械	1
シロッコファン	225,226,269	接触熱曲がり	→熱曲がり	玉　数	159
真円軸受	189,192	絶対加速度	152	玉　径	159
真円すべり軸受	168	絶対座標	80	玉軸受	159,261,294
振動応力伝搬	228	節直径		玉通過振動	160
振動センサ	97	145,163,239,242,257,269		試しおもり	100,128
振動ベクトル	100	節直径数	230,231,233,246	多面バランス	103
振動モード	11	節点番号	292	多翼ファン	226
振動問題	10	零点周波数	88	たわみ（曲）線	
心　板	227	旋　回	→ふれまわり	／自重たわみ（曲）線	
振　幅	97	漸近展開法	310	16,58,67,69,78,268,301	
振幅除変化の手法	271	線形関係	100	ダンカレーの公式	60,67
振幅包絡線	18	線形系	8	単結晶引き上げ装置	264
		前進波	246	短　軸	175
【す】		前進波共振	251	【ち】	
スイープ（掃引）	152	前進伝播波	221		
垂直方向固有振動数	172			長　軸	175
水平方向固有振動数	172			重　畳	77,298,299

索　引

重畳操作　40
調和加振　9
直交性　42,48,50,164

【つ】
釣合いおもり　127
釣合わせ（バランシング）　91

【て】
定在波モード　251
定常振動　9
ディスク　4
低速回転　99
ティルティングパッド　169
デルタ関数　54
伝達関数　5,294
伝達マトリックス法　65,66
伝達率　29

【と】
等位相ピッチ　130
等価軸剛性　73
等価質量　16,56
等価な Q 値　33
等価ばね定数　75
動挙動　15
動剛性　185,195
同相・逆相バランス　133
同相不釣合い　278,282
同相 P 成分　133
動不釣合い　93
等方性支持ロータ　166,186
特性根　164,171
吐出圧力　263
トレードオフ　169,181

【な】
ナイキスト線図　26,32,98
内部減衰　259,260
内部座標　72

内　輪　159

【に】
ニューカーク効果
　　　　　→ Newkirk 効果
入力行列　39
入力係数　43,51
入力データ　292

【ね】
ねじり振動　8,242
熱曲がり（接触熱曲がり）
　　　　　259,277,278,284
　　──不釣合い力　279
粘性減衰定数　17,165

【の】
ノズル噴射　254

【は】
ハイスポット　223
バッチ方式　301
ハードタイプ　94
ハードディスク（HDD）　4
羽根車　269
ばね定数　5,13,14,165
ばね部質量　15
母・子　81
ハーフパワーポイント法
　　　　　→ half power point 法
はめ合い緩み　260
歯面すべり摩擦減衰　263
パラメトリック共鳴　270
バランサー　94
バランシング　→釣合わせ
バランス作業　104
バランス修正面　96
はり要素　12,300
パルスセンサ　97
反共振周波数　88

半値法　31
バンド（帯）幅　292,294
反復法　61

【ひ】
ピーク振幅　269
ピーク振幅読みとり　20
ピークスペクトル　252
歪み　255
歪みゲージ　219,228
非線形振動　10
非対称回転軸
　　　　　265,268,274
非対称剛性　275
非対称断面　259
非保存系　17,167,177
非保存系パラメータ　310

【ふ】
ファン　226
不安定　18,265
不安定域　272
不安定区間　270
不安定領域　268
フィードバック系　126
フィードフォワード加振
　　　　　→ FF 加振
フィールド1面バランス　97
不可観測　46
付加質量　16,40,56,290
不可制御　46
複素固有値
　　　18,164,168,169,191,216
　　　304,306,311
複素固有値解析　301
複素振幅　24,149
複素変位　24,164,165
複素モーダルモデル　185
複素モード解析　185
負減衰　9,22

不減衰固有振動数	166,303	
縁	77	
不釣合い	91	
——応答	305	
——質量	147	
——振動 9,24,52,147,186,192,290		
——振動応答	275	
——振動共振曲線	302	
——振動波形	27	
——ふれまわり運動	25	
——量	147	
——力	8,147	
物理モデル化	54	
普遍的なバランス	116	
プラント伝達関数	87	
振り子	264	
振れ止め	157	
ふれまわり（旋回，ホワール）	136	
ふれまわり運動（公転）	26,137	
ふれまわり固有振動数	141	
ふれまわり軌跡（ホワール軌跡）	156,177	
ブロック線図	44	
ブロック対角実行列	237	

【へ】

ペア比	108
平衡点	15
並進振動	243
閉ループ特性	201
べき乗法	61
ベクトル軌跡	26
ベクトルモニタ	97
変位（ギャップ）センサ	219,255
変位ベクトル	39,40
変形モード	8,75

偏心	23
偏心量	91,147
変断面	290

【ほ】

ポアソン比	230
棒の横振動	49
保存系	14,166,172
ホットスポット	277,289
ボード線図	194,196
ポーラ円	36
ポーラ線図	26,98,284
ホワール	→ふれまわり
ホワール軌跡	→ふれまわり軌跡

【ま】

前向き固有振動数	144
前向きふれまわり（ホワール） 138,143,167,168,221,262	
曲げ振動	8,242
マスター座標	64,71,296

【め】

メッシュ分割	290
面外振動	222

【も】

モーダルモデル	44,201
モード打ち切り	43,51
モード円バランス	97,102
モード解析	38,41
モード行列	42,50
モード減衰比	43
モード剛性	42,76
モード剛性行列	42
モード合成変換用モード	75,116,299
モード合成法	295
モード合成法縮小モデル	301

モード合成法モデル	75,298
モード座標	42,79,202
モード次数（拡大モード次数）	249
モード質量	42,49,50,54,76
モード質量行列	42
モード直交性	37
モード展開	164
モード比	173
モード不釣合い	52
モード別開ループ特性	203
モード別強制力	76
モード別バランス法	107
モード偏心	51
モード励振力	245,249
モートン効果 → Morton 効果	

【ゆ】

有限要素法	12,39,290
有効質量	73

【よ】

翼位相角	255
翼共振条件	244
翼軸連成振動（連成振動）	242
翼の固有振動数	233
横慣性能率	65,139

【ら】

ラウス・フルビッツの判別式	280
ラビング	10,259
ラプラス変換	194,283

【り】

リサージュ	142,158
離散化	290,300
離調度	271
リミットサイクル	10

索引　　325

両端軸受ロータ	278	レイリー商	57	【ろ】	
両端単純指示ロータ	112	レイリーの方法	57		
臨界粘性減衰定数	17	連結ばね定数	80	ロータ	1
【れ】		連成質量	76	ロータダイナミクス	7,290
		連成振動	→翼軸連成振動	【わ】	
励振モード次数	246	連成不安定	272		
励振力	244,245	連続体	48	ワイヤ	264

【B】		【M】		【T】	
Balance quality grade	95	Morton 効果	277	Tracking 解法	301
Balda チャート	183	MyROT	290	【V】	
【F】		【N】		v_BASE	7
FE 法	39	Newkirk 効果	277	【数字】	
FF 加振（フィードフォワード加振）	121,122,127	n 面法	111	0 基準	15
FFT	21,46	n+2 面法	111,117	2 極発電機軸	265
FFT 結果	252	【O】		2 軸受ロータ	118
FFT スペクトル	275	Open Loop Balancing	122	2 次的危険速度	267,277
FRP	260	【P】		2 次的共振	269
【H】		Power Method	61	2 自由度系	38
half power point 法	31	【Q】		2 段軸受	207
HDD	162	Q 値（共振倍率）	13,30,32,149,183,190	2 面バランスの計算	132
【I】				3 軸受ロータ	120
ISO10814	30	【S】		3 点トリムバランス	128
ISO1940-1	95	Southwell の式	229,233	3 面バランス	114,124,126
【J】		stagger angle	234	4 パラメータ	166
JIS B 0905	95	s 領域	194	8 パラメータ	165

―― 著 者 略 歴 ――

松下　修己（まつした　おさみ）
1972 年　東京大学大学院工学系研究科博士課程修了（機械工学専攻）
　　　　工学博士
1972 年　株式会社日立製作所機械研究所勤務
1993 年　防衛大学校教授
2010 年　防衛大学校名誉教授

田中　正人（たなか　まさと）
1971 年　東京大学大学院工学系研究科博士課程修了（産業機械工学専攻）
　　　　工学博士
1984 年　東京大学教授
2004 年　東京大学名誉教授
2004 年　独立行政法人大学評価・学位授与機構教授
2007 年　富山県立大学学長
2011 年　富山県立大学名誉教授

神吉　博（かんき　ひろし）
1970 年　神戸大学大学院工学研究科修士課程修了（機械工学専攻）
1970 年　株式会社三菱重工業勤務
1977 年　工学博士（大阪大学）
1995 年　神戸大学教授
2009 年　神戸大学名誉教授

小林　正生（こばやし　まさお）
1977 年　東京工業大学大学院理工学研究科修士課程修了（機械物理工学専攻）
1977 年　石川島播磨重工業株式会社（現 株式会社 IHI）勤務
1993 年　博士（工学）（東京工業大学）
2021 年　株式会社 IHI 退社

回転機械の振動 ―実用的振動解析の基本―
Vibration of Rotating Machinery―Fundamentals of Practical Vibration Analysis―
　　　　　　　　　　　　　　　　Ⓒ Matsushita, Tanaka, Kanki, Kobayashi 2009

2009 年 10 月 2 日　初版第 1 刷発行
2022 年 4 月 20 日　初版第 7 刷発行

検印省略	著　者	松　下　修　己
		田　中　正　人
		神　吉　　　博
		小　林　正　生
	発行者	株式会社　コロナ社
		代表者　牛来真也
	印刷所	萩原印刷株式会社
	製本所	有限会社　愛千製本所

112-0011　東京都文京区千石 4-46-10
発行所　株式会社　コロナ社
CORONA PUBLISHING CO., LTD.
Tokyo Japan
振替 00140-8-14844・電話(03)3941-3131(代)
ホームページ https://www.coronasha.co.jp

ISBN 978-4-339-04600-7　C3053　Printed in Japan　　　　　　（河村）

〈出版者著作権管理機構 委託出版物〉
本書の無断複製は著作権法上での例外を除き禁じられています。複製される場合は，そのつど事前に，出版者著作権管理機構（電話 03-5244-5088，FAX 03-5244-5089，e-mail: info@jcopy.or.jp）の許諾を得てください。

本書のコピー，スキャン，デジタル化等の無断複製・転載は著作権法上での例外を除き禁じられています。購入者以外の第三者による本書の電子データ化及び電子書籍化は，いかなる場合も認めていません。
落丁・乱丁はお取替えいたします。